编码

隐匿在计算机软硬件背后的语言

C O D E

1000011 1001111 1000100 1000101

The Hidden Language of
Computer Hardware and Software, Second Edition

原书第2版

[美] 查尔斯·佩措尔德（Charles Petzold）著 张建锋 译

机械工业出版社
CHINA MACHINE PRESS

图书在版编目（CIP）数据

编码 ：隐匿在计算机软硬件背后的语言 ：原书第 2 版 /（美）查尔斯·佩措尔德（Charles Petzold）著 ；张建锋译. -- 北京 ：机械工业出版社，2025. 6（2025. 11 重印）.

ISBN 978-7-111-78509-5

Ⅰ. TP3

中国国家版本馆 CIP 数据核字第 20254YX105 号

机械工业出版社（北京市百万庄大街 22 号　邮政编码 100037）

策划编辑：刘　锋　　责任编辑：刘　锋

责任校对：张勤思　李可意　景　飞　　责任印制：张　博

北京机工印刷厂有限公司印刷

2025 年 11 月第 1 版第 2 次印刷

170mm × 230mm · 25.25 印张 · 448 千字

标准书号：ISBN 978-7-111-78509-5

定价：109.00 元

电话服务	网络服务
客服电话：010-88361066	机　工　官　网：www.cmpbook.com
010-88379833	机　工　官　博：weibo.com/cmp1952
010-68326294	金　　书　　网：www.golden-book.com
封底无防伪标均为盗版	机工教育服务网：www.cmpedu.com

译者序

在人工智能重塑行业边界、云计算重构技术栈的今天，“知其然而不知其所以然”正在成为技术从业者的集体困境。当开发者习惯用大模型生成代码、依赖云服务商封装好的 API 时，那些深藏在芯片晶圆下的布尔逻辑、流淌在光纤中的脉冲信号，反而成了“最熟悉的陌生人”。Charles Petzold 的这本书恰似一盏指路明灯，带领我们穿越技术迷雾，重返计算机科学最本真的起点——那些由金属触点、电磁线圈和硅晶圆构筑的逻辑圣殿。

选择翻译本书，源于三重现实叩问：其一，在 RISC-V 开源架构打破芯片垄断的当下，理解指令集的物理实现比背诵汇编语法更重要；其二，当低代码平台降低开发门槛时，缺乏硬件认知的开发者终将沦为 API 的搬运工；其三，面对量子计算与类脑芯片等新范式的革新，唯有夯实底层认知才能避免技术代际的思维断层。

本书作者幽默风趣，尤其以工程思维与人文叙事的交融见长。在本书中，他系统性地解构了计算机系统的物理基础与抽象逻辑，以编码技术的演进为主线，贯通了从布尔代数到现代计算机体系结构的完整知识体系。当你跟随作者用继电器阵列搭建出二进制加法器，目睹机械触点的开合如何演绎逻辑运算时，书中介绍的各种逻辑门突然有了金属的体温，灯泡的亮灭也映射出了信息的脉动。这种“从基础元件到冯·诺依曼架构”的认知路径，恰是当今开发者最稀缺的系统思维训练。

本书（第 2 版）进一步强化了对计算机系统层级的深度剖析。首先，以电路理论为起点，阐释莫尔斯电码、布莱叶盲文与二进制逻辑的共性原理。然后，从各种计数体系的起源切入，揭示二进制作为计算机基础计数体系的必然性——通过电子开关的导通直接模拟数字信号，构成逻辑门与加法器的运算基础。接下来，作者通过继电器逻辑门搭建、时钟电路模拟等经典实验，具象化演示加法器、移位寄存器的实现过程，建立电路信号与逻辑运算的映射关系。在介绍完这些基础知识之后，详细解读了 CPU 运行机制。一方面从芯片的发明开始，系统解读 CPU 的各个组成部分；另一方面从机器指令集的二进制编码规范开始，展开到操作系统的诞生和演进，揭示硬件层至系统软件层的抽象跃迁路径。最后，作者用整整一章的篇幅解读了互联网的诞生及意义，基于对互联网重塑人类认知范式的探讨，回归技术本质的哲学思辨。

二十多年前，原书第 1 版的中译本首次出版，启蒙了整整一代中国工程师。如今捧读新版，依然能感受到作者对计算机技术本源的执着叩问——正如他在前言中所写："从非常简单的概念开始，慢慢地深入数字计算机的工作原理。"

作为一名互联网行业的长期技术实践者，我也亲历了从单机软件到云原生架构的范式迁移。随着人工智能时代的到来，技术世界正以前所未有的速度更迭，但不管怎样，有些本质从未改变。感谢机械工业出版社的信任，让我能够翻译第 2 版，将这部经典著作带给国内读者。愿这本书成为你探索计算机科学殿堂的阶梯。

第 2 版前言

本书的第 1 版出版于 1999 年 9 月。令我非常高兴的是，我意识到我终于写了一本永远不需要修订的书！这与我写的第一本书形成了鲜明的对比，那本书是关于 Microsoft Windows 应用程序编写的，它在短短十年内就已经出版了 5 个版本。我写的第二本书是关于 OS/2 Presentation Manager 的，它过时得更快。但我确信，*Code* 这本书会永远流传下去。

我对 *Code* 的最初想法是，从非常简单的概念开始，慢慢地深入数字计算机的工作原理。在这个引导读者稳步攀登知识之山的过程中，我会尽量少使用隐喻、类比和滑稽的插图，而是使用真正的工程师设计和构建计算机时使用的语言和符号。我还有一个小妙招：使用古老的技术来展示普遍原理，假设这些古老的技术已经有相当的历史，并且永远不会过时。这就好比以福特 T 型车（Ford Model T）为蓝本来写一本关于内燃机的书。

我仍然认为我的方法是可靠的，但在一些细节上我犯了错误。随着时间的流逝，这本书开始显出老态：一些文化参照变得过时了；手机和手指取代了键盘和鼠标；互联网在 1999 年确实已经出现，但它最终演化而成的样子与当时大相径庭；统一码（Unicode）—— 一种允许统一表示世界上所有语言以及表情符号的文本编码——在第 1 版中只占用了不到一页的篇幅；JavaScript 这个在网络上变得无处不在的编程语言根本没有提及。

这些问题可能很容易解决，但第 1 版还有另一个方面一直让我感到困扰。我想要展示真正的中央处理器（Central Processing Unit，CPU）的工作原理，CPU 是计算机的大脑、心脏和灵魂，但在第 1 版中我并没有做到这一点。我觉得我当时已经接近这个关键的突破口，但后来我放弃了。读者似乎没有抱怨，但对我来说，这是一个明显的缺陷。

这个缺陷在第 2 版中得到了修正。这就是第 2 版比第 1 版多了大约 70 页的原因。是的，这是一段更长的旅程，但如果你跟我一起走进第 2 版，我们将更深入地探索 CPU 的内部工作原理。这是否会为你带来更愉快的体验，我不敢肯定。如果你感觉内容太多，像是要把你淹没了，请先休息一下透透气。但如果能坚持阅读到第 24 章，你应该感到相当自豪，而且会高兴地知道，书中的剩余部分内容理解起来将会轻松许多。

配套网站

Code 的第 1 版在电路图中使用红色来表示电流的流动。第 2 版也是如此，但这些电路的工作原理现在还通过一个新网站（CodeHiddenLanguage.com）以更具图形交互性的方式进行了演示。

在本书中，我们会不时提醒读者访问这个网站，同时我们还使用了一个特殊的图标，如本段侧边所示。从现在起，每当出现这个图标（通常伴随着一个电路图），就表示你可以在配套网站上探索该电路的工作原理。（我使用的是 JavaScript 和 HTML5 的 canvas 元素来编程这些网页图形。）

CodeHiddenLanguage.com 网站完全免费。在少数例子中，网站确实使用了 Cookie，但这只是为了允许你在计算机上存储一些信息。这个网站不会追踪你的数据或进行恶意攻击。

我还将使用这个网站来对书中的内容进行说明或勘误。

致谢

除了在封面上署名的作者之外，还有一些同样不可或缺的人为本书的出版做出了贡献。

特别要提到的是本书的执行编辑 Haze Humbert，她恰好在我正准备更新第 2 版的时刻找到我，与我沟通这件事情的可能性。我从 2021 年 1 月开始做这件事情，她巧妙地引导我们渡过了难关，甚至在超过交稿截止日期几个月后，依然耐心地给予我支持。

本书第 1 版的项目编辑是 Kathleen Atkins，她理解我试图做的事，和她也有许多愉快的合作时光。当时我的代理人是 Claudette Moore，她同样看到了这样一本书的价值，并且说服了 Microsoft Press 出版它。

第 1 版的技术编辑是 Jim Fuchs，我记得他帮我发现了很多令人尴尬的错误。第 2 版的技术审稿人 Mark Seemann 和 Larry O'Brien 也发现了我的一些疏忽之处，并帮助我在原来的基础上进行了优化。

我以为我在几十年前就已经弄清楚了 compose 和 comprise 这两个单词的区别，但显然并没有。对于这类错误的纠正，文字编辑 Scout Festa 做出了宝贵的贡献。我一直受惠于文字编辑的善举，是他们不懈地与不严谨和滥用语言的现象做斗争，尽管很多时候我与他们并不相识。

至于本书中所遗留的任何错误，完全是我的责任。

我想再次感谢本书第 1 版的试读者：Sheryl Canter、Jan Eastlund、Peter Goldeman（已故）、Lynn Magalska 和 Deirdre Sinnott（后来成为我的妻子）。

本书第 1 版中的众多插图出自已故的 Joel Panchot 之手，我了解到他对自己为这本书所做的工作感到非常自豪。他的许多插图仍然被保留下来，但是由于需要更多的电路图，为了保持一致，我决定重做所有电路图 [这些插图是我用 C# 程序生成的，该程序使用 SkiaSharp 图形库生成可缩放的矢量图形文件。在高级内容制作人 Tracey Croom 的指导下，SVG 文件被转换为封装的 PostScript（EPS），以便使用 Adobe InDesign 设置页面]。

最后，我想将这本书献给我生命中最重要的两位女性。

我的母亲曾在逆境中奋力拼搏，她为我的人生指引了方向，让我学会不退缩。在这本书的写作过程中，我们庆祝了她的 95 岁（也是最后一个）生日。

我的妻子 Deirdre Sinnott 对我来说非常重要，她的成就、她对我的支持以及她的爱一直让我引以为豪。

同时，致本书第 1 版的读者，你们的友好反馈让我感到格外高兴。

Charles Petzold

2022 年 5 月 9 日

作者简介

Charles Petzold 是 *The Annotated Turing: A Guided Tour through Alan Turing's Historic Paper on Computability and the Turing Machine*（Wiley，2008）的作者。他还写了许多其他的书，但它们大多是关于 Windows 应用程序编写的专业书籍，现在都已经过时了。他和妻子——历史学家兼小说家 Deirdre Sinnott，以及两只猫（名字分别是 Honey 和 Heidi）住在纽约。他的网站地址是 www.charlespetzold.com。

Code

目 录

Code

|第 1 章|

最好的朋友

假设你今年 10 岁。你最好的朋友就住在街对面，你们卧室的窗户也正好彼此相对。每当夜幕降临，你的父母就如同往常一样，早早催促你上床睡觉，但是你还想和朋友交流想法和见闻，分享秘密、八卦、笑话，以及聊聊梦想。没人能怪你。毕竟，渴望交流本来就是人类的天性之一。

当卧室里的灯还亮着的时候，你和你最好的朋友可以从窗户相互挥手，使用各种手势和基本的肢体语言来传达一两个想法。但是，做更复杂的交流就比较困难了，而且一旦父母下达了“熄灯”的命令，就需要更为隐蔽的解决方案。

如何进行交流呢？如果你幸运地在 10 岁就拥有了一部手机，也许可以尝试秘密通话或者默默发短信。但如果你的父母有在睡前没收手机——甚至关闭 Wi-Fi 的习惯，怎么办？一个没有电子通信设备的卧室确实是一个非常孤寂的空间。

然而，你和你的好朋友有什么呢？答案是手电筒。众所周知，手电筒是“为了让孩子们能够躲在被褥下看书而发明的”，但在夜间用手电筒来交流信息也是不错的选择。它们绝对足够安静，而且光线高度集中，不会透过卧室门缝泄露出去，引起父母的疑心。

手电筒能用来交谈吗？这当然值得一试。你在一年级时学会了如何在纸上书写字母和单词，所以将同样的方法运用到手电筒上似乎也是可行的。你所要做的就是站在你的窗户前，用光绘制字母。就“O”而言，你可以打开手电筒在空中画一个圈，然后关闭开关。就“I”而言，你可以画一竖。但是，你很快就会发现，这种方法是不大行得通的。当你看着朋友的手电筒在空中划出曲线和直线时，会发现要在脑海中拼凑这么多复杂的笔画太难了。这些旋转和倾斜的光线根本就不够精确。

也许你曾经看过这样一部电影：一对水手用闪烁的灯光在海上相互发送信号。而在另一部电影中，一个间谍转动一面镜子将阳光反射到另一个房间里，从而向被俘的同伴传递信息。也许这就是我们所要的那个解决方案。所以，你可以依此设计这样一个简单的技术方案：字母表中的每个字母对应一系列的手电筒闪烁。A 对应 1 次闪烁，B 对应 2 次闪烁，C 对应 3 次闪烁，以此类推，直到 Z 对应 26 次闪烁。单词 BAD 对应的是 2 次闪烁、1 次闪烁和 4 次闪烁，每个字母之间要稍作停顿，这样就不会将这 7 次闪烁误认为 G。另外，单词之间的停顿可以更长一些。

这似乎很靠谱。好消息是你不需要在空中挥动手电筒了，只需要对准方向和按开关就行；坏消息是如果你尝试发送的第一条信息是“How are you?”，那么你总共需要闪烁 131 次！而且，这还是忽略了标点符号的，你还不知道一个问号需要多少次闪烁。

但你已经离答案很接近了。我们能够肯定的是，一定有人之前遇到过类似问题，而你解决这个问题的思路也是非常正确的。如果去一趟图书馆或者上网搜索，查查资料，你就会发现一个了不起的发明，称为莫尔斯电码（Morse code）。而这正是你一直在寻找的，尽管现在你必须重新学习如何“写”字母表中的所有字母。

这里的区别在于：在你发明的系统中，字母表中的每个字母对应着特定的闪烁次数，A ～ Z 分别对应 1 ～ 26 次闪烁。而在莫尔斯电码中，只有两种类型的闪烁——短闪和长闪。当然，这使得莫尔斯电码更为复杂，但在实际使用中，它被证明是更加高效的。现在，“How are you?”这句话只需要 32 次闪烁（包括短闪和长闪），而不再是 131 次，这还包括了问号的编码。

在讨论莫尔斯电码的工作原理时，人们不会说“短闪”和“长闪”。相反，大家会使用“点”（dot）和“划”（dash）这样的术语，因为这是在打印纸上展示编码的一种便捷方法。在莫尔斯电码中，字母表中的每个字母都对应着一个由点和划组成的短序列，如下所示：

A	•—	J	•———	S	•••
B	—•••	K	—•—	T	—
C	—•—•	L	•—••	U	••—
D	—••	M	——	V	•••—
E	•	N	—•	W	•——
F	••—•	O	———	X	—••—
G	——•	P	•——•	Y	—•——
H	••••	Q	——•—	Z	——••
I	••	R	•—•		

尽管莫尔斯电码与计算机毫无关系，但熟悉编码的本质是深刻理解隐匿在计算机软硬件背后的语言及其内部结构的必要前提。

在本书中，“编码”这个词通常指的是一种在人与人之间、人与计算机之间，或计算机自身内部传递信息的体系。

编码让你能够进行交流。有些编码是加密的，但大多数编码并不是。实际上，大多数编码必须易于理解，因为它们是人类交流的基础。

对任何能听见我们的声音并理解我们所说的语言的人来说，我们发出的声音所形成的词语就是一种可识别的编码。我们称这种编码为“口语”（the spoken word）或“语音”(speech)。

对于聋哑人群体，人类发明了另一种编码来帮助他们面对面交流，这就是手语。手语通过手和臂膀形成的动作和姿势来表达词语中的单个字符或者整个词语，以及相关的概念。北美最常见的两种手语体系是美国手语（American Sign Language，ASL）——它于 19 世纪初在美国聋哑人学校发展起来，以及魁北克手语（Langue des Signes Québécoise，LSQ）—— 一种法语手语的变体。

对于写在纸张或其他媒介上的词语，我们使用另一种编码来表示，称为“书面语言”(the written word) 或“文字”(text)。文字可以用手书写或键入，然后印刷在报纸、杂志和书籍上，或数字化显示在多种设备上。在许多语言中，语音和文字之间存在着很强的对应关系。例如，在英语中，字母和字母组合与它们的发音（或多或少）存在一定的对应关系。

对于视力受损的人来说，书面语言可以用布莱叶盲文（Braille）代替，这种文字采用一系列凸起的点来代表字母、字母组合以及整个单词（我将在第 3 章中更详细地讨论布莱叶盲文）。

当需要迅速将口语转录成文字时，速记（stenography）或速写（shorthand）非常有用。在法庭上，或为电视新闻、体育节目生成实时字幕时，速记员会使用一种带有简化键盘的速记机（stenotype machine），这种键盘包含与文字相对应的自有编码。

我们使用各种不同的编码来进行相互间的交流，因为不同的编码在不同的场景中各具优势。语音的编码无法存储在纸上，因此使用书面语言的编码来代替。通过语音或者纸张无法在黑暗中悄无声息地完成长距离的信息交换，这时莫尔斯电码就是一个更加方便的选择。如果一种编码能够达到其他编码无法达到的目的，那么这种编码就是有用的。

正如我们将要看到的，各种类型的编码也被用于在计算机中存储和传递文本、数字、声音、音乐、图片和电影，以及计算机内部的指令。计算机无法直接处理人类的编码，因为计算机无法精确复制人类使用眼睛、耳朵、嘴巴和手指来处理编码的方式。教会计算机说话很难，而让它们理解语音就更难了。

但是计算机已经取得了很大的进步。它现在已经能够捕获、存储、处理和呈现人类交流中使用的许多类型的信息，包括视觉信息（文字和图片）、听觉信息（口语、声音和音乐），或者两者的结合（动画和电影）。所有这些类型的信息都需要它们各自的编码。

前面你看到的莫尔斯电码表本身也是一种类型的编码。该表显示，每个字母都由一系列的“点”和“划”表示。然而，我们实际上无法发送“点”和“划”。在用手电筒发送莫尔斯电码时，“点”和“划”对应于手电筒的闪烁。

当用手电筒发送莫尔斯电码时，需要用快速开关手电筒来代表“点”（快闪），以及稍微慢一点开关手电筒来代表“划”（慢闪）。例如，要发送字母 A，你需要快速地开关手电筒一次，然后稍微慢速地再开关一次，之后在发送下一个字符前暂停一下。按照约定，一个“划”的长度应该大约是一个“点”的三倍。接收端的人看到短暂的闪烁和较长的闪烁，就知道这是一个 A。

莫尔斯电码中的“点”和“划”之间的暂停至关重要。例如，当你发送一个 A 时，“点”和“划”之间的暂停时间应该约等于一个“点”的时长。同一个单词的字母之间需要暂停更长的时间，大约相当于一个“划”的长度。例如，下面是“hello”在莫尔斯电码中的表示，演示了字母之间的暂停：

●●●●　●　●▬●●　●▬●●　▬▬▬

单词之间的间隔大约为两个划的长度。下面是“hi there”所对应的编码：

●●●●　●●　　▬　●●●●　●　●▬●　●

手电筒开启和关闭的时间并不固定。它们都是相对于“点”的长度而言的，这取决于手电筒开关能以多快的速度振动，以及莫尔斯电码的发送者能多快记住一个特定字母的编码。一个发送速度快的发送者的“划”可能与一个发送速度慢的发送者的“点”的长度相同。这个小问题可能会使读取莫尔斯电码信息变得困难，但在经过一两个字母之后，接收端的人通常就可以弄清楚什么是“点”，什么是“划”。

莫尔斯电码的定义初看起来就像计算机键盘的布局一样——是随机的，这里的定义指的是各种“点”和“划”的序列与字母表中的字母之间的对应关系。然而，仔细观察后就会发现事实并非完全如此。较为简单和较短的编码被分配给了更常用的字母，比如 E 和 T。拼字游戏的玩家和《幸运轮盘》游戏的爱好者可能会立刻注意到这一点。不常见的字母的编码则更长，如 Q 和 Z（在拼字游戏中可以得到 10 分，而且很少出现在《幸运轮盘》的谜题中）。

几乎每个人都略懂莫尔斯电码。三个“点”、三个“划”、三个“点”代表 SOS，这是国际求救信号。SOS 并不是一个缩写词——它只是一个易于记忆的莫尔斯电码序列。在第二次世界大战期间，英国广播公司在一些广播节目的开头以贝多芬第五交响曲的开始部分作为前奏—BAH，BAH，BAH，BAHMMMMM，贝多芬在作曲的时候绝对不会想到，这段旋律将来可以表示莫尔斯电码的 V，代表胜利（Victory）。

莫尔斯电码的一个缺点是它不能区分大小写字母。但除了表示字母之外，莫尔斯电码还使用一组由“点”和“划”组成的五元序列来代表数字，如下所示：

1	•————	6	—••••
2	••———	7	——•••
3	•••——	8	———••
4	••••—	9	————•
5	•••••	0	—————

这些数字的编码至少比字母的编码更有规律一些。大多数标点符号则使用“点”和“划”组成的五元、六元或七元序列来表示，如下所示：

.	•—•—•—	'	•————•
,	——••——	(	—•——•
?	••——••	)	—•——•—
:	———•••	=	—•••—
;	—•—•—•	+	•—•—•
-	—••••—	$	•••—••—
/	—••—•	¶	•—•—••
"	•—••—•	_	••——•—

对于一些欧洲语言中的带重音字母以及有特殊用途的速记序列，还定义了额外的编码。SOS 编码就是一个这样的例子：它应该连续发送，三个字母之间仅有一个“点”的停顿。

如果有一款专门为此设计的手电筒的话，你会发现和朋友发送莫尔斯电码将会容易得多。除了普通的滑动开关之外，这种手电筒还应该配备一个按钮开关，这样只需按下和释放就可以开关手电筒。经过一些练习，你应该能够达到每分钟发送和接收 5 ～ 10 个单词的速度——虽然这比说话（大约 100 个单词每分钟）慢得多，但肯定是足够的。

在你和你的好朋友最终熟记了莫尔斯电码后（因为只有这样才能熟练地收发莫尔斯电码），你们甚至可以在日常对话中使用它。为了达到最快的速度，你可以将“点”读作“嘀”（dih），将“划”读作“嗒”（dah），例如，dih-dih-dih-dah 就表示 V。就像莫尔斯电码将书面语言简化为“点”和“划”一样，这个口语版本的编码将语音简化为仅仅两个元音。

这里的关键词是“2”。2 种闪烁、2 种声音——实际上任何 2 种不同的事物，通过适当的组合都可以传达所有类型的信息。

Code

第2章

编码与组合

莫尔斯电码是由塞缪尔·芬利·布里斯·莫尔斯（Samuel Finley Breese Morse，1791—1872）在1837年左右发明的，在本书后面的章节，我将频繁地提到他。经过了以阿尔弗雷德·瓦尔（Alfred Vail，1807—1859）为代表的其他人的进一步改进后，莫尔斯电码演变成几个不同的版本。本书中描述的体系更正式的名称为国际莫尔斯电码。

莫尔斯电码的发明与电报机的发明密切相关，后者我将在本书后面部分更详细地探讨。正如研究莫尔斯电码可以让我们更好地理解编码的本质一样，通过电报机来了解计算机硬件的工作原理也是个不错的途径。

大多数人会觉得莫尔斯电码的发送比接收更容易。即使你没有记住莫尔斯电码，也可以轻松借助下面这张表格（同第1章所示）来完成，里面按照字母表的顺序便捷地给出了各自的编码：

A	•—	J	•———	S	•••
B	—•••	K	—•—	T	—
C	—•—•	L	•—••	U	••—
D	—••	M	——	V	•••—
E	•	N	—•	W	•——
F	••—•	O	———	X	—••—
G	——•	P	•——•	Y	—•——
H	••••	Q	——•—	Z	——••
I	••	R	•—•		

接收莫尔斯电码并将其翻译回文字要比发送莫尔斯电码困难得多，也耗时得多，因为你必须逆向工作，找出特定的“点”和“划”编码序列对应的是哪个字母。如果没有记住这些编码，在收到一串形如“划 - 点 - 划 - 划”的编码序列

后，你就需要逐字母地扫描对照表，直到最终发现这表示字母 Y。

问题就出在这里，因为我们现在只有一张编码表实现：

按顺序排列的字母→莫尔斯电码

而缺少一张译码表来反向实现：

莫尔斯电码→按顺序排列的字母

在学习莫尔斯电码的初级阶段，有这样的一张表无疑是很方便的。但是，要建立这样一张表谈何容易，似乎这些按顺序排列的字母对应的“点”和“划”序列并没有什么规律。

那我们就不考虑字母顺序了。或许，根据它们包含的“点”和“划”的数量来进行分组是一种更好的编排莫尔斯电码的方法。例如，只包含一个“点”或一个“划”的一元莫尔斯电码序列只能表示 2 个字母，那就是 E 和 T：

•	E
–	T

由“点”或“划”组成的二元序列可以表示 4 个字母——I、A、N 和 M：

••	I
•–	A

–•	N
––	M

三元序列可以表示 8 个字母：

•••	S
••–	U
•–•	R
•––	W

–••	D
–•–	K
––•	G
–––	O

最后（如果不考虑数字和标点符号），四元序列可以表示 16 个字符：

••••	H
•••–	V
••–•	F
••––	Ü
•–••	L
•–•–	Ä
•––•	P
•–––	J

–•••	B
–••–	X
–•–•	C
–•––	Y
––••	Z
––•–	Q
–––•	Ö
––––	Ş

这四张表格共包含 2+4+8+16 组编码，一共可以表示 30 个字母，比拉丁字母表中的 26 个字母还多出 4 个。因此，你会注意到最后一张表中有 4 组编码是用于表示带重音字母的：3 个上加变音符的字母和 1 个下加变音符的字母。

在有人向你发送莫尔斯电码时，这四张表格肯定非常有帮助。在接收到一个特定字母的编码，知道它包含多少个“点”和“划”后，至少你可以找到对应的表格进行查询。每张表格都是有条理地编排的，从左上角的全“点”编码开始，到右下角的全“划”编码结束。

你发现四张表格在大小上的规律了吗？每张表格的编码数量都是前一张的两倍。这很容易理解：每张表格中的编码都是在前一张表格中所有编码的后面加上一个“点”或者一个“划”。

我们可以将这个有趣的规律概括为：

“点”和“划”的总数	编码的数量
1	2
2	4
3	8
4	16

由于这四张表格中每张表格的编码数量都是前一张的两倍，因此，如果第一张表格中有 2 组编码，第二张表格中就有 2×2 组编码，第三张表格中就有 2×2×2 组编码。下面是另一种展示这个规律的方法：

“点”和“划”的总数	编码的数量
1	2
2	2×2
3	2×2×2
4	2×2×2×2

当我们处理一个数乘以它自身时，可以使用指数来表示幂。例如，2×2×2×2 可以写成 2^4（2 的 4 次幂）。数字 2、4、8 和 16 都是以 2 为底数的幂，因为可以通过将 2 乘以它自身来计算它们。因此我们也可以像下面这样来概括：

“点”和“划”的总数	编码的数量
1	2^1
2	2^2
3	2^3
4	2^4

现在这张表格已经变得非常简单了。编码的数量就是 2 的 n 次幂，其中 n 就

是“点”和“划”的总数：

$$编码的数量=2^n$$

2 的幂在编码中经常出现，特别是在本书中。你将在第 3 章中看到另一个例子。

为了使莫尔斯电码的解码过程更加简单，或许可以绘制一张大型树状图，如下所示：

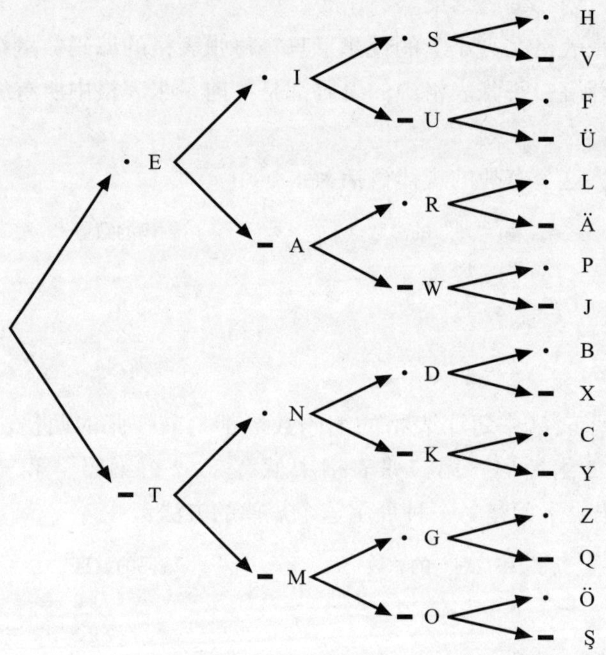

这张图展示了所有字母及其所对应的“点”和“划”组成的连续序列。要解码一个特定的编码序列，可以从左至右沿箭头进行搜索。例如，假设你想知道“点－划－点”对应哪个字母，就从左边开始，选择“点”，然后向右沿箭头行进，选择“划”，最后再选择一个“点”，这样就知道了它所对应的字母是 R。

仔细想想，在当初定义莫尔斯电码时，制作这样一张表格可能是非常有必要的。首先，它可以确保你不会犯下为两个不同字母使用相同编码的愚蠢错误！其次，它支持你用尽可能短的编码来表示所有的字母，而不会让“点”和“划”的序列变得不必要地长。

我们可以继续加长“点”和“划”的序列长度至 5 位，不过这可能导致对应的表格超出页面打印边界。由“点”和“划”组成的五元序列可以为我们提供

32（$2\times2\times2\times2\times2$，即 2^5）个编码。正常来说，这对于用莫尔斯电码来表示 10 个数字和 16 个标点符号已经足够了。实际上，数字在莫尔斯电码中也确实是用五元序列来表示的。但在很多其他编码方式中，五元序列常用来表示带重音字母而不是标点符号。

为了囊括所有的标点符号，系统必须扩展到 6 位，这样我们就能得到 64（$2\times2\times2\times2\times2\times2$，即 2^6）个编码，总共就可以表示 $2+4+8+16+32+64$——也就是 126 个字符。这对于莫尔斯电码来说有点太多了，因此很多这种比较长的编码还没有定义，也就是没有任何含义。如果你在接收莫尔斯电码时收到了未定义的编码，就几乎可以肯定是有人搞错了。

因为聪明的我们已经得出了下面这个小公式：

$$\text{编码的数量}=2^{\text{点和划的总数}}$$

利用它就可以继续计算更长的“点”和“划”的序列所能表示的编码数量了：

“点”和“划”的总数	编码的数量
1	$2^1=2$
2	$2^2=4$
3	$2^3=8$
4	$2^4=16$
5	$2^5=32$
6	$2^6=64$
7	$2^7=128$
8	$2^8=256$
9	$2^9=512$
10	$2^{10}=1024$

幸运的是，我们不必真的把所有的编码都写出来就能确定有多少种可能，只需要将 2 不断地乘以它自己就可以了。

莫尔斯电码是二元的（字面意思是“两个两个的”），它的组成元素只有两个——“点”和“划”。这就好比投掷一枚硬币只能出现正面或反面。连续投掷 10 次硬币可以产生 1024 种不同的正反序列。

二元对象（如硬币）的组合和二元编码（例如莫尔斯电码）通常都使用 2 的幂来描述。在本书中，2 是一个非常重要的数字。

Code

|第3章|

布莱叶盲文与二元编码

塞缪尔·莫尔斯并不是第一个成功将书面语言的字母转换成可解析的编码的人，也不是第一个因自己的名字被用来命名某种编码方式而被人铭记的人。这一殊荣应该归于一位法国盲人少年，虽然他比莫尔斯要晚出生 18 年左右，但是他很早就成功创建了自己的编码规范。尽管关于他的生平我们所知甚少，但已知的信息也足以构成一个引人入胜的故事。

路易斯·布莱叶（Louis Braille）于 1809 年出生于距离法国巴黎东部仅 25 英里[㊀]的库夫赖市。他的父亲是一位马具匠人。在三岁时—— 一个本不该在父亲的工房里玩耍的年纪——他不慎被一件尖锐的工具刺伤了一只眼睛。伤口感染扩散到了他的另一只眼睛，导致他双目完全失明。在那个年代，大多数遭受这种命运的人可能都会注定过上无知和贫穷的生活，但年轻的路易斯的聪明才智和对知识的渴望很快就被人所发现。

（图片来源：ullstein bild Dtl/Getty Images）

在镇里的牧师和一位教师的帮助下，他最初和其他孩子一起在镇上的小学上学，之后在 10 岁时被送往巴黎皇家盲人学校学习。

盲童教育面临的主要障碍是缺乏无障碍阅读材料。巴黎皇家盲人学校的创始人瓦伦丁·霍伊（Valentin Haüy，1745—1822）曾发明了一种将字母以大的圆滑字体的形式压印在纸上的系统，使盲人可以通过触摸的方式进行阅读。但这种系统使用起来非常困难，且只有少数书籍采用了这种方法印刷。

㊀ 1 英里 =1.609 344 千米。——编辑注

霍伊先生视力健全，因此也被他自身的感知模式所束缚。对他来说，A 就是 A，字母 A 必须看起来（或感觉起来）像 A。(如果给他一支手电筒来通信，他可能也会尝试在空中画字母，就像我们在发现这种方法并不怎么有效之前所做的那样。) 霍伊可能没有意识到，一种与压印字母完全不同的编码方式或许更为适合盲人。

这种非常规编码方式的起源可能有些出人意料。在 1815 年，法国陆军上尉查尔斯·巴尔比耶（Charles Barbier）设计了一套书写系统，后来被称为“夜间书写”（écriture nocturne）。这套系统在厚纸上使用凸起的点来供士兵们在黑暗且需要保持安静的环境中相互传递信息。士兵们可以使用类似锥子的尖笔将这些点戳到纸的背面，然后其他士兵就可以用手指触摸这些凸起的点来进行阅读了。

路易斯·布莱叶在 12 岁时就很熟悉巴尔比耶的这套系统了。他喜欢这种凸起的点，不仅因为用手指阅读很容易，还因为“写”起来也很简单。在配备了纸和尖笔的课堂上，盲人学生可以做笔记并在后面复习。布莱叶孜孜不倦地改进这一系统，并在三年内（15 岁时）发明了自己的系统，其基本原理至今仍在使用。在很长一段时间内，这套系统只在他的学校内部流传，后来才逐渐走向世界。在 1835 年，路易斯·布莱叶感染了肺结核，1852 年，在他 43 岁生日后不久，病魔无情地夺走了他的生命。

如今，在为盲人提供书面文字阅读这方面，各种改进过的布莱叶盲文系统受到了来自有声读物的挑战，但布莱叶盲文仍然是一套非常有价值的系统，对于那些既盲又聋的人来说，更是唯一的阅读方式。近几十年来，随着电梯、自动取款机等公共设备开始使用布莱叶盲文以方便盲人使用，布莱叶盲文已变得更为大众所熟知。

在本章中，我将解析布莱叶盲文编码并展示其工作原理。你不需要真正学习布莱叶盲文或记住任何东西。这个练习的唯一目的是让你对编码的本质有更多的了解。

在布莱叶盲文中，正常书面语言中使用的每个符号——具体来说，包括字母、数字和标点符号——都用一个 2×3 的单元格中的一个或者多个凸起的点进行了编码。这个点码单元格中的凸点编号为 1 ～ 6，如下所示：

1 ○ ○ 4
2 ○ ○ 5
3 ○ ○ 6

当初为了将盲文点压印到纸上，人们开发了特殊的打字机，现在则由计算机驱动的压印机来完成这项工作。

由于即便只是在书中用盲文压印几页纸，成本也会非常高，因此我使用了一种在印刷页面上显示盲文的常用符号。在这种符号中，单元格中的所有 6 个点都被表示出来。大点表示单元格中凸起的部分，小点表示单元格中平坦的部分。例如，在以下盲文字符中，点 1、3、5 是凸起的，点 2、4、6 不是。

此时，我们应该注意到这些点都是二元的，即要么是平的，要么是凸起的。这意味着我们可以将关于莫尔斯电码和二元组合的知识应用到布莱叶盲文上。我们知道有 6 个点，每个点可以是平的，也可以是凸起的，所以这 6 个平的或凸起的点的组合总数为 $2 \times 2 \times 2 \times 2 \times 2 \times 2$，即 2^6 或 64。

因此，布莱叶盲文系统总共可以提供 64 个唯一的编码，如下所示：

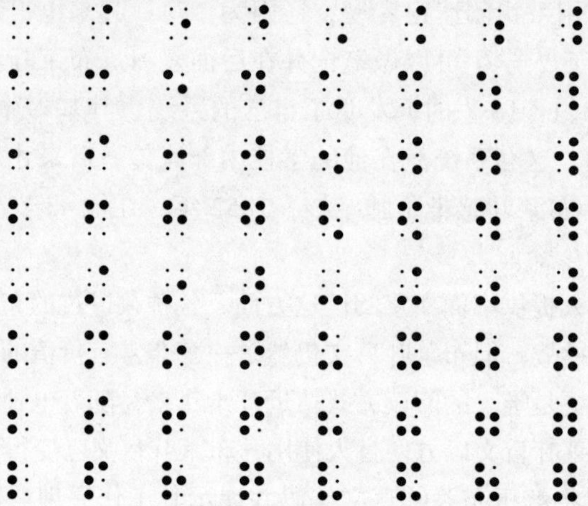

这 64 个编码并非都必须在布莱叶盲文中使用，但 64 肯定是六点图所能表示的最大编码数量。

现在可以开始解析布莱叶盲文了，我们先来看看基础的小写字母表：

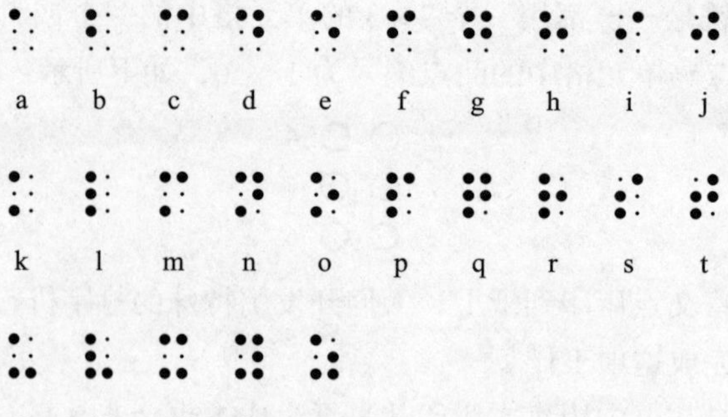

例如，“you and me”这个短语在布莱叶盲文中是这样表示的：

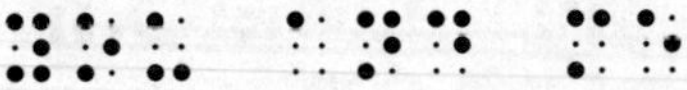

请注意，单词内每个字母的单元格之间用较小的空隙隔开，单词与单词之间则用较大的空隙（基本上相当于一个没有凸点的单元格）隔开。

这就是路易斯·布莱叶设计的盲文的基础规范，或者说至少是适用于拉丁字母时的情况。布莱叶还为带重音字母设计了编码，因为在法语中经常要用到。请注意，这里没有为“w”设计编码，因为古法语中没有使用这个字母（别担心，这个字母最终会出现的）。此时，64 个可能的编码只用到了 25 个。

经过仔细观察，你会发现 25 个小写字母的盲文编码有规律可循。第一行（字母 a 到 j）只使用了单元格上面的四个点——点 1、点 2、点 4 和点 5。第二行（字母 k 到 t）在复用第一行字母编码的基础上，加入了点 3。第三行（字母 u 到 z）也是一样，只是加入了点 3 和点 6。

路易斯·布莱叶最初是按照手工打点的模式设计这套系统的。他知道手工可能不会非常精确，所以为了减少歧义，他在设计这 25 个小写字母的编码时花了心思。例如，在 64 个可能的编码中，有 6 个是只有一个凸起的点的，但只有一个被用于表示小写字母 a。同样，里面有 6 个是只在垂直方向上有两个相邻的点的，但只有一个被用于表示字母 b。3 个只在水平方向上有两个相邻的点的编码也只有一个被用于表示字母 c。

路易斯·布莱叶实际定义的是一系列唯一的形状，这些形状可以在页面上稍作移动，但意思不变。“a”是一个凸起的点，“b”是两个上下相邻的点，“c”是两个左右相邻的点，以此类推。

编码常常容易出错。编写编码（例如，盲文学生在纸上打点）时发生的错误称为编码错误。读取编码时发生的错误称为解码错误。此外，还可能发生传输错误——例如包含盲文的页面受到某种损坏。

较为复杂的编码通常包含各种内置纠错功能。从这个意义上来说，路易斯·布莱叶最初定义的盲文是一个复杂的编码系统——它使用冗余来允许在打点和读点的过程中存在一些不精确。

从路易斯·布莱叶的时代开始，布莱叶盲文编码已经扩展到各个领域，包括用于标记数学和音乐的系统。目前在英文出版物中最常用的盲文系统被称为二级布莱叶盲文（Grade 2 Braille）。二级布莱叶盲文利用许多缩写来减少用纸量并加快阅读速度。例如，如果字母编码单独出现，那么就代表一个常用词。这些常用词的编码如以下 3 行（包括一个“完整的”的第 3 行）所示：

(none) but can do every from go have (none) just

knowledge like more not (none) people quite rather so that

us very it you as and for of the with

因此，短语“you and me”在二级布莱叶盲文中可以这样书写：

到目前为止，我介绍了 31 个编码——单词间没有凸起点的空格以及 3 行 10 列的字母和单词编码。这离理论上可用的 64 个还差得比较远，但在二级布莱叶盲文中，正如下面我们将看到的，没有任何编码会被浪费。

首先，字母 a 到 j 的编码可以加上点 6 的凸起形成新的组合。这些新编码主要用于单词中的缩写字母串，还包括之前提到的字母 w 和另一个单词 will 的缩写：

ch gh sh th wh ed er ou ow w (or “will”)

例如，单词“about”用二级布莱叶盲文可以这样写：

下一步引入了一些潜在的歧义，这在路易斯·布莱叶原始的构想中不存在。字母 a 到 j 的编码实际上也可以“降低”一下使用的点位，只使用编号为 2、3、5、6 的点，这样就得到了新的编码。根据上下文，它们被用来表示一些标点符号或者缩写字母串，如下所示：

ea bb cc dis en to gg his in was

, ; : . ! () “ ”

前四个编码分别表示逗号、分号、冒号和句号。需要注意的是，左括号和右括号使用的是相同的编码，但前引号和后引号使用的是两种不同的编码。由于这些编码可能会被误认为字母 a 到 j，因此它们只有在更大的上下文中与其他字母放在一起时才有意义。

现在我们已经认识了 51 个编码。点 3、点 4、点 5、点 6 还有一些组合未使用，以下就是使用这些组合的 6 个编码，表示一些缩写字母串和一些另外的标点符号：

st / ing ble # ar ' com -

缩写 " ble" 的编码非常重要，因为当它不是某个单词的一部分时，就意味着其之后的编码应该被译为数字。这些数字的编码与字母 a 到 j 的编码是相同的，如下所示：

1 2 3 4 5 6 7 8 9 0

因此，下面这组编码表示的就是数字 256：

如果你还记得的话，我们还需要 7 个编码才能达到 64 个的上限。它们就是：

第一个编码（点 4 凸起）表示音调符号。其他的编码则表示一些缩写的前缀或者其他意思：点 4 和点 6 同时凸起的编码（上面第 5 个）根据上下文可以表示小数点或强调符。点 5 和点 6 同时凸起的编码（上面第 6 个）是与"数字标识符"相对应的"字母标识符"。

最后是单独的点 6 凸起——作为大写标识符（如果你一直好奇布莱叶盲文如何表示大写字母的话），表示接下来的这个字母是大写的。例如，我们可以将这套体系的原创者的名字写为：

这串编码以一个大写标识符开始，接着是字母 l，然后是缩写 ou，之后是字母 i 和 s，一个空格，又一个大写标识符，以及字母 b、r、a、i、l、l 和 e（在实际使用中，可能会省略最后两个不发音的字母或者拼写为 " brl" 来进一步缩写）。

总结一下，我们看到了6个二元的元素（点）如何正好生成64个可能的编码，而不会更多。碰巧的是，这64个编码中的许多会根据它们的上下文而具有双重职能。尤其值得注意的是数字标识符以及取消数字标识符状态的字母标识符，它们会改变紧随其后的编码的含义——从字母变为数字，从数字变回字母。这种编码常被称为“先行码”（precedence code）或“转换码”（shift code）。它们会改变所有作用域内的编码含义，直到作用域结束。

转换码的作用类似于在计算机键盘上按住Shift键，之所以这么命名，是因为在旧式打字机上相应的键通过机械转换机制来打出大写字母。

布莱叶盲文中的大写标识符表示紧跟着的字母（且仅仅是紧跟着的第一个字母）应该是大写而不是小写的。这种编码被称为“转义码”（escape code）。转义码让你能够“脱离”对编码的常规解析，以不同的方式进行。在使用二元编码表示书面语言时，转换码和转义码是相当常见的，但它们也会引入复杂性，因为如果不知道之前的编码是什么，就无法单独解析单个编码。

早在1855年，一些布莱叶盲文的倡导者就开始通过增加两个点的方式来扩展这套体系。八点布莱叶盲文已经被用于一些特殊目的，比如音乐、速记和日文汉字。因为它将唯一编码的数量增加到了2^8——也就是256个，所以在一些计算机应用中也很方便，小写字母、大写字母、数字和标点符号都可以有自己的唯一编码，而无须烦恼于转换码和转义码。

Code

第4章

手电筒的剖析

手电筒的用途非常广泛，帮助人们在被窝里阅读和发送编码后的信息可能只是其中最显而易见的两个。普通家用手电筒还可以作为科普教育中的重要道具，引导人们走进神秘的电世界。

电是一种神奇的现象，尽管它已经被普遍地应用到各个领域中，但真实情况是，即使对于那些自认为懂它的人来说，电依然存在大量的未解之谜。幸运的是，对于理解电是如何在计算机内部被使用的，我们只需要了解几个基本概念就可以了。

手电筒无疑是在大多数家庭中能找到的较为简单的电器之一。拆开一只普通的手电筒，你会发现它包含一个或多个电池、一个灯泡、一个开关、一些金属部件，以及一个可以容纳和固定这些元件的外壳。

如今，大多数手电筒都使用发光二极管（LED），但较为古老的玻璃灯泡有一个优势，就是你可以看到它的内部构造：

这就是所谓的白炽灯泡。大多数美国人认为白炽灯泡的发明人是托马斯·爱迪生，而英国人则认为是约瑟夫·斯旺。事实上，在爱迪生或斯旺之前，许多其他科学家和发明家也都取得了关键进展。

灯泡内有一根钨丝，通电后会发光。灯泡内还充满了惰性气体，以防止钨丝遇热燃烧。钨丝的两端与细的导线相连，这些导线分别连接到灯泡的管状底座和底部的尖端。

你只需要有电池和灯泡就可以自己动手制作简易的手电筒了。当然，你还需要一些短的绝缘导线（将两端的绝缘层剥掉），然后还需要把这些元件连接起来，如下所示：

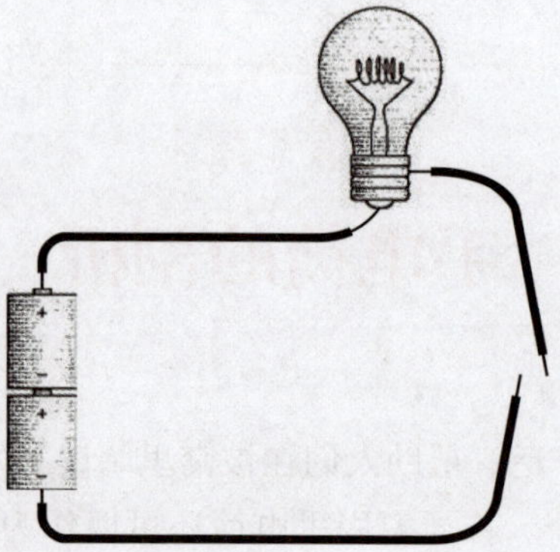

请注意，上图的右侧有两个断开的线头，那就是开关。假设电池没有问题，灯泡也没有烧坏，那么将这两个线头相互接触就可以点亮灯泡，如下所示：

本书使用红色来表示电流正在通过电线并点亮了灯泡。

我们刚刚构建的就是一个简单的电路。首先要注意的是，电路是一个环路。只有在电池到导线，再到灯泡和开关，然后通过导线回到电池的整个回路连通的情况下，灯泡才能被点亮。电路出现任何中断都会导致灯泡熄灭。开关的作用就是控制这一过程。

电路的环状回路特性表明有某种东西在电路中循环流动，也许就像水流过水管一样。在解释电的工作原理时，“水和水管”的类比经常被使用，但就像所有其他的类比一样，这种类比最终也无法自圆其说。在这个宇宙中，电是独一无二的，我们必须直面它的本质。

理解电流工作原理的一种方法被称为“电子理论”，这套理论将电流解释为电子的运动。

我们知道，所有的物质（通常是我们所能看到和感觉到的东西）都是由极其微小的原子（atom）组成的。每个原子又由三种粒子构成，它们分别叫作中子（neutron）、质子（proton）和电子（electron）。有时可以把原子想象成一个小太阳系，中子和质子被束缚在一起构成原子核，电子则围绕着原子核旋转，就像行星围绕太阳旋转一样，当然，这个模型现在已经过时了。

原子中的电子数通常与质子数相同。但在某些情况下，电子可能从原子中脱离。这就是电流产生的原因。

“电子”（electron）和“电”（electricity）的英文单词都源自古希腊文“ηλεκτρον”（elektron）。奇怪的是，这个词在希腊语中的意思是“琥珀”，一种树脂硬化后形成的玻璃状的物质。之所以有这个不太可能的词源，是因为古希腊人曾用羊毛摩擦琥珀做实验，这种摩擦会产生我们现在所说的静电。用羊毛摩擦琥珀会使羊毛从琥珀中拾取电子，导致羊毛上的电子多于质子，而琥珀上的电子少于质子。在更现代的实验中，地毯会从我们的鞋底拾取电子。

质子和电子都具有带电荷的特性。质子被认为带有正（+）电荷，而电子被认为带有负（-）电荷，但这里的 + 和 - 并不是指算术意义上的加和减，也不是指质子有某种电子没有的东西。这两个符号只是表示质子和电子在某些方面的特性是相反的。这种相反的特性在质子和电子的相互关系中也能体现出来。

质子和电子在数量相等时最和谐、最稳定，在数量不平衡时会试图自我纠正。在地毯从你的鞋子上拾取电子后，当你触摸一些东西并感到被电了一下时，又回归平衡状态。这股静电就是电子的运动引起的，它们通过了一条回路——从地毯通过你的身体，再回到你的鞋子。

静电不仅限于手指接触门把手时产生的小火花。在暴风雨中，云层的底部会积聚大量电子，而顶部会失去电子。最终，这种不平衡通过一道闪电被抹平。闪电就是大量电子从一端快速移动到另一端所形成的。

与电火花或闪电相比，手电筒电路中的电显然要安分守己得多。灯泡之所以能够持续稳定地发光，是由于电子不是简单地从一个地方跳到另一个地方。当电路中的一个原子所含有的一个电子逃逸到邻近的另一个原子中时，这个原子会从其他相邻的原子那里获取另一个电子，而失去电子的原子又会从另一个相邻的原子那里获取一个电子，以此类推。电子不断地从一个原子传递到另一个原子，就在电路中形成了电流。

电流不会自然而然地出现，我们不能指望随便给一堆东西接上电线就能产生电流。我们需要某种东西来促成电子在电路中的流动。再回过头来看一下前面那张简易手电筒的示意图，我们可以很有把握地断定，促使电子流动起来的东西既不是导线，也不是灯泡，而应该是电池。

手电筒中使用的电池通常是圆柱形的，根据大小不同标有 D、C、A、AA 或 AAA 等。电池扁平的一端标有负号（-），另一端有一个小凸起，标有正号（+）。

电池通过化学反应产生电能。电池里面的化学物质是经过精心挑选的，它们之间的化学反应会在电池标有负号的一端（称为负极或阴极）产生多余的电子，并让电池的另一端（称为正极或阳极）变得急需额外的电子。通过这种方式，化学能被转化为电能。

手电筒中使用的电池可以产生 1.5 伏特（简称“伏”）左右的电压。我很快会讨论电压的概念。

要让这个化学反应持续下去，就需要有途径将多余的电子从电池的负极带走并送回正极，这是通过连接两个端点的电路实现的。在这个电路中，电子沿逆时针方向移动：

电池的化学物质中的电子之所以能与铜导线中的电子自由混合，是因为有这样一个简单的事实：所有的电子，无论出自哪里，都是相同的。铜电子与其他电子没有任何区别。

请注意，两个电池的正极都朝向同一个方向。下方电池的正极会从上方电池的负极那里获取电子。这就好像两个电池合并成了一个更大的电池，同样一端为正极，另一端为负极。合并后的电池电压为 3 伏，而不是 1.5 伏。

如果我们将其中一个电池倒置，电路就不会工作了：

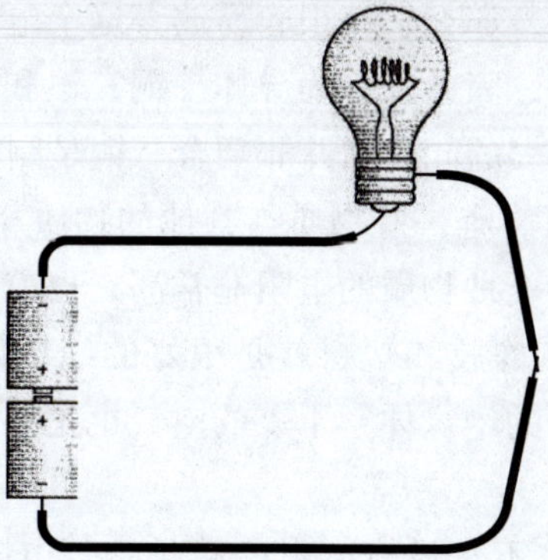

两个电池的正极都需要电子来进行化学反应，但由于它们相互连接，电子无法到达它们。如果两个电池的正极相连，那么它们的负极也应该相连：

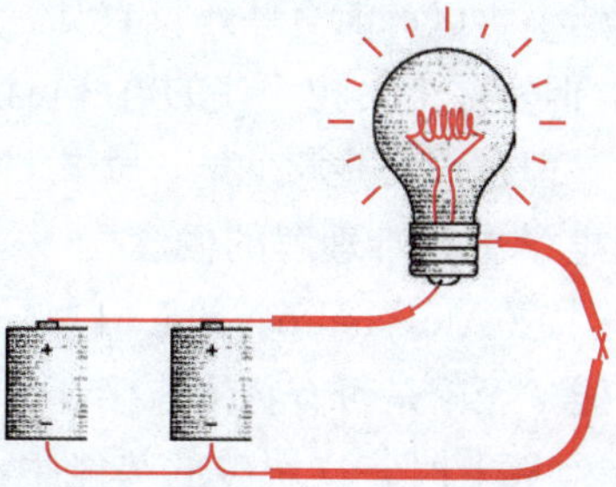

上面这个电路也是可以正常工作的。与前面那种“串联”的方式不同，这种电池连接方式被称为“并联”。这样合并后的电压还是 1.5 伏，与单个电池的电压是一样的。灯可能仍然会亮，不过其亮度比不上两节电池串联时，但是电池的使用寿命会是原来的两倍。

我们通常习惯于认为电池为电路提供了电能，但也可以反过来想——电路为电池的化学反应发生提供了途径。电路从电池的负极带走电子，并将它们输送到电池的正极。电池中的化学反应会持续进行，直到所有的化学物质耗尽。在这之后，你需要适当处理电池或对其进行充电。

在从电池的负极流向正极的过程中，电子通过了导线和灯泡。那么，为什么需要导线呢？电流难道不能直接通过空气传导吗？好吧，是也不是。是的，电流可以通过空气传导（尤其是潮湿的空气），不然我们就看不到闪电了。但是，电流在空气中传导并不容易。

有些物质的导电能力明显优于其他物质。元素的导电能力与其亚原子结构有关。电子以不同的层次包围着原子核，这些层次被称为“壳层”。如果原子最外的壳层中只有一个电子，那么它就很容易放弃这个电子，而这正是导电所必需的。这些物质有利于导电，因此被称为导体。铜、银和金都是非常好的导体，这三种元素出现在元素周期表的同一列并非巧合。铜是制作电线最常见的物质。

与电导相反的是电阻。有一些物质与其他的物质相比更不容易让电流通过，我们称其为电阻器。如果一种物质的电阻非常高，也就是说，它几乎不导电，这种物质就被称为绝缘体。橡胶和塑料就是很好的绝缘体，因此常被用来包裹电线。布料和木头也是良好的绝缘体，干燥的空气也是一样。不过，只要电压足够高，任何东西都能导电。

铜的电阻很小，但并不是没有。电线越长，其电阻越大。如果用几英里长的电线来给手电筒接线的话，电线的电阻将会变得非常大，以至于手电筒无法工作。

电线越粗，其电阻就越小。这可能有些违反直觉。你可能会认为，粗电线需要更多的电流来“填满”。但实际上，粗一些的电线可以让更多的电子通过。

我在前面提到了电压，但还没有定义它。一个电池有 1.5 伏的电压意味着什么？实际上，电压是初级电学中较难理解的概念之一，它以在 1800 年发明了第一块电池的亚历山大·伏特（Alessandro Volta，1745—1827）伯爵的名字而命名。电压指的是做功的势能。无论是否有物体连接到电池上，电压都存在。

以一块砖为例。放在地板上时，这块砖的势能很小。把它拿在手里举到离地面四英尺[㊀]的高度，这块砖就会有更大的势能。要想感受这种势能，把砖扔掉就可以了。如果拿着这块砖到一座高楼的楼顶，它的势能会更大。在这三种情况下，你都拿着这块砖，这块砖本身并没有做什么，但它的势能却迥然不同。

电流是电学中的一个简单概念。它与实际在电路中飞驰的电子数有关。电流的单位是安培，以安德烈－玛丽·安培（André-Marie Ampère，1775—1836）的名字命名，通常简称为“安”，比如“一根 10 安的保险丝”。要获得 1 安的电流，就需要保证每秒有超过 6 000 000 000 000 000 000（6 后面有 18 个 0）个电子通过电路中的某一点。

“水和管道”的类比在这里很有用：电流类似于流过管道的水量；电压类似于水压；电阻类似于管道的纤细程度——管道越纤细，电阻越大。因此，水压越大，流过管道的水量就越多。管道越纤细，流过的水量就越少。流过管道的水量（电流）与水压（电压）成正比，与管道的纤细程度（电阻）成反比。

㊀ 1 英尺 =0.3048 米。——编辑注

在电学领域，如果知道了电压和电阻，就可以计算出电路中的电流。电阻（物质阻碍电子流动的倾向）以欧姆（简称“欧”）为单位，这个单位的命名出自乔治·西蒙·欧姆（Georg Simon Ohm，1789—1854），他提出了著名的欧姆定律。该定律可以用如下公式描述：

$$I=E/R$$

其中，I 通常表示电流（以安培为单位），E 表示电压（代表电动势），而 R 是电阻。

以下面这个电池为例，现在它没有任何连接：

它的电压（E）是 1.5 伏，代表做功的势能。但是，因为正负极只通过空气连通，所以电阻（R）非常大，这样的话电流（I）就等于 1.5 伏除以一个非常大的数字。这意味着电流几乎为零。

现在，让我们用一根短铜线来连接正负极（从这里开始，电线上的绝缘层将不再显示）：

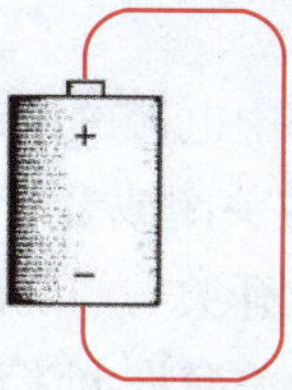

这就是所谓的短路。电压仍然是 1.5 伏，但电阻现在非常非常小。电流就等于 1.5 伏除以一个非常小的数字。这意味着电流将非常非常大。大量电子将流过导线。在现实中，实际电流会受到电池物理尺寸的限制。电池可能无法支撑如此大的电流，实际电压也可能小于 1.5 伏。如果电池足够大，导线就会发热，因为电能会被转化为热能。如果导线变得非常热，它实际上会发光，甚至可能融化。

大多数电路都介于这两种极端情况之间。我们可以这样来表示它们：

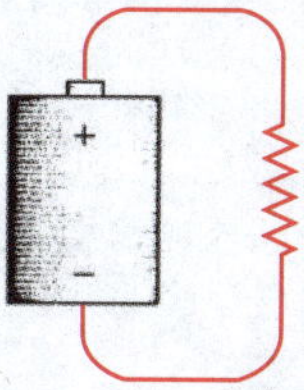

图中这段波浪线对电气工程师来说是电阻的符号。在这里，它表示电路的电阻既不是很小，也不是很大。

如果一根导线的电阻很小，它就会变热并开始发光。这就是白炽灯泡的工作原理。

手电筒白炽灯泡中常见的灯丝的电阻约为 4 欧。如果手电筒需要两节电池串联，那么电流就是 3 伏除以 4 欧，即 0.75 安，也可以表示为 750 毫安。这意味着每秒有超过 4 500 000 000 000 000 000 个电子流经灯泡。灯丝的电阻使得电转化为光和热。

电的另一个常用计量单位是瓦特（简称“瓦”），以詹姆斯·瓦特（James Watt，1736—1819）的名字命名，他因在蒸汽机方面的研究而闻名于世。瓦是功率（P）的计量单位，可以通过以下公式计算：

$$P=E\times I$$

手电筒的电压为 3 伏，电流为 0.75 安，这表明我们使用的是 2.25 瓦的灯泡。白炽灯泡正在普遍被 LED 所取代，因为 LED 能以较少的热量和较低的瓦数提供同样的光量。电费是根据瓦数计算的，因此降低灯泡的瓦数既省钱又环保。

现在，我们似乎已经分析了手电筒的所有部分了——电池、导线和灯泡。但我们忘记了最重要的部分！

是的，开关。开关控制着电路中电流的流动。当开关允许电流流动时，我们说它是打开的，或闭合的。当处在关闭或者断开状态时，开关不允许电流流动。（“打开”和“闭合”这两个词针对开关与门的使用方式正好相反。一扇闭合的门阻止任何东西通过；一个闭合的开关允许电流流动。）

开关要么是闭合的，要么是打开的；电流要么流动，要么不流动；灯泡要么亮，要么不亮。

就像莫尔斯和布莱叶发明的二元编码一样，这个简单的手电筒要么打开着，要么关闭着，没有中间状态。在接下来的章节中，二元编码和简单电路之间的这种相似性将被证明非常有用。

Code

| 第 5 章 |

绕过拐角的通信

你 12 岁那年，在一个伤感的日子里，你最好的朋友全家搬到了另一个城镇。你偶尔会给他发邮件和短信，但这并没有在那些深夜里用手电筒闪烁莫尔斯电码时那么令人兴奋。你另外一个好伙伴，也就是你的邻居，现在成了你最好的朋友。是时候教他一些莫尔斯电码，让手电筒在深夜再次闪烁起来了。

可问题是，你的新朋友的卧室窗户与你的卧室窗户不是对着的。两栋房子是并排的，卧室的窗户朝向相同。除非你有办法在室外安装几面镜子，否则手电筒就不能用来夜谈了。

怎么办呢？

也许到目前为止，你已经掌握了一些关于电的知识，所以你决定用电池、灯泡、开关和电线来自制一个"手电筒"。在第一个实验中，你将电池和开关接在自己的卧室里，用两根电线从你的窗户穿出去，越过一道篱笆，然后进入你朋友的卧室，并连接到一个灯泡上：

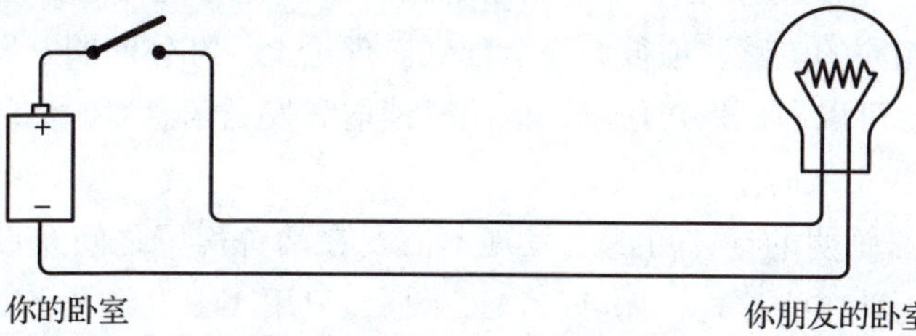

从这里开始，我们的电路图将更加符号化而非现实化。虽然我只画了一个电池，但实际上你可能会使用两个。在这个图和以后的图中，这表示一个处于关闭（或断开）状态的开关：

而这则表示一个处于打开（或闭合）状态的开关：

本章中的“手电筒”与第 4 章中的手电筒工作原理相同，只是连接各部件的电线稍微长一些。当你闭合你这端的开关时，你朋友卧室里的灯泡就亮了：

现在你可以使用莫尔斯电码来发送消息了。

一旦你成功安装了一个这样的远距离“手电筒”，就可以照样再安装一个，这样你的朋友就同样可以向你发送信息了：

恭喜！你刚刚成功组装了一套双向电报系统。你可能注意到了，这套系统包含两个完全相同的电路，但彼此完全独立。理论上，在你向朋友发送信息的同时，你的朋友也可以向你发送信息，但同时读取和发送信息对于你的大脑来说可能有点困难。

如果你足够聪明的话，可能会发现不需要在两栋房子之间布设那么多的电线。使用下面这种布线方式，你可以省去 1 根，只用 3 根电线来完成连接：

在本书中，通过一个小点来表示电线在交叉处相互连接。上图中有两个这样的连接，一个在你的卧室的电池下方，另一个在你朋友的卧室的灯泡下方。

请注意，两个电池的负极现在是相连的。这两个回路（电池－开关－灯泡－电池）仍然是独立运行的，尽管它们现在连在了一起。

这种电路连接方式被称为公共回路。在这个电路中，公共部分位于两个电线交叉点之间，从左边的灯泡和电池的连接点延伸到右边的灯泡和电池的连接点。

我们再仔细检查一下，以确保在使用时不发生意外。首先，当你闭合你这边的开关时，你朋友卧室的灯泡就会亮起来。红色的线显示了电路中电流流动的路径：

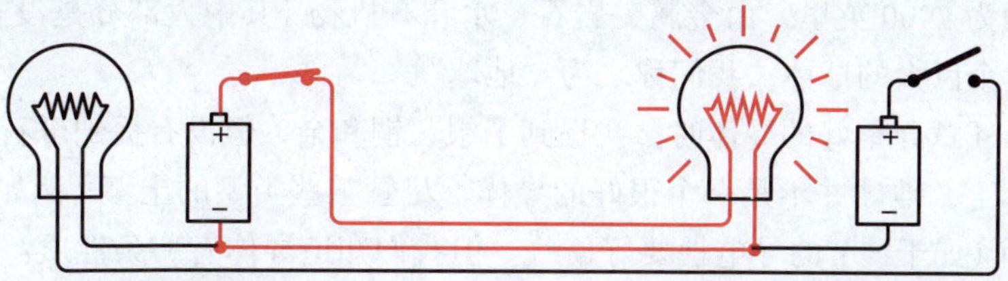

电路另外的部分没有电流，因为没有完整的回路。

当你没有发送信息，但你的朋友正在发送信息时，你朋友卧室的开关就控制着你家里的灯泡。同样，红色的线显示了电路中电流流动的路径：

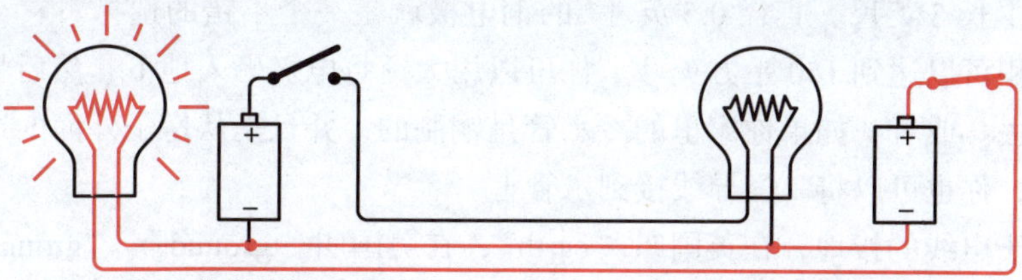

当你和朋友同时尝试发送信息时，有时两个开关都是断开的，有时一个开关是闭合的但另一个开关是断开的，有时两个开关都是闭合的。当两个开关都闭合时，电路中电流的流动路径是这样的：

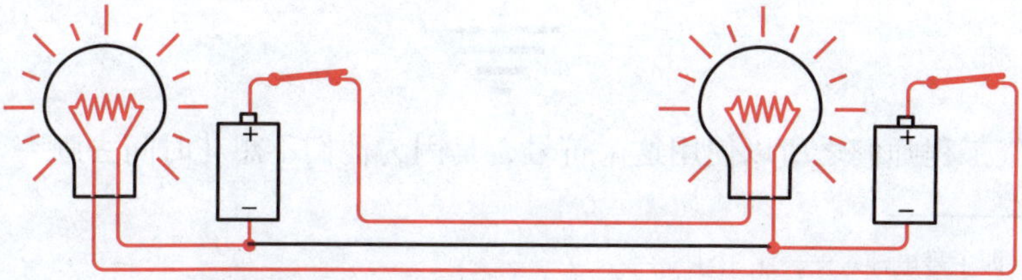

有趣的是，当两个灯泡都亮起来时，电流并不会流经电路的公共部分。

通过使用公共部分将两个独立的电路连接成一个电路，我们将两栋房子之间连接的电线数量从 4 根减少到 3 根，节省了 25% 的电线开支。

如果需要敷设非常长的线路，我们可能还会想办法削减一根电线以进一步节省开支。遗憾的是，太长的线路对于 1.5 伏的 D 型电池㊀和小型灯泡来说根本行不通。但是，如果我们使用的是 100 伏的电池和更大的灯泡，问题就解决了。

诀窍是这样的：在你构思好公共回路之后，不必非得用导线来构建电路的公共部分，可以用别的东西来代替。这个现成的东西就是一个巨大的球体，它的直径大约为 7900 英里，由金属、岩石、水和有机物（其中大部分是没有生命的）组成。这个巨大的球体，我们称之为“地球”。

在第 4 章介绍好的导体时，我提到了银、铜和金，但没有提到砾石层和覆盖层。实际上，地球并不是一个很好的导体，尽管某些类型的土壤（例如湿土）比其他类型（如干沙）的导电性要好一些。但我们知道导体有一条性质：其横截面越大，导电性越好。非常粗的电线比非常细的电线的导电性要好得多。这就是地球的优势所在。它真的非常、非常、非常大。

要将地球作为导体来使用，可不是随便在番茄地里插根线就可以的。你需要使用一个与地球保持大面积接触的东西，也就是一个具有较大的接触面的导体。一根至少长 8 英尺、直径 0.5 英寸㊁的铜电极就是一个不错的选择。它与地球的接触面积可以达到 150 平方英寸。你可以用大锤将电极砸入地下，然后将一根导线接上去。或者，如果你家里的冷水管是铜制的，并且是从房子外面的地下延伸进来的，你也可以将一根导线接到水管上。

关于电线的接地，在英国叫“earth”，在美国叫“ground”。“ground”这个词存在一些混淆，因为它也经常用来表示我们前面所说的公共回路的公共部分。在本章中，除非特别说明，“ground”都表示物理接地。

在电路图中，我们使用这个符号来表示接地：

电气工程师们之所以使用这个符号，是因为他们不想花时间去画一个埋在地

㊀ 即 1 号电池。——编辑注

㊁ 1 英尺 =12 英寸，1 英寸 =0.0254 米。——编辑注

下的 8 英尺长的铜电极。连接有这个符号的电路被称为“接地电路”。

让我们来看看新的电路是如何工作的。先回到本章开始时介绍的这个单向电路：

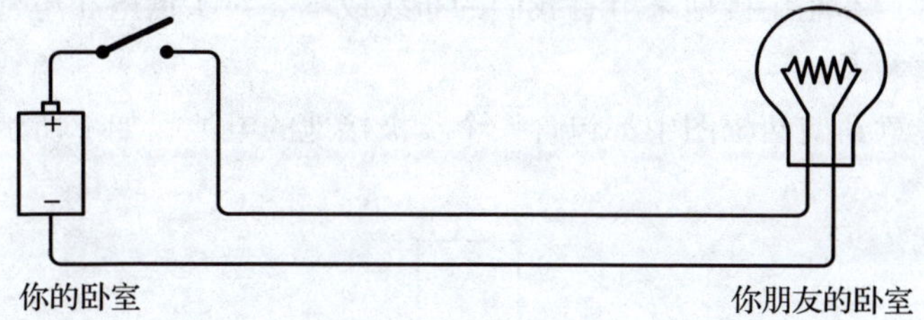

如果你使用的是高电压电池和大灯泡，你的家和你朋友的家之间就只需要接一根电线，因为你可以将地球用作另外一根：

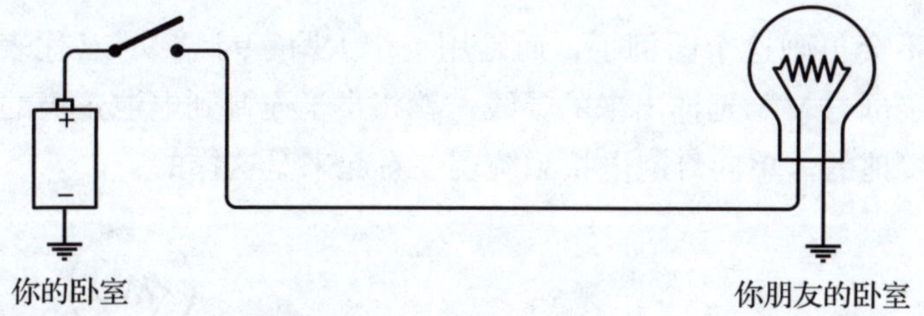

当你打开开关时，电流会像这样流动：

电子从你朋友家的地下出来，通过灯泡和电线，经过你家里的开关，然后进入电池的正极。电池负极的电子则进入地下。

你可能还在想象电子从埋在你家后院的 8 英尺铜电极跃入地下，然后在地下飞奔，到达埋在你朋友家后院的 8 英尺铜电极的情景。但如果考虑到地球每时每刻都在为全世界成千上万条电路提供同样的功能，你可能会问：电子怎么知道该往哪里去？显然，它们不知道。或许，为地球换一种形象更为恰当。

是的，地球是一个巨大的导体，但它也可以被视为一个电子源和储存库。地球之于电子，就像海洋之于水滴。地球是一个几乎无限的电子源，也是一片巨大的电子海。

不过，地球还是有一定的电阻的。这就是为什么在使用 1.5 伏的 D 型电池和手电筒灯泡时，不能用接地来节省我们的布线成本。对于低电压电池来说，地球的电阻实在太大了。

你可能注意到前两幅图中都包含一个负极接地的电池，如下所示：

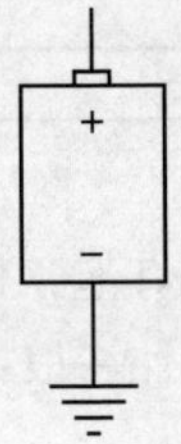

后面我不会再画这个图例了，而是用一个大写字母“V”（代表电压）来代替。从大写字母“V”延伸出来的导线，就相当于连接到电池正极的导线，而电池的负极是接地的。单向灯泡电报系统现在看起来是这样的：

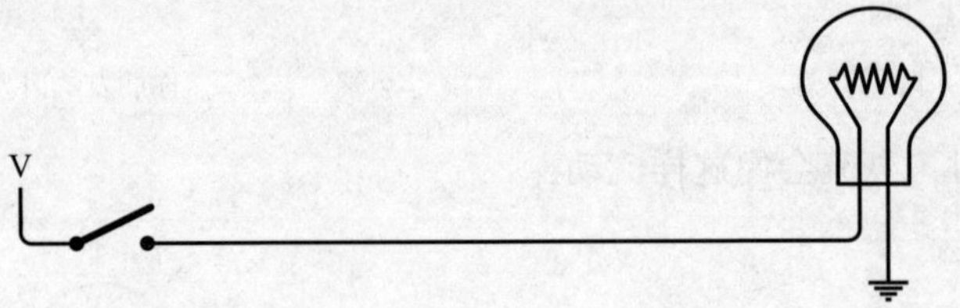

字母 V 代表电压（Voltage），但在某种意义上，它也可以代表真空吸尘器（Vacuum）。你可以把 V 想象成一个电子真空吸尘器，并将地面想象成一片电子的海洋。电子真空吸尘器将电子从地面吸入电路，沿途做功（比如点亮一个灯泡）。

大地有时也被称为零电势点。这意味着没有电压存在。正如我前面所解释的，电压指的是做功的势能，就好比一块砖悬在空中就有势能一样。零电势就好比这块砖落在了地面上——已经没有空间可以让它继续下落了。

在第 4 章中，我们首先学到的知识点之一便是电路是一条回路。我们的新电路看起来不像，但实际上仍然是。你可以把 V 换成负极接地的电池，然后画一根线把所有接地标志连起来。最后就会得到一张与本章开始处一样的电路图。

因此，在两个铜电极（或冷水管）的帮助下，我们只需要用两根电线穿过你与朋友家之间的篱笆，就可以构建一个双向莫尔斯电码系统：

这个电路在功能上与之前那个使用三根电线穿越篱笆的电路是完全一样的，但只能使用高电压电池和大灯泡。

在本章中，我们在通信的演变上迈出了重要的一步。在这之前，我们学会了使用莫尔斯电码进行交流，但只能在视线可及的直线上，并且在手电筒光线可以照射到的范围内。

通过使用电线，我们不仅构建了一个可以绕过拐角在视线之外进行通信的系统，而且摆脱了距离的限制。只需要敷设足够长的线路，我们就可以跨越数百乃至数千英里进行通信。

不过还有个问题。虽然铜是一种很好的导体，但它也不是完美的。电线越长，其电阻就越大。电阻越大，线路中的电流就越小。电流越小，灯泡就越暗。

那么，我们究竟需要多长的电线呢？这要看情况。假设你使用的是最开始的四线双向连接，没有使用接地和公共回路，并且使用的是手电筒电池和灯泡。为了降低成本，你最初可能购买了一卷 100 英尺长的音箱线，这种线通常用于连接音箱和 High-End 音频放大器。音箱线是由两根方便地粘在一起的绝缘线组成的，因此是我们的电报系统不错的选择。如果你的卧室和你朋友的卧室相距不到 50 英尺，这一卷电线就足够了。

在本书中，电线的粗细使用美国线规（American Wire Gauge，AWG）来衡量。AWG 数值越小，电线越粗，电阻也就越小。如果你购买的是 20 号音箱线，那么其直径大约为 0.032 英寸，每 1000 英尺的电阻约为 10 欧。如果你们卧室间的往返距离为 100 英尺，则电阻大约为 1 欧。

这还不错，但如果我们需要敷设一英里的线路呢？电线的总电阻将大于 100 欧。第 4 章中提到过，我们的灯泡的电阻只有 4 欧。根据欧姆定律，可以很容易地计算出，电路中的电流已经不再是 0.75 安（3 伏除以 4 欧），而是不到 0.03 安（3 伏除以 100 欧以上）了。几乎可以肯定，这点电流不足以点亮灯泡。

使用粗一些的电线是一种不错的解决方案，但成本可能会比较高。10 号线的直径约为 0.1 英寸，每 1000 英尺的电阻就只有约 1 欧，也就是每英里约 5 欧。

另一种解决方案是提高电压，同时使用电阻大得多的灯泡，例如家中照明用的灯泡。这样，电线的电阻对整个电路的影响就会小得多。

这些都是 19 世纪中期人们在美国和欧洲之间架设第一套电报系统时所面临的问题。无论电线有多粗、电压有多高，电报线都不可能无限地延伸下去。按照这一方案，系统正常工作的极限最多也就几百英里。这与纽约和加利福尼亚之间数千英里的距离相差甚远。

最后用来解决这个问题（不是针对手电筒的，而是针对“嘀嗒、嘀嗒”的近代电报系统的）的只是一个简单而不起眼的装置，但正是基于这个装置，整个计算机系统才被构建出来。

Code

| 第 6 章 |
逻辑与开关

什么是真理？亚里士多德认为它和逻辑有关。他的学说集《工具论》（可以追溯到公元前 4 世纪）是最早的关于逻辑的巨著。对古希腊人来说，逻辑是分析语言以寻求真理的一种手段，因此被视为哲学的一种形式。亚里士多德逻辑学的基础是三段论。最著名的三段论（实际上并未在亚里士多德的作品中找到）是：

所有男人都必有一死；

苏格拉底是一个男人；

所以苏格拉底必有一死。

在三段论中，假定两个前提是正确的，然后从这两个前提推导出一个结论。

“苏格拉底必有一死”的结论似乎太简单直接了，但三段论的形式其实是多种多样的。例如，考虑 19 世纪的数学家查尔斯·道奇森[㊀]提出的这两个前提：

所有的哲学家都是有逻辑头脑的；

一个没有逻辑头脑的人总是固执的。

这里得出的结论是“一些固执的人不是哲学家”，一点都不显而易见。请注意结论中有一个出乎意料且令人迷惑的词“一些”。

两千多年来，数学家们一直在苦苦思索，试图用数学符号和运算符来归纳亚里士多德的逻辑理论。

在 19 世纪之前，唯一有所进展的人是戈特弗里德·威廉·冯·莱布尼茨（Gottfried Wilhelm von Leibniz，1648—1716），他早年涉足了逻辑学，但后来转向了其他兴趣领域，比如与艾萨克·牛顿（Isaac Newton）同时独立地发明了微积分。

接下来有所突破的是乔治·布尔。

乔治·布尔于 1815 年出生于英格兰，他周围的环境对他的成长很不利。他

㊀ 笔名为刘易斯·卡洛尔，英国逻辑学家、数学家、作家，《爱丽丝梦游仙境》作者。——编辑注

父亲是鞋匠，而母亲曾是女仆，当时英国森严的等级制度使布尔学不到什么有别于父辈的东西。但是，靠着自身强烈的好奇心及父亲的帮助（其父对科学研究、数学和文学有浓厚的兴趣），年轻的乔治自学了上层阶级男孩才能学到的课程，包括拉丁文、希腊语及数学。1849 年，布尔凭借他早期在数学领域发表的论文，被任命为爱尔兰科克女王学院的首任数学教授。

（图片来源：Science & Society Picture Library/Getty Images）

在 19 世纪中期，一些数学家一直在努力研究逻辑的数学定义，其中包括著名的奥古斯都·德·摩根（Augustus De Morgan），但只有布尔真正在理论上有所突破，他首先是在 1847 年出版了一本篇幅比较短的书《逻辑的数学分析：论演绎推理的演算法》（*The Mathematical Analysis of Logic, Being an Essay Towards a Calculus of Deductive Reasoning*），随后又在 1854 年出版了一部篇幅更长、更宏大的著作《思维规律的研究：作为逻辑与概率的数学理论的基础》（*An Investigation of the Laws of Thought on Which Are Founded the Mathematical Theories of Logic and Probabilities*），简称《思维规律》。1864 年，布尔由于冒雨赶去上课不幸感染了肺炎而去世，享年 49 岁。

布尔 1854 年出版的这本书的书名体现了他的雄心壮志：他认为，人脑是用逻辑来思考的，因此，如果我们能找到一种用数学来表示逻辑的方法，我们也就能用数学来描述大脑是如何工作的。但是，研究布尔的数学理论并不一定要接受他的神经心理学主张。

布尔发明了一种完全不同的代数，为了与传统代数区分开，这种代数最终被称为布尔代数。

在传统代数中，字母通常被用来表示数字。这些字母被称为操作数，它们通过运算符以不同的方式组合在一起，最常见的运算符是加号（+）和乘号（×）。例如：

$$A=3\times(B+5)$$

在进行传统代数运算时，我们会遵循一定的规则。这些规则可能已经深深地根植于我们的实践中，以至于我们不再将它们视为规则，甚至可能忘记了它们的名字。但实际上，规则确实是任何形式的数学运算的基础。

第一个规则是加法和乘法的交换律。即我们可以在操作符两边交换操作数的位置：

$$A+B=B+A$$

$$A\times B=B\times A$$

相反，减法和除法是不满足交换律的。

加法和乘法也满足结合律，如下所示：

$$A+(B+C)=(A+B)+C$$

$$A\times(B\times C)=(A\times B)\times C$$

最后，我们说乘法遵循加法分配律，如下所示：

$$A\times(B+C)=(A\times B)+(A\times C)$$

传统代数的另一个特点是它处理的都是数字，比如豆腐的重量、鸭子的数量、火车行驶的距离或一天中的秒数。

布尔的天才表现为：将代数从数的概念中剥离出来，使其变得更加抽象。在布尔代数中，操作数不再指代数字，而是指代类。简单来说，一个类就是一组事物，与后来所说的集合类似。

以猫为例。猫可以是公猫（Male）也可以是母猫（Female）。为了方便起见，我们可以使用 M 来指代公猫类，用 F 来指代母猫类。请记住，这两个符号并不代表猫的数量。公猫和母猫的数量会随着小猫的出生和老猫的遗憾离世而不断变化。这两个字母代表的是具有特定特征的猫的类别。我们提到公猫时，可以直接用 M 来指代。

我们也可以使用其他字母来代表猫的颜色。例如，T 可以代表棕褐色（Tan）的猫，B 可以代表黑色（Black）的猫，W 代表白色（White）的猫，而 O 代表所有“其他”(Other) 颜色的猫——所有不属于 T、B、W 的猫。

最后，在这个例子中，猫还可以是已绝育的(Neutered)或未绝育的(Unneutered)。我们用字母 N 来代表已绝育的猫，用 U 来代表未绝育的猫。

在传统（数字）代数中，运算符“+”和“×”被用于表示加法和乘法。在布尔代数中，同样用到了“+”和“×”这两个符号，这似乎会引起混淆。人人都知道在传统代数中如何对数字进行加和乘，但如何对类进行加和乘呢?

实际上，在布尔代数中我们并不会真正地进行加和乘。相反，“+”和“×”这两个符号有着完全不同的含义。

在布尔代数中，符号“+”表示两个类的并集。两个类的并集的意思是指第一个类中的所有元素和第二个类中的所有元素的集合。例如，$B+W$ 代表所有黑猫和白猫的集合。

布尔代数中的符号“×”表示两个类的交集。两个类的交集是指同时属于第一个类和第二个类的所有元素的集合。例如，$F \times T$ 代表棕褐色母猫的集合。与传统代数一样，我们可以将 $F \times T$ 写为 $F \cdot T$，或简写为 FT（这是布尔代数推荐形式）。你可以将这两个字母视为连在一起的两个形容词：棕褐色的母猫。

为了避免传统代数和布尔代数之间的混淆，有时会使用符号"∪"和"∩"来表示并集和交集，而不是使用"+"和"×"。但是，布尔对数学的部分解放性影响正是在于让熟悉的运算符的使用变得更加抽象，因此，我决定坚持他的做法，不向他的代数引入新的符号。

交换律、结合律和分配律均适用于布尔代数。此外，在布尔代数中，"+"运算符对"×"运算符也满足分配律，这在传统代数中是不成立的，如下所示：

$$W + (B \times F) = (W + B) \times (W + F)$$

白猫和黑色母猫的并集（等号左侧），与白猫和黑猫的并集以及白猫和母猫的并集这两个并集的交集（等号右侧）是一样的。这稍微有点难以理解，但确实是成立的。

完整的布尔代数还需要另外三个符号。其中两个符号可能看起来像数字，但实际上它们的含义并不是数字。在布尔代数中，符号 1 表示"全集"——即我们提到的所有事物。在前面的例子中，符号 1 表示"所有猫的集合"。因此：

$$M + F = 1$$

这表示公猫和母猫的并集就是所有猫的集合。同样，棕褐色猫、黑猫、白猫以及其他颜色的猫的并集也是所有猫的集合：

$$T + B + W + O = 1$$

你也可以通过以下方式得到所有猫的集合：

$$N + U = 1$$

符号 1 可以和减号一起使用，表示在全集中排除一些事物。例如，

$$1 - M$$

表示除去公猫之外的所有猫的集合。全集除去所有的公猫其实就是母猫的集合：

$$1 - M = F$$

还要用到的符号是 0（零），在布尔代数中，0 表示空集——没有任何元素的集合。当我们取两个互斥集合的交集时，就会得到一个空集——例如，母猫与公猫的交集：

$$F \times M = 0$$

请注意，在布尔代数中，符号 1 和 0 的用法有时也与传统代数中相同。例如，所有猫的集合与母猫的集合的交集还是母猫的集合：

$$1 \times F = F$$

空集与母猫的集合的交集还是空集：

$$0 \times F = 0$$

空集与母猫的集合的并集则是母猫的集合：

$$0 + F = F$$

但有时与传统代数中得到的结果就不太一样了。例如，所有猫的集合与母猫的集合的并集是所有猫的集合：

$$1 + F = 1$$

这个表达式在传统代数中就没有太大的意义。

F 是母猫的集合，那么 $(1-F)$ 就是所有非母猫的集合，这两个集合的并集是 1：

$$F + (1 - F) = 1$$

且这两个集合的交集为 0：

$$F \times (1 - F) = 0$$

历史上，这个公式代表了逻辑学中的一个重要概念：矛盾律，表示事物不可能既是自身又是自身的反面。

布尔代数与传统代数真正不同的地方在于这样的表达式：

$$F \times F = F$$

这个表达式在布尔代数中完全成立：母猫的集合和母猫的集合的交集依然是母猫的集合。但如果 F 代表的是数字，那就不太对了。布尔认为

$$X^2 = X$$

这条语句就足以将布尔代数与传统代数区别开来。另一个在传统代数中看起来比较古怪的布尔表达式是：

$$F + F = F$$

母猫的集合和母猫的集合的并集也依然是母猫的集合。

布尔代数为解决亚里士多德的三段论问题提供了一种数学方法。让我们再来看看那个著名的三段论的前两部分，但是现在不区分性别：

所有人都必有一死；

苏格拉底是一个人。

我们用 P 表示所有人的集合，M 表示必有一死的事物的集合，S 表示苏格拉底的集合。所谓的“所有人都必有一死”是什么意思呢？意思就是所有人的集合与必有一死的事物的集合的交集是所有人的集合：

$$P \times M = P$$

$P \times M = M$ 这个表达式是错误的，因为必有一死的事物还包括猫、狗和榆树等。

所谓的“苏格拉底是一个人”，就是指苏格拉底的集合（一个很小的集合）与所有人的集合（一个很大的集合）的交集是苏格拉底的集合：

$$S \times P = S$$

从第一个等式我们可以得到 $P = P \times M$，将这个等式代入到第二个等式中，有：

$$S \times (P \times M) = S$$

根据结合律，上式等同于：

$$(S \times P) \times M = S$$

我们已经知道 $(S \times P)$ 等于 S，所以上式可以简化为：

$$S \times M = S$$

计算完毕。这个表达式告诉我们，苏格拉底的集合与必有一死的事物的集合的交集是 S，也就是说，苏格拉底必有一死。相反，如果我们发现 $S \times M = 0$，就会得出苏格拉底不会死的结论。如果发现 $S \times M = M$，结论就会是所有必有一死的事物都是苏格拉底！

用布尔代数来证明这个显而易见的事实似乎有些小题大做，尤其是苏格拉底在 2400 多年前就已经证明了自己必有一死的情况下㊀。但是，布尔代数还可以用来判断某件事物是否满足一定的条件集。

也许有一天，你会走进一家宠物店，对店员说：“我想要一只已绝育的公猫，颜色是白色或棕褐色的；或者一只已绝育的母猫，除了白色之外任何颜色都可以；或者只要是黑猫就可以，其他无所谓。”然后店员对你说：“你想要的猫是在

$$(M \times N \times (W + T)) + (F \times N \times (1 - W)) + B$$

这个表达式所表示的集合里，对吗？”你回答说：“是的！完全正确！”

在验证店员是否正确时，你可能想要使用 OR（或）和 AND（与）来分别表示并集和交集的概念。大写这两个单词是因为它们不仅可以表示字面上的意思，还可以表示布尔代数中的运算。在求两个集合的并集的时候，你实际上接受的是来自第一个集合或第二个集合的事物；在求两个集合的交集的时候，你实际上只接受那些同时在第一个集合与第二个集合中的事物。此外，只要看到 1 后面跟一个减号，就可以使用 NOT（非）。概括来说：

- +（之前表示求并集）也可以表示 OR（或）。
- ×（之前表示求交集）也可以表示 AND（与）。
- 1-（之前表示从全集中排除一些事物）表示 NOT（非）。

㊀ 苏格拉底去世于公元前 399 年，距今已 2400 多年。——编辑注

这样，上面那个表达式也可以写为：

$$(M \text{ AND } N \text{ AND } (W \text{ OR } T)) \text{ OR } (F \text{ AND } N \text{ AND } (\text{NOT } W)) \text{ OR } B$$

这样就非常接近你的口头描述了。注意这里是如何用括号阐明你的意图的。你想要的猫来自以下三个集合之一：

$$(M \text{ AND } N \text{ AND } (W \text{ OR } T))$$
$$\text{OR}$$
$$(F \text{ AND } N \text{ AND } (\text{NOT } W))$$
$$\text{OR}$$
$$B$$

写下这个公式后，店员就可以进行所谓的布尔测试了。这涉及布尔代数的另一种变体，其中字母指的是猫的属性、特征或者特性，它们可以用数字 0 或 1 来表示。1 表示“是”(Yes)、“真”(True) 或“这只猫满足这些条件”；0 表示“否”(No)、“假”(False) 或“这只猫不满足这些条件”。

首先，店员带出来一只未绝育的棕褐色公猫。以下是我可以接受的猫的表达式：

$$(M\times N\times(W+T))+(F\times N\times(1-W))+B$$

以下是用 0 和 1 替代后的样子：

$$(1\times 0\times(0+1))+(0\times 0\times(1-0))+0$$

请注意，只有 M 和 T 被赋值为 1，因为这只猫是公猫并且是棕褐色的。

现在我们要做的就是简化这个表达式。如果简化后的结果为 1，那么这只猫就满足条件；如果简化后的结果为 0，那么这只猫就不满足条件。在简化表达式的过程中，记住我们并不是真的在做加法和乘法运算，尽管通常我们可以当作是。在 + 表示 OR，× 表示 AND 时，大部分规则是相同的。(现代课本中有时用符号 ∧ 和 ∨ 来分别表示 AND 和 OR，而不用符号 × 和 +。但在这里，使用 + 和 × 可能更简单，因为这里的规则与传统代数类似)。

当符号 × 表示 AND 时，可能的结果有：

$$0\times 0=0$$
$$0\times 1=0$$
$$1\times 0=0$$
$$1\times 1=1$$

换句话说，只有当 × 的左、右两个操作数均为 1 时，结果才为 1。这种运算与普通乘法的运算方式完全相同，可以用一张小表格来概括。左上角显示的是运算，最上面的行和最左边的列显示的是操作数的可能组合：

AND	0	1
0	0	0
1	0	1

当符号 + 表示 OR 时，可能的结果有：

$$0+0=0$$

$$0+1=1$$

$$1+0=1$$

$$1+1=1$$

如果 + 的左操作数或右操作数为 1，那么其运算结果就为 1。除了 1+1=1（一只猫是棕褐色的“或”一只猫是棕褐色的意味着这只猫就是棕褐色的）这种情况之外，这种运算与普通加法运算产生的结果是一致的。这可以用另一张小表格来概括。

OR	0	1
0	0	1
1	1	1

现在可以用这两张表格来计算前面那个表达式的结果：

$$(1\times0\times1)+(0\times0\times1)+0=0+0+0=0$$

结果为 0，表示“否”或者“假”，这只猫不满足条件。

接下来，店员带出来一只已绝育的白色母猫。原始表达式是：

$$(M\times N\times(W+T))+(F\times N\times(1-W))+B$$

再次代入 0 和 1：

$$(0\times1\times(1+0))+(1\times1\times(1-1))+0$$

简化后得到：

$$(0\times1\times1)+(1\times1\times0)+0=0+0+0=0$$

又有一只可怜的小猫被拒绝了。

再然后，店员带出来一只已绝育的灰色母猫（灰色属于其他颜色——非白色、黑色或棕褐色）。表达式如下：

$$(0\times1\times(0+0))+(1\times1\times(1-0))+0$$

现在简化它：

$$(0\times1\times0)+(1\times1\times1)+0=0+1+0=1$$

最终结果为 1，表示“是”或者“真”，一只小猫找到了家。（而且它还是最可爱的那只！）

当天晚上，当小猫蜷缩在你的腿上睡觉时，你突发奇想，是否可以通过连接一些开关和灯泡来帮助你判断特定的小猫是否满足你的条件（是的，你是个不寻常的孩子）。你几乎没有意识到，你即将取得一个重要的概念性突破。你即将进行的实验将把布尔代数与电路结合起来，从而使数字计算机的设计和制造成为可能。但是，不要被这些所吓倒。

开始实验前，你像平常一样连接一个灯泡和电池，但这次使用两个开关，而不是一个：

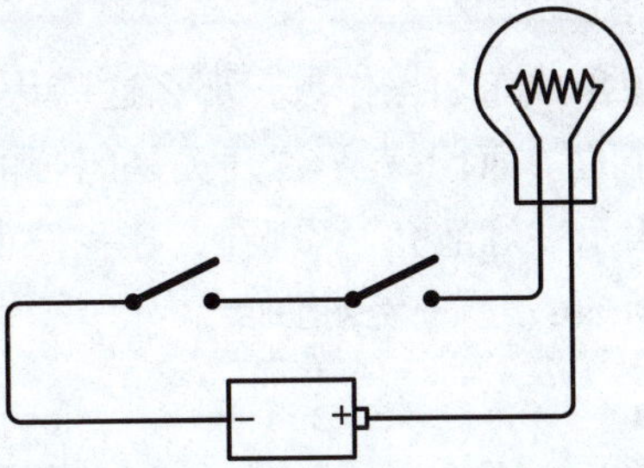

外侧边框中的“世界图标”表明，这个电路的交互版本可在网站 CodeHiddenLanguage.com 上找到。

开关的这种连接方式（一个接一个地连接）称为串联。如果只闭合左边的开关，什么也不会发生：

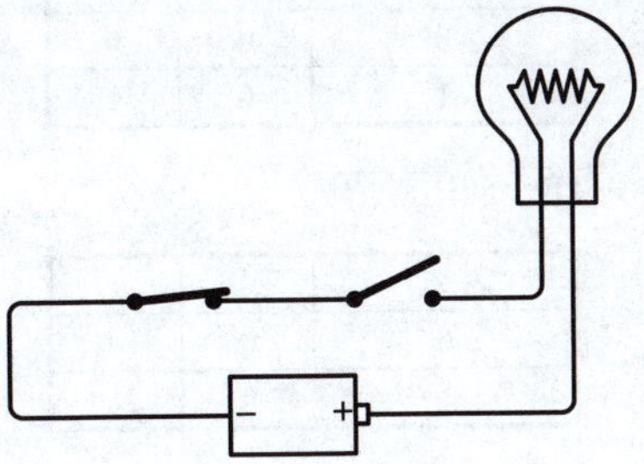

同样，如果你让左边的开关断开而闭合右边的开关，结果还是一样。只有当左边的开关与右边的开关都闭合时，灯泡才会亮起，如下所示：

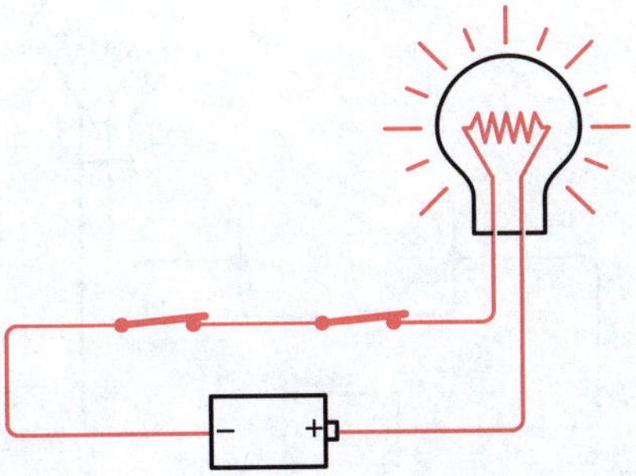

这里的关键词是“与”。左边的开关与右边的开关都闭合时，电流才能流过电路。

这个电路做了一个简单的逻辑演示。实际上，灯泡在回答一个问题：“两个开关都闭合了吗？”我们可以将这个电路的工作情况总结如下：

左边的开关	右边的开关	灯泡
断开	断开	不亮
断开	闭合	不亮
闭合	断开	不亮
闭合	闭合	亮

如果将开关和灯泡想象成布尔操作数，那么这些状态可以用数字 0 和 1 来表示。0 表示“开关是断开的”，而 1 表示“开关是闭合的”。灯泡也有两种状态，0 表示“灯泡不亮”，1 表示“灯泡亮”。现在，让我们重写一下上面的表格：

左边的开关	右边的开关	灯泡
0	0	0
0	1	0
1	0	0
1	1	1

请注意，如果交换左边的开关和右边的开关的位置，结果是一样的。我们不用分辨哪个开关是哪个。因此，这张表也可以改写为与前面的 AND 表和 OR 表类似的形式：

串联开关	0	1
0	0	0
1	0	1

确实，这和 AND 表一样，如下所示：

AND	0	1
0	0	0
1	0	1

这个简单的电路实际上是在执行布尔代数中的 AND 运算。

现在尝试以稍微不同的方式连接这两个开关：

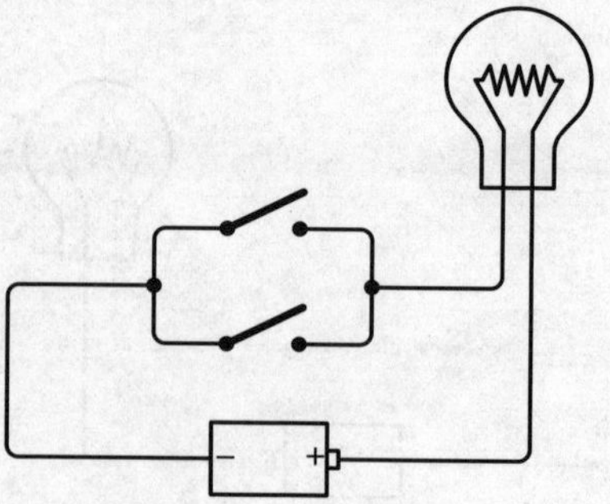

这种连接方式称为并联。与前面的连接方式不同的是，闭合上面的开关，这个灯泡就会亮。

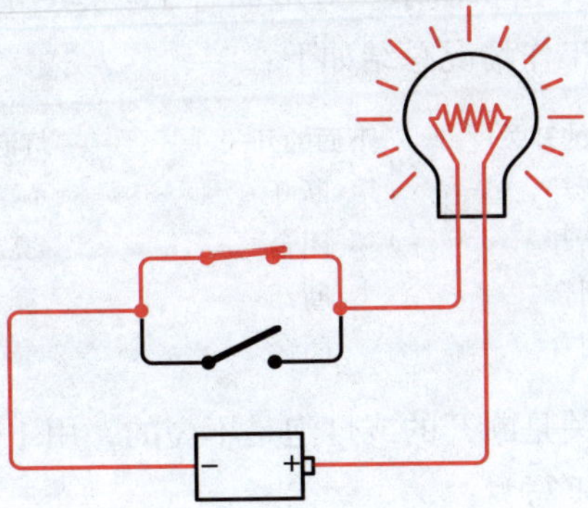

闭合下面的开关，灯泡也会亮：

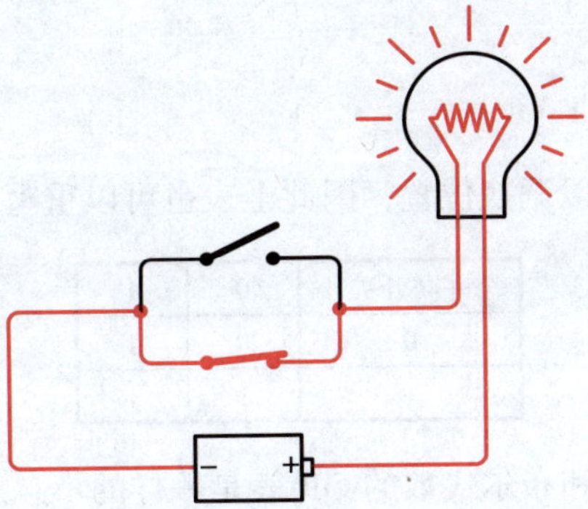

闭合两个开关，灯泡还会亮：

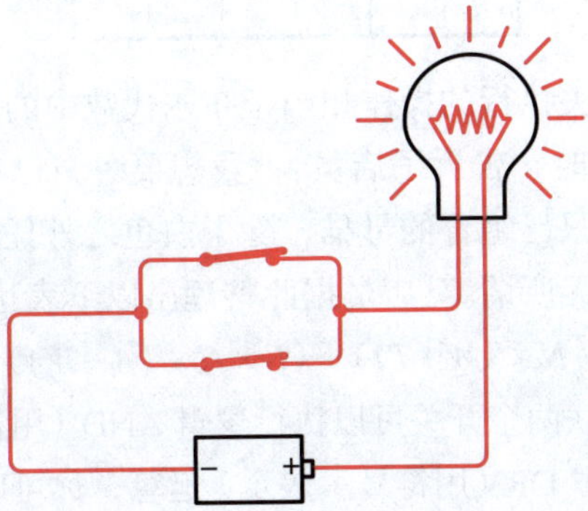

如果上面的开关或下面的开关闭合，或者两者都闭合，灯泡都会亮。这里的关键词是“或”。

这个电路也做了一个逻辑演示。灯泡回答了“是否有开关闭合”这个问题。同样可以将这个电路的工作情况总结如下：

上面的开关	下面的开关	灯泡
断开	断开	不亮
断开	闭合	亮
闭合	断开	亮
闭合	闭合	亮

再次用 0 来表示开关是断开的或灯泡是不亮的，用 1 来表示开关是闭合的或灯泡是亮的，上表可以重写为：

上面的开关	下面的开关	灯泡
0	0	0
0	1	1
1	0	1
1	1	1

同样，两个开关可以调换位置，因此上表也可以重写为：

并联开关	0	1
0	0	1
1	1	1

你已经猜到了，这和布尔代数的 OR 表是一样的：

OR	0	1
0	0	1
1	1	1

这意味着两个并联的开关执行的操作相当于布尔代数中的 OR 运算。

你最初进入宠物店时，告诉了店员：“我想要一只已绝育的公猫，颜色是白色或棕褐色的；或者一只已绝育的母猫，除了白色之外任何颜色都可以；或者只要是黑猫就可以，其他无所谓。”店员据此整理出以下表达式：

$$(M\times N\times (W+T))+(F\times N\times (1-W))+B$$

现在你知道了，串联两个开关可以执行逻辑 AND（用符号 × 表示）运算，并联两个开关可以执行逻辑 OR（用符号 + 表示）运算，你可以这样连接八个开关：

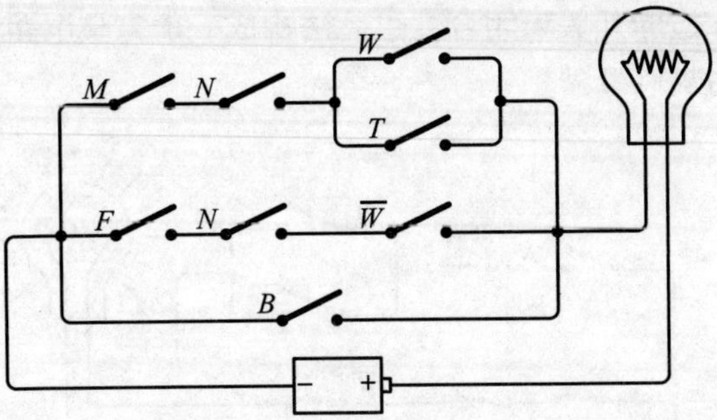

在这个电路中，每个开关都标有一个字母，这些字母与布尔表达式中的字母一样。$\overline{W}$ 表示 NOT W，是 1 - W 的另一种写法。实际上，如果按从左到右、从上到下的顺序来查看这个电路图，那么你遇到的字母的次序和它们在布尔表达式中出现的次序是一样的。电路中两个开关（或两组开关）以串联方式连接的位置对应表达式中的“×”，两个开关（或两组开关）以并联方式连接的位置对应表达式中的“+”。

你应该还记得，店员首先带出了一只未绝育的棕褐色公猫。闭合相应的开关，如下所示：

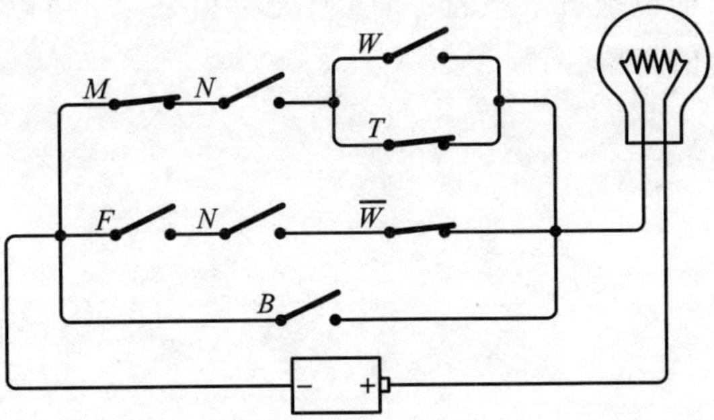

尽管 M、T 和 $\overline{W}$ 这三个开关都闭合了，但没有构造出一个完整电路来点亮灯泡。接着，店员又带出了一只已绝育的白色母猫。

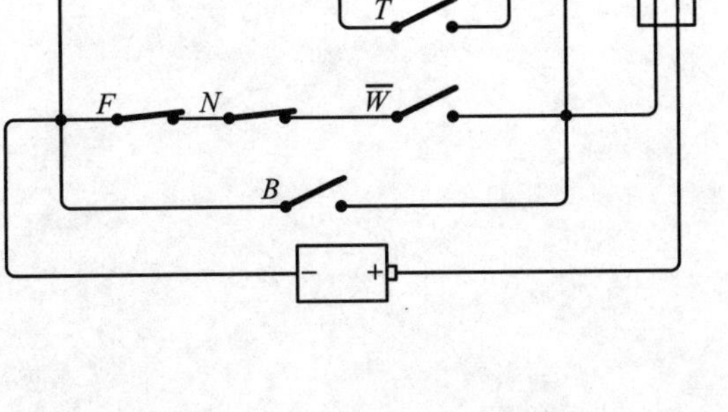

这次，由于右边的开关未闭合，也无法构成一个完整电路。但最后，店员带出了一只已绝育的灰色母猫。

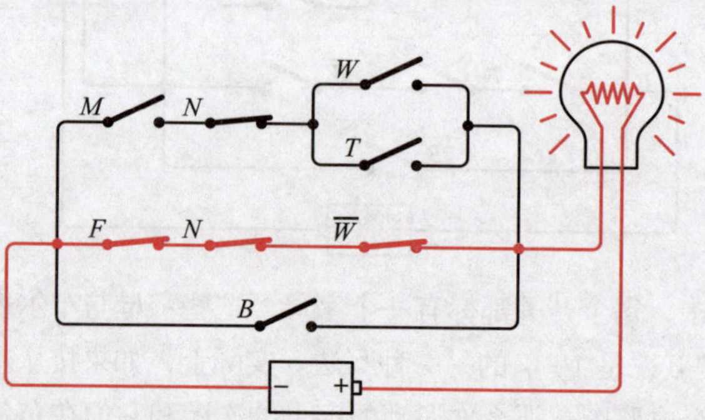

这次可以构成一个完整电路，灯泡被点亮，表明这只小猫满足你的条件。

乔治·布尔从来没有连接过这样一个电路，他也没能看到如何用开关、电线和灯泡来实现一个布尔表达式。当然，其中一个障碍是，直到布尔去世后15年，白炽灯泡才被发明出来。但是，电报机早在布尔出版《思维规律》的十年前就已经被发明出来了，而电报机系统的一个重要部件就是一个可以比单纯的开关更灵活地执行逻辑运算的简单装置。

Code

第 7 章

电报机与继电器

1791 年，萨缪尔·芬利·布里斯·莫尔斯出生于马萨诸塞州的查尔斯顿镇，该镇是邦克山战役的战场，位于波士顿市东北部。莫尔斯出生时距离美国宪法生效刚过两年，当时乔治·华盛顿正处于他的第一个总统任期，叶卡捷琳娜大帝正统治着俄国，法国大革命正在进行，路易十六和玛莉·安托瓦内特将在两年后被送上断头台。同样在这一年，莫扎特完成了《魔笛》(*The Magic Flute*)——他的最后一部歌剧，并在年底去世，享年 35 岁，而那时年仅 20 岁的贝多芬已经开始崭露头角。

（图片来源：ullstein bild Dtl/Getty Images）

莫尔斯曾在耶鲁大学求学，并在伦敦学习艺术，后来成为一位成功的肖像画家。他的画作《拉法耶特将军》(*General Lafayette*，1825）至今还悬挂在纽约市政大厅内，而倾注了他更多个人情感的是他的最后一幅画，名为《缪斯》(*The Muse*)，画的是他的女儿 Susan，这幅画目前在大都会艺术博物馆展出。

莫尔斯还是一位早期的摄影爱好者。他从路易斯·达盖尔（Louis Daguerre）本人那儿学习了银版摄影法，并制作了美国最早的一些银版照片。1840 年，他将这门技艺传授给了 17 岁的马修·布雷迪（Mathew Brady)，后者与他的同事一起为美国内战、亚伯拉罕·林肯和萨缪尔·莫尔斯本人留下了最值得纪念的照片。

但这些不过是他多才多艺的职业生涯中的一些点缀而已，萨缪尔·莫尔斯还是因为发明了电报机和以他的名字命名的莫尔斯电码而为人们所熟知。

我们现在习以为常的即时全球通信，其实是在近代才发展起来的。在 19 世纪初，人们可以进行即时通信，也可以进行远距离通信，但无法同时实现这两者。即时通信受你的声音传播距离（当时没有扩音设备）或眼睛所能看到的距离（或许可以借助望远镜）的限制。通过书信进行长距离通信需要耗费很长的时间，并且需要用到马匹、火车或轮船等交通工具。

在莫尔斯的发明问世前的几十年里，人类为了加速远距离通信做过非常多的尝试。就技术上而言，比较简单的方法是采用一种中继系统，让一些人站在山丘上，以挥动旗帜发出旗语的方式传递信息。复杂一些的解决方案是使用带有活动臂的大型装置，但本质上与挥动旗帜的人所做的事情一样。

在 19 世纪初，电报（字面意思是“远距离书写”）这个概念就已经出现了，而且在萨缪尔·莫尔斯于 1832 年开始实验之前，其他发明家也做过尝试。从原理上讲，电报背后的想法很简单：你在导线的一端做一些事情，导线的另一端就会发生一些事情。这正是我们在第 5 章中制作远程手电筒时所做的事情。不过，莫尔斯无法使用灯泡作为他的信号装置，因为可以在实践中使用的灯泡要到 1879 年才发明出来。作为替代，莫尔斯借助了电磁现象。

丹麦物理学家汉斯·克里斯蒂安·奥斯特（Hans Christian Ørsted）被视为首次系统探索电和磁之间的关系的科学家。他在 1820 年发表的一篇论文展示了电流如何使指南针的磁针发生偏转。此后，这一现象吸引了 19 世纪科学界的精英，包括迈克尔·法拉第（Michael Faraday）和詹姆斯·克拉克·麦克斯韦（James Clerk Maxwell），后者在 1873 年出版的《电磁通论》（*A Treatise on Electricity and Magnetism*）仍然是数学物理学的经典之作。但在当时，塞缪尔·莫尔斯等独具慧眼的创新者早已将电磁学运用到他们的巧妙发明中。如果取一根铁棒，缠绕上几百圈细绝缘电线，然后让电流通过电线，铁棒就会变成一块磁铁。然后它会吸引其他的铁块和钢块。断开开关，铁棒就会失去磁性：

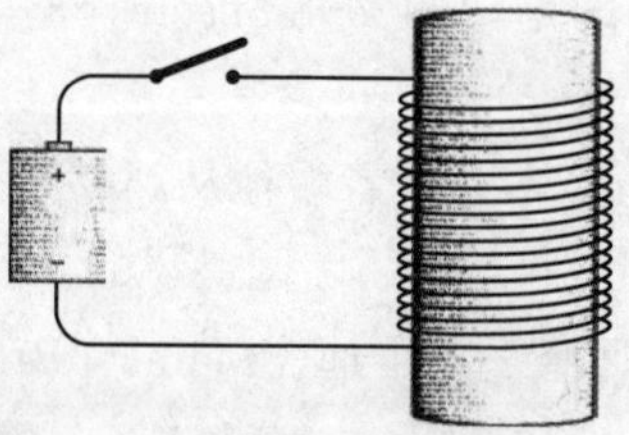

这可能看起来像是一个短路，但缠绕在铁棒上的电线通常非常细，而且圈数足够多，因此构成了足够的电阻。

电磁铁是电报机的基础。在线路的一端打开或关闭开关会导致另一端的电磁铁产生相应的动作。

莫尔斯的第一台电报机实际上比后来演化出的版本更为复杂。莫尔斯认为，电报机系统应该真正能在纸上写下一些东西，或者像后来的计算机用户所说的“输出一份硬拷贝”。当然，这不一定非得是单词，因为那样就太复杂了。但不管是无规律、随意的线条或图案，还是点和划，总应该有些东西写在纸上。请注意，莫尔斯陷入了一个需要纸张和阅读的范式中，就像瓦伦丁·霍伊认为盲人书籍应该使用突起的字母文字一样。

尽管萨缪尔·莫尔斯在 1836 年就通知过专利局他成功发明了电报机，但直到 1843 年，他才说服美国国会资助一次该设备的公开演示。1844 年 5 月 24 日是历史性的一天，一条架设在华盛顿特区和马里兰州巴尔的摩之间的电报线路成功地传送了《民数记》23:23 中的一句话：“What hath God wrought!”其意思是：“上帝创造了何等的奇迹！”

传统电报机用于发送消息的“发报键”的外观如下所示：

尽管外表奇特，但它其实只是一个为最大限度提高发报速度而设计的开关而已。如果需要长时间使用发报键，最舒适的方法是用拇指、食指和中指夹住手柄，上下敲击。短按表示莫尔斯电码的点，长按表示划。

线路的另一端是一个接收器，里面主要就是一块电磁铁吸拉一根金属杆。最开始，电磁铁控制着一支笔。当这支笔上下跳动时，就会在由上紧的发条慢慢拉动的纸卷上画出点和划。然后，能读懂莫尔斯电码的人就可以将这些点和划转译成字母和单词。

当然，我们人类是一个既懒惰又聪明的物种。电报操作员很快就发现，他们只需听笔上下跳动的声音就能转译电码。装有笔的装置最终被淘汰，取而代之的是传统电报机中的“发声器”，它的外形大致如下所示：

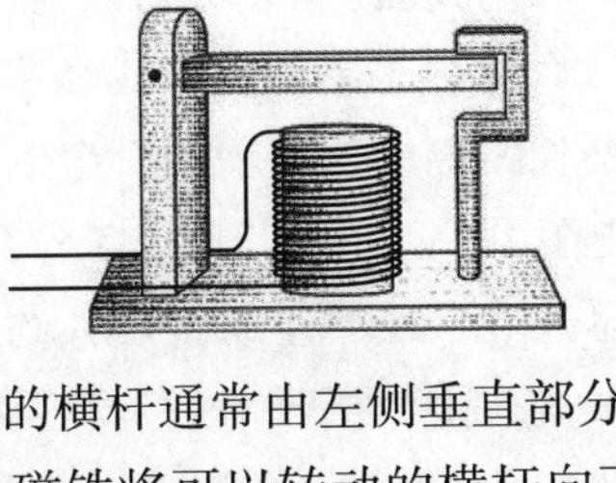

顶部那根可以上下转动的横杆通常由左侧垂直部分内的配重或弹簧固定在水平位置。按下发报键时，电磁铁将可以转动的横杆向下拉，发出“滴”的声音；

松开发报键时，横杠弹回到原来的位置，发出“嗒”的声音。快速的“滴 – 嗒”声代表点，慢速的“滴 – 嗒”声代表划。

可以参考前面章节中的灯泡电报，将发报键、发声器、电池用一些电线连接起来：

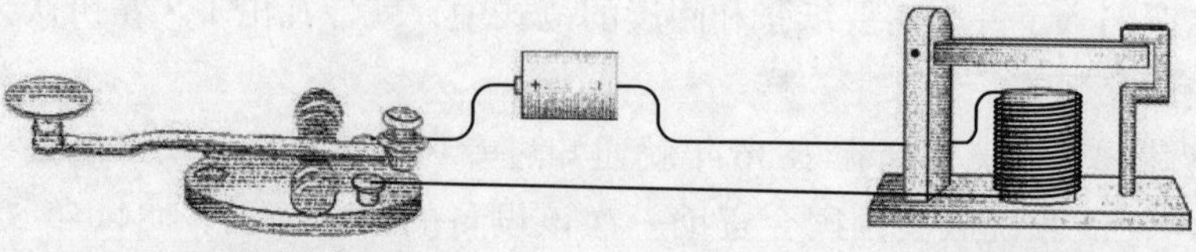

正如我们之前所发现的，连接两个电报站并不一定要使用两根电线。只要电压足够高，大地就可以作为电路的另一半，因此一根电线就足够了。

如我们在第 5 章所做的那样，用大写字母 V 来代替接地的电池。这样，完整的单向配置如下所示：

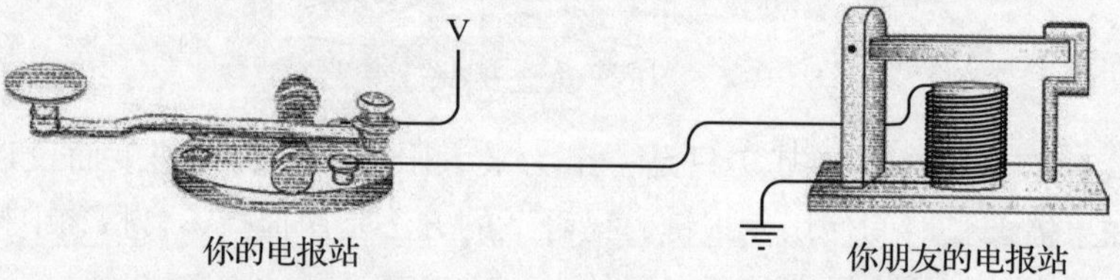

双向通信只需再增加一个发报键和发声器即可。这与我们之前的做法类似。

电报的发明真正标志着现代通信的开始。在比眼睛看到的或耳朵听到的更远的距离上，人类第一次能够以比马跑得更快的速度进行通信。对二元编码的使用是这项发明的精华所在。在后来的电子和无线通信形式（包括电话、无线电和电视）中，二元编码被放弃，直到后来在计算机中才出现，随后许多其他的二元编码几乎出现在各种电子媒体中。

莫尔斯的电报机之所以能胜过其他设计，部分原因在于它对线路状况有很高的容忍度。当你接好发报键和发声器之间的线路后，它通常就能正常工作。其他电报系统对线路状况就没有这么宽容了。但正如我在第 5 章所讨论的，一段电线越长，它的电阻就越大。这是长距离电报传输的一个主要障碍。尽管一些电报线路使用高达 300 伏的电压，能在 300 英里的长度上工作，但电线还是无法无限延伸。

一个明显的解决方案是建立一个中继系统。大约每隔 200 英里就设置一个配有发声器和发报键的工作人员，由他接收信息，然后把信息转发出去。

现在想象一下，你受雇于一家电报公司，成为这个中继系统的一员。他们把你安排在纽约和加利福尼亚之间的一间小屋里，屋里有一张桌子和一把椅子。一根电线从东边的窗户穿过，连接到一个发声器上。你的电报发报键连接着电池和从西边窗户伸出的电线。你的任务是接收从纽约发出的信息，并将其转发，最终到达加利福尼亚。屋里还有一套相同的装置，用于将信息从加利福尼亚转发到纽约。

起初，你是接收了整条信息后再转发它。你会写下发声器的嘀嗒声对应的字母，在信息接收完成后，再用你的电报键将它们发送出去。最终，你掌握了边听边发的诀窍，不需要把整条信息记录下来，这样可以节省时间。

有一天，你在转发信息时，无聊地先看着发声器上那根上下跳动的横杆，再看着随着你的手指上下跳动的发报键。就这样来来回回地瞅来瞅去，突然意识到横杆上下跳动的节奏与发报键是一致的。于是你就去外面找了根小木条，并用木条和一些细绳把发声器和发报键连接在了一起，如下所示：

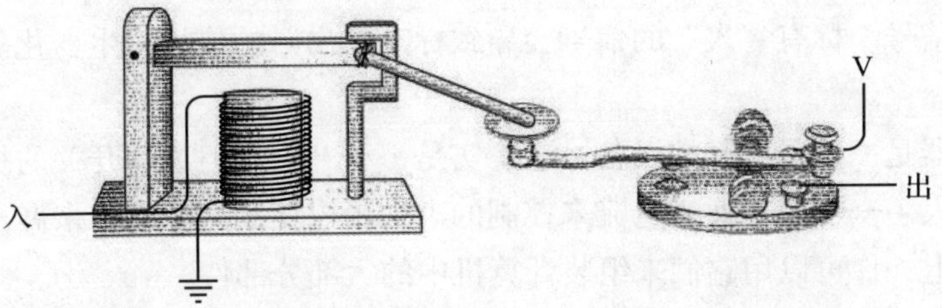

现在它可以自行工作了，下午剩余的时间你就可以去休假钓鱼。

这是一个有趣的想法，实际上，塞缪尔·莫尔斯很早就理解了这个设备的概念。我们刚刚“发明”的设备被称为中继器（repeater）或继电器（relay）。继电器与发声器一样，都是用电流来驱动电磁铁，从而向下拉动金属簧片。这个金属簧片又是一个开关的组成部分，连接着电池和输出线路。通过这种方式，微弱的输入电流被“放大”，从而产生较强的输出电流。

继电器的示意图如下所示：

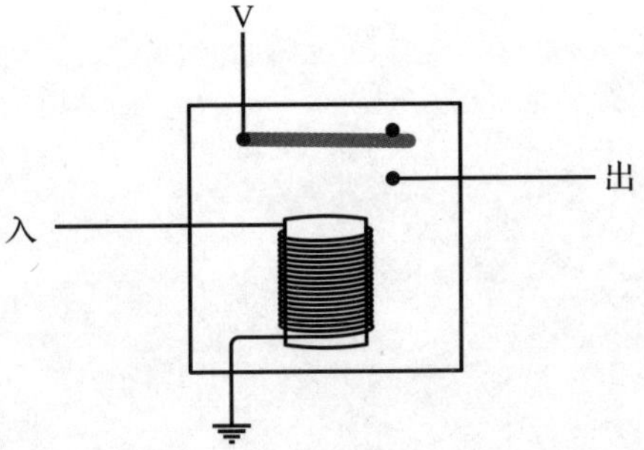

当输入电流触发电磁铁后，电磁铁会把一个可转动或弯曲的金属簧片拉下来，就像打开向外输出电流的开关一样，如下所示：

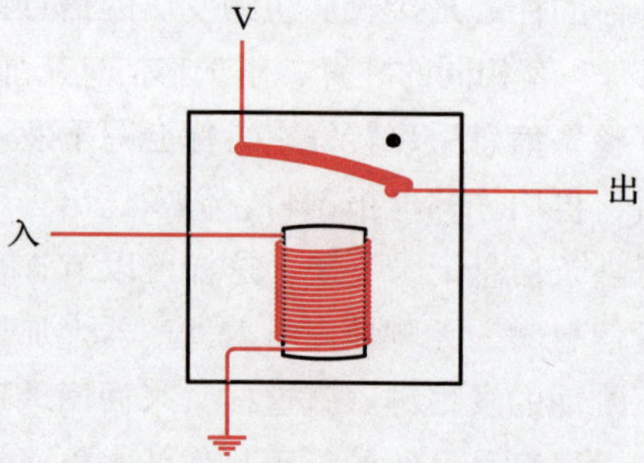

“入”(in) 和 “出”(out) 这两个词描述的是电报线从你小屋的一扇窗户进入，再从对面的窗户出去，它们也可以作为输入（input）和输出（output）的简写。这些都是电信号。标有“入”的信号会导致标有“出”的信号发生变化。这是一种因果关系。

继电器是一种了不起的设备。它确实是一种开关，但这种开关的打开和关闭不是通过人手——而是通过电流来控制的。你可以使用这种设备来做出惊人的事情。实际上，你可以用它们来组装计算机中的大部分部件。

是的，这个继电器是个很好的发明，不能就这样让它在电报博物馆里吃灰。我们得把它再利用起来。一个想法正在我们脑海中酝酿。

| 第 8 章 |

继电器与逻辑门

归结其本质，计算机就是布尔代数与电学的结合体。实现数学与硬件融合的关键部件称为逻辑门。逻辑门与我们熟悉的水或人通过的门并无二致，它通过阻断或允许电流的流动来执行布尔逻辑中的简单运算。

回想一下第 6 章，你走进了一家宠物店，大声说："我想要一只已绝育的公猫，颜色是白色或棕褐色的；或者一只已绝育的母猫，除了白色之外任何颜色都可以；或者只要是黑猫，其他无所谓。"这些标准可以用布尔表达式总结如下：

$$(M\times N\times(W+T))+(F\times N\times(1-W))+B$$

这个表达式可以通过一个由开关、电池和灯泡组成的电路来直观地表示，如下所示：

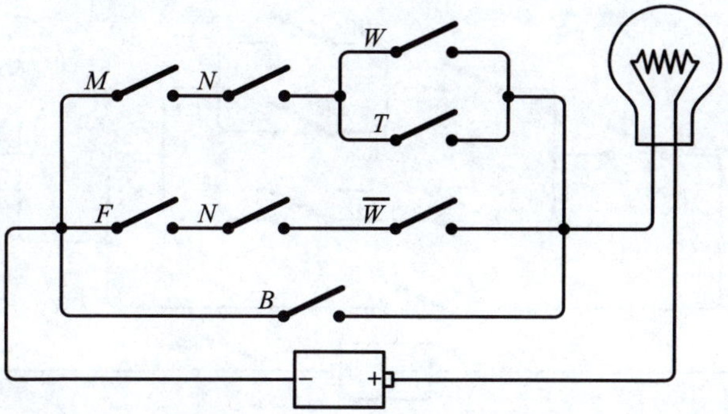

这样的电路有时被称为网络（network），只不过如今这个词更多是指联网的计算机，而不单纯是多个开关的组合。

这个电路里面包含多个开关的组合，其中一些串联，一些并联。串联的开关执行逻辑 AND 运算，在布尔表达式中以符号"×"表示。并联的开关执行逻辑 OR 运算，对应于符号"+"。由于这个电路等同于一个布尔表达式，如果布尔表达式可以简化，那么这个电路也可以简化。

描述你想要的猫的特征的表达式为：

$$(M \times N \times (W+T)) + (F \times N \times (1-W)) + B$$

让我们尝试简化一下。根据交换律，你可以重新排列用 *AND*（×）连接的变量，并重写表达式为：

$$(N \times M \times (W+T)) + (N \times F \times (1-W)) + B$$

为了更好地讲清楚接下来要做的事情，我将定义两个新符号，分别命名为 X 和 Y：

$$X = M \times (W+T)$$

$$Y = F \times (1-W)$$

现在，你想要的那只猫的表达式可以写为：

$$(N \times X) + (N \times Y) + B$$

不要着急，在简化完成后我们再把 X 和 Y 的表达式重新放回去。

请注意，变量 N 在表达式中出现了两次。根据分配律，可以重写表达式如下，只用一个 N：

$$(N \times (X+Y)) + B$$

现在，让我们把 X 和 Y 的表达式放回去：

$$(N \times ((M \times ((W+T)) + (F \times (1-W)))) + B$$

由于有很多括号，这个表达式看起来几乎没有简化。但它少了一个变量，这意味着可以省去一个开关。这里是简化后的版本：

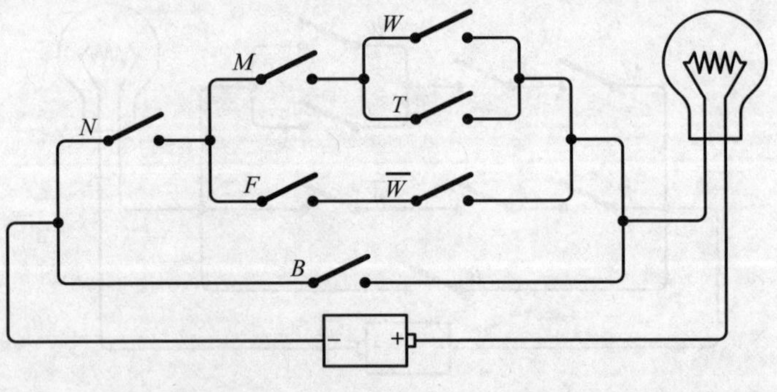

比起验证两个表达式是否等价，确定这个电路网络等同于前面那个确实要容易一些！

但这个网络中的开关依然太多。里面专门为公猫和母猫设置了两个不同的开关，而实际上应该只需要一个，比如开关打开（或闭合）对应母猫，关闭（或断开）对应公猫。同样，对于白猫和非白猫也使用了两个不同的开关。

现在我们来制作一个选择猫的控制面板。这个控制面板非常简单，上面只有五个开关（很像你家墙上用来控制灯的那种）和一个灯泡，如下所示：

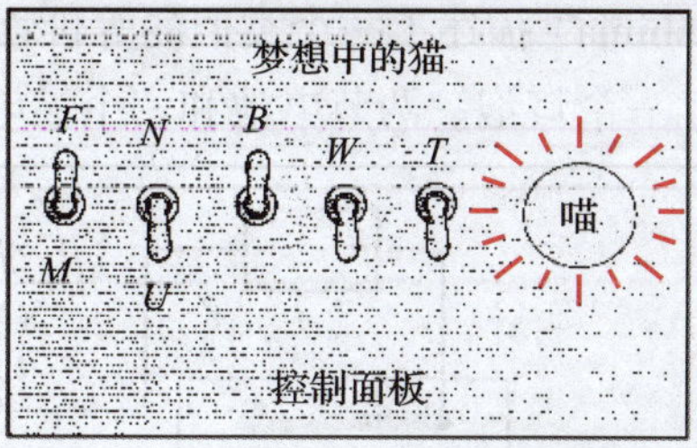

开关向上时是打开（闭合）状态，向下时是关闭（断开）状态。第一个开关让你选择公猫或母猫，第二个让你选择已绝育或未绝育。有三个开关用于选择颜色：黑色、白色和棕褐色。这三个开关应该最多只有一个处于开启状态，表示对应颜色的猫，或者三个全部关闭，表示其他颜色。

在计算机术语中，开关面板属于一个输入设备。输入是控制电路行为的信息，在这个例子中，输入就是你想要的猫的特征。输出设备是灯泡。如果开关“描述”的猫符合条件，灯泡就会亮。上面的控制面板上的开关设置表示的是一只未绝育的黑色母猫。这符合你的条件，所以灯泡亮了。

现在我们要做的就是设计一个电路，让这个控制面板工作起来。

在第 7 章中，你看到了名为继电器的设备对电报系统的运行至关重要。在长距离传输中，连接电报站的电线的电阻非常大。因此需要某种方法来接收弱信号并重新发送一个相同的强信号。继电器通过使用电磁铁控制开关来实现这一点，实际上就是放大弱信号来产生强信号。

目前，我们对于使用继电器来放大微弱的信号并不感兴趣。我们仅仅关注继电器如何用作一个基于电流控制而非人工控制的开关。尽管继电器最初是为电报系统设计的，但它已经被广泛地用于其他领域，特别是在庞大的电话系统网络中，它是一个重要的组成部分。

就像开关一样，继电器可以通过串联或并联的方式连接成逻辑门，用于执行简单的逻辑任务。这里所说的“执行简单的逻辑任务”，是指尽可能简单的任务。继电器相比开关有一个优势，那就是继电器可以通过其他继电器来控制，而不是靠手指。这意味着逻辑门可以组合起来执行更复杂的任务，比如算术中的简单函数，甚至最终是整个计算机的运作。

继电器可以用于执行布尔运算的这个发现通常被归功于计算机先驱克劳德·艾尔伍德·香农（Claude Elwood Shannon，1916—2001），他于 1938 年在麻省理工学院发表了题为“继电器与开关电路的符号分析”（A Symbolic Analysis of Relay and Switching Circuits）的硕士论文。但其实在一到两年前，日本电气工程师中岛昭夫（Akira Nakashima）描述了一个类似的等价物。

你可以将一个开关、一个灯泡、两节电池和一个继电器像这样连接起来：

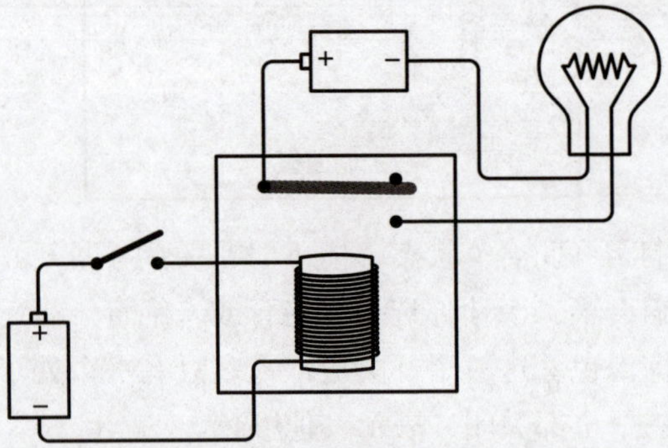

现在左边的开关处于断开状态，灯泡不亮。当闭合开关时，左边的电池产生的电流流过缠绕在铁棒上的线圈。铁棒变得有磁性，将上面可转动或弯曲的金属簧片拉下来，使电路接通，从而点亮灯泡：

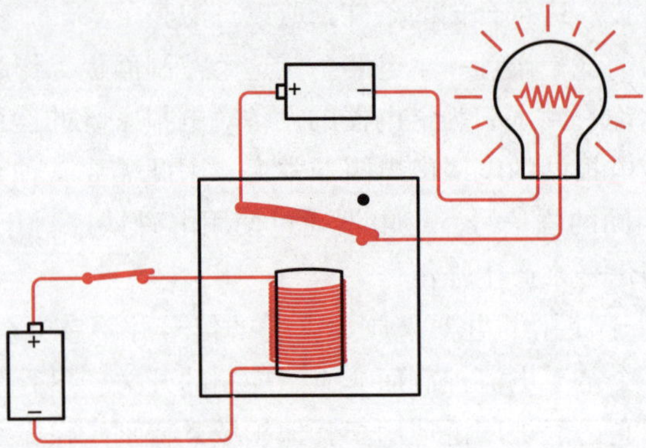

当电磁铁将金属簧片拉下来时，继电器被“触发”。当左边的开关关闭时，铁棒的磁性就会消失，金属簧片弹回原位。

这似乎是点亮灯泡的一个相当间接的途径，事实上也的确如此。如果我们只对点亮灯泡感兴趣，就完全可以省去继电器。但我们的兴趣并非只是点亮灯泡这么简单，我们有更宏伟的目标。

本章要多次用到继电器（当逻辑门建好之后就很少会再用了），所以要把上面的电路图简化一下。我们可以像在第 5 章和第 7 章中所做的那样，使用接地符号，并使用大写字母 V（代表电压）来表示负极接地的电池，从而省去一些电线。在这个例子中，接地符号只代表一个公共回路，不需要真正意义上的物理接地。现在，继电器看起来是这样的：

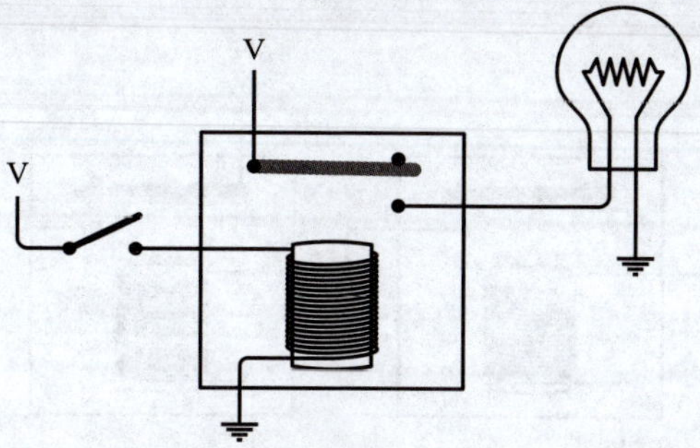

当开关闭合时，电流从左边的 V 端流出，经过电磁铁的线圈后流到大地上。这会导致电磁铁拉动金属簧片，从而接通了上面的 V、灯泡和大地之间的电路，灯泡就亮起来了：

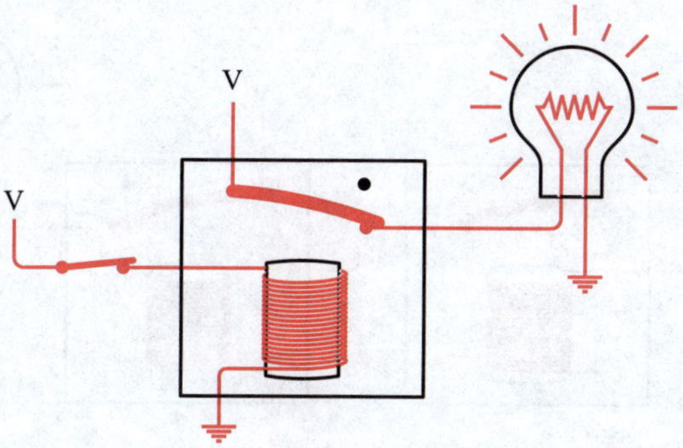

这些继电器的示意图中画出了两个电源和两个接地端，但在本章的所有示意图中，所有的 V（电源）都可以相互连接，所有的接地端也是如此。

这个示意图还可以进一步抽象，省去开关和灯泡，只用输入和输出来标注：

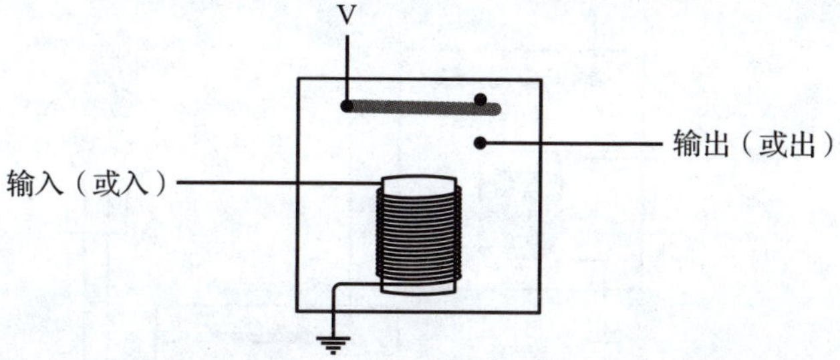

如果输入端流入了电流（例如，用一个开关将输入端连接到 V 端），电磁铁就会被触发，输出端就会有电压。

继电器的输入不一定非得是开关，其输出也不一定非得是灯泡。一个继电器的输出可以连接到另一个继电器的输入，如下所示：

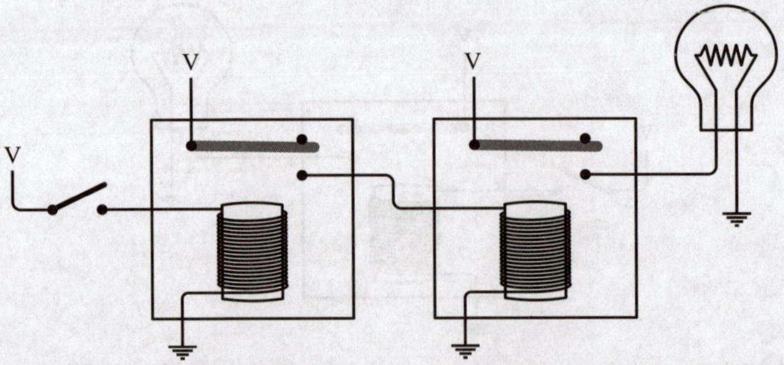

两个继电器的这种连接方式被称为级联。当打开开关时，第一个继电器被触发，然后为第二个继电器提供电压。第二个继电器被触发，灯泡被点亮：

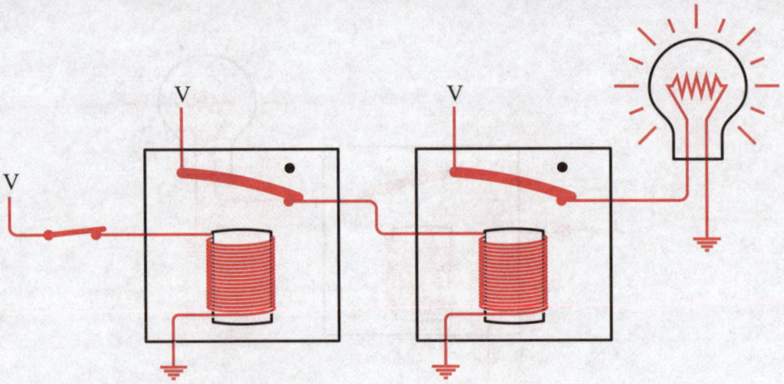

连接继电器是构建逻辑门的关键。

就像两个开关可以串联一样，两个继电器也可以串联：

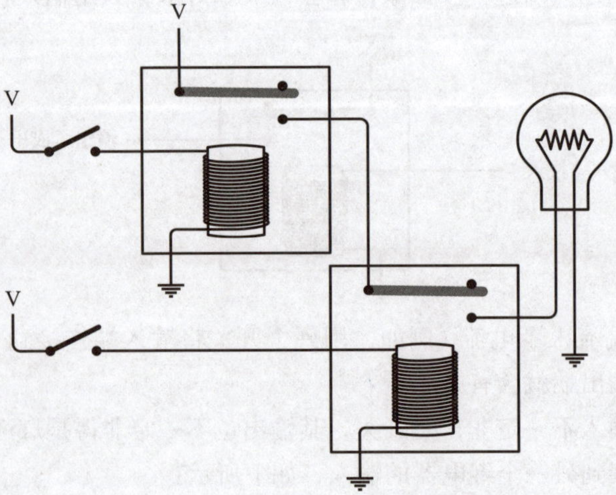

现在，两个继电器上各有一个开关。上面继电器的输出为另一个继电器提供电压。如你所见，当两个开关均断开时，灯泡不会亮。我们可以尝试闭合上面的开关：

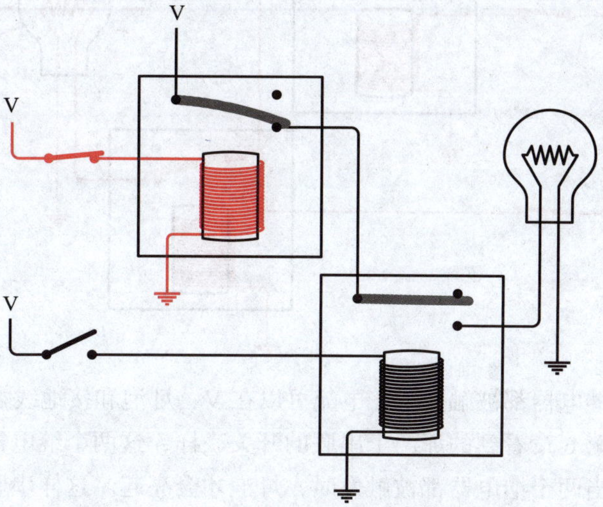

灯泡还是不亮，因为下面的开关仍然是断开的，那个继电器没有被触发。我们还可以尝试断开上面的开关并闭合下面的开关：

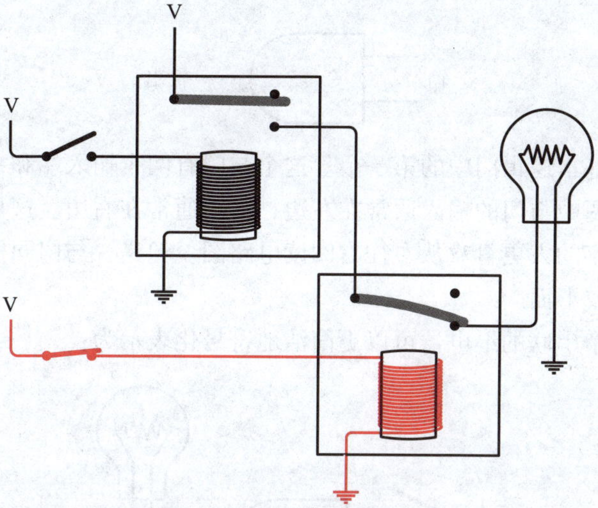

灯泡仍然没有亮。因为上面的继电器没有被触发，所以电流还是无法到达灯泡。让灯泡亮起的唯一方法是闭合两个开关：

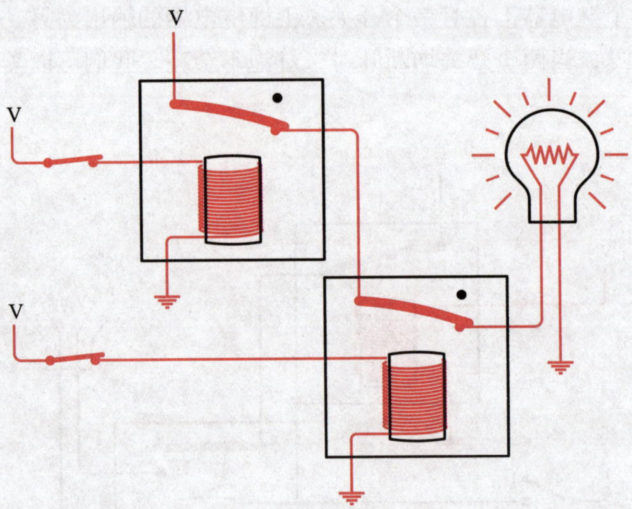

现在两个继电器都被触发了，电流可以在 V、灯泡和接地线之间流动。

就像你在第 6 章看到的那两个串联的开关一样，这两个继电器也是在进行逻辑运算。只有当两个继电器都被触发时，灯泡才会亮起。这样串联的两个继电器被称为“与门”(AND gate)，因为它执行的是布尔 AND 操作。

为了避免图示过于复杂，电气工程师用一个专用符号来表示与门，如下所示：

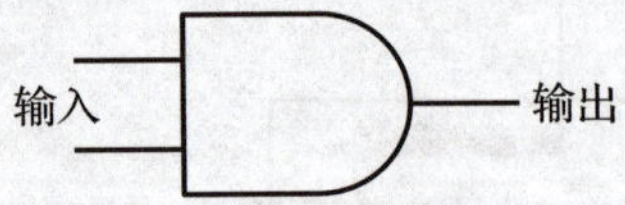

这是 6 个基本逻辑门中的第一个。这个与门有两个输入端和一个输出端。你会发现，电路图中与门的输入通常在左边，输出通常在右边。这是因为习惯了从左往右阅读文字的人更喜欢从左往右阅读电路图。但是，与门同样可以把输入画在上面、右边或下面。

上面那两个串联的继电器可以更简洁地符号化表示为：

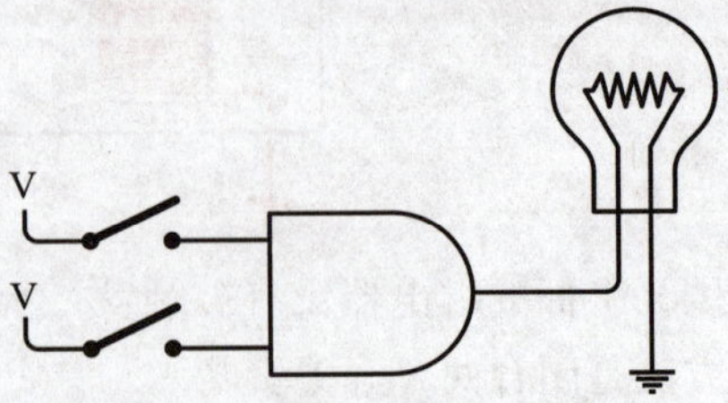

请注意，与门的符号不仅代替了两个串联的继电器，还暗示着上面的继电器与电源相连，且两个继电器都接地。同样，只有当上面和下面的开关都闭合时，灯泡才会亮起。这就是它被称为“与门”的原因。

如果我们把没有电压视为 0，把有电压视为 1，那么与门的输入和输出之间的关系可以描述如下：

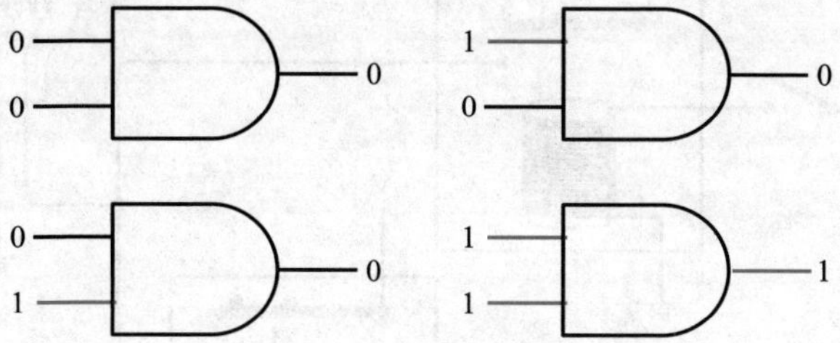

正如两个串联的开关一样，与门的输入与输出之间的关系可以用下表来描述：

AND	0	1
0	0	0
1	0	1

与门的输入不一定要连接到开关上，输出也不一定要连接到灯泡上。一个与门的输出可以作为第二个与门的输入，就像这样：

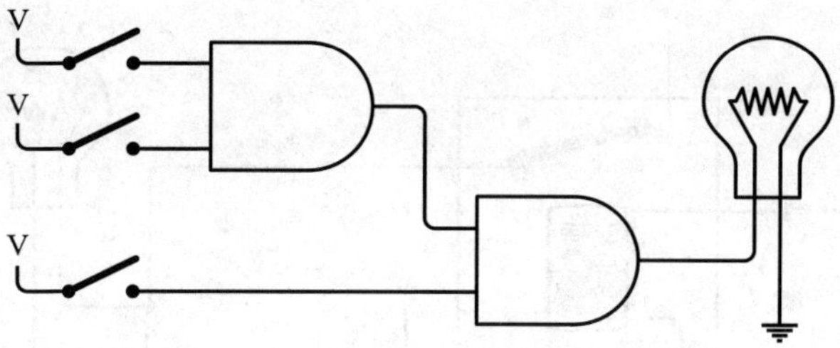

这个灯泡只有在所有三个开关都闭合的情况下才会亮起。只有当上面两个开关都闭合时，第一个与门才会输出电压；只有当第三个开关也闭合时，第二个与门才会输出电压。

这种布局也可以用下面这个符号来表示：

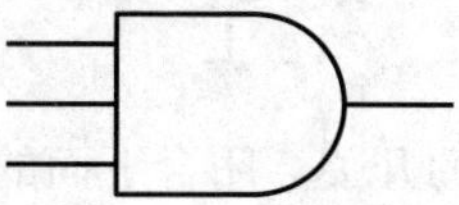

它被称为三输入与门。只有在所有输入都为 1 时，输出才为 1。你也可以创建拥有更多输入的与门。

下一个逻辑门需要两个继电器并联，像这样：

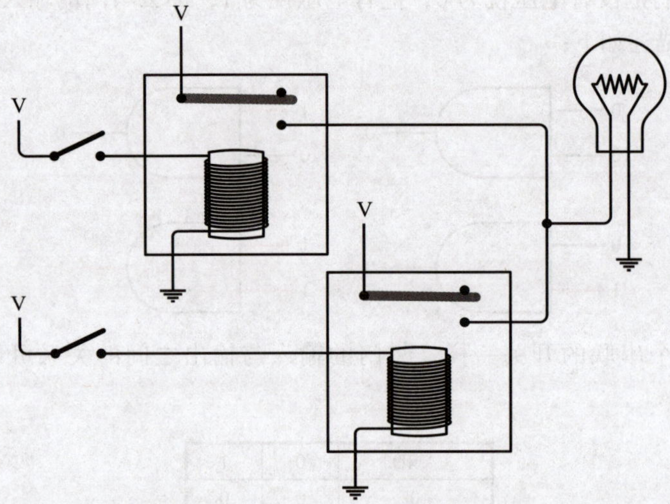

请注意，两个继电器的输出是连接在一起的，共同为灯泡提供电源。两个继电器中的任何一个都可以点亮灯泡。例如，如果我们闭合上面的开关，灯泡就会亮起。这时，灯泡从上面的继电器获取电力：

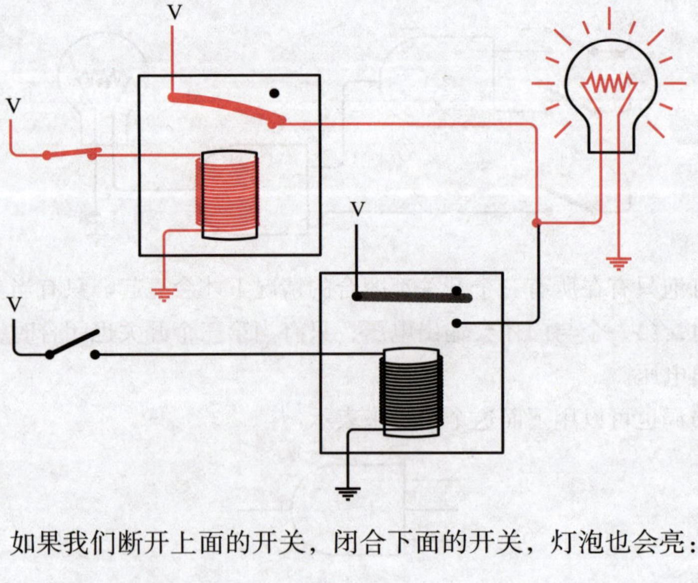

同样，如果我们断开上面的开关，闭合下面的开关，灯泡也会亮：

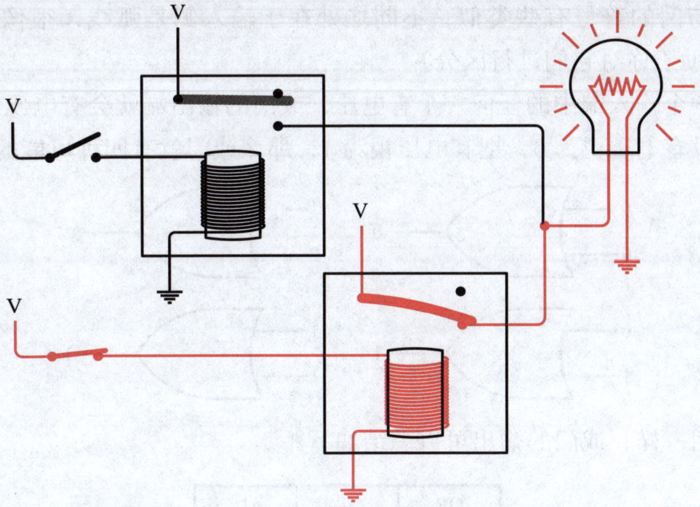

如果同时闭合两个开关，灯泡也会亮：

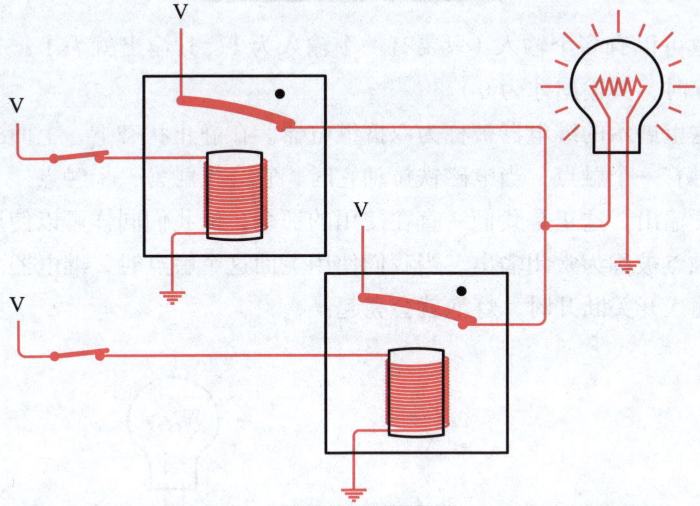

就这个电路而言，如果闭合上面的开关或下面的开关，灯泡就会亮起。这里的关键词是“或”，因此这被称为“或门”（OR gate）。电气工程师使用如下符号来表示或门：

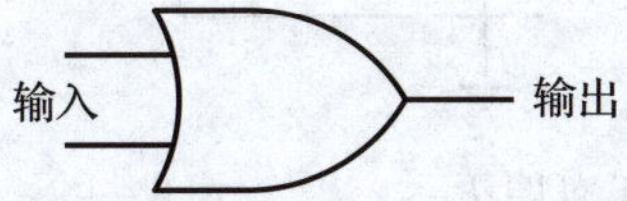

它和与门的符号有些类似，不同之处在于输入侧是弧线，很像 OR 中的 O（这可能有助于你对它们进行区分）。

只要两个输入端中的任何一个有电压，或门的输出端就会有电压。同样，如果我们把没有电压视为 0，把有电压视为 1，那么或门就有四种可能的状态：

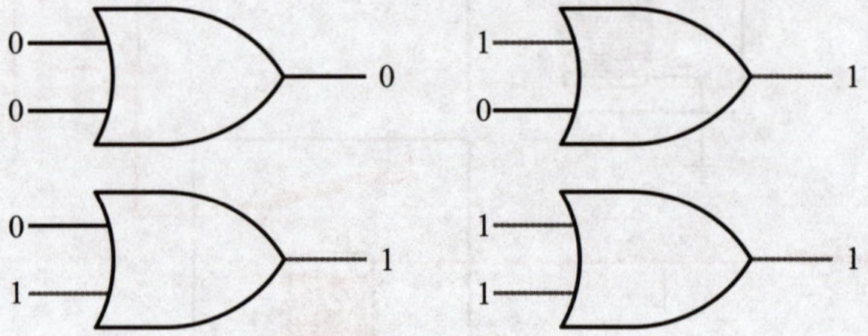

像与门一样，或门的输出可以总结如下：

OR	0	1
0	0	1
1	1	1

或门也可以有多个输入（只要有一个输入为 1，其输出就为 1；只有所有的输入都为 0 时，其输出才为 0）。

我在这里展示的继电器被称为双掷继电器。在静止状态下，上面的可旋转金属簧片接触着一个触点，当电磁铁拉动它时，它会接触另一个触点。下面的触点被称为常开输出。这正是我们一直在使用的那个，但我们同样可以使用上面的触点，这个触点被称为常闭输出。当我们使用上面这个触点时，继电器的输出就会反转。当输入开关断开时，灯泡就会亮起：

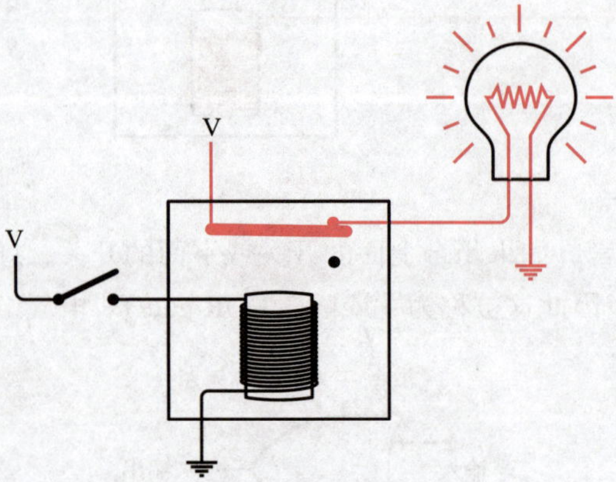

当输入开关闭合时，灯泡熄灭：

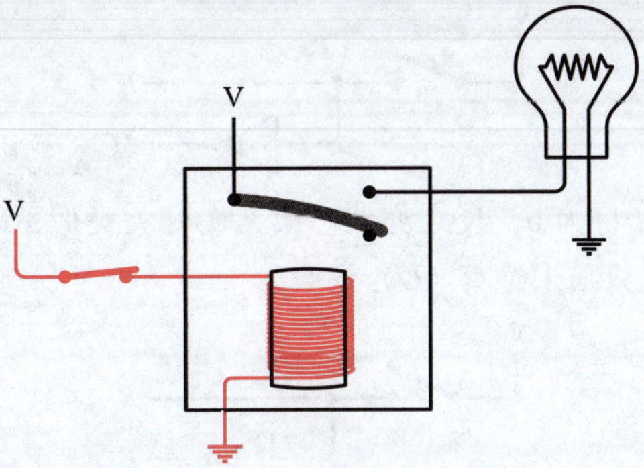

以这种方式连接的继电器被称为反相器⊖（inverter）。它由一个特殊的符号表示，如下所示：

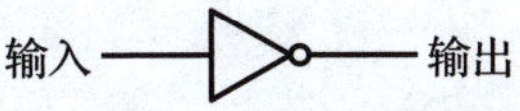

它之所以被称为反相器，是因为它将 0（没有电压）转换为 1（有电压），反之亦然：

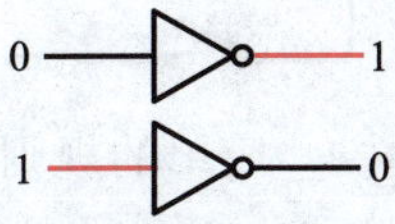

这是布尔运算符非（NOT）的一种实现。

有时候，人们会对上图上面的这个反相器存在疑问："如果输入端没有电压，输出端怎么会有电压呢？这里的电压是从哪里来的？"记住，反相器实际上是一个连接着电源的继电器。

有了反相器、与门和或门，我们就可以制作控制面板来自动选择梦想中的猫了。回顾一下其示意图：

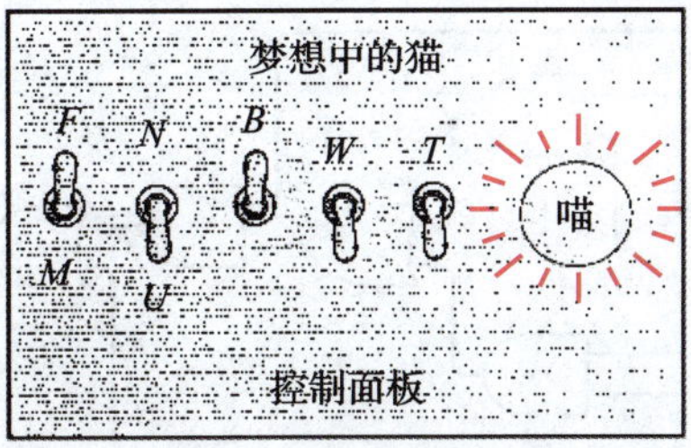

让我们从开关开始讲起。第一个开关闭合表示母猫，断开表示公猫。这样，我们可以生成两个信号，称为 *F* 和 *M*，就像这样：

⊖ 也称"非门"。——编辑注

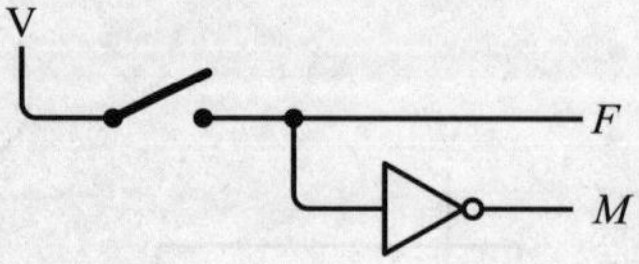

当 F 为 1 时，M 将为 0，反之亦然。第二个开关类似，闭合表示这只猫已绝育（N），断开表示这只猫未绝育（U）：

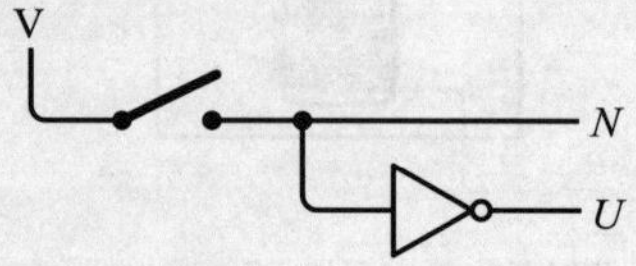

另外三个开关用于选择颜色：黑色、白色或棕褐色。这里所有三个开关都接到了一个电源上：

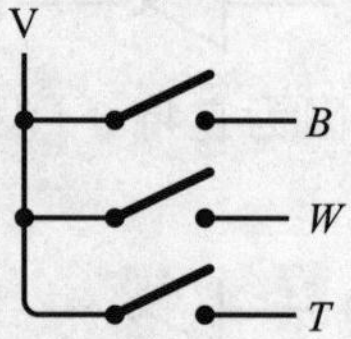

门和反相器的连接需要遵循一些简单的规则：一个门（或反相器）的输出可以作为一个或多个其他门（或反相器）的输入，但不要将多个门（或反相器）的输出相互连接。

选择小猫的表达式的简化版本为：

$$(N\times((M\times(W+T))+(F\times(1-W))))+B$$

这个表达式中的每个 + 号都必然在电路中对应一个或门，每个 × 号都必然对应一个与门。

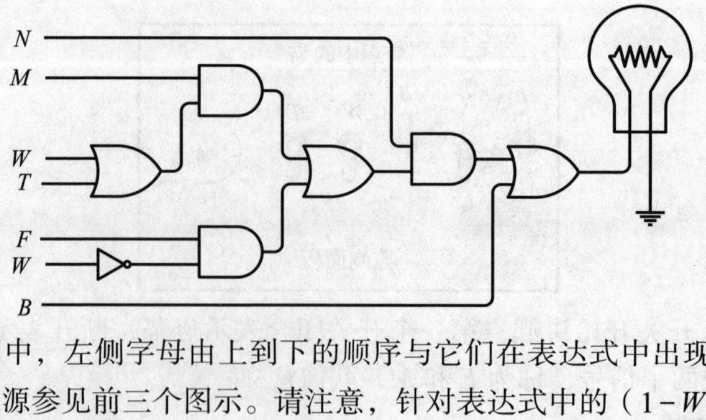

在电路图中，左侧字母由上到下的顺序与它们在表达式中出现的顺序一致。这里的信号来源参见前三个图示。请注意，针对表达式中的（1−W）部分，这里使用了一个反相器。

现在你可能会说："这需要好多继电器啊！"是的，确实是这样。每个与门和或门都需要两个继电器，每个反相器需要一个继电器。但恐怕在接下来的章节里，你会看到更多的继电器。庆幸的是，你不需要购买它们并在家中自己连接（除非你想这样做）。

我之前提到过有 6 种标准的逻辑门，你已经看到了 3 种。现在是时候介绍剩下的 3 种了，其中有 2 种使用了用于反相器的继电器的常闭输出。在继电器未被触发时，输出端会有电压存在。例如，在下面这种一个继电器的输出为另一个继电器供电的布局中，当两个输入端都处于关闭状态时，灯泡是亮的。

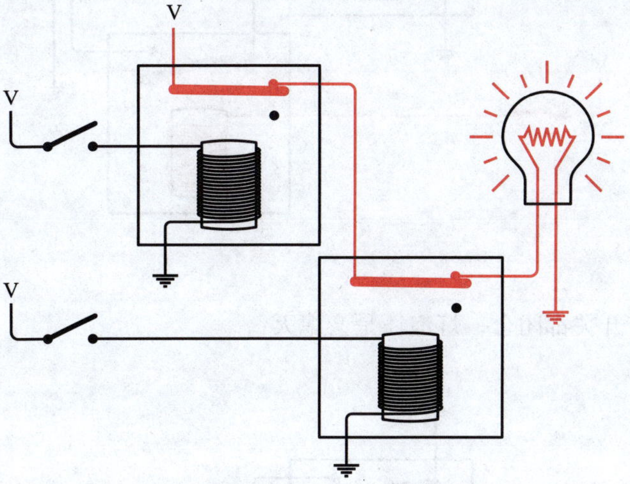

如果闭合上面的开关，灯泡就会熄灭：

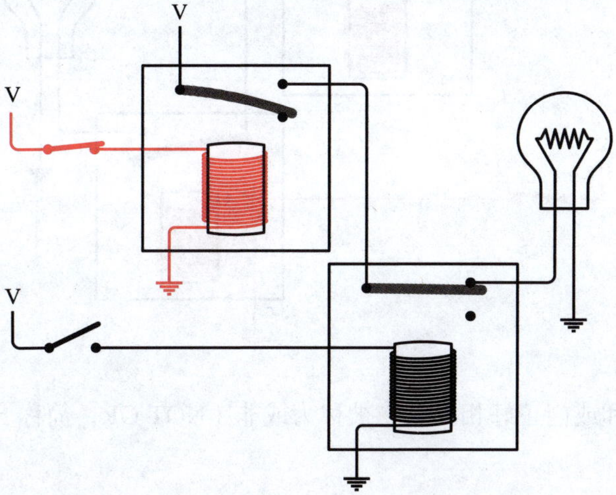

灯泡熄灭是因为没有向第二个继电器供电。同样，如果断开上面的开关，但闭合下面的开关，灯泡也会熄灭：

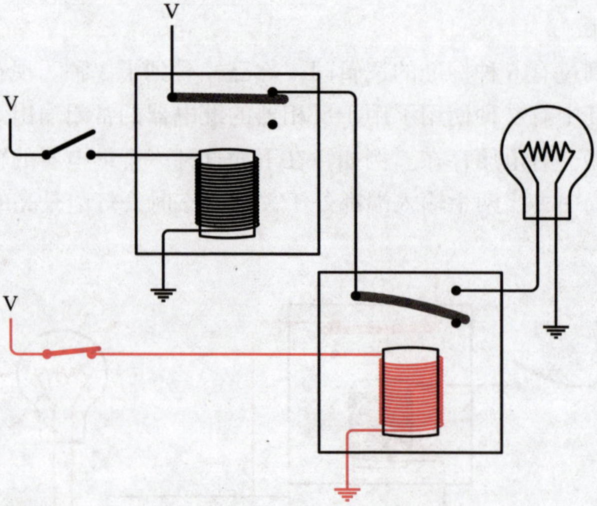

如果两个开关都闭合，灯泡还是会熄灭：

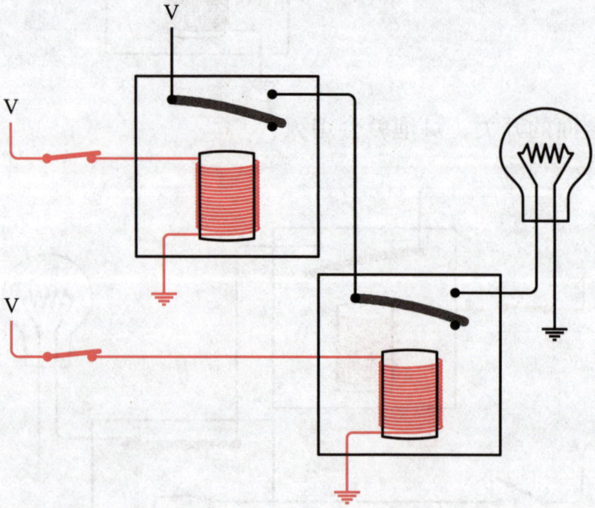

这个表现和或门正好相反。它被称为或非（NOT OR，简称 NOR）门，其符号如下所示：

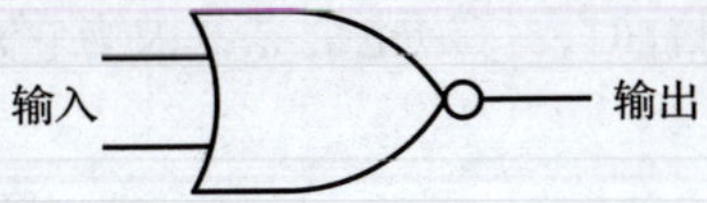

它和或门的符号很像，只是在输出端有一个小圆圈，这个小圆圈表示反相，或非门就等于或门后面加一个反相器：

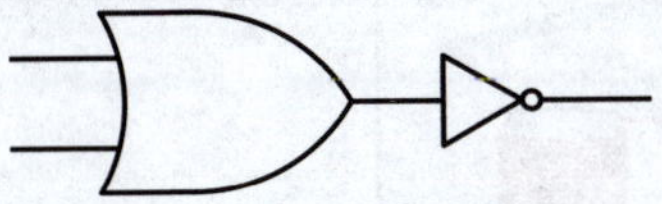

或非门的输出如下表所示：

NOR	0	1
0	1	0
1	0	0

这张表所显示的结果和或门正好相反。对于或门而言，两个输入中只要有一个为 1，输出就为 1，只有在两个输入都为 0 时，输出才为 0。

还有一种连接两个继电器的方法，如下所示：

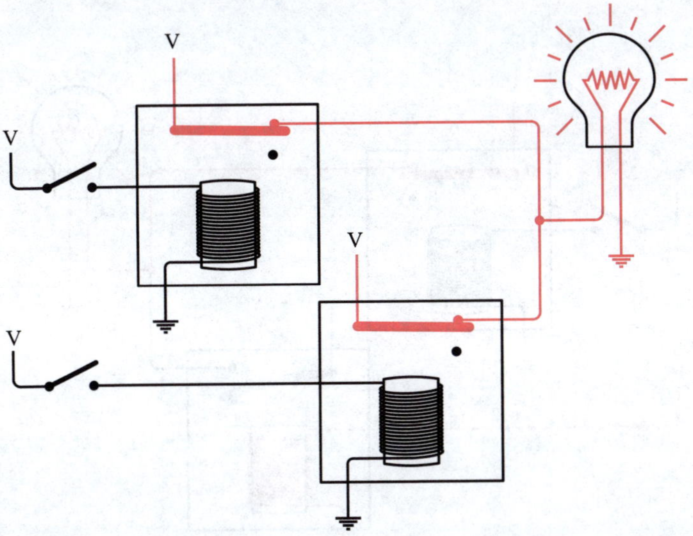

在这种情况下，两个输出是相连的，这跟或门的布局类似，区别在于继电器采用了常闭输出。当两个开关都处于断开状态时，灯泡会亮。

当只有上面的开关闭合时，灯泡也会亮，因为它可以从下面的继电器获取电力：

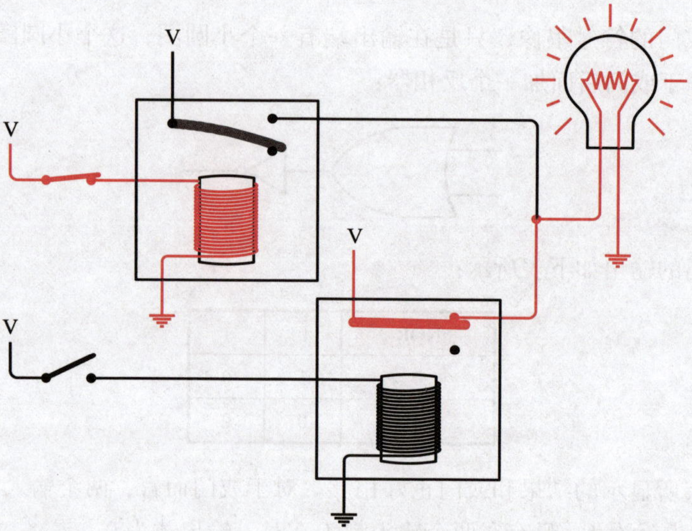

同样，当只有下面的开关闭合时，灯泡也会亮，因为它可以从上面的继电器获得电力：

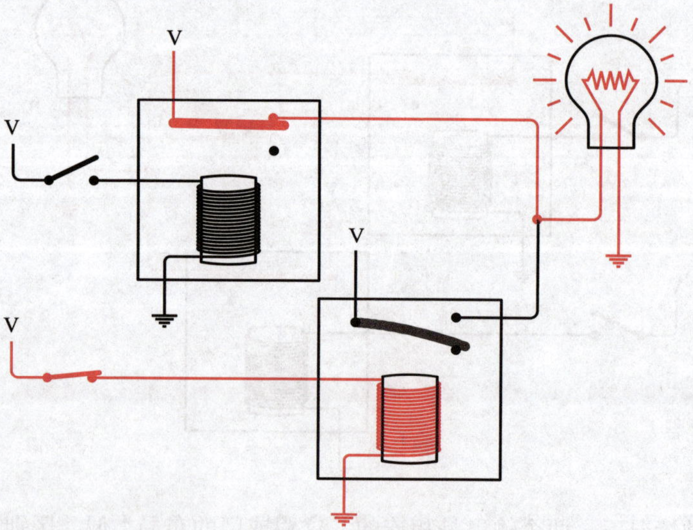

只有当两个开关都闭合时，灯泡才会熄灭：

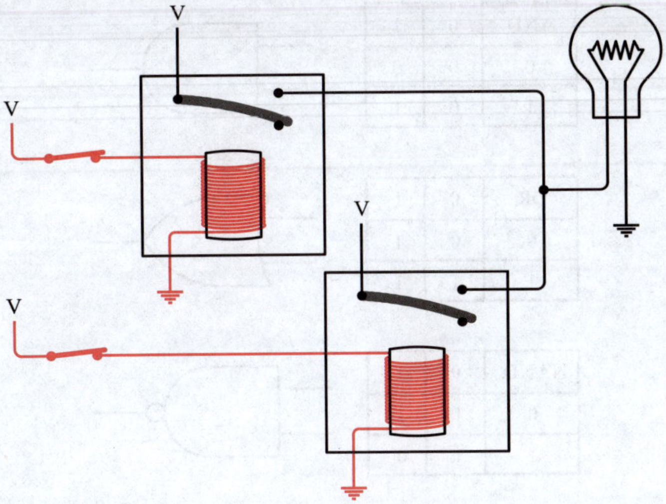

这个表现和与门正好相反。它被称为与非（NOT AND，简称 NAND）门。与 NOR 不同，NAND 这个词是专门为了描述这种逻辑而创造的，其出现可以追溯到 1958 年。

与非门的绘制方式和与门类似，但在输出端加了一个小圆圈，表示其输出和与门的输出是相反的：

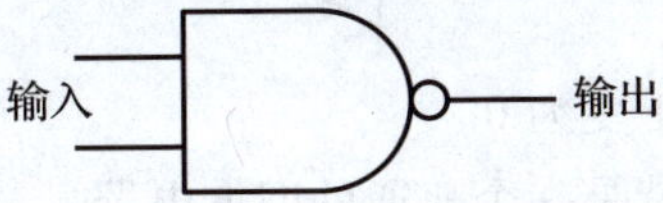

与非门的输出如下表所示：

NAND	0	1
0	1	1
1	1	0

你应该还记得，只有当两个输入都为 1 时，与门的输出才为 1，否则输出为 0。与非门的输出正好与此相反。

到目前为止，我们已经看到了具有两个输入和一个输出的继电器的 4 种不同接线方式。每种方式的表现都略有不同。为了避免重复绘制继电器，我们将它们称为逻辑门，并用电气工程师所使用的符号来表示它们。特定逻辑门的输出取决于其输入，这里总结如下：

AND	0	1
0	0	0
1	0	1

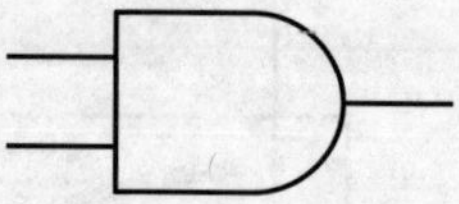

OR	0	1
0	0	1
1	1	1

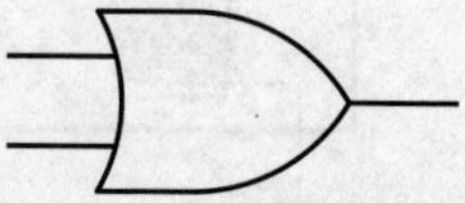

NAND	0	1
0	1	1
1	1	0

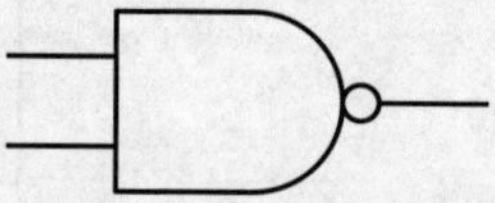

NOR	0	1
0	1	0
1	0	0

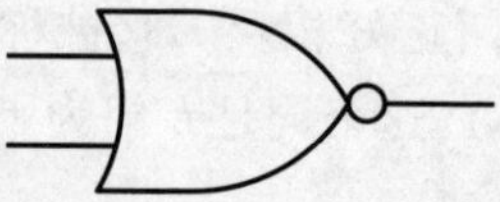

反相器的样子是这样的：

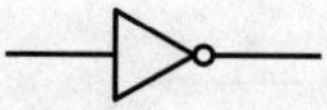

它将信号从 0 变为 1 或从 1 变为 0。

这组工具的最后一个就是一个普通的旧继电器：

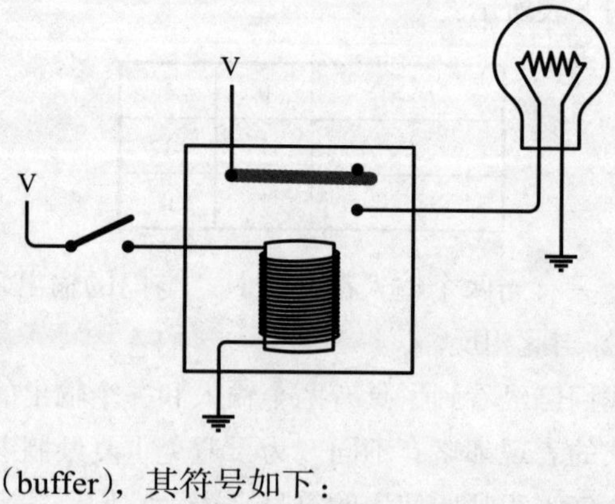

这称为缓冲器（buffer），其符号如下：

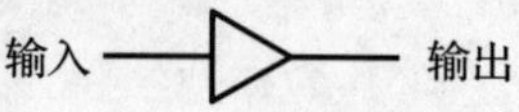

它和反相器的符号差不多，只是没有小圆圈。缓冲器的特点是“什么都不做”，其输出和输入是相同的：

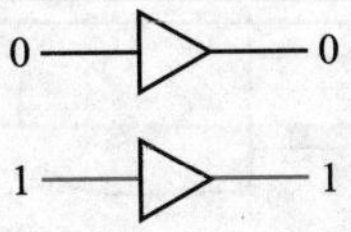

但是，当输入信号较弱时，你就可以使用缓冲器。你应该还记得，这正是多年前为电报发明继电器的原因。在实际的逻辑电路中，有时一个输出必须用作多个输入，这称为扇出（fan out），它会导致每个输入可用的功率降低。缓冲器可以帮助提高功率。此外，缓冲器也可以用来稍微延迟一下信号。这是因为继电器需要一点时间（几分之一秒）来触发。

从这里开始，你将很少在本书中再看到继电器的图示了。相反，接下来看到的电路将由缓冲器、反相器、4 种基本的双输入逻辑门组成，还会有一些由这些逻辑门构建的更复杂的电路。当然，所有这些组件都是由继电器制成的，但我们实际上不必再关注继电器本身了。

在本章开头，我们展示了一个让你选择梦想中的猫的小控制面板。它有黑色、白色和棕褐色猫的开关，但遗漏了一个用于其他颜色猫（任何不是黑色、白色或棕褐色的猫）的开关。不过，这个信号可以使用三个反相器和一个三输入与门来创建。

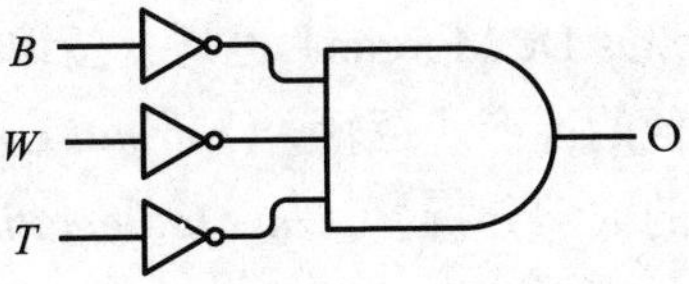

三个输入先被反相，然后成为与门的输入。只有当 *B*、*W* 和 *T* 全部为 0 时，与门的所有输入才全部为 1，从而使输出为 1。

有时，这种电路可以不画出反相器，如下所示：

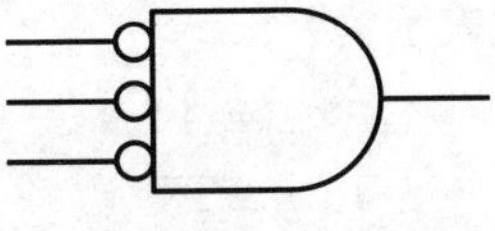

注意与门输入端的小圆圈。这些小圆圈表示信号在这些点上被反相了——0（没有电压）变成了 1（有电压），反之亦然。

如果只能从我展示的 6 种逻辑门中选择一种，那么选择 NAND（与非）门或 NOR（或非）门，因为你可以使用 NAND 门或 NOR 门来创建所有其他的逻辑门。例如，这里展示了如何组合与非门的输入来创建一个反相器：

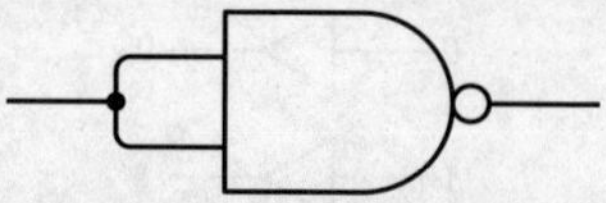

你可以将这个反相器用在另一个与非门的输出上，以制作一个与门。乍一看，似乎不可能用与非门制作出或门，但实际上这也是可行的，因为带有两个反相输入的与门和或非门是等效的：

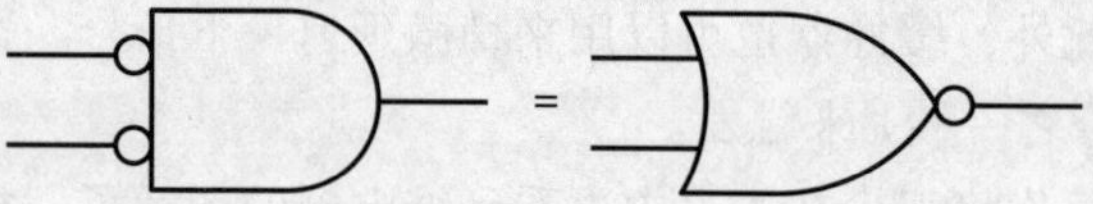

只有两个输入都为 0 时输出才为 1。

同样，带有两个反相输入的或门和与非门也是等效的：

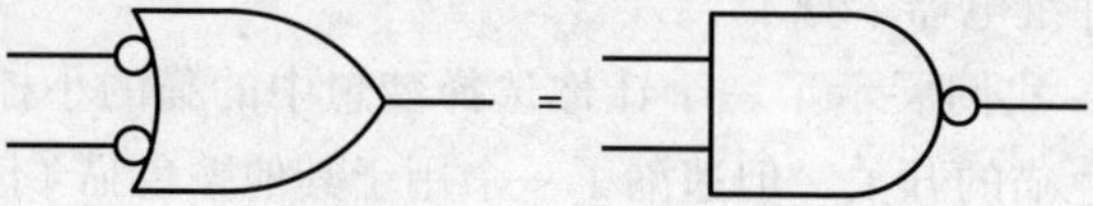

只有两个输入都为 1 时输出才为 0。

这两组等效关系就是德·摩根定律（De Morgan's law）在电路中的实现。奥古斯都·德·摩根（Augustus De Morgan）也是一位维多利亚女王时代的数学家，比乔治·布尔年长 9 岁，他的《形式逻辑》（*Formal Logic*）一书同样出版于 1847 年，据说和布尔的《逻辑的数学分析》（*The Mathematical Analysis of Logic*）是同一天出版的。事实上，布尔研究逻辑的灵感正是来自德·摩根和另一位英国数学家之间的一场公开争斗，其中涉及对剽窃的指控（德·摩根已被历史证明是清白的）。德·摩根很早就意识到了布尔的洞察的重要性。他无私地鼓励布尔，并一路帮助他。而如今，除了这个著名的定律外，他已几乎被人遗忘，令人惋惜。

德·摩根定律可以简单地表示为：

$$\overline{A}\times\overline{B}=\overline{A+B}$$

$$\overline{A}+\overline{B}=\overline{A\times B}$$

A 和 B 是两个布尔操作数。上方的横线表示取反。在第一个表达式中，A 和 B 先被取反，然后进行与运算。这和先让两个操作数进行或运算再取反（即或非）的结果是一样的。这一点在下面这句话中也成立：如果今天不（NOT）下雨与

(AND) 不 (NOT) 下雪，那么今天不 (NOT) 下雨或 (OR) 下雪。

在第二个表达式中，两个操作数先被取反，然后进行或运算。这和先让两个操作数进行与运算再取反（即与非）的结果是一样的。如果我不 (NOT) 高大或 (OR) 我不 (NOT) 强壮，那么我不 (NOT) 高大与 (AND) 强壮。德·摩根定律是简化布尔表达式的重要工具，因此也是简化电路的重要工具。从历史上看，这正是克劳德·香农的论文对电气工程师的真正意义所在。但对于本书来说，简化电路不是主要的关注点。与其尽可能简化，不如优先确保事物能够正常工作。

下一个重大项目将是纯粹用逻辑门实现一个数字加法器。不过，先将这个项目推迟几个章节吧，让我们先重新学习计数。

| 第 9 章 |

我们的十个数字

将语言仅仅视为一种编码，这个观念看起来很容易被接受。我们中的许多人至少在高中时尝试过学习一门外语，因此我们愿意承认，在英语中称为“cat”（猫）的动物在其他语言中可以是 gato、chat、Katze、кошка 或 γάτα[⊖]。

然而，数字似乎不一样，没有随文化的不同而迥然不同。在这个星球上，不管说什么语言，也不管如何发音，几乎我们可能接触到的每个人都以同样的方式书写数字：

1　2　3　4　5　6　7　8　9　10

这难道就是数学被称为“世界语言”的原因？

数字无疑是我们平时所能接触到的最抽象的编码。当我们看到以下数字

3

时，我们不需要立即把它和任何事物联系起来。我们可能会想象到 3 个苹果或 3 个其他东西，但当我们从上下文中得知这个数字是指某个小孩的生日、电视频道、曲棍球比赛的得分、蛋糕食谱中面粉的杯数或者月份时，也能够像认为它代表 3 个苹果时一样自然。因为数字一开始就是如此抽象，所以让我们理解这些苹果

的数量并非一定要用符号

3

来表示就更困难了。

⊖ 这里的其他语言分别是西班牙语、法语、德语、俄语、希腊语。——编辑注

本章和第 10 章的人部分篇幅都将专门用来说明这些苹果

的数量也可以用

11

来表示。

一旦我们有了这个认知，就可以开始在电路中表示数字，并最终在计算机中实现。不过，我们越了解我们熟悉的数字是如何工作的，就越能为实现这一飞跃做好准备。

从人类最开始计数开始，就使用了手指来辅助。因此，大多数文明的数字体系都以 10 为基础。少数例外也是围绕 5、20 或 60 建立的（在以秒和分计算时间时，我们依然在使用以 60 为基础的古巴比伦数字体系），这些数字体系也都与 10 密切相关。除了与人类手部生理结构的关系之外，我们的数字体系本身并没有什么特别之处。如果我们进化的结果为有 8 根或 12 根手指，那么我们的计数方式也会有所不同。在英语中，digit 这个单词既可以指手指或脚趾，也可以指数字，而 five（五）和 fist（拳头）这两个单词有相似的词根，这绝非巧合。

从这个意义上来讲，人类使用以 10 为基础或十进制（decimal，这个单词源自拉丁语）的数字体系完全是任意的。然而，我们却赋予了以 10 为基础的数字一种近乎神奇的意义，并给了它们特定的命名。10 年是一个年代（decade）；10 个年代是一个世纪（century）；10 个世纪就是一个千年（millennium）。1000 个一千（thousand）就是一百万（million）；1000 个百万就是十亿（billion）。下面这些数字都是 10 的幂：

$10^1 = 10$

$10^2 = 100$

$10^3 = 1000$（一千）

$10^4 = 10\ 000$

$10^5 = 100\ 000$

$10^6 = 1\ 000\ 000$（一百万）

$10^7 = 10\ 000\ 000$

$10^8 = 100\ 000\ 000$

$10^9 = 1\ 000\ 000\ 000$（十亿）

大多数历史学家相信，数字最初是为了对事物（比如人口、财产以及商业交易）进行计数而创造的。举例来说，假定某个人有 4 只鸭子，他可能就会画 4 只鸭子作为记录：

后来，负责画鸭子这项工作的人想："我为什么一定要画 4 只鸭子？为什么不能只画 1 只鸭子，然后用画竖线什么的来表示有 4 只呢？"如下所示：

后来有天遇到一个人养了 27 只鸭子，画竖线这种方法就显得有点滑稽可笑了：

有人说："一定有更好的方法。"于是数字体系就诞生了。

在所有早期的数字体系中，只有罗马数字沿用至今。你可以在钟表的表盘上看到它们，在纪念碑和雕像的日期上看到它们，在书本的某些章节编号和页码上看到它们，在大纲的某些项目上看到它们，而最令人讨厌的是在电影的版权声明中看到它们——要想解答"这部电影是哪一年拍摄的？"这个问题，就必须在片尾字幕快速掠过时，能够足够快速地破译出 MCMLIII 之类的罗马数字表示的是多少。

27 只鸭子可以用罗马数字表示为：

这里的概念很容易理解：X 代表 10 条竖线，V 代表 5 条竖线。

如今仍在使用的罗马数字符号有：

I V X L C D M

I 表示 1。这可能源于一条竖线或伸出的一根手指。V 可能是代表手的符号，表示 5。两个 V 组合成一个 X，表示 10。L 表示 50。C 源于单词 centum——在拉丁语中表示 100。D 表示 500。最后，M 源于单词 mille——在拉丁语中表示 1000。1 英里大约相当于走路 1000 步[㊀]的距离。

㊀ 这里的"步"是"罗马步"，计算距离时指的是同一只脚前后移动的距离，相当于常规的两步。——编辑注

虽然我们可能并不认同，但很长一段时间以来，罗马数字被认为用来做加减运算非常容易，这也是罗马数字在欧洲被如此长时间地用于记账的原因。事实上，当对两个罗马数字进行加法运算时，只需将这两个罗马数字的所有符号合并，然后用下面的方法将其简化：五个I组成一个V，两个V组成一个X，五个X组成一个L，以此类推。

但是，罗马数字的乘除运算很难。其他很多早期的数字体系（比如古希腊数字体系）同样在复杂的数学运算方面表现不佳。尽管古希腊人所发明的非凡的几何学至今仍然是高中的一门课程，但他们同样没有因代数而享誉世界。

我们现今使用的数字体系通常称为印度－阿拉伯（Hindu-Arabic或Indo-Arabic）数字体系[㊀]。它起源于印度，但由阿拉伯数学家传入欧洲。其中波斯数学家穆罕默德·本·穆萨·阿尔·花剌子模（Muhammed ibn Musa al-Khwarizmi）尤为著名，algorithm（算法）一词就来源于他的名字。他在公元825年左右写了一本关于代数的书，书中使用了印度数制。该书的拉丁语译本可追溯到公元1145年左右，在加速整个欧洲从罗马数字体系向现在的阿拉伯数字体系过渡方面发挥了重要作用。

阿拉伯数字体系与以往的数字体系有三个不同之处：

- 阿拉伯数字体系是和位置相关的，也就是说，特定的一个数字依据位置的不同而代表不同的数量。数字所在的位置实际上比数字本身更重要。100和1 000 000中都只有一个1，但我们知道一百万比一百要大得多。
- 几乎所有早期的数字体系都有一个阿拉伯数字体系所没有的东西，那就是一个专门用来表示数字10的符号。现在使用的数字体系中没有专门代表10的符号。
- 另一方面，几乎所有早期的数字体系都缺少一个阿拉伯数字体系中有的，而且事实证明比代表10的符号要重要得多的符号，那就是0。

是的，就是0。这个小小的0毫无疑问是数字和数学历史上最重要的创造之一。它支撑了位置记数法，正是因为它的存在，我们才能直接看出25、205和250之间的区别。0还简化了很多在非位置计数体系中很复杂的数学运算，尤其是乘法和除法。

阿拉伯数字的整体结构体现在其读法上。以4825为例，我们将其读作

㊀ 一般习惯称“阿拉伯数字”，后文采用这一名称。——编辑注

“四千八百二十五”，意为：

四千

八百

二十

五

我们也可以将其分解为：

$$4825=4000+800+20+5$$

或者进一步分解，将这个数字表示为：

$$\begin{aligned}4825=&4\times1000+\\&8\times100+\\&2\times10+\\&5\times1\end{aligned}$$

或者使用 10 的幂次，将这个数字表示为：

$$\begin{aligned}4825=&4\times10^3+\\&8\times10^2+\\&2\times10^1+\\&5\times10^0\end{aligned}$$

记住，任何数的 0 次幂都等于 1。

多位数中的每位都有特定的意义，下面这 7 个方格可以表示 0 ～ 99 999 999 之间的任何整数：

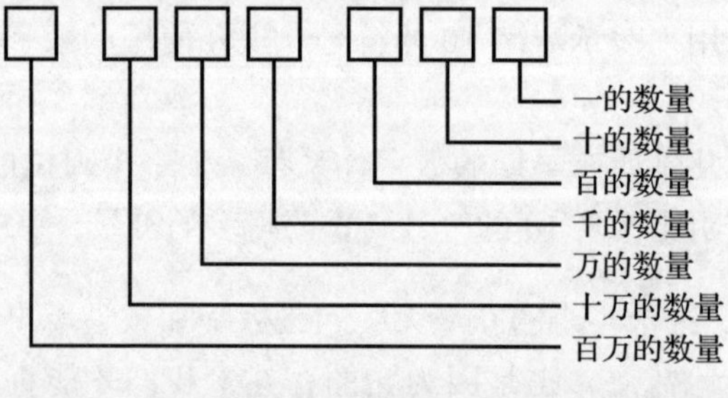

每个位置对应一个 10 的幂次，不需要用一个特殊的符号来表示 10，因为可以将 1 放在不同的位置，并用 0 作为占位符来表示。

还有非常好的一点是，小数点右边的小数部分也遵循同样的规律。数字 42 705.684 可以表示为：

$$4\times10\ 000+$$

$$
\begin{aligned}
&2\times1000+\\
&7\times100+\\
&0\times10+\\
&5\times1+\\
&6\div10+\\
&8\div100+\\
&4\div1000
\end{aligned}
$$

请注意，最后三行使用的是除法而不是乘法。我们也可以使用不带除法的形式，像这样：

$$
\begin{aligned}
&4\times10\,000+\\
&2\times1000+\\
&7\times100+\\
&0\times10+\\
&5\times1+\\
&6\times0.1+\\
&8\times0.01+\\
&4\times0.001
\end{aligned}
$$

或者使用 10 的幂的形式：

$$
\begin{aligned}
&4\times10^4+\\
&2\times10^3+\\
&7\times10^2+\\
&0\times10^1+\\
&5\times10^0+\\
&6\times10^{-1}+\\
&8\times10^{-2}+\\
&4\times10^{-3}
\end{aligned}
$$

请注意，指数降至 0 后变成负数。我们的数字体系对我们来说是如此熟悉，以至于我们常常意识不到其底层结构的优雅。

我们知道，3 加 4 等于 7。同样，30 加 40 等于 70，300 加 400 等于 700，3000 加 4000 等于 7000。这就是阿拉伯数字体系的美妙之处。无论进行多长的十进制数字的加法运算，都只要根据一种方法将问题分成几步即可，其中每步最多只是将两个一位数字相加。这就是为什么以前会有人强迫你背加法表：

+	0	1	2	3	4	5	6	7	8	9
0	0	1	2	3	4	5	6	7	8	9
1	1	2	3	4	5	6	7	8	9	10
2	2	3	4	5	6	7	8	9	10	11
3	3	4	5	6	7	8	9	10	11	12
4	4	5	6	7	8	9	10	11	12	13
5	5	6	7	8	9	10	11	12	13	14
6	6	7	8	9	10	11	12	13	14	15
7	7	8	9	10	11	12	13	14	15	16
8	8	9	10	11	12	13	14	15	16	17
9	9	10	11	12	13	14	15	16	17	18

分别从最上边的一行和最左边的一列找到要相加的两个数字，对应的行与列的交叉点就是这两个数字的和。例如，4 加 6 等于 10。

同样，当你需要进行两个十进制数的乘法运算时，会遵循稍微复杂一些的步骤，但这些步骤依然会将问题分解，让你只需要进行一些一位数的加法和乘法运算即可。你在小学时可能也需要背诵下面的乘法表：

×	0	1	2	3	4	5	6	7	8	9
0	0	0	0	0	0	0	0	0	0	0
1	0	1	2	3	4	5	6	7	8	9
2	0	2	4	6	8	10	12	14	16	18
3	0	3	6	9	12	15	18	21	24	27
4	0	4	8	12	16	20	24	28	32	36
5	0	5	10	15	20	25	30	35	40	45
6	0	6	12	18	24	30	36	42	48	54
7	0	7	14	21	28	35	42	49	56	63
8	0	8	16	24	32	40	48	56	64	72
9	0	9	18	27	36	45	54	63	72	81

位置计数体系最大的优点不在于它本身有多么好用，而在于它同样适用于非十进制计数体系。我们的数字体系并不一定适合每个人。十进制数字体系的一大问题在于它对卡通角色来说没有任何意义。大多数卡通角色每只手（或爪）只有 4 根手指㊀，因此它们需要一个八进制计数体系。

有趣的是，我们所知的大部分关于十进制数的知识，在更适合我们的卡通朋友的数字体系中同样适用。

㊀ 大部分西方动画片中的卡通角色每只手的手指数量都是 4，例如米老鼠、海绵宝宝等。这一现象背后的原因很多，感兴趣的读者可以自行去进一步探究。——编辑注

Code

|第 10 章|

十进制的替代

10 对我们人类来说是极其重要的一个数字。大多数人（当然我们也希望所有人都是这样）都有 10 根手指和 10 个脚趾。由于手指用来计数很方便，于是我们人类基于十开发了一套完整的数字体系。

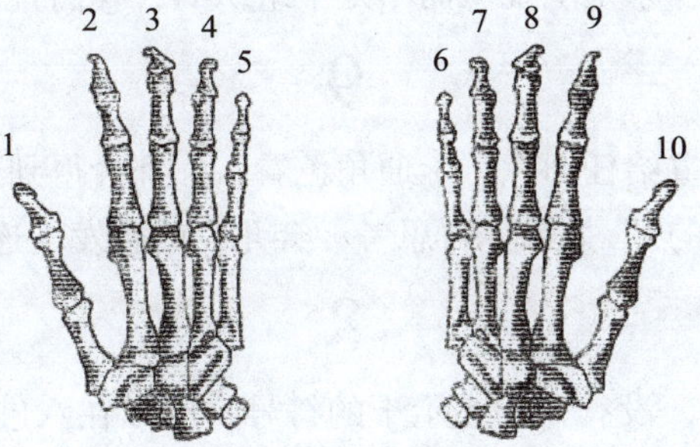

正如我在第 9 章中提到的，我们常用的是基于十的数字体系，或称十进制。十进制数对我们来说似乎是如此自然，以至于一开始很难考虑其他的选择。的确，当我们看到 10 时，不由自主地会认为它指的就是这么多只鸭子：

不过，数字 10 指的是这么多只鸭子的唯一理由只是这些鸭子的数量与我们手指的数量相同。如果人类的手指数量不是十，我们的计数方式也会有所不同，而 10 也会有其他的含义。同样的数字 10 可能指的就是这么多只鸭子：

或者这么多只鸭子：

甚至这么多只鸭子：

当我们认识到 10 也可以表示两只鸭子时，我们就可以开始探究如何使用开关、电线和灯泡来表示数字，以及如何使用继电器和逻辑门（以及由此扩展的计算机）来操纵它们。

如果人类像卡通角色那样每只手上只有四根手指会怎样？我们可能永远不会想到开发一套基于十的数字体系。相反，我们可能会认为基于八的数字体系是正常的、自然的、合理的、必然的、无可争议的，并且毫无疑问是恰当的。

如果我们的数字体系是围绕八而不是十组织的，我们就不需要如下这个符号：

9

如果把这个符号拿给任何一个卡通角色看，你都会得到这样的回应："这是什么？它是用来做什么的？"如果你再思考一会儿，就会发现连这个符号也不需要：

8

在十进制数字体系中，没有专门表示十的符号，所以在八进制数字体系中，也没有专门表示八的符号。

在十进制中，我们的计数方式是 0、1、2、3、4、5、6、7、8、9，然后是 10。那么在八进制中，我们的计数方式是 0、1、2、3、4、5、6、7，然后是什么呢？我们已经没有符号可用了。唯一有意义的只剩下 10，而正确答案就是 10。在八进制中，7 之后紧跟着的数字是 10。但这个 10 并不是指人类的手指数量。在八进制中，10 指的是卡通角色的手指数量。

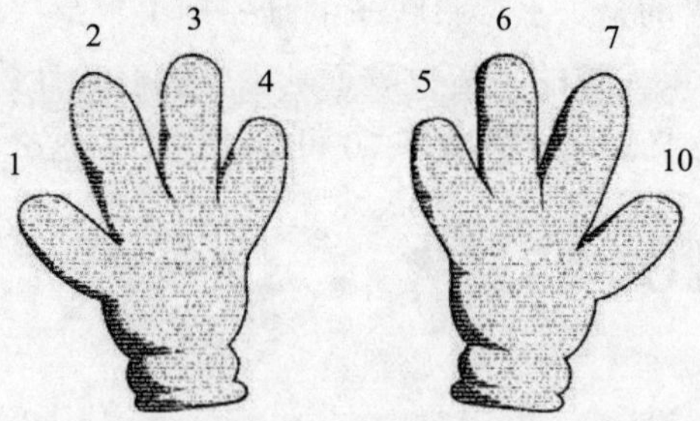

可以继续用我们的四趾脚来计数：

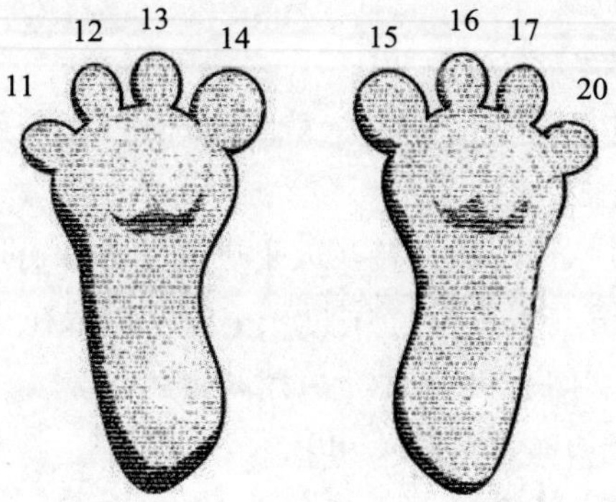

在使用非十进制的数字体系时，可以将 10 读作“一零”，以避免一些混淆。类似地，13 读作“一三”，20 读作“二零”。如果想更精确一些，进一步避免歧义，你可以说“基于八的数一三”或“八进制数二零”。

即使没有手指和脚趾帮忙，我们仍然能够继续用八进制计数。除了要跳过那些含有 8 或 9 的数字以外，它基本上和十进制计数是一样的：

0, 1, 2, 3, 4, 5, 6, 7, 10, 11, 12, 13, 14, 15, 16, 17, 20, 21, 22,
23, 24, 25, 26, 27, 30, 31, 32, 33, 34, 35, 36, 37, 40, 41, 42, 43,
44, 45, 46, 47, 50, 51, 52, 53, 54, 55, 56, 57, 60, 61, 62, 63, 64,
65, 66, 67, 70, 71, 72, 73, 74, 75, 76, 77, 100…

最后一个数字读作“一零零”。这个数字是卡通角色手指数量的平方。

我们几乎一生都在与十进制数为伴，早已习惯于特定的数字序列与现实世界中特定数量的对应关系。使用一套不同的数字体系进行计数，就像进入了一个截然不同的世界。以下是一些八进制数的例子：

白雪公主遇到的小矮人数量是 7，和十进制一样。

卡通角色的手指数量是 10。

贝多芬创作的交响曲数量是 11。

人类的手指数量是 12。

一年中的月份数是 14。

如果你发现自己会在心中将这些八进制数转换成十进制，那很好。这是个不错的练习。对于以 1 开头的两位八进制数，它对应的十进制数为 8 加上第二位数字。月份数在八进制中是 14，在十进制中就是 8 加 4，即 12。让我们继续吧：

“面包师的一打[一]”是 15。

两周的天数是 16。

成年生日派对[二]的举办年龄是 20。

一天中的小时数是 30。

拉丁字母的数量是 32。

对于不以 1 开头的两位八进制数，转换成十进制的方法有所不同：需要将第一位数字乘以 8，然后加上第二位数字。字母表中的字母数在八进制中是 32，在十进制中就是 3 乘以 8（即 24）再加上 2，等于 26。

与一湿量夸脱相当的液盎司数是 40[三]。

一副牌的正牌张数是 4 乘以 15，也就是 64。

国际象棋棋盘上的方格数是 10 乘以 10，也就是 100。

在十进制中，国际象棋棋盘上的方格数是 8 乘以 8，也就是 64。

美式橄榄球场的码数是 144。

温布尔登网球公开赛的女子单打初始参赛人数是 200。

8 点盲文可以表示的字符个数是 400。

这个列表包含几个漂亮的八进制整数，比如 100、200 和 400。“漂亮的整数”一般指的是在末尾有几个零的数字。十进制数的末尾有两个零就意味着这个数是 100（即 10 × 10）的倍数。对于八进制数来说，末尾有两个零也意味着这个数是 100 的倍数，但那是八进制的 100，相当于十进制的 64。温布尔登网球公开赛的女子单打初始参赛人数用十进制表示是 128，而 8 点盲文可以表示的字符个数用十进制表示是 256。

本书的开头三章探讨了二元编码与 2 的幂次的关系。对于莫尔斯电码而言，4 个点和划可能的组合数是 2 的 4 次方，即 16。6 点盲文的编码数量是 2 的 6 次方，即 64。8 点盲文将这一数字增加到 2 的 8 次方，即 256。任何一个 2 的幂乘以另一个 2 的幂，结果仍然是 2 的幂。

下表列出了 2 的 0 ～ 12 次幂及其对应的十进制和八进制表示形式：

[一] 原文“A baker's dozen”是英文中的一个俚语，表示 13。为方便表述，这里采用了直译。——编辑注

[二] 在美国和加拿大，很多青少年会在 16 岁时举办盛大的生日派对，作为成人礼的一部分。——编辑注

[三] 这里的湿量夸脱和液盎司都是美制单位，1 美制湿量夸脱等于 32 美制液盎司，约等于 0.946 升。——编辑注

2 的幂次	十进制	八进制
2^0	1	1
2^1	2	2
2^2	4	4
2^3	8	10
2^4	16	20
2^5	32	40
2^6	64	100
2^7	128	200
2^8	256	400
2^9	512	1000
2^{10}	1024	2000
2^{11}	2048	4000
2^{12}	4096	10 000

由于 8 是 2 的幂，因此八进制列里面出现了很多“漂亮的整数”，这说明八进制数与二元编码的关系可能比十进制数更为密切。

八进制体系和十进制体系在结构上并没有什么差别，只在细节上有所不同。例如，八进制数的每个位置上都是一个需要对应乘以 8 的幂的数字：

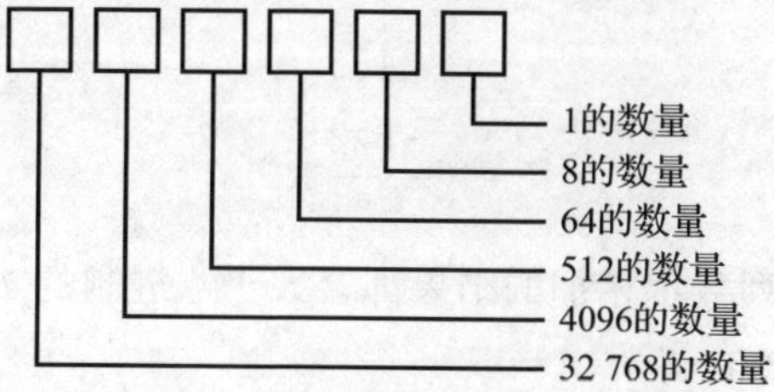

因此，八进制数 3725 就可以这样拆分：

$$3725 = 3000 + 700 + 20 + 5$$

这个数字也可以表示为各个数字乘以八进制形式下 8 的幂：

$$\begin{aligned} 3725 = 3 \times 1000 + \\ 7 \times 100 + \\ 2 \times 10 + \\ 5 \times 1 \end{aligned}$$

以下是另一种表示形式：

$$\begin{aligned} 3725 = 3 \times 8^3 + \\ 7 \times 8^2 + \\ 2 \times 8^1 + \\ 5 \times 8^0 \end{aligned}$$

如果按照十进制进行计算，你会得到 2005。这就是将八进制数转换为十进制数的方法。

你可以采用与十进制数相同的方式来进行八进制数的加法和乘法运算。唯一真正的区别在于，进行个位数的加法和乘法运算时所对照的表格不同。下面是八进制数的加法表：

+	0	1	2	3	4	5	6	7
0	0	1	2	3	4	5	6	7
1	1	2	3	4	5	6	7	10
2	2	3	4	5	6	7	10	11
3	3	4	5	6	7	10	11	12
4	4	5	6	7	10	11	12	13
5	5	6	7	10	11	12	13	14
6	6	7	10	11	12	13	14	15
7	7	10	11	12	13	14	15	16

例如，5+7=14。较长的八进制数的加法与十进制数的加法相同。这里有一个小练习，除了数字是八进制的，它看起来与十进制加法一样。使用上表将每列数字相加：

$$\begin{array}{r} 135 \\ +643 \\ \hline \end{array}$$

从右边开始，每列数字相加的结果都会大于八进制的 7，所以每列都要向下一列进位。结果是 1000。

同样，在八进制中，2 乘以 2 仍然等于 4，但 3 乘以 3 却不等于 9。那是多少呢？3 乘以 3 等于 11。下面是八进制数的乘法表：

×	0	1	2	3	4	5	6	7
0	0	0	0	0	0	0	0	0
1	0	1	2	3	4	5	6	7
2	0	2	4	6	10	12	14	16
3	0	3	6	11	14	17	22	25
4	0	4	10	14	20	24	30	34
5	0	5	12	17	24	31	36	43
6	0	6	14	22	30	36	44	52
7	0	7	16	25	34	43	52	61

表中显示 4×6 等于 30，这在十进制中是 24。

八进制和十进制一样，都是一个有效的数字体系。现在我们已经为卡通角色开发了一套数字体系，接下来让我们更进一步，为龙虾也开发一套合适的数字体系吧。确切来说，龙虾没有手指，但美洲龙虾的两条长前肢末端确实有螯。适合龙虾的是基于四的数字体系，即四进制：

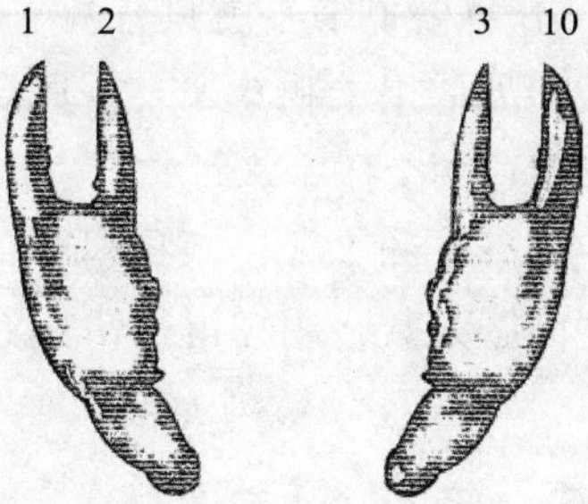

四进制的计数方式为：0、1、2、3、10、11、12、13、20、21、22、23、30、31、32、33、100、101、102、103、110、111、112、113、120，以此类推。

这里不打算在四进制体系上花太多时间，因为我们很快就会转向更为重要的内容。不过，你可以看下四进制数的每个位置是如何对应 4 的相应幂次的：

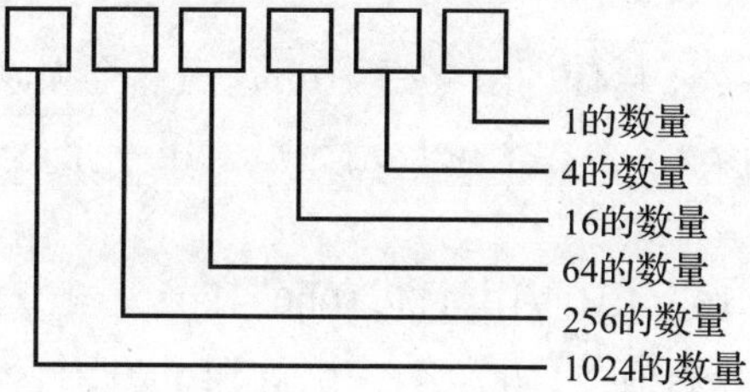

四进制数 31232 可以写为：

$$
\begin{aligned}
31232 = 3 \times 10000 + \\
1 \times 1000 + \\
2 \times 100 + \\
3 \times 10 + \\
2 \times 1
\end{aligned}
$$

或者每个数字都对应乘以 4 的幂：

$$
\begin{aligned}
31232 = 3 \times 4^4 + \\
1 \times 4^3 + \\
2 \times 4^2 + \\
3 \times 4^1 + \\
2 \times 4^0
\end{aligned}
$$

如果用十进制来计算，你会发现四进制数 31232 就等于十进制数 878。

现在，我们将完成另一次飞跃，而且这次是极限的那种。假设我们是海豚，并且必须依靠两鳍来计数。这就是基于二的数字体系，即二进制（binary，源自拉丁语，意为两个两个的）。这样我们似乎就只有两个数字，也就是 0 和 1。

你已经看到在布尔代数中如何用 1 和 0 来表示真或假、是或否、好猫或还不够好的猫。同样，你也可以用这两个数字来计数。

现在，需要处理的就只剩下 0 和 1 了，而我们还需要一些练习才能习惯使用二进制数。二进制数最大的问题是数字用完得很快。下图就是海豚如何用它的鳍来计数的例子：

是的，在二进制中，1 后面的数字是 10。这虽然令人吃惊，但实际上也没什么。无论使用哪种数字体系，在个位数用完后，第一个两位数都是 10。在二进制中，我们这样计数：

0, 1, 10, 11, 100, 101, 110, 111, 1000, 1001, 1010, 1011, 1100, 1101, 1110, 1111, 10000, 10001…

这些数字看起来可能很大，但实际上并非如此。与其说二进制数变大得很快，不如说它们变长得很快：

人类的头的数量是 1。

海豚的鳍的数量是 10。

汤匙与茶匙的容量的倍数关系是 11。

正方形的边数是 100。

人类一只手的手指数是 101。

昆虫的腿数是 110。

一周的天数是 111。

八重奏中音乐家的数量是 1000。

棒球比赛的局数是 1001。

牛仔帽的重量以加仑计算是 1010。

等等。

在多位二进制数中，数字的位置和 2 的幂的对应关系为：

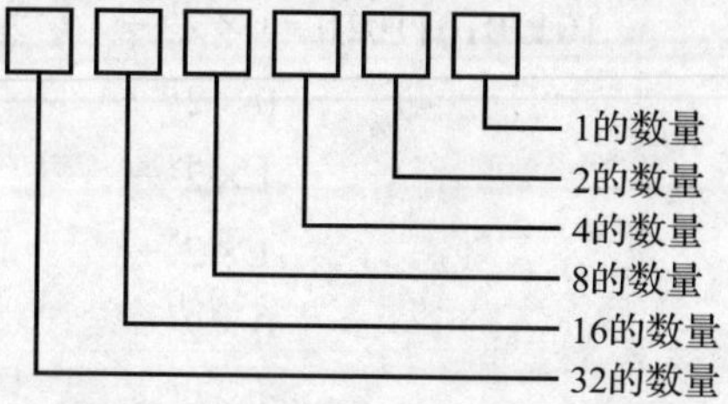

因此，任何一个以 1 开头后跟几个 0 的二进制数一定是 2 的幂，其指数与 0 的个数相等。下面是我们展开的 2 的各次幂的表，可以用来说明这条规则：

2 的幂	十进制	八进制	四进制	二进制
2^0	1	1	1	1
2^1	2	2	2	10
2^2	4	4	10	100
2^3	8	10	20	1000
2^4	16	20	100	10000
2^5	32	40	200	100000
2^6	64	100	1000	1000000
2^7	128	200	2000	10000000
2^8	256	400	10000	100000000
2^9	512	1000	20000	1000000000
2^{10}	1024	2000	100000	10000000000
2^{11}	2048	4000	200000	100000000000
2^{12}	4096	10000	1000000	1000000000000

假设我们遇到一个二进制数 101101011010，它可以写成：

$$
\begin{aligned}
101101011010 = {} & 1 \times 100000000000 + \\
& 0 \times 10000000000 + \\
& 1 \times 1000000000 + \\
& 1 \times 100000000 + \\
& 0 \times 10000000 + \\
& 1 \times 1000000 + \\
& 0 \times 100000 + \\
& 1 \times 10000 + \\
& 1 \times 1000 + \\
& 0 \times 100 + \\
& 1 \times 10 + \\
& 0 \times 1
\end{aligned}
$$

也可以使用 2 的幂，用下面这种更简单的方式表示为：

$$
\begin{aligned}
101101011010 = & 1 \times 2^{11} + \\
& 0 \times 2^{10} + \\
& 1 \times 2^{9} + \\
& 1 \times 2^{8} + \\
& 0 \times 2^{7} + \\
& 1 \times 2^{6} + \\
& 0 \times 2^{5} + \\
& 1 \times 2^{4} + \\
& 1 \times 2^{3} + \\
& 0 \times 2^{2} + \\
& 1 \times 2^{1} + \\
& 0 \times 2^{0}
\end{aligned}
$$

如果以十进制形式将各个部分加起来，即 2048+512+256+64+16+8+2，你会得到 2906，这就是这个二进制数对应的十进制数。

为了更简便地将二进制数转换为十进制数，你可能更喜欢使用我准备的模板：

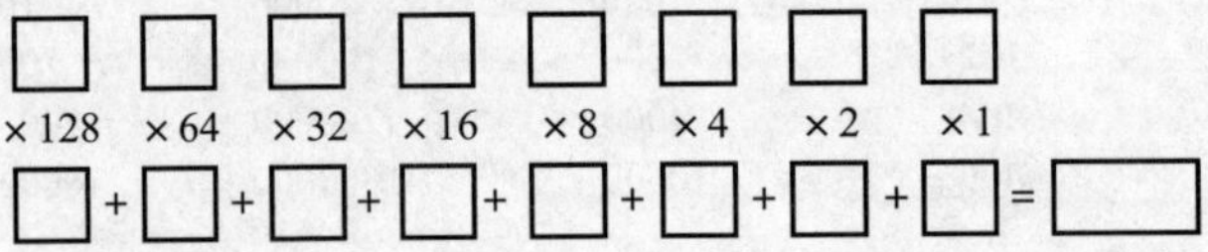

这个模板允许你转换长度为 8 位及以下的二进制数，但它很容易扩展。使用它时，将二进制数字对应放到上面的 8 个方框中，每个方框放一个数字。执行 8 次乘法运算，并将乘积放在下面的 8 个方框中。将这 8 个方框中的数值相加，得到最终结果。下面这个例子展示了如何求出 10010110 对应的十进制数：

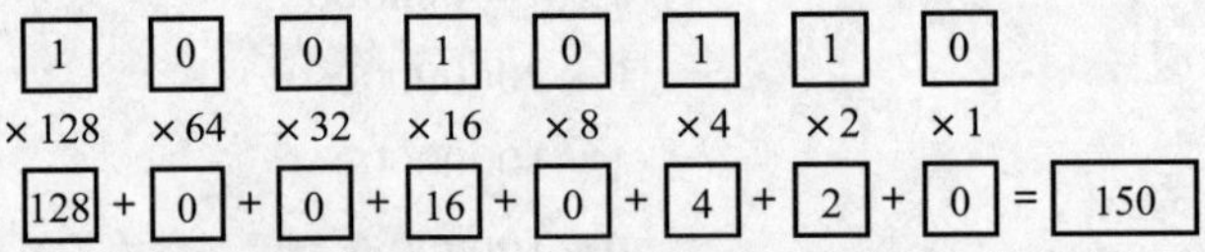

将十进制数转换为二进制数就没这么直接了，但这里有一个模板，可以让你将 0 ～ 255 之间的十进制数转换为二进制数：

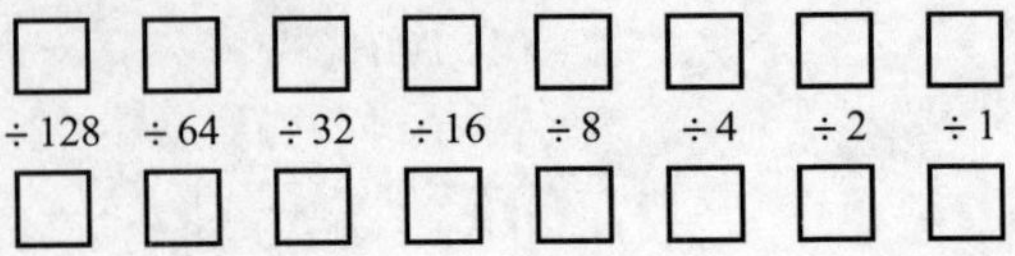

这个转换比想象的要复杂。首先，将整个十进制数（小于等于 255）放到左上角的方框内：

150							
÷128	÷64	÷32	÷16	÷8	÷4	÷2	÷1

将这个数字除以 128，但只计算出商和余数：150 除以 128 得 1，余数是 22。将商填入下面的第一个方框，余数填入上面的下一个方框：

150	22						
÷128	÷64	÷32	÷16	÷8	÷4	÷2	÷1
1							

现在将 22 除以 64，同样只计算出商和余数：因为 22 小于 64，商是 0，余数是 22。将 0 放到下面的第二个方框，然后将余数移至上面的下一个方框：

150	22	22					
÷128	÷64	÷32	÷16	÷8	÷4	÷2	÷1
1	0						

在模板内按照这种方式继续操作。每次计算出的商只会是 0 或 1，因此当你完成时，下面的方框将显示一串二进制数字：

150	22	22	22	6	6	2	0
÷128	÷64	÷32	÷16	÷8	÷4	÷2	÷1
1	0	0	1	0	1	1	0

150 对应的二进制数是 10010110。

十进制数和二进制数之间的这种转换当然很麻烦，所以如果你真的需要执行这种转换，很高兴地告诉你，Windows 和 macOS 自带的计算器都有程序员模式，可以帮你完成这项任务。

早期的数字计算机并没有普遍使用二进制数。最早设计和制造的一些计算机使用的是我们熟悉的十进制数。英国数学家查尔斯·巴贝奇（Charles Babbage，1791—1871）在 19 世纪 30 年代最早设计的分析机（Analytical Engine）使用了齿轮的定位来存储十进制数（遗憾的是，他没能真正将这台机器构造出来）。一些早期的真正能工作的数字计算机，如哈佛马克一号（Harvard Mark I，1944 年首次运行）和 ENIAC（1946 年诞生），也是按照在十进制数下工作构造的。一些到 20 世纪 60 年代仍在生产的 IBM 计算机也采用了基于十进制数的架构。

然而，二进制编码才是数字革命的关键。二进制数的简洁性在加法和乘法的基本运算上体现得最为明显。这才是你真正会喜欢的部分。试想一下，如果只需要记住以下内容，那么你是不是很快就能掌握加法运算：

+	0	1
0	0	1
1	1	10

让我们用这张表格来完成两个二进制数的加法运算：

$$\begin{array}{r} 1100101 \\ +0110110 \\ \hline 10011011 \end{array}$$

从最右边的一列开始做起：1 加上 0 等于 1。右数第 2 列：0 加上 1 等于 1。第 3 列：1 加上 1 等于 0，进位为 1。第 4 列：1（进位值）加上 0 再加上 0 等于 1。第 5 列：0 加上 1 等于 1。第 6 列：1 加 1 等于 0，进位为 1。第 7 列：1（进位值）加上 1 再加上 0 等于 10。

乘法表比加法表还要简单，因为它完全可以通过两条非常基本的乘法规则推导出来：任何数乘以 0 都等于 0，任何数乘以 1 都等于这个数本身。

×	0	1
0	0	0
1	0	1

下面是十进制的 13（在二进制中为 1101）和 11（在二进制中为 1011）之间的二进制乘法运算。我不会展示所有步骤，但其过程与十进制乘法是一样的：

$$\begin{array}{r} 1101 \\ \times 1011 \\ \hline 1101 \\ 1101 \\ 0000 \\ 1101 \\ \hline 10001111 \end{array}$$

结果以十进制表示为 143。

人们在使用二进制数的时候，通常将它们写成带有前导零的形式（即第一个 1 的左边有零）。例如，将三写作 0011 而不是 11。这只是出于美观的目的，完全不会改变数字的值。例如，下面是前 16 个二进制数及其对应的十进制数：

二进制	十进制
0000	0
0001	1
0010	2
0011	3
0100	4
0101	5
0110	6
0111	7
1000	8
1001	9
1010	10
1011	11
1100	12
1101	13
1110	14
1111	15

让我们静下心来研究一下这个二进制数列表。仔细观察四列中的 0 和 1，注意它们在每列中是如何自上而下交替变化的：

- 右数第 1 列在一个 0 和一个 1 之间来回交替。
- 右数第 2 列在两个 0 和两个 1 之间来回交替。
- 右数第 3 列在四个 0 和四个 1 之间来回交替。
- 右数第 4 列在八个 0 和八个 1 之间来回交替。

这是非常有条理的，难道不是吗？实际上，这是如此有条不紊，以至于我们可以创建一个电路，让它自动生成二进制数序列。这将在第 17 章中介绍。

此外，你可以通过重复前 16 个二进制数并在前面加上 1，轻松写出接下来的 16 个二进制数。

二进制	十进制
10000	16
10001	17
10010	18
10011	19
10100	20
10101	21
10110	22
10111	23
11000	24
11001	25
11010	26
11011	27
11100	28
11101	29
11110	30
11111	31

下面是看待这些数字的另一种方式：在以二进制计数时，最右边的数字（也称最低位数字）在 0 和 1 之间交替变化。每当它从 1 变为 0 时，右数第二位数字（也称次低位数字）也要发生变化，要么从 0 变为 1，要么从 1 变为 0。更一般地讲，每次只要有一个二进制数位的值由 1 变为 0，紧挨着的高位数字也会发生变化，要么从 0 变为 1，要么从 1 变为 0。

二进制数的长度增加得特别快。例如，1200 万的二进制形式是 101101110001101100000000。一种更简洁的方法是将二进制数用八进制来表示。这种方法很有效，因为每 3 个二进制位对应 1 个八进制位。

二进制	八进制
000	0
001	1
010	2
011	3
100	4
101	5
110	6
111	7

以这个表示 1200 万的长二进制数为例，从右边开始，按照每三位一组的形式将其分组：

101 101 110 001 101 100 000 000

每组里面的 3 个二进制位对应 1 个八进制位：

$$\underbrace{101}_{5}\ \underbrace{101}_{5}\ \underbrace{110}_{6}\ \underbrace{001}_{1}\ \underbrace{101}_{5}\ \underbrace{100}_{4}\ \underbrace{000}_{0}\ \underbrace{000}_{0}$$

十进制的 12000000 在八进制中是 55615400。在第 12 章中，你将看到一种更简洁的表示二进制数的方法。

除非退回到原始的划线计数，否则将数字体系简化到只使用二进制数字 0 和 1 就已经是我们所能做到的极致，无法再继续简化了。不过，这里的重点是，二进制数使得我们可以将算术和电结合起来。开关、电线和灯泡都可以用来表示二进制数字 0 和 1，再加上逻辑门，就可以对这些数字进行操作。这就是二进制数字与计算机息息相关的原因。

你刚刚看到了一个小表格，展示了 3 位二进制数与 1 位八进制数之间的对应关系。使用开关、灯泡和逻辑门，你可以搭建一个电路来完成这种转换：

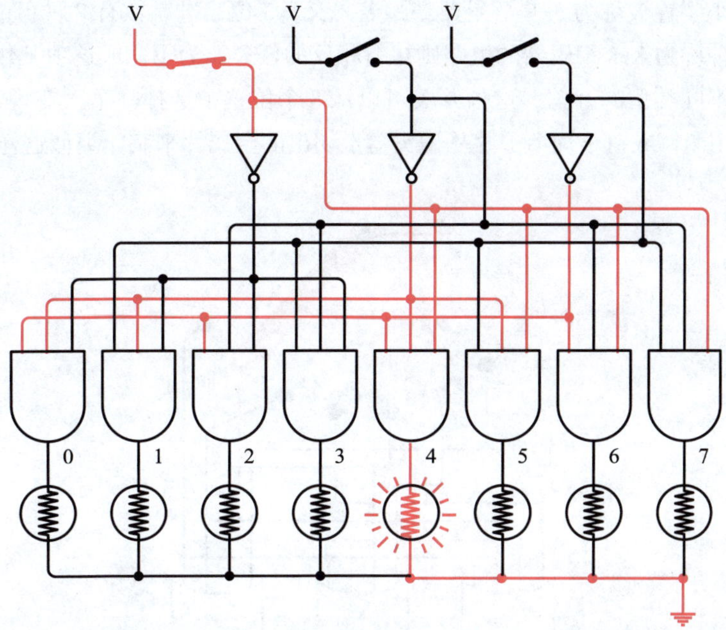

这个电路乍看起来无疑让人望而生畏，就像一座外国城市里一条条交错的高速公路组成的噩梦般的集合体，所有的交通标志都无法辨认。但实际上，它非常有条理。点表示导线相互连接。否则，导线就不相连，只是彼此重叠。

从上往下看，这个电路先用 3 个开关来表示一个 3 位二进制数，开关闭合表示 1，断开表示 0。现在图中展示的是如何表示二进制数 100。电路下面有 8 个对应标有 0 ～ 7 的灯泡。根据开关的闭合情况，每次只有 1 个灯泡会亮起。

从下往上理解这个电路可能更容易一些：下面的 8 个灯泡分别通过一个三输入与门供电。仅在所有三个输入都为 1 时，与门的输出才为 1。每个与门的三个输入都分别对应到三个开关，有的是直接对应，有的会通过开关正下方的三个反相器将信号反转。回想一下，如果反相器的输入为 0，输出就是 1；如果输入为 1，输出就是 0。

图中上面的三个开关分别处于闭合、断开、断开状态，表示二进制数 100。沿着红线追踪会发现，最高位的 1 是与八进制数字 4 对应的与门的一个输入。第 2 位数字（中间的开关）在成为这个与门的输入信号之前被反相了。最低位（右边的开关）在成为这个与门的第三个输入信号之前也被反相了。这样，与八进制数字 4 对应的与门的所有三个输入都变为 1，从而使其输出为 1。

同样，其他 7 个与门的输入也是开关直接对应的信号或反相信号的不同组合。

这个小装置被称为 3-8 解码器。顾名思义，3 位二进制数有 8 种可能的编码。

另一种称为 8-3 编码器的电路则执行相反的任务。为了完成这项工作，让我们创建一种不同类型的开关，这种开关可以从 8 个位置中选择一个。在现实生活中，你可以使用图钉或钉子加上一片从罐头盒上切出的金属片来制作类似这样的开关：

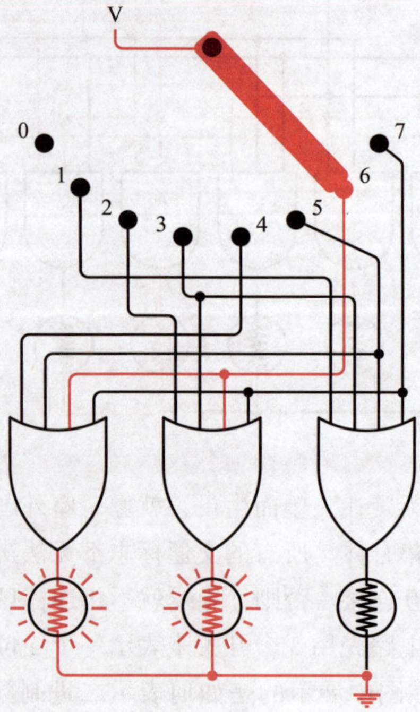

每位二进制数字对应下面一个由四输入或门供电的灯泡。只要这 4 个输入中的任何一个为 1，或门的输出就是 1。当上面的开关选择八进制数字 6 时，第一个和第二个或门有一个输入为 1，这使得这两个或门的输出为 1，显示出二进制数字 110。请注意，开关左上角的 0 位置没有连接任何东西。这是因为八进制数字 0 用二进制表示就是 000，所以不需要点亮任何灯泡。

大约在 1947 年，美国数学家约翰·威尔德·特克（John Wilder Turkey，1915—2000）意识到，随着计算机的普及，“binary digit”（二进制数）这一短语在未来几年可能会变得更加重要。他决定创造一个新的、更简短的词来替代这个有五个音节的、不灵便的表达。他考虑过“bigit”和“binit”，但最终决定采用这个短小、简单、优雅而又完美可爱的词——“bit”(比特[1])。

[1] 数字化信息的最小度量单位。在二进制中，一“位”（也就是一个“0”或“1”）被称为 1 比特。——编辑注

Code

| 第 11 章 |

二进制数

有一个至少可以追溯到 20 世纪 50 年代的故事，讲述了一个男人在远方监狱服刑后回家的经历。他不知道自己是否会受到欢迎，所以他请求以某种布料绑在树枝上作为信号。在其中一个故事版本中，这个男人是乘坐火车回家的，他希望在一棵苹果树上看到一条白色的丝带。在另一个版本中，他是乘坐公交车回家的，他期待在一棵橡树上看到一条黄色的丝带。不过在这两个版本中，当男人到达时，看到树上都挂满了数百条这样的标志，毫无疑问他是受欢迎的。

这个故事在 1973 年因为热门歌曲《老橡树上的黄丝带》而广为流传，从那时起，在家人或爱人外出参战时系上一条黄丝带也成了一种习俗。

那个要求系黄丝带的男人并不是在寻求复杂的解释或长时间的讨论。他不想听到任何的“如果”“而且”或者“但是”。尽管这首歌中肯定蕴含着真实生活中的复杂情感和动人往事，但这个男人真正想要的只是一个简单的“是”或“否”。他希望在树上系上黄丝带意味着“是的，尽管你犯了大错，并且已经入狱三年，我仍然希望你回到家中和我共同生活”，而没有系上黄丝带则意味着“想都别想留在这里”。

这是两个界限分明、互不相容的选择。与黄丝带具有同样效果（但或许在歌词中不好表达）的是，可以在前院放置一个交通标志，写上“请进”或“此路不通”。

或者在门上挂一块牌子，写上“打开”或“关闭”。

或者窗户里的一盏灯的“亮”或“灭”。

如果你只需要表达“是”或“否”，有许多方式可以选择。你不必用一个句子、一个词，甚至一个字母来表达。你只需要一个比特，也就是只需要一个 0 或 1。

正如你在前两章发现的，我们平常用于计数的十进制数字体系并没有什么特别之处。很明显，我们的数字体系以 10 为基础是因为我们有 10 根手指。我们同样有理由以 8（如果我们是卡通角色）或 4（如果我们是龙虾）——甚至 2（如果我们是海豚）为基础构建我们的数字体系。

十进制数字体系没有什么特别之处，但二进制确实有其独特性，因为它是最简单的数字体系。二进制只有两个数字——0 和 1。如果想要比二进制更简单的东西，就必须去掉 1，这样就只剩下 0 了，而仅凭它是做不了什么的。

专门被创造出来表示 "binary digit"（二进制数）的 "bit"（比特）这个词，无疑是与计算机相关的最精妙的词汇之一。当然，这个词还有常规含义，即"小部分，少许或少量"，这个常规含义很贴切，因为一比特确实是非常小的量。

有时候，当一个词被创造出来时，它也会获得一个新的含义。比特这个词就是这样。除了海豚用于计数的二进制数字外，比特在计算机时代已被视为信息块的基本构建单位。

这是一个大胆的论断，因为比特不是唯一能传递信息的东西。字母、单词、莫尔斯电码、布莱叶盲文和十进制数字也能传达信息。比特的特点在于它传递的信息量非常小。1 比特是最小的信息量，即使这些信息和黄丝带一样重要。少于 1 比特就完全没法承载信息了。不过，因为 1 比特代表着最小的信息量，所以更复杂的信息就可以通过多个比特来传达。

"听，我的孩子们，你们听啊 / 保罗·里维尔在午夜狂奔。"亨利·沃兹沃思·朗费罗（Henry Wadsworth Longfellow）写道[㊀]。虽然他对保罗·里维尔如何通知美国人英军入侵的消息的描述可能并不符合史实，但他的确提供了一个利用比特传递信息的令人茅塞顿开的例子。

他告诉朋友："如果英军今晚
通过陆路或者海路从镇上入侵，
你就在北教堂的钟楼拱门上
悬挂提灯作为信号——
陆路挂一盏，海路挂两盏……"

也就是说，保罗·里维尔的朋友有两盏提灯。如果英军由陆路入侵，他就挂一盏灯在教堂的钟楼上；如果英军由海路入侵，他就挂两盏灯在教堂的钟楼上。

然而，朗费罗并没有明确提到所有的可能性。他没有明说第三种可能性，那就是英军没有入侵。朗费罗暗示，这种情况将通过教堂钟楼上不挂提灯来传达。

我们假设这两盏灯其实是教堂钟楼上的固定装置。通常它们是不亮的：

㊀ 摘自朗费罗的著名诗歌《保罗·里维尔的夜奔》(*Paul Revere's Ride*)。——编辑注

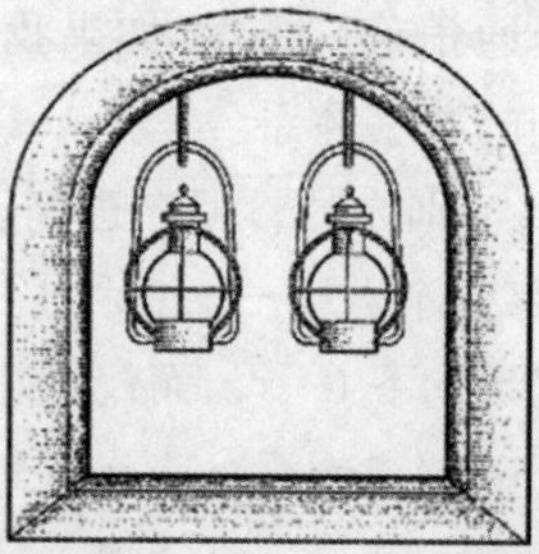

这意味着英军还没有开始入侵。如果点亮了一盏灯：

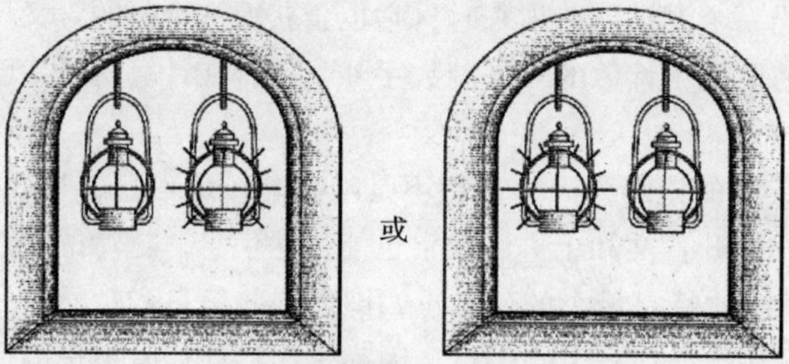

那么英军是从陆路过来的。如果两盏灯都点亮了：

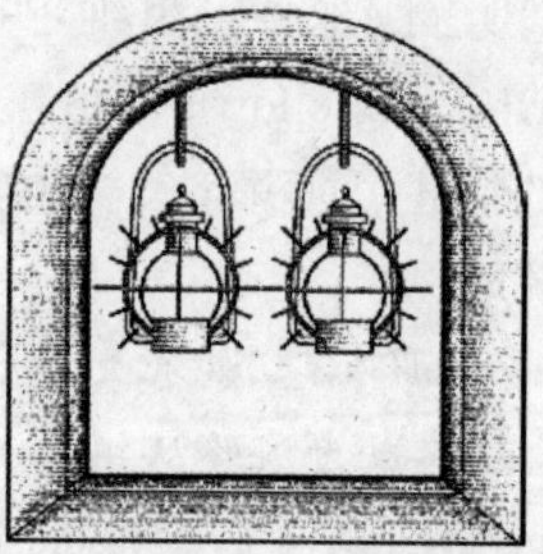

那么英军就是从海路过来的。

每盏灯代表一个比特，可以用 0 或 1 来表示。黄丝带的故事表明，只需要一个比特就足以传达两种可能性中的一种。如果保罗·里维尔只需要知道英军是否入侵了，而不需要知道他们从哪里来，那么一盏灯就足够了。提灯点亮代表入侵了，不亮则代表又是一个和平的夜晚。

要传达三种可能性中的一种，则需要另外加一盏灯。然而，一旦有了第二盏灯，相当于就有了两个比特，就能够传达 4 种可能性：

00= 英军今晚没有入侵

01= 英军正由陆路入侵

10= 英军正由陆路入侵

11= 英军正由海路入侵

保罗·里维尔将其限制到三种可能性的做法实际上相当老练。用通信理论的术语来说，他利用了冗余来抵消噪声的影响。在通信理论中，“噪声”这个词被用来指代任何干扰通信的因素。手机连接不畅就是噪声干扰电话通信的一个典型例子。即使在有噪声的情况下，电话通信通常也能成功，因为口头语言中存在大量冗余。我们不需要听到每个字的每个音节，就能听懂对方在说什么。

就教堂钟楼的提灯这个例子而言，噪声可以指夜晚暗淡的光线以及保罗·里维尔与钟楼的距离，这两者都可能使他无法区分点亮的是哪盏提灯。以下是朗费罗诗歌中的关键段落：

啊！他站在与钟楼等高的位置观察，
初现微光，随后有一盏灯亮了！
他跃上马鞍，转过缰头，
却驻足凝视，直到看清所有的灯，
钟楼上的第二盏灯也亮起来了！

保罗·里维尔显然无法准确知道哪盏灯先亮。

这里的核心概念是，信息代表的是在两个或更多的可能性中做出的选择。在我们与他人交谈时，我们所说的每个词都是在词典里面的所有单词中做出的选择。如果将词典中的所有单词从1编号到351 482，我们就可以使用数字来进行对话，这和使用单词一样准确（当然，交谈的双方都需要有一个单词编号相同的词典，以及足够的耐心）。

反过来说，任何可以简化为在两个或更多的可能性中做出选择的信息，都可以使用比特来表示。毋庸讳言，人类有很多交流形式确实无法用在离散的可能性之间做出选择来表示，但它们对我们的生存同样至关重要。这就是人们不会与计算机建立浪漫关系的原因（不管怎样，我们都希望这种情况不会发生）。如果你无法将某些信息以语言、图片或声音的形式表达出来，那也不可能将这些信息以比特的形式编码。当然，你也不会想这样做。

在20世纪末，影评人吉恩·西斯克尔（Gene Siskel）和罗伯特·艾伯特（Robert Ebert）在他们主持的电视节目《电影点评》（*At the Movies*）中展示了一种使用比特来简洁和有效地传达信息的方式。在给出较为详细的电影评论后，他们会通过竖起大拇指（喜欢）或撇下大拇指（讨厌）的方式来给出最终的评价。

如果将这两个大拇指看作比特，那么它们也可以传达4种可能性：

00＝他们都不喜欢

01＝西斯克尔讨厌，艾伯特喜欢

10＝西斯克尔喜欢，艾伯特讨厌

11＝西斯克尔和艾伯特都喜欢

第一个比特代表西斯克尔的意见，0 表示他讨厌这部电影，1 表示喜欢。同样，第二个比特代表艾伯特的意见。

因此，回到《电影点评》播出的年代，如果你的朋友问你：“西斯克尔和艾伯特对 *Impolite Encounter* 这部新电影的评价如何？”你不必回答“西斯克尔竖起了大拇指，艾伯特撇下了大拇指”或者“西斯克尔喜欢，艾伯特不喜欢”，你可以简单地说“一零”，如果转换成四进制的话就是“二”。只要你的朋友知道其中哪个代表西斯克尔的意见，哪个代表艾伯特的意见，以及 1 代表竖起大拇指，0 代表撇下大拇指，他就完全可以理解你的答案。不过，你和你的朋友都必须知道这个编码。

我们也可以在开始时声明 1 代表讨厌，0 代表喜欢。这可能有点违反常规。通常，我们习惯于将 1 视为表示肯定，而将 0 视为表示相反的意义，但这实际上只是一个随意的指派。唯一的要求是，每个使用这种编码的人都必须知道 0 和 1 的含义。

某个比特或几个比特的集合所代表的意义通常是和其上下文相关的。橡树上的黄丝带可能只有系它的人和期望看到它的人才知道其中的意思。换个颜色、换棵树或者换个日期，它可能就成了一块没有任何意义的布片。同样，要想从西斯克尔和艾伯特的手势中得到有用的信息，我们至少需要知道正在讨论的是哪部电影。

如果你在观看《电影点评》时保留了一份电影清单，里面有西斯克尔和艾伯特对于电影的评论，你就可以在反映他们意见的编码中再添加一个比特来加入你自己的意见。添加第三个比特将使得不同的可能性增加到 8 种：

000＝西斯克尔讨厌，艾伯特讨厌，我讨厌

001＝西斯克尔讨厌，艾伯特讨厌，我喜欢

010＝西斯克尔讨厌，艾伯特喜欢，我讨厌

011＝西斯克尔讨厌，艾伯特喜欢，我喜欢

100＝西斯克尔喜欢，艾伯特讨厌，我讨厌

101＝西斯克尔喜欢，艾伯特讨厌，我喜欢

110＝西斯克尔喜欢，艾伯特喜欢，我讨厌

111＝西斯克尔喜欢，艾伯特喜欢，我喜欢

使用比特来表示这些信息的一个好处是，能够确定我们已经包含了所有的可能性。我们知道有且仅有 8 种可能性，不多也不少。用 3 个比特，我们只能从 0 数到 7。没有更多的三位二进制数了。正如你在第 10 章末尾发现的，这些三位二进制数也可以用八进制数 0 到 7 来表示。

在谈论比特时，我们常常提到特定数量的比特。比特越多，我们能够表达的不同的可能性就越多。

当然，十进制数也是同样的情况。例如，电话号码的区号一共有多少个？区号是由三位十进制数字组成的，如果使用所有三位数的组合的话（实际上并没有用到这么多，但我们将忽略这一点），那么就有 10^3=1000 个编码，即 000 ～ 999。在 212 区号内，有多少个 7 位电话号码可以使用？答案是 10^7=10 000 000 个。区号为 212 并且以 260 开头的电话号码有多少个呢？答案是 10^4=10 000 个。

同样，在二进制中，可能的编码数量总是等于 2 的幂，其指数等于比特数：

比特数	编码数量
1	$2^1=2$
2	$2^2=4$
3	$2^3=8$
4	$2^4=16$
5	$2^5=32$
6	$2^6=64$
7	$2^7=128$
8	$2^8=256$
9	$2^9=512$
10	$2^{10}=1024$

每增加一个比特，编码数量就增加一倍。

如果已知需要多少个编码，如何计算需要多少个比特来表示？换句话说，如何在上表中反向进行计算？

你需要用到的数学方法是以 2 为底的对数运算。对数运算是幂运算的逆运算。我们知道 2 的 7 次方等于 128，以 2 为底的 128 的对数就等于 7。这个表达式：

$$2^7=128$$

等价于以下表达式：

$$\log_2 128=7$$

因此，如果以 2 为底的 128 的对数等于 7，以 2 为底的 256 的对数等于 8，那么以 2 为底的 128 和 256 之间的数字——例如，200 的对数是多少呢？实际上，大约是 7.64，但我们其实不必知道这个。如果我们需要用比特来表示 200 种不同的事物，我们就需要 8 比特，就像保罗·里维尔需要两盏灯来传达三种可能性一样。严格按照数学计算的话，保罗·里维尔的情况所需的比特数是以 2 为底的 3 的对数，约为 1.6，但在实际中，他需要的就是 2 比特。

比特通常深藏在电子设备的内部，不易被我们观察到。我们看不到计算机内部编码的比特，也看不到在网络线缆中流动的比特，更看不到 Wi-Fi 集线器和手机信号塔周围电磁波中的比特。但有时候，比特却又清晰可见。

2021 年 2 月 18 日，“毅力号”（Perseverance）探测车着陆火星时就是这种情况。从探测车拍摄的一张照片中可以看到，降落伞是由 320 条橙色或白色的布条组成的，这些布条被排列成 4 个同心圆：

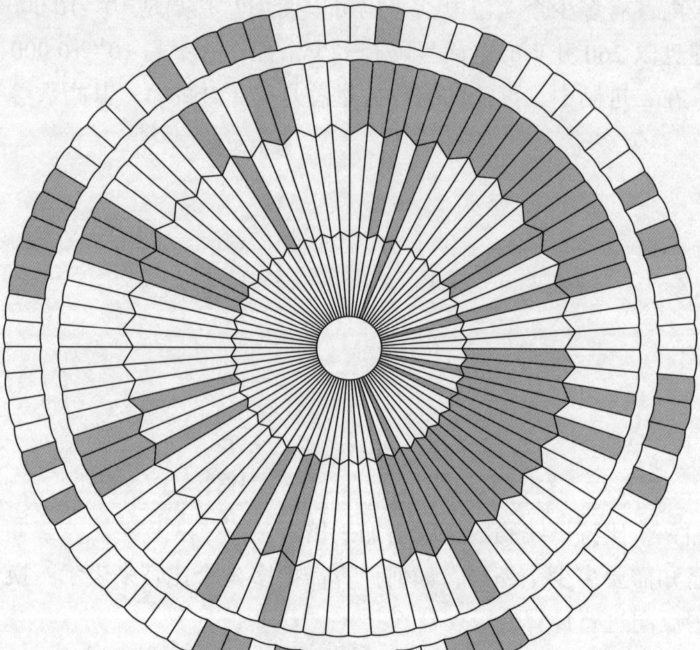

Twitter[㊀]用户很快就破解了这个图案的规律。这里的关键在于将布条按照 7 条一组进行分组，每组中都包含橙色和白色条纹，并且每组之间都被 3 条白色条纹分隔开，由连续的橙色条纹组成的区域则被忽略。下面这个图解里面用粗黑线圈出了所有 7 条一组的组合：

㊀ 现已更名为“X”。——编辑注

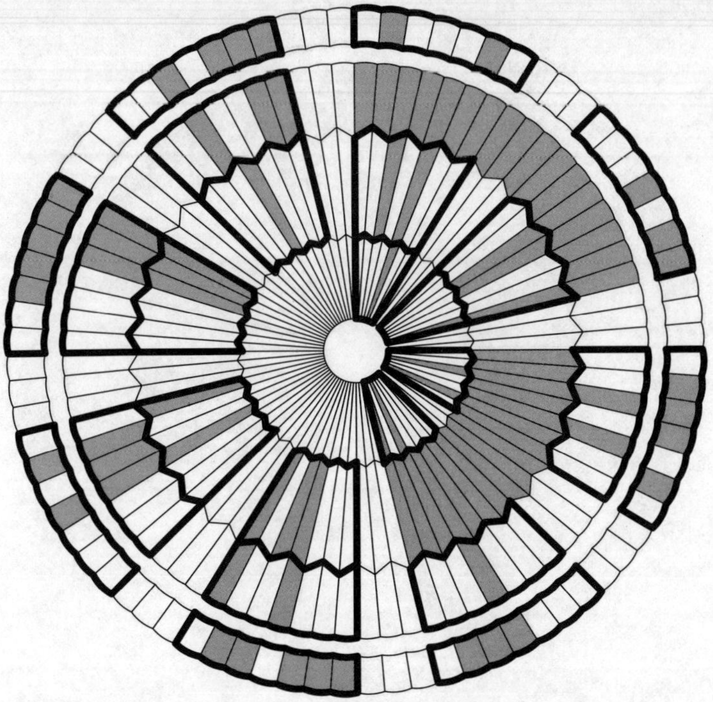

里面每组都是一个二进制数，白色条纹代表 0，橙色条纹代表 1。最内圈的正上方是第一组。按照顺时针方向，这 7 个条纹编码的是二进制数 0000100，即十进制数 4，字母表的第 4 个字母是 D。继续按照顺时针方向，下一个是 0000001，即十进制数 1，那是一个 A。接下来是 0010010，即十进制数 18，字母表的第 18 个字母是 R。然后是 0000101，即十进制数 5，也就是一个 E。第一个单词是 DARE。

现在由内向外跳到第二圈。这个二进制数是 0001101，即十进制数 13，代表字母 M。以此类推，完成后将拼写出三个单词，这三个单词组成的是一句 Teddy Roosevelt㊀的名言，现在是 NASA 喷气推进实验室（Jet Propulsion Laboratory）的非官方座右铭。

㊀ 即西奥多 · 罗斯福（Theodore Roosevelt），美国第 26 任总统，昵称泰迪（Teddy）。这里说的是他的名言 DARE MIGHTY THINGS（敢做大事），出自他 1899 年以“奋斗不息”为主题的演讲。——编辑注

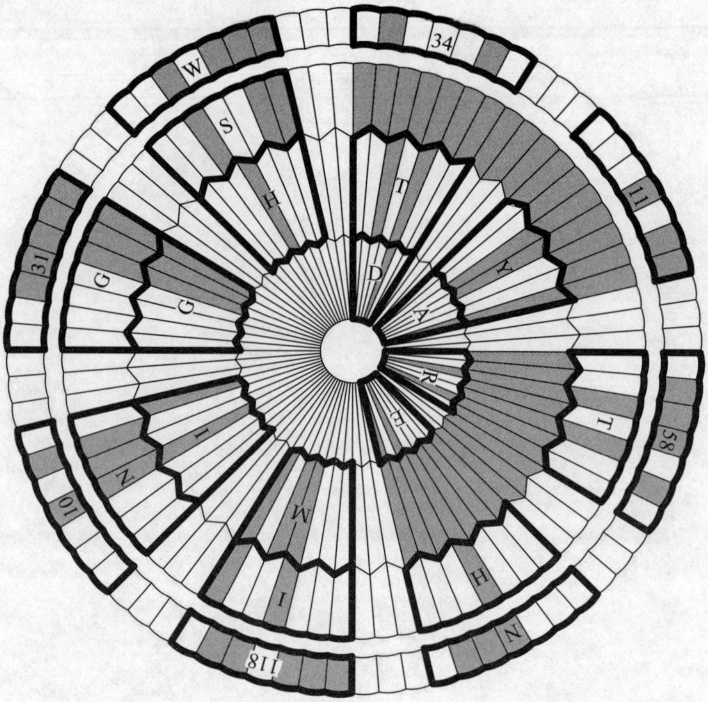

最外圈还编码了一些数字，显示了喷气推进实验室的经纬度：34°11′58″N 118°10′31″W（北纬 34°11′58″，西经 118°10′31″）。这里使用的是简单的编码系统，没有任何东西可以区分字母和数字。地理坐标中的数字 10 和 11 也可能对应的是字母 J 和 K。但我们可以从上下文中推断出它们表示的是数字。

二进制数最常见的形式可能就是无处不在的通用产品代码（Universal Product Code，UPC），这个小小的条形码符号几乎会出现在我们购买的每一件包装商品上。条形码按照用途不同可以分为几十种，UPC 只是其中之一。如果你有本书的纸质版，就可以在封底看到另一种条形码，它编码了本书的国际标准书号，即 ISBN。

尽管 UPC 在刚推出时引发了一些争议，但它其实是无辜的，发明它的目的是实现零售结账和库存管理的自动化，而且它在这方面的应用也很成功。在 UPC 出现之前，超市收银机是无法向顾客提供包含商品明细的消费小票的。现在，这已经是司空见惯的事情了。

这里我们感兴趣的是，UPC 也是一种二元编码，尽管它初看起来不太像。解码 UPC 并研究其工作原理可能会很有趣。

UPC 最常见的形式是由 30 条不同宽度的黑色竖条纹组成的集合，由不同宽度的间隙分隔开，下方标有一些数字。例如，以下是 10¾ 盎司罐装坎贝尔鸡面汤（Campbell's Chicken Noodle Soup）包装上的 UPC：

0 51000 01251 7

与此相同的 UPC 在本书的第 1 版中也出现过。20 多年来，它从未变过！

我们一般会试图用条纹的粗细、间隙的宽窄来直观地解析 UPC，事实上，这也是一种方法。UPC 中的黑条纹有四种不同的宽度，较粗的黑条纹的宽度分别是最细的黑条纹的 2 倍、3 倍和 4 倍。同样，条码中较宽的间隙也是最窄的间隙的 2 倍、3 倍和 4 倍。

不过，我们也可以将 UPC 视为一系列的比特。请记住，收银台的扫描器所“看”的并不是整个条形码。例如，扫描器不会尝试去解析印在底部的数字，因为这需要更复杂的计算技术，即所谓的光学字符识别（Optical Character Recognition，OCR）。实际上，扫描器只识别整个条形码的一个切面，UPC 做得比较大，只是为了便于收银员用扫描器去扫描。扫描器所看到的切面可以这样表示：

这看起来很像莫尔斯电码，不是吗？实际上，最初发明可扫描条形码的部分灵感就来自莫尔斯电码。

当计算机从左向右扫描这些信息时，它会给遇到的第一个黑色条纹分配一个值为 1 的比特，给紧随其后的白色间隙分配一个值为 0 的比特。后续的间隙和条纹也被依次读取为一系列的比特值，根据其宽度，分别对应 1 个比特、2 个比特、3 个比特或 4 个比特。扫描的条形码与比特之间的对应关系非常简单：

10100011010110001001100100011010001101000110101010111001011001101101100100111011001101000100101

因此，整个 UPC 就是由 95 个比特组成的一个串。在本例中，这些比特可以按以下方式分组：

比特	含义
101	左侧护线
0001101	
0110001	
0011001	左侧数字
0001101	
0001101	
0001101	
01010	中间护线
1110010	
1100110	
1101100	右侧数字
1001110	
1100110	
1000100	
101	右侧护线

前 3 个比特始终是 101。这被称为左侧护线，它帮助计算机扫描设备进行定位。通过护线，扫描器可以确定单个比特对应的条纹和间隙的宽度。否则的话，所有包装上的 UPC 尺寸都必须一样。

左侧护线之后是 6 组编码，每组 7 个比特。稍后你会看到，里面每组都是编码的数字 0 ～ 9 之一。接着是 5 个比特的中间护线。这是一个内置的错误校验机制，其模式是固定的（始终是 01010）。如果计算机扫描器没有在预期位置找到中间护线，它就无法解析 UPC。这条中间护线是防止编码被篡改或印刷错误的几种预防措施之一。

中间护线之后是另外 6 组编码，每组 7 个比特，然后是右侧护线，同样始终是 101。末尾的这个护线使得 UPC 既可以正向（即从左向右）扫描也可以反向（即从右向左）扫描。

因此，整个 UPC 编码了 12 位数字。左侧编码了 6 位数字，每个数字需要 7 个比特。你可以使用以下表格来解码这些比特：

左侧编码

0001101=0	0110001=5
0011001=1	0101111=6
0010011=2	0111011=7
0111101=3	0110111=8
0100011=4	0001011=9

请注意，这里的 7 位编码都是以 0 开头，以 1 结尾的。如果扫描器在左侧遇到一个以 1 开头或以 0 结尾的 7 位编码，它就知道要么自己没有正确读取 UPC，要么条形码被篡改了。还要注意，每组编码都有两部分由 1 组成的块，这意味着

每个数字都对应 UPC 中的两个竖条纹。

仔细观察这些编码，你会发现它们都包含奇数个值为 1 的比特。这也是一种错误和一致性校验机制，称为奇偶校验。如果一组比特中含有奇数个 1，就称为奇校验；如果含有偶数个 1，就称为偶校验。这样看来，所有这些编码都符合奇校验。

要解析 UPC 右侧的 6 组 7 位编码，可以使用以下表格：

右侧编码

1110010=0	1001110=5
1100110=1	1010000=6
1101100=2	1000100=7
1000010=3	1001000=8
1011100=4	1110100=9

这些编码都是之前编码的反面或反码：之前为 0 的地方现在都变成了 1，之前为 1 的地方现在都变成了 0。这些编码都以 1 开始，并以 0 结束。此外，里面有偶数个 1，属于偶校验。

现在，我们可以破译 UPC 了。利用前面的两张表，我们可以确定 10¾ 盎司罐装坎贝尔鸡面汤包装上编码的 12 位十进制数字是：

0 51000 01251 7

这非常令人失望。正如你所看到的，这些数字正好就是 UPC 底部印刷的数字（这样做是有道理的：如果扫描器无法识别条形码，收银员就可以自己输入这些数字。你肯定见过这种情况）。我们没有必要费这么大劲来解码这些数字，而且，我们也没有揭露任何秘密信息。至此，UPC 中已经没有什么内容要解码了。那 30 条竖线已经变成了 12 位数字。

在这 12 位十进制数字中，第一位（本例中为 0）被称为数字系统字符。0 表示这是一个常规的 UPC。如果是那些需要称重的食品杂货（例如，肉、农产品）上的 UPC，这个编码将是 2。优惠券则是 5。

接下来的 5 位数字是制造商编码。在本例中，51000 是坎贝尔公司的编码。坎贝尔公司的所有产品都有这个编码。紧接着的五位数字（01251）是该公司某一特定产品的编码，这里就是 10¾ 盎司罐装鸡面汤的编码。这个产品编码只有和制造商编码结合起来才有意义。另一家公司的鸡面汤可能会有一个不同的产品编码，而且 01251 这个产品编码在另一家制造商那里可能代表着完全不同的东西。

与普遍认知相反，UPC 并不包含商品的价格信息。这些信息必须从商店里面与结账扫描器配套使用的计算机中获取。

最后一位数字（本例中为 7）称为模校验字符。通过这个字符可以实现另一种形式的错误校验。你可以尝试一下，将前 11 位数字（我们的例子为 0 51000 01251）分别对应一个字母：

A BCDEF GHIJK

现在计算以下内容

$$3\times(A+C+E+G+I+K)+(B+D+F+H+J)$$

并用离这个数最近的下一个 10 的整倍数来减去它。就坎贝尔鸡面汤的例子而言，有

$$3\times(0+1+0+0+2+1)+(5+0+0+1+5)=3\times4+11=23$$

下一个 10 的整倍数是 30，故

$$30-23=7$$

这就是 UPC 上打印和编码的模校验字符。这属于一种冗余措施。如果控制扫描器的计算机计算出的模校验字符与 UPC 中编码的不同，它就不会认为这是一个有效的 UPC。

通常，只需要 4 个比特就可以表示从 0 到 9 的十进制数。UPC 里面每个数字使用了 7 个比特。整体而言，UPC 使用了 95 个比特来编码 11 个有效的十进制数。实际上，UPC 在左右护线的两侧还留有空白空间（各相当于 9 个 0 比特）。这意味着整个 UPC 用了 113 个比特来编码 11 个十进制数，平均每个十进制数用了超过 10 个比特来表示！

正如我们所见，有部分冗余对于错误校验来讲是必要的。如果一个产品编码能够被顾客用一支油性笔轻松改动，那么这样的编码也就不会很有用了。

UPC 还有一个优点，就是可以从两个方向进行读取。如果扫描设备首先解码出的数字符合偶校验（即每组 7 位编码中 1 的个数是偶数），扫描器就知道它正在从右向左解码 UPC。然后，计算机系统将使用这张表来解码右侧的数字：

右侧反向编码

0100111=0	0111001=5
0110011=1	0000101=6
0011011=2	0010001=7
0100001=3	0001001=8
0011101=4	0010111=9

使用这张表来解码左侧的数字：

左侧反向编码

1011000=0	1000110=5
1001100=1	1111010=6
1100100=2	1101110=7
1011110=3	1110110=8
1100010=4	1101000=9

这些 7 位编码与从左向右扫描 UPC 时读取的编码完全不同。不存在任何歧义。

一种在可扫描编码中塞入更多信息的方法是转向二维方案。与其使用粗细不一的条纹和空格，不如创建一个由黑白方格组成的网格。

最常见的二维条形码[⊖]可能是快速响应（Quick Response，QR）码，它最早于 1994 年在日本开发，如今已被用于多种场景中。

你可以轻松免费创建自己的 QR 码，有一些网站专门提供此项服务。也有很多软件可以通过移动设备上的摄像头扫描和识别 QR 码。对于工业用途，如跟踪货物运输或在仓库中进行库存盘点，也有专门的 QR 码扫描器可供使用。

下面是一个 QR 码示例，它编码了本书的网站 URL，即 www.CodeHidden-Language.com：

如果你的移动设备上有一个可以识别 QR 码的应用程序，你就可以用它扫描这个图像并访问本书的网站。

QR 码里面包含由方块组成的网格，这些方块在 QR 码官方规范里称为模块。上面这个 QR 码在水平和垂直方向上各有 25 个模块，这种尺寸对应的是版本 2（Version 2）。QR 码支持 40 种不同的尺寸，其版本 40（Version 40）在水平和垂直方向上各有 177 个模块。

如果将每个小方块理解为一个比特，白色为 0，黑色为 1，那么上面这种尺寸的网格最多可以编码 $25 \times 25=625$ 个比特。但 QR 码的实际存储能力大约是这个数的三分之一。大量的位置都被用于一个数学上复杂且精细的纠错方案了。这可以保护 QR 码免受篡改，还可以帮助恢复损坏的 QR 码中可能丢失的数据。我不会讨论 QR 码纠错问题。

最明显的是，QR 码还包含一些固定图案，它们可以帮助 QR 码识别程序正确定位网格。如下图所示，以黑白色显示的就是固定图案，其余部分以灰色显示：

⊖ 就是我们常说的“二维码”。——编辑注

三个位于角上的大方块被称为定位图案（finder pattern），靠近右下角的较小方块被称为对齐图案（alignment pattern）。它们可以帮助 QR 码识别程序正确定位并纠正其中扭曲的部分。靠近顶部和左侧的横向和纵向黑白交替的方块序列被称为定时图案（timing pattern），用于确定 QR 码中的模块数量。此外，QR 码必须完全被一个宽度是模块边长四倍的白色边框包围，这个边框被称为静默区（quiet zone）。

创建 QR 码的程序里面有多个选项，包括不同的纠错系统。QR 码识别程序执行纠错（和其他任务）所需的信息称为格式信息，被编码在 15 个比特中，这 15 个比特在 QR 码中会出现两次。如下图所示，按照 0 ～ 14 的标记顺序，这 15 个比特先是出现在左上角定位图案的右侧和下方，然后又出现在右上角定位图案的下方和左下角定位图案的右侧：

有时候，比特会像上面这样用数字标记，以表示它们是如何组成较长的值的。标记为 0 的比特是最低有效位，出现在最右侧；标记为 14 的比特是最高有效位，出现在最左侧。如果白色方块代表 0，黑色方块代表 1，那么这个完整的 15 位数字就是：

111001011110011

为什么最右侧的比特是最低有效位？因为它在完整数字中的位置对应于 2 的零次幂（如果需要回顾比特是如何组成一个数字的，可以看看第 10 章中介绍使用 2 的幂表示二进制数字的内容）。

这个 15 位数字的实际数值并不重要，因为它只是整合了三部分信息。最左侧的 2 个比特表示 4 个纠错级别之一。最右侧的 10 个比特指定用于纠错的 10

位 BCH 码（BCH 代表这种编码的发明者——Bose、Chaudhuri 和 Hocquenghem，但我前面说过不会讨论 QR 码纠错的内容）。

在 2 个表示纠错级别的比特和 10 个表示 BCH 码的比特之间，有 3 个比特不用于纠错。我用加粗字体显示了这 3 个比特：

111001011110011

事实证明，当黑色和白色方块的数量大致相等时，QR 码识别的效果最好。但在编码信息的时候可能无法总是保持这种状态。生成 QR 码的程序会负责选择一个掩码图案（mask pattern），以平衡黑色和白色方块的数量。这个掩码图案会被应用于 QR 码上，以将选定的方块从白色变为黑色或从黑色变为白色，相应地，它们代表的比特也从 0 变为 1，从 1 变为 0。

QR 码的文档中定义了 8 种不同的掩码图案，分别可以通过 000、001、010、011、100、101、110 和 111 这 8 个 3 比特序列指定。上面的 QR 码示例中的值是 100，对应的掩码图案由隔行交替出现的一系列水平线组成：

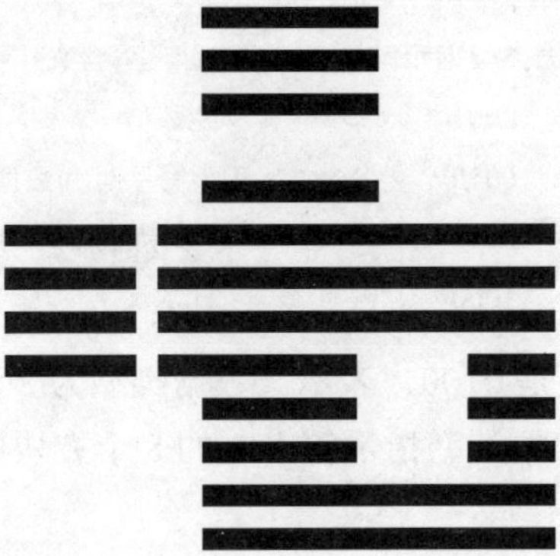

在原始 QR 码中，每个与此掩码图案中的白色区域对应的方块保持不变。每个与黑色区域对应的方块必须从白色变为黑色，或从黑色变为白色。请注意，这个掩码图案会避免改变固定区域和 QR 码信息区域的颜色。下面是将此掩码图案应用到原始 QR 码时发生的情况：

掩码图案没有改变固定区域和信息区域。如果将这个图像与原始的 QR 码对比，你会发现最上面一行的颜色被反转，第二行保持不变，第三行的颜色被反转，以此类推。

现在，我们准备开始深入研究实际数据。从右下角的 4 个比特开始。在下图中，这几个方格被编号为 0 ～ 3，其中 3 是最高有效位，0 是最低有效位：

=0100，表示8比特值

这 4 个比特被称为数据类型指示符（data type indicator），它们指示了二维码中编码的是什么类型的数据。以下是一些可能的值及对应的类型：

数据类型指示符	含义
0001	纯数值
0010	大写字母和数值
0100	8 比特值编码的文本
1000	日本汉字

这个 QR 码对应的值是 0100，表示其数据类型为 8 比特值编码的文本。

下一项数据存储在数据类型指示符上方的 8 个方块中。在下图中，这 8 个比特被编号为 0 ～ 7：

=00011010（或十进制数26）

这个值是 00011010，换算成十进制就是 26。这是 QR 码中编码的字符数量。

这些字符的排列顺序是系统化的，但有些奇怪。字符编码的起始位置位于字符数量编码的正上方。每个字符编码通常（尽管并非总是如此）占据 2 个方块宽、4 个方块高的一块区域，整体蜿蜒着穿过网格，如下图所示：

并非所有的字符编码占据的都是 2 个方块宽、4 个方块高的区域。幸运的是，QR 码官方规范中对非矩形区域的比特排列有非常明确的规定。这里把 26 个字符编码所对应的方块都用红线标出来了，并且按照 0 ～ 7 进行了编号，其中 0 表示最低有效位，7 表示最高有效位，如下图所示：

QR 码官方规范指出，QR 码中的文本是使用 ISO/IEC 8859 标准中定义的 8 位值进行编码的。这是美国信息交换标准代码（ASCII 码）的一个变体，我将在第 13 章中详细讨论它。

第一个字符编码是 01110111，这是“ w”的 ASCII 码。下一个字符与之相同。接下来的这个字符编码是向左延伸的，但它也是一个“ w”。现在继续向下。下一个字符编码是 00101110，这是一个“ .”，然后是 01000011，大写字母“ C”，接着是 01101111，“ o”。下一个字符编码又向左延伸，01100100，对应“ d”。下一个字符编码从对齐图案下方开始延续到上方，ASCII 码是 01100101，这是“ e”。照这样继续，就能拼写出 www.CodeHiddenLanguage.com。

就是这样。QR 码中剩余的大部分内容都是用于纠错的。

UPC 和 QR 码这样的编码乍一看确实让人望而生畏，人们可能会认为它们编码的是秘密信息（可能是邪恶的）。不过，为了让这些编码得到广泛应用，它们必须有完善的文档记录，并向公众开放。它们使用得越多，就越有可能成为我们庞大的通信媒体阵列的另一种有潜在价值的延伸。

比特无处不在，但在对 QR 码的讨论接近尾声时，我提到了“8 比特值”。对于 8 比特值有一个专门的术语，你可能听说过它。

Code

第 12 章

字节与十六进制

单个比特可以完成重要的陈述：是或否、真或假、通过或不通过。但通常情况下，多个比特会被组合在一起来表示数字，进而表示各种类型的数据，包括文本、声音、音乐、图片和电影。将两个比特相加的电路很有趣，而能够将多个比特相加的电路正是实际计算机的一部分。

为了在移动和操作比特时更加方便，计算机系统通常将一定数量的比特组合成一个称为“字”的单位。这个字的长度或大小（即组成字的比特数）对于计算机的体系结构至关重要，因为计算机的所有数据都是以单个字或多个字为单位移动的。

一些早期的计算机系统使用的字长是 6 比特的倍数，比如 12、18 或 24 比特。这些字长之所以具有特殊的吸引力，是因为这些值很容易用八进制数来表示。正如你所记得的，八进制数字包括 0、1、2、3、4、5、6 和 7，它们所对应的 3 比特的值如下表所示：

二进制	八进制
000	0
001	1
010	2
011	3
100	4
101	5
110	6
111	7

6 比特的字长刚好可以用 2 个八进制数字表示，而其他的字长，如 12、18 和 24 比特，也刚好是 6 的倍数。一个 24 比特长的字需要 8 个八进制数字来表示。

但计算机行业的发展方向略有不同。一旦人们认识到二进制数的重要性，就会觉得使用 6、12、18 或 24 这些不是 2 的幂而是 3 的倍数的字长不太合理。

让我们进入字节（byte）。

字节一词在 1956 年左右起源于 IBM。它源于单词 bite，但为了避免与 bit 混淆，用 y 代替了 i。最初，字节仅仅指特定数据通路中的位数。但到了 20 世纪 60 年代中期，随着 IBM 大型复杂商用计算机系统“ System/360”的开发，字节这个词开始被用来指代一组 8 比特的数据。

这个定义被普遍接受了，8 比特构成 1 字节（ byte）现已成为数字数据的通用度量单位。

由于有 8 比特，1 字节可以从 00000000 取值到 11111111，这可以表示从 0 到 255 的十进制数，也可以表示 2^8=256 种不同的事物。结果表明，8 是一个相当不错的比特大小，既没有太小也没有太大。字节在很多方面都比单独的比特更合适。正如你将在接下来的章节中看到的，字节非常适合存储文本，因为世界上许多书面语言都可以用不到 256 个基本字符来表示。当 1 字节不够用时（例如，表示中文、日文和韩文使用的表意文字），就可以用 2 字节，这样就可以表示 2^{16}=65 536 种事物—— 一般都足够了。字节也非常适合用来表示黑白照片中的灰度值，因为人眼大约可以分辨出 256 种灰度。对于视频显示器上的颜色，3 字节正好可以表示颜色的红、绿、蓝三部分。

个人计算机革命始于 20 世纪 70 年代末到 80 年代初的 8 位计算机。随后的技术进步使计算机使用的位数翻番：从 16 位到 32 位再到 64 位——分别对应 2 字节、4 字节和 8 字节。对于某些特殊用途，还存在 128 位和 256 位计算机。

半个字节，即 4 个比特，简称半字节（ nibble，有时拼写为 nybble），这个词在对话中出现的频率远不及字节。

由于字节在计算机内部频繁出现，因此如果可以用一种比一串二进制数字更简洁的方式来表示字节值，会比较方便。当然，你可以使用八进制来做到这一点。例如，对于字节 10110110，你可以从右边开始将比特分为 3 组，然后使用前面的表格将每组转换成八进制：

$$\underbrace{10}_{2}\underbrace{110}_{6}\underbrace{110}_{6}$$

八进制数 266 比二进制数 10110110 更简洁，但字节和八进制之间有一个基本的不兼容问题：8 不能被 3 整除，这意味着一个 16 位二进制数的八进制表示

$$\underbrace{1}_{1}\underbrace{011}_{3}\underbrace{001}_{1}\underbrace{111}_{7}\underbrace{000}_{0}\underbrace{101}_{5}$$

并不等同于组成这个数的 2 个字节的八进制表示：

$$\underbrace{10}_{2}\underbrace{110}_{6}\underbrace{011}_{3} \qquad \underbrace{11}_{3}\underbrace{000}_{0}\underbrace{101}_{5}$$

为了使多字节值与单字节值的表示保持一致，我们需要一种能将字节划分为相等数量的比特的数字体系。

我们可以将 1 字节分成 4 组，每组 2 比特。这就是第 10 章中描述的基于四的数字体系。但这可能不如我们希望的那样简洁。

或者我们可以将字节分成 2 组，每组 4 比特，这就需要使用基于十六的数字体系。

基于十六的数字体系我们之前还没有接触过，这是有原因的。基于十六的数字体系也被称为十六进制（hexadecimal），hexadecimal 这个单词很容易让我们产生混淆。大多数以 hexa 为前缀的单词（比如 hexagon、hexapod 以及 hexameter）都是指与六有关的事物，而 hexadecimal 这个词却是指十六（sixteen），或者 six+decimal。尽管我被告知本书的文字表达要符合《微软技术出版物风格指南》（*The Microsoft Manual of Style for Technical Publications*）的要求，其中明确说明“不要将十六进制缩写为 hex”，但每个人都还是会这样做，我有时也会。

除了名称之外，十六进制还有一些其他的特别之处。在十进制中，我们这样计数：

0 1 2 3 4 5 6 7 8 9 10 11 12...

在八进制中，我们不再需要数字 8 和 9：

0 1 2 3 4 5 6 7 10 11 12...

但十六进制有所不同，因为它比十进制需要更多的数字。十六进制的计数方式大致如下：

0 1 2 3 4 5 6 7 8 9 这里需要更多的数字符号 10 11 12

这里的 10（读作一零）实际上是十进制中的 16。但我们用什么来代表那缺失的 6 个符号呢？它们从何而来？它们并不像其他数字符号一样是传统流传下来的，所以理性的做法是创造 6 个新的符号，例如：

与大多数数字所用的符号不同，这些符号的好处是容易记忆，而且对应着它们所代表的实际数量。它们分别是一顶 10 加仑牛仔帽、一个橄榄球（一队 11

人)、一打（12 个）甜甜圈、一只黑猫（使人想起不吉利的数 13)、一轮在新月之后约两星期（14 天）出现的满月、一把让人联想到凯撒大帝在三月的月中（第 15 日）被刺杀的匕首。

不过，不幸的是，我们不会这样做（或许你松了口气)，我们不会真的用橄榄球或甜甜圈来表示十六进制数。虽然本可以那样做，但我们确实没有。事实上，常用的十六进制符号延续了让人感到困惑的风格。这 6 个缺失的十六进制数字是用拉丁字母的前 6 个字母来表示的，就像这样：

0 1 2 3 4 5 6 7 8 9 A B C D E F 10 11 12...

下表展示了二进制、十六进制和十进制之间的转换关系：

二进制	十六进制	十进制
0000	0	0
0001	1	1
0010	2	2
0011	3	3
0100	4	4
0101	5	5
0110	6	6
0111	7	7
1000	8	8
1001	9	9
1010	A	10
1011	B	11
1100	C	12
1101	D	13
1110	E	14
1111	F	15

使用字母来表示数字不是一件令人愉快的事情（当数字被用来表示字母时，就更混乱了)，但十六进制已经存在，并且将会继续存在下去。它存在的原因有且仅有一个：尽可能简洁地表示字节的值，而这一点它做得相当好。

每个字节由 8 比特组成，相当于两个十六进制数，其范围从 00 到 FF。字节 10110110 等于十六进制数 B6，字节 01010111 等于十六进制数 57。

现在 B6 显然是一个十六进制数，因为里面有字母，但 57 有可能是一个十进制数。为了避免混淆，我们需要一种方法来轻松区分十进制数和十六进制数。这种方法是存在的。事实上，在不同的编程语言和环境中，有大约 20 种不同的方式来表示十六进制数。在本书中，我会在数字后面加上一个小写字母 h，比如 B6h 或 57h。

下表列出了一些有代表性的1字节十六进制数及等价的十进制数：

二进制	十六进制	十进制
00000000	00h	0
00010000	10h	16
00011000	18h	24
00100000	20h	32
01000000	40h	64
01100100	64h	100
10000000	80h	128
11000000	C0h	192
11001000	C8h	200
11100000	E0h	224
11110000	F0h	240
11111111	FFh	255

与二进制数一样，十六进制数在书写时通常会加上前导零，以明确我们正在处理的数字位数。对于较长的二进制数，每4位对应十六进制数的1位。16位的值就是2字节或4个十六进制数，32位的值就是4字节或8个十六进制数。

随着十六进制的广泛使用，在书写长的二进制数时每隔4位加一个短横或空格已成为一种普遍现象。例如，将二进制数0010010001101000101011001110写作0010 0100 0110 1000 1010 1100 1110或0010-0100-0110-1000-1010-1100-1110，这样看起来就没那么可怕了，而且与十六进制数的对应关系也变得更加清晰：

$$\underbrace{0010}_{2}\ \underbrace{0100}_{4}\ \underbrace{0110}_{6}\ \underbrace{1000}_{8}\ \underbrace{1010}_{A}\ \underbrace{1100}_{C}\ \underbrace{1110}_{E}$$

这是一个7位的十六进制数2468ACE，也就是将所有1位的十六进制偶数按顺序连成一行。（当听到啦啦队高喊“2 4 6 8 A C E！为计算机科学学位而努力！”时，你就知道你在大学里面可能有点太书呆子气了。）

如果你使用过HTML（网页中使用的超文本标记语言），那你可能已经熟悉了十六进制的一种常见用法。计算机屏幕上的每个色点（或像素）都是由红、绿、蓝三原色共同组合而成的，称为RGB颜色。这三种颜色的强度或亮度分别由一个字节值表示，这意味着需要3字节才能指定一种特定的颜色。在HTML网页中，颜色通常用6位十六进制值表示，前面加一个#号。例如，本书插图中使用的红色对应的颜色值为#E74536，表示红色值为E7h，绿色值为45h，蓝色值为36h。这种颜色也可以在HTML页面上用相应的十进制值来指定，像这样：rgb(231, 69, 54)。

知道指定计算机屏幕上每个像素的颜色需要 3 字节后，就可以做一些算术运算，得出一些其他信息：如果计算机屏幕在水平方向上有 1920 个像素，在垂直方向上有 1080 个像素（标准的高清屏幕尺寸），那么存储该显示器图像所需的总字节数为 1920 乘以 1080 乘以 3 字节，即 6 220 800 字节。

每种原色的取值范围为 0 ～ 255，这意味着总的颜色组合数量可以达到 256 乘以 256 乘以 256 个，也就是 16 777 216 种独特的颜色。在十六进制中，这个数字是 100h 乘以 100h 乘以 100h，即 1000000h。

对于十六进制数而言，每个数字的位置都对应于 16 的幂：

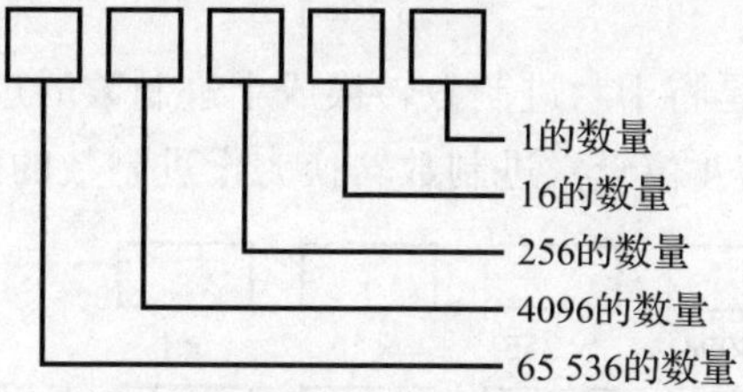

十六进制数 9A48Ch 可以表示为：

$$
\begin{aligned}
9A48Ch = 9 \times 10000h &+ \\
A \times 1000h &+ \\
4 \times 100h &+ \\
8 \times 10h &+ \\
C \times 1h &
\end{aligned}
$$

用 16 的幂表示为：

$$
\begin{aligned}
9A48Ch = 9 \times 16^4 &+ \\
A \times 16^3 &+ \\
4 \times 16^2 &+ \\
8 \times 16^1 &+ \\
C \times 16^0 &
\end{aligned}
$$

用对应的十进制数代入为：

$$
\begin{aligned}
9A48Ch = 9 \times 65\,536 &+ \\
A \times 4096 &+ \\
4 \times 256 &+ \\
8 \times 16 &+ \\
C \times 1 &
\end{aligned}
$$

注意，只写一位数（比如 9、A、4、8 和 C 中的任何一个）时不标基数是不会有歧义的。不管在十进制还是十六进制中，九都是用 9 表示的。而 A 显然是一个十六进制数——等价于十进制中的 10。

接下来进行实际的计算，将这个十六进制数转换成十进制数：

$$\begin{aligned} 9A48Ch = {} & 9 \times 65\,536 + \\ & 10 \times 4096 + \\ & 4 \times 256 + \\ & 8 \times 16 + \\ & 12 \times 1 \end{aligned}$$

答案是 631 948。这就是将十六进制数转换成十进制数的过程。

下面是一个将任何 4 位十六进制数转换为十进制数的模板：

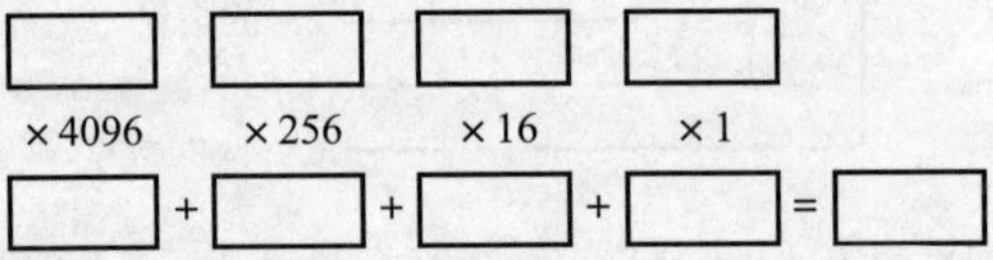

下面是 79ACh 的转换示例。请记住，十六进制中的 A 和 C 分别对应十进制中的 10 和 12：

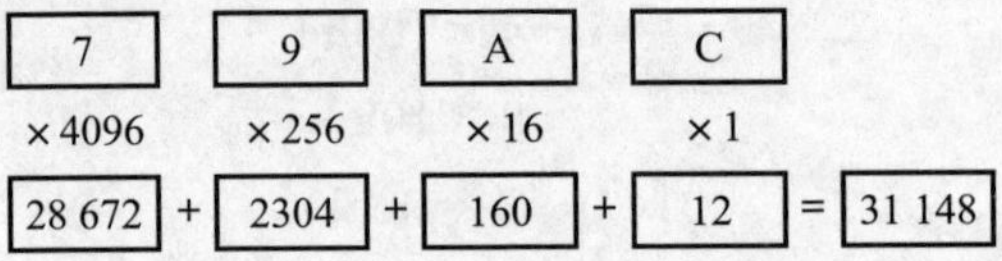

将十进制数转换为十六进制数通常需要做除法运算。我们知道，小于等于 255 的数可以用 1 字节表示，对应于两个十六进制数。要计算这两个十六进制数，可以把要转换的十进制数除以 16，得到商和余数。例如，对于十进制数 182，除以 16 后，商为 11（在十六进制中是 B），余数为 6，它对应的十六进制数就是 B6h。

如果要转换的十进制数小于 65 536，那么可以用不超过 4 位的十六进制数来表示。下面是将这样的数字转换为十六进制的模板：

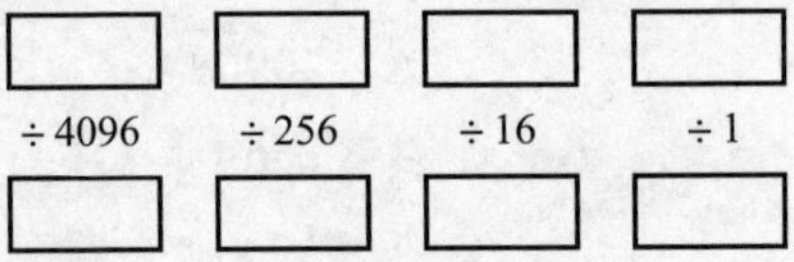

以十进制数 31 148 为例。首先，将整个十进制数放入左上角的方框中：

31 148			
÷ 4096	÷ 256	÷ 16	÷ 1

用这个数除以 4096，得到商和余数。将商放入下面第一个方框中，余数放入上面的下一个方框中：

31 148	2476		
÷ 4096	÷ 256	÷ 16	÷ 1
7			

下一步用余数除以 256，得到的商为 9，新的余数为 172。继续这个过程：

31 148	2476	172	12
÷ 4096	÷ 256	÷ 16	÷ 1
7	9	10	12

十进制数 10 和 12 在十六进制中分别为 A 和 C，因此结果为 79ACh。

将小于 65 535 的十进制数转换为十六进制数的另一种方法是先把原数除以 256，将其分为两个字节。对于每个字节，再除以 16。操作模板如下：

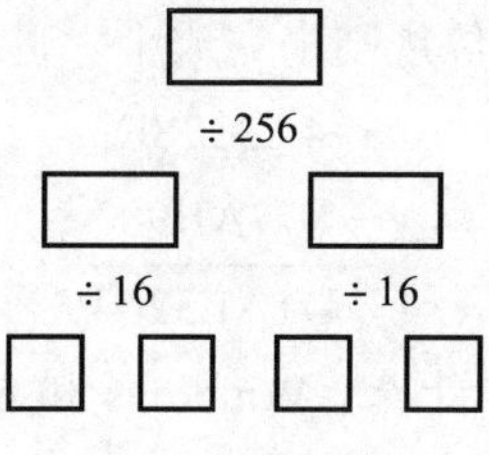

从上面开始。每进行一次除法运算，商都放在左边的方框中，余数都放在右边的方框中。以 51 966 为例，下面是其转换过程：

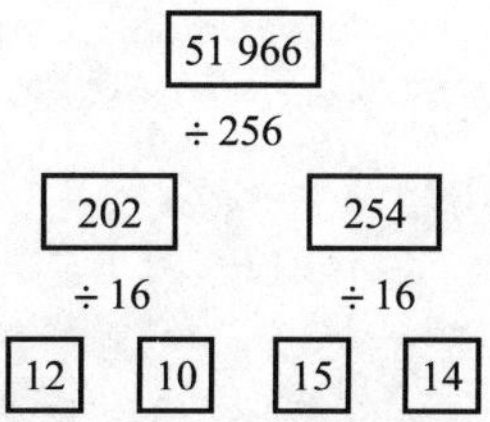

得到的十六进制数字是 12、10、15 和 14，即 CAFE，这看起来更像一个单词（意为咖啡馆），而不是一个数字！（如果你到了那儿，不妨试试点一杯

56 495[⊖]咖啡。）

与其他数字体系一样，十六进制也有一个加法表，如下所示：

+	0	1	2	3	4	5	6	7	8	9	A	B	C	D	E	F
0	0	1	2	3	4	5	6	7	8	9	A	B	C	D	E	F
1	1	2	3	4	5	6	7	8	9	A	B	C	D	E	F	10
2	2	3	4	5	6	7	8	9	A	B	C	D	E	F	10	11
3	3	4	5	6	7	8	9	A	B	C	D	E	F	10	11	12
4	4	5	6	7	8	9	A	B	C	D	E	F	10	11	12	13
5	5	6	7	8	9	A	B	C	D	E	F	10	11	12	13	14
6	6	7	8	9	A	B	C	D	E	F	10	11	12	13	14	15
7	7	8	9	A	B	C	D	E	F	10	11	12	13	14	15	16
8	8	9	A	B	C	D	E	F	10	11	12	13	14	15	16	17
9	9	A	B	C	D	E	F	10	11	12	13	14	15	16	17	18
A	A	B	C	D	E	F	10	11	12	13	14	15	16	17	18	19
B	B	C	D	E	F	10	11	12	13	14	15	16	17	18	19	1A
C	C	D	E	F	10	11	12	13	14	15	16	17	18	19	1A	1B
D	D	E	F	10	11	12	13	14	15	16	17	18	19	1A	1B	1C
E	E	F	10	11	12	13	14	15	16	17	18	19	1A	1B	1C	1D
F	F	10	11	12	13	14	15	16	17	18	19	1A	1B	1C	1D	1E

可以用这张表和常规的进位规则来完成十六进制数的加法运算，如下所示：

$$
\begin{array}{r}
\text{4A3378E2} \\
+\text{877AB982} \\
\hline
\text{D1AE3264}
\end{array}
$$

如果你不想手动进行这些计算，Windows 和 macOS 的计算器应用都有程序员模式，允许你用二进制、八进制和十六进制进行算术运算，并且能在这些数字体系之间进行转换。或者你也可以在第 14 章中自己构建一个 8 位二进制加法器。

⊖ 56 495 换算为十六进制是 DCAF，与 decaf 谐音，decaf coffee 一般指“无因咖啡”。——编辑注

第 13 章

从 ASCII 码到统一码

每当我们点击平板电脑、手机屏幕，或坐在笔记本电脑、台式计算机前时，我们都在与文本打交道。要么在阅读文本，要么在输入文本，要么在剪切和粘贴文本——从网页到文字处理软件，从电子邮件到社交网络，从我们在网上看到的调侃到我们给朋友发的信息。

如果没有一种以计算机比特和字节表示文本字符的标准方法，这一切都不可能实现。字符编码无疑是最重要的计算机标准。正是因为这一标准的存在，现代通信才能够突破计算机系统与应用之间、硬件与软件供应商之间——甚至是国界之间的差异。

然而，文本在计算机上的表示有时仍会出问题。2021 年初，当我开始修订本章时，我收到了一封来自网络托管服务提供商的电子邮件，邮件的主题显示：

Weâ€™ve received your payment, thanks.（“Weâ€™ve”已收到你的付款，谢谢。）你肯定也见过这样的怪事，它们看似离奇，但在本章结束时，你就会清楚地知道这样的事情是如何发生的。

本书在开头部分讨论了两种用二元编码表示文本的系统。莫尔斯电码乍看起来可能不像纯粹的二元编码，因为它涉及短点和长划，以及点和划之间不同长度的停顿。但是回想一下，莫尔斯电码中的所有内容都是点的长度的倍数：一个划的长度是一个点的三倍，字母之间的停顿是一个划的长度，单词之间的停顿是两个划的长度。如果一个点就是 1 比特，那么一个划就是 3 比特排成一行，停顿就是一串 0 比特。下面是用莫尔斯电码表示的单词“ HI THERE”，以及相应的二进制数字：

```
1010101000101000000011100010101010001000101110100010000000
```

莫尔斯电码被归类为可变比特长度编码，因为不同的字符需要不同的比特数。

布莱叶盲文在这方面要简单得多。每个字符由 6 个点组成的序列表示，每个点要么凸起，要么不凸起。布莱叶盲文明显是一种 6 位编码，这意味着每个字符都可以用一个 6 位的值来表示。有一个小问题是，需要额外的字符来表示数字和大写字母。你可能还记得，布莱叶盲文中的数字表示需要用到转换码—— 一个可以改变后续字符含义的盲文字符。

转换码在另一种早期的二元编码中也有出现，这种编码是在 19 世纪 70 年代发明的，与印刷电报有关。这是法国电报局官员埃米尔·波特（Émile Baudot）的杰作，该编码至今仍以他的名字命名。波特码（Baudot code）一直使用到 20 世纪 60 年代，例如，西联汇款公司（Western Union）用它来发送和接收被称为电报的文本消息。即使在如今，你可能还会听到计算机老前辈将二进制数据的传输速度称为波特率。

波特码被广泛用在电传打字机上，这种设备有一个看起来有点像普通打字机的键盘，不过它只有 30 个按键加上一个空格键。这些按键就像转换器一样，它们会生成二进制编码，并通过电传打字机的输出线缆一个比特一个比特地发送出去。电传打字机还包含印字机构。如果有编码通过电传打字机的输入线缆输入，就会触发电磁铁，从而在纸上打印出字符。

波特码是一种 5 位编码，一共只有 32 种编码组合，对应的十六进制取值范围为 00h ～ 1Fh。这里给出了这 32 种编码与字母表中的字母的对应关系：

十六进制码	波特码字母	十六进制码	波特码字母
00		10	E
01	T	11	Z
02	*Carriage Return*（回车）	12	D
03	O	13	B
04	*Space*（空格）	14	S
05	H	15	Y
06	N	16	F
07	M	17	X
08	*Line Feed*（换行）	18	A
09	L	19	W
0A	R	1A	J
0B	G	1B	*Figure Shift*（数字转换）
0C	I	1C	U
0D	P	1D	Q
0E	C	1E	K
0F	V	1F	*Letter Shift*（字母转换）

编码 00h 没有分配任何值。在剩下的 31 个编码中，有 26 个分配给了字母表中的字母，剩下 5 个用文字表示出来了。

编码 04h 表示空格，通常用来分隔单词。编码 02h 和 08h 分别表示回车和换行。这两个术语来自打字机：当使用打字机打字，打到一行的末尾时，我们通常会拨动拨杆或按下按钮来完成两个动作。第一个，使装有纸张的纸车向右移动（或打印装置向左移动），这样下一行就从纸张的左侧开始，这就是回车；第二个，打字机滚动纸车，在刚打完的一行下方开始新的一行，这就是换行。在波特码中，这两个动作用不同的编码表示，波特码电传打字机的打印机在打印时会响应这两个动作。

在波特码中，如何表示数字和标点符号呢？这时就要用到编码 1Bh 了，在前面的表中标识为数字转换。数字转换编码之后的所有编码都会被解析为数字或标点符号，直至遇到字母转换编码（1Fh），再转换回解析为字母的状态。这里给出了数字和标点符号对应的十六进制码：

十六进制码	波特码字母	十六进制码	波特码字母
00		10	3
01	5	11	+
02	*Carriage Return*（回车）	12	*Who Are You?*（自我识别）
03	9	13	?
04	*Space*（空格）	14	'
05	#	15	6
06	,	16	$
07	.	17	/
08	*Line Feed*（换行）	18	–
09	)	19	2
0A	4	1A	*Bell*（响铃）
0B	&	1B	*Figure Shift*（数字转换）
0C	8	1C	7
0D	0	1D	1
0E	:	1E	(
0F	=	1F	*Letter Shift*（字母转换）

这张表格展示了这些编码在美国的用法。在美国以外，编码 05h、0Bh 和 16h 常用于表示一些欧洲语言中的带重音字母。响铃编码用于让电传打字机响铃。自我识别编码用于激活电传打字机的自我识别机制。

与莫尔斯电码一样，波特码也不区分大小写字母。下面这个句子：

I SPENT $25 TODAY.

表示成十六进制数据流就是：

I S P E N T $ 2 5 T O D A Y .

0C 04 14 0D 10 06 01 04 1B 16 19 01 1F 04 01 03 12 18 15 1B 07 02 08

请注意三个转换码的使用：美元符号前的 1Bh，数字之后的 1Fh，以及最后的句号之前的 1Bh。行尾是回车和换行的编码。

不过，如果把这个数据流以一行的形式发送到电传打字机的打印机上两遍，结果就会是这样：

I SPENT $25 TODAY.

8 '03, 5 $25 TODAY.

这是怎么回事？打印机在第二行之前收到的最后一个转换码是数字转换码，所以从第二行开头开始，编码被解析为数字，直到出现下一个字母转换码。

类似这样的问题是使用转换码的典型恶果。当用更现代、更通用的方式取代波特码时，人们认为最好避免使用转换码，并为小写字母和大写字母定义不同的编码。

这样的编码需要用多少个比特？就英语而言，仅拉丁字母表中的大小写字母就需要 52 个编码，数字 0 ～ 9 还需要 10 个编码，这就已经有 62 个了。再加上一些标点符号，就超过了 6 个比特的极限，即 64 个编码。不过，似乎距离超过 128 个字符又还比较远，一旦超过了就需要 8 个比特。

所以答案是：7。需要 7 个比特来表示通常出现在英语文本中的所有字符，而无须使用转换码。

取代波特码的是一种 7 位编码，称为“美国信息交换标准代码”（American Standard Code for Information Interchange），缩写为 ASCII，其发音为 ['ask ē]，这并不常见。它于 1967 年正式确定，至今仍是整个计算机行业最重要的标准。除了一个很大的例外（我很快就会介绍），只要你在计算机上遇到文本，就可以肯定 ASCII 以某种方式参与其中。

作为一个 7 位编码，ASCII 码的二进制取值范围为 0000000 ～ 1111111，换算为十六进制就是 00h ～ 7Fh。你很快就会看到全部 128 个 ASCII 码，但我想将这些编码按顺序分为 4 组，每组 32 个，然后先跳过第一组，因为这些编码在概念上比其他的稍微复杂一些。第二组 32 个编码包括标点符号和 10 个数字。下表显示了从 20h 到 3Fh 的十六进制码，以及与这些编码相对应的字符：

十六进制码	ASCII 码字符	十六进制码	ASCII 码字符
20	*Space*（空格）	30	0
21	!	31	1
22	“	32	2
23	#	33	3
24	$	34	4
25	%	35	5
26	&	36	6
27	‘	37	7
28	(	38	8
29	)	39	9
2A	*	3A	:
2B	+	3B	;
2C	,	3C	<
2D	–	3D	=
2E	.	3E	>
2F	/	3F	?

注意，20h 代表空格符，用于分隔单词或句子。

如下所示，第三组 32 个编码包括大写字母和一些额外的标点符号。除了 @ 符号和下划线外，这些标点符号在打字机上不常见，但在标准的计算机键盘上可以找到它们。

十六进制码	ASCII 码字符	十六进制码	ASCII 码字符
40	@	50	P
41	A	51	Q
42	B	52	R
43	C	53	S
44	D	54	T
45	E	55	U
46	F	56	V
47	G	57	W
48	H	58	X
49	I	59	Y
4A	J	5A	Z
4B	K	5B	[
4C	L	5C	\
4D	M	5D	]
4E	N	5E	^
4F	O	5F	–

第四组包括所有的小写字母和一些额外的标点符号，这些标点符号同样在打字机上不常见，但在标准的计算机键盘上可以找到：

十六进制码	ASCII 码字符	十六进制码	ASCII 码字符
60	`	70	p
61	a	71	q
62	b	72	r
63	c	73	s
64	d	74	t
65	e	75	u
66	f	76	v
67	g	77	w
68	h	78	x
69	i	79	y
6A	j	7A	z
6B	k	7B	{
6C	l	7C	|
6D	m	7D	}
6E	n	7E	~
6F	o		

请注意，这张表格缺少了最后一个对应于编码 7Fh 的字符。你很快就会看到它。这个文本字符串：

Hello, you!

可以用 ASCII 码的十六进制形式表示为：

H e l l o , y o u !
48 65 6C 6C 6F 2C 20 79 6F 75 21

注意除了字母编码以外，还有逗号（2Ch）、空格（20h）和感叹号（21h）。下面是另一个短句：

I am 12 years old.

以及对应的 ASCII 码表示：

I am 12 years old.
49 20 61 6D 20 31 32 20 79 65 61 72 73 20 6F 6C 64 2E

请注意，这个句子中的数字 12 是用十六进制数字 31h 和 32h 表示的，它们分别是数字 1 和 2 的 ASCII 码。当数字 12 作为文本流的一部分时，就不应该用十六进制编码 01h 和 02h，或 0Ch 来表示，这三个编码在 ASCII 码中都有其他的含义。

在 ASCII 码中，同一字母的大写形式和小写形式编码之间的差值为 20h。因此，计算机程序很容易在大小写字母之间进行转换：只需将大写字母的编码加上 20h 即可转换为小写字母，将小写字母的编码减去 20h 即可转换为大写字母（但你甚至都不需要加减，大小写字母之间的转换只需改变一个位即可，你将在本书后面看到这样做的技巧）。

上面列出的 95 个编码也称作图形字符，因为它们可以显示出来。ASCII 码还包括 33 个控制字符，它们不能显示出来，而是用于执行某一特定功能。考虑完整性，这里列出了 33 个控制字符。虽然它们很难理解，但不要担心。在开发 ASCII 码的时候，人们更多是想把这部分编码用在电传打字机上，现在许多已经基本看不到了。

十六进制码	缩写	控制字符名称
00	NUL	空字符
01	SOH	标题开始
02	STX	正文开始
03	ETX	正文结束
04	EOT	传输结束
05	ENQ	请求
06	ACK	收到通知
07	BEL	响铃
08	BS	退格
09	HT	水平制表符
0A	LF	换行
0B	VT	垂直制表符
0C	FF	换页
0D	CR	回车
0E	SO	不用切换
0F	SI	启用切换
10	DLE	数据链路转义
11	DC1	设备控制 1
12	DC2	设备控制 2
13	DC3	设备控制 3
14	DC4	设备控制 4
15	NAK	拒绝接收
16	SYN	同步空闲
17	ETB	传输块结束
18	CAN	取消
19	EM	介质中断
1A	SUB	替补
1B	ESC	溢出
1C	FS	文件分隔符或信息分隔符 4
1D	GS	分组符或信息分隔符 3
1E	RS	记录分隔符或信息分隔符 2
1F	US	单元分隔符或信息分隔符 1
7F	DEL	删除

当时的想法是，可以混合使用控制字符与图形字符来设置一些基本的文本格式。如果把电传打字机或简单打印机这类设备想象成根据 ASCII 码流在页面上

键入字符的设备，这就很容易理解了。设备的打印头通常会通过打印一个字符并向右移动一格来响应字符编码。这些重要的控制字符就是负责改变这一行为的。

例如，考虑下面这个十六进制字符串：

41 09 42 09 43 09

09 是水平制表符的编码。假设打印页面上所有的水平字符位置是从 0 开始的，水平制表符的作用是在下一个水平位置（即 8 的倍数处）开始打印下一个字符，就像这样：

A　　B　　C

这是让文本按列对齐的一种简便方法。

即使在如今，一些打印机在接收到换页编码（0Ch）时，也会弹出当前页面并开始打印新页面。

退格编码可用于在一些老式打印机上打印复合字符。例如，假设控制电传打字机的计算机希望打印带有重音符号的小写字母 e，像这样：è。这可以使用十六进制码 65 08 60 来实现。

到目前为止，回车和换行是控制字符里面比较重要的，它们与在波特码里面的含义一样。在一些较老的打印机上，回车编码会将打印头移到页面同一行的左侧，而换行编码将打印头向下移动一行。通常在需要转到新行时，就需要同时用到这两个编码。单独使用回车编码可以在已有的行上再次打印，单独使用换行编码可以跳到下一行的当前位置而不移动到左边。

文本、图片、音乐和视频都能够以文件的形式存储在计算机中，这些文件是由名称标识的字节集合。文件名通常由一个描述性名称和一个扩展名组成，前者指示文件的内容，后者通常是三到四个字母，指示文件的类型。由 ASCII 字符组成的文件的扩展名通常为 txt，表示“文本”。ASCII 码是面向纯文本格式的，不包括斜体、粗体、各种字体和字号的编码。所有这些花哨的东西都是所谓的格式化文本或富文本的特征。在 Windows 桌面计算机上，可以用记事本（Notepad）程序创建纯文本文件；在 macOS 下，可以用文本编辑器（TextEdit）程序做同样的事情（尽管这不是它的默认行为）。这两个程序都允许你选择字体和字号，但这仅限于查看文本。这些信息不会与文本本身一起存储。

Notepad 和 TextEdit 会在按下回车键（Windows 键盘上为 Enter，mac 键盘上为 Return）时结束当前行并移至下一行的开头。不过，这些程序也会自动换行：当你输入文本并来到窗口最右边时，程序会自动让你的输入在下一行继续，并且后续的文本实际上属于同一个段落，而不是独立的行。按下回车键则表示该段落结束，开始新的段落。

当你按下 Enter 键时，Windows 记事本会在文件中插入十六进制码 0Dh 和 0Ah，即回车符和换行符。而当你按下 Return 键时，macOS 的文本编辑器只会插入 0Ah，即换行符。现在所称的 Classic Mac OS（存在于 1984—2001 年）则只插入 0Dh，即回车符。当在一个系统上读取在另一个系统上创建的文件时，这种不一致仍然会造成问题。近年来，程序员们已经在努力减少这些问题，但令人震惊甚至感到羞愧的是，至今还没有一个关于在纯文本文件中标记行尾或段尾的计算机行业标准。

ASCII 码在推出后不久就成为计算机世界的主流文本标准，但在 IBM 内部却并非如此。IBM 在 System/360 的基础上开发了自己的字符编码，即扩展 BCD 交换码（Extended BCD Interchange Code，EBCDIC），它是早期 6 位 BCDIC 编码的 8 位扩展，BCDIC 源自 IBM 打孔卡上使用的编码。如下所示，这种可以存储 80 个文本字符的打孔卡由 IBM 于 1928 年推出，并使用了 50 多年。

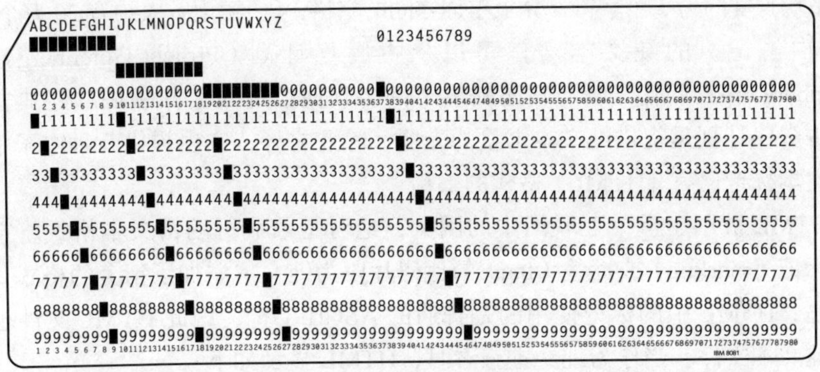

黑色矩形就是在卡片上打的孔。使用打孔卡来表示字符有一个实际问题：如果卡片上打的孔太多，卡片就会失去结构完整性，可能撕裂并卡住机器。

在打孔卡片上，一个字符被编码为一列上打出的一个或多个矩形孔的组合，字符本身通常打印在接近卡片顶部的位置。下面的 10 行称为数字行，由数字标识：第 0 行、第 1 行，依次到第 9 行。这些都是直接使用十进制数的计算机系统的残留。靠近顶部的没有编号的两行是区域行，称为第 11 行和第 12 行。卡片上面没有第 10 行。

EBCDIC 字符编码由区域行上面的孔和数字行上面的孔组合而成。十个数字的 EBCDIC 编码为 F0h ~ F9h。大写字母的 EBCDIC 编码分为三组，分别为：C1h ~ C9h、D1h ~ D9h，以及 E2h ~ E9h。小写字母的 EBCDIC 编码同样分为三组：81h ~ 89h、91h ~ 99h，以及 A2h ~ A9h。

在 ASCII 码中，所有的大写字母和小写字母都是连续排列的。这使得按字母顺序对 ASCII 数据进行排序变得很方便。然而，EBCDIC 在字母序列中存在间隔，这使得排序变得更加复杂。幸运的是，目前 EBCDIC 已经更多是一种历史上的产物，而不是你在个人或职业生活中可能遇到的东西。

在 ASCII 码开发之时，内存的成本非常高昂。一些人认为，为了节约内存，ASCII 码应该采用 6 位的形式，使用一个转换字符来区分大小写字母。这个想法被否决后，也有人认为 ASCII 码应该采用 8 位的形式，因为他们认为计算机更有可能采用 8 位架构而不是 7 位架构。当然，8 位字节现在已经成为标准，尽管 ASCII 码在技术上是一个 7 位编码，但它几乎普遍以 8 位值的形式存储。

将字节和 ASCII 字符等同起来当然很方便，因为我们只需计算一下字符数，就能大致了解特定文本文档需要多少计算机内存。例如，赫尔曼·梅尔维尔（Herman Melville）的《白鲸记》（*Moby-Dick; or, The Whale*）大约有 125 万个字符，因此占用 125 万字节的计算机存储空间。根据这一信息，也可以推导出大致的单词数量：单词的平均长度约为 5 个字符，算上单词之间的空格，《白鲸记》大约有 20 万个单词。

《白鲸记》的纯文本文件可以从古腾堡计划（Project Gutenberg）网站（gutenberg.org）下载，该网站还提供了许多其他已进入公共领域的经典文学作品。古腾堡计划是提供纯文本书籍的先驱，除此之外，它也提供几种电子书格式和超文本标记语言（HTML）格式的书籍。

HTML 被用于整个互联网中的网页，绝对是最流行的富文本格式。它通过带有标记（markup）或标签（tag）的代码片段为纯文本添加了精美的格式。但有趣的是，HTML 中的标记使用的是普通的 ASCII 字符，因此 HTML 文件也是普通的纯文本文件。当作为纯文本查看时，HTML 显示如下：

这是一些 <b> 加粗 </b> 的文字，而这是一些 <i> 斜体 </i> 的文字。

左右尖括号的 ASCII 码分别为 3Ch 和 3Eh。但当以 HTML 格式解析时，网络浏览器可能会这样显示该文本：

这是一些**加粗**的文字，而这是一些*斜体*的文字。

这是同一段文本，只是呈现方式不同。

ASCII 码无疑是计算机行业最重要的标准，但从一开始，它的缺陷就显而易见，最大的问题就是太美国化了！事实上，ASCII 码甚至都不适合以英语为主要语言的其他国家。ASCII 码里面有一个美元符号，但英镑符号在哪里？它在处理许多西欧语言中使用的带重音字母方面很失败，更不用说欧洲使用的非拉丁字母文种（包括希腊文、阿拉伯文、希伯来文和西里尔文），以及印度和东南亚的婆罗米文（包括梵文、孟加拉文、泰文和藏文）了。另外，7 位编码怎么可能处理数以万计的中文、日文和韩文表意文字，以及韩文的一万多个音节组合呢？

在 20 世纪 60 年代，将世界上所有语言都纳入 ASCII 标准是一个过于雄心勃勃的目标，但当时还是考虑了其他一些国家的需要，尽管只是提出了一些初步的解决方案。根据已公布的 ASCII 标准，有 10 个 ASCII 码（40h、5Bh、5Ch、5Dh、5Eh、60h、7Bh、7Ch、7Dh 和 7Eh）可根据国家用途重新定义。此外，符号 # 可以用英镑符号 £ 代替，美元符号 $ 可以用通用货币符号 ¤ 代替。显然，只有当参与使用包含这些重新定义的编码的特定文本文档的每个人都知道这一变化时，替换符号才有意义。

由于许多计算机系统按 8 位来存储字符，因此可以设计扩展的 ASCII 码字符集来包含 256 个字符，而不仅仅是 128 个。在这样的字符集中，前 128 个编码（00h ～ 7Fh）的定义与 ASCII 码中的一样，但后面的 128 个编码（80h ～ FFh）可以定义为任何其他你想要的字符。这种技术被用来定义额外的字符编码，以容纳带重音字母和非拉丁字母。不幸的是，ASCII 码被以许多不同的方式扩展了很多次。

当微软 Windows 首次发布时，它支持了一个 ASCII 码的扩展，微软称之为 ANSI 字符集，尽管它实际上并未获得美国国家标准协会（American National Standards Institute）的批准。ANSI 字符集里面增加的字符编码 A0h ～ FFh 主要用于表示欧洲语言中常见的有用符号和带重音字母。在下面这张表中，十六进制编码的高半字节参见第一行，低半字节参见第一列：

	A–	B–	C–	D–	E–	F–
–0		°	À	Ð	à	ð
–1	¡	±	Á	Ñ	á	ñ
–2	¢	²	Â	Ò	â	ò
–3	£	³	Ã	Ó	ã	ó
–4	¤	´	Ä	Ô	ä	ô
–5	¥	µ	Å	Õ	å	õ
–6	¦	¶	Æ	Ö	æ	ö
–7	§	·	Ç	×	ç	÷
–8	¨	¸	È	Ø	è	ø
–9	©	¹	É	Ù	é	ù
–A	ª	º	Ê	Ú	ê	ú
–B	«	»	Ë	Û	ë	û
–C	¬	¼	Ì	Ü	ì	ü
–D	-	½	Í	Ý	í	ý
–E	®	¾	Î	Þ	î	þ
–F	¯	¿	Ï	ß	ï	ÿ

字符编码 A0h 被定义为不换行空格（No-Break Space）。通常计算机程序在将文本格式化为行和段时，行之间用空格符号断开，对应的 ASCII 码为 20h。编码 A0h 显示为空格，但不能用于断行。不换行空格可以用于表示日期，比如“February 2”，从而避免“February”出现在一行，而“2”出现在下一行。

编码 ADh 定义为软连字符。连字符用于分隔单词中间的音节。只有在需要在两行之间分隔单词时，才会出现在印刷页面上。

ANSI 字符集之所以流行，是因为它是 Windows 的一部分，但它只是几十年来定义的众多 ASCII 码扩展之一。为了区分它们，这些扩展被赋予了编号和其他标识。Windows ANSI 字符集成为国际标准化组织（International Standards Organization）的标准，即 ISO-8859-1 或拉丁字母 No.1（Latin Alphabet No.1）。在这个字符集本身扩展到包括编码 80h ～ 9Fh 的字符时，它被称为 Windows-1252：

	8–	9–	A–	B–	C–	D–	E–	F–
–0	€			°	À	Ð	à	ð
–1		‘	¡	±	Á	Ñ	á	ñ
–2	‚	’	¢	²	Â	Ò	â	ò
–3	ƒ	“	£	³	Ã	Ó	ã	ó
–4	„	”	¤	´	Ä	Ô	ä	ô
–5	…	•	¥	µ	Å	Õ	å	õ
–6	†	–	¦	¶	Æ	Ö	æ	ö
–7	‡	—	§	·	Ç	×	ç	÷
–8	ˆ	˜	¨	¸	È	Ø	è	ø
–9	‰	™	©	¹	É	Ù	é	ù
–A	Š	š	ª	º	Ê	Ú	ê	ú
–B	‹	›	«	»	Ë	Û	ë	û
–C	OE	oe	¬	¼	Ì	Ü	ì	ü
–D			–	½	Í	Ý	í	ý
–E	Ž	ž	®	¾	Î	Þ	î	þ
–F		Ÿ	¯	¿	Ï	ß	ï	ÿ

数字 1252 被称为编码页标识符，这个术语起源于 IBM，用以区分不同版本的 EBCDIC。各种编码页与国家有关，某些文种（如希腊文、西里尔文和阿拉伯文）的国家可能需要使用自己的带重音字母甚至整个字母表。要正确显示这些字符数据，就必须知道所涉及的编码页。这一点在互联网上最为关键，HTML 文件顶部的信息（称为头部）就指明了创建网页所用的编码页。

ASCII 码还以更极致的方式进行了扩展，用以编码中文、日文和韩文中的表意文字。在一种流行的编码——日本工业标准（Japanese Industrial Standard，Shift-JIS）中，编码 81h ～ 9Fh 实际上代表的是双字节字符编码的初始字节。通过这种方式，Shift-JIS 能够编码大约 6000 个额外的字符。遗憾的是，Shift-JIS 并不是唯一使用这种技术的系统。在亚洲，还有三种流行的标准双字节字符集（Double-Byte Character Set，DBCS）。

双字节字符集有许多问题，多个双字节字符集之间不兼容只是其中之一。另一个问题是，一些字符（特别是普通的 ASCII 码字符）是用单字节编码表示的，而成千上万的表意文字则是用双字节编码表示的。这就给使用这些字符集带来了困难。

如果你觉得这听起来很乱，你并不孤单，那么有谁能想出一个解决方案吗？

1988 年，在假定会有一种清晰的字符编码系统能适用于世界上所有语言的前提下，几个主要的计算机公司共同合作，开始开发一种替代 ASCII 码的编码，称为统一码（Unicode）。ASCII 码是 7 位编码，而 Unicode 是 16 位编码（至少最初的想法是这样的）。在最初的构想中，Unicode 中的每个字符都需要 2 字节，字符编码范围为 0000h ～ FFFFh，可以表示 65 536 个不同的字符。这被认为足以满足世界上所有可能用于在计算机上进行通信的语言的需要，而且还有扩展的余地。

Unicode 并非从零开始设计。Unicode 的前 128 个字符编码（0000h ～ 007Fh）与 ASCII 字符相同。此外，Unicode 编码从 00A0h 到 00FFh 的部分与我之前描述的 ASCII 码的扩展拉丁字母 No.1 相同。其他全球性标准也被整合到 Unicode 中。

尽管 Unicode 编码只是一个十六进制值，但表示它的标准方法是在值前面加上一个大写的 U 和一个加号。下面是一些有代表性的 Unicode 字符：

十六进制码	字符	描述
U+0041	A	大写拉丁字母 A
U+00A3	£	英镑符号
U+03C0	π	小写希腊字母 Pi
U+0416	Ж	大写西里尔字母 Zhe
U+05D0	א	希伯来字母 Alef
U+0BEB	௫	泰米尔数字五
U+2018	‘	左单引号
U+2019	’	右单引号
U+20AC	€	欧元符号
U+221E	∞	无穷大

在由统一码联盟（Unicode Consortium）运营的网站 unicode.org 上可以找到更多的信息，该网站提供对世界上各种书面语言和符号系统的丰富精彩的介绍。滚动到首页底部并点击“Code Charts”（编码图表）就能进入一个界面，里面有比你想象中还要多的字符图像。

但是，从 8 位字符编码转换到 16 位编码本身也存在问题：不同的计算机读取 16 位值的方式不同。例如，考虑以下两个字节：

20h ACh

一些计算机会将这一序列读取为 16 位值 20ACh，这是欧元符号的 Unicode 编码。这些计算机被称为大端（big-endian）机器，表示高字节（大端）在前。其他计算机则是小端（little-endian）机器。[这两个术语源自《格列佛游记》(*Gulliver's Travels*)，乔纳森·斯威夫特（Jonathan Swift）在里面描述了一个应该从哪一端打破煮鸡蛋的争议。] 小端机器将该值读取为 AC20h，这是韩文字母表中的字符“갠”的 Unicode 编码。

为了解决这个问题，Unicode 定义了一个特殊字符，称为字节顺序标记（Byte Order Mark，BOM），即 U+FEFF。这个标记应该放在 16 位 Unicode 值文件的开头。如果文件的前两个字节是 FEh 和 FFh，则文件采用的是大端序；如果是 FFh 和 FEh，则文件采用的是小端序。

到了 20 世纪 90 年代中期，随着 Unicode 开始流行起来，人们发现有必要超越 16 位的限制，以包含那些虽然已经消亡但出于历史原因仍需要表示的文字系统，以及大量新的符号，其中就包括那些广受欢迎且令人愉快的表情符号。

在撰写本书的时候（2021 年），Unicode 已经扩展为 21 位编码，其取值范围到了 U+10FFFF，可以支持超过 100 万种不同的字符。以下是一些编码超过 16 位的字符：

十六进制码	字符	描述
U+1302C	𓀬	古埃及象形文字 A039
U+1F025	🀥	菊花麻将牌
U+1F3BB	🎻	小提琴
U+1F47D	👽	外星人
U+1F614	😔	沮丧
U+1F639	😹	喜极而泣的猫

将表情符号纳入 Unicode 可能看起来有些轻率，但试想一下，你可以接受自

己在短信中输入的表情符号在接收方的手机上显示为完全不同的内容吗？这可能会造成误解，也会影响人际关系！

当然，人们对于 Unicode 的需求各不相同。特别是在呈现亚洲语言的表意文字时，需要使用 Unicode 的扩展。其他文档和网页的需求则比较适中，许多情况下普通的 ASCII 码就已经够用。因此，人们定义了几种不同的方法来存储和传输 Unicode 文本，称为 Unicode 转换格式（Unicode Transformation Format，UTF）。

最直接的 Unicode 转换格式是 UTF-32。所有 Unicode 字符都被定义为 32 位值。每个字符所需的 4 字节都可以按小端序或大端序指定。

UTF-32 的缺点是占用了大量空间。以包含《白鲸记》文本的纯文本文件为例，其大小将从 ASCII 码的 125 万字节增加到 Unicode 的 500 万字节。而且考虑到 Unicode 只用了 32 位中的 21 位，每个字符就浪费了 11 位。

UTF-16 是一种折中的方案。在这种格式下，大多数 Unicode 字符都用 2 字节定义，但是编码在 U+FFFF 以上的字符则用 4 字节定义。在最初的 Unicode 规范中，U+D800 ～ U+DFFF 的区域出于此目的被留空。

目前最重要的 Unicode 转换格式是 UTF-8，它被广泛用于整个互联网。最近的一项统计数据显示，97% 的网页现在都使用 UTF-8。这差不多就是你想要的通用标准了。古腾堡计划的纯文本文件都是 UTF-8 格式的。Windows 记事本和 macOS 文本编辑器也默认用 UTF-8 格式保存文件。

UTF-8 是灵活性和简洁性之间的折中。它最大的优点是向后兼容了 ASCII 码。也就是说，纯粹由以字节形式存储的 7 位 ASCII 编码组成的文件自动就是 UTF-8 文件。

为了实现这种兼容性，所有其他 Unicode 字符都根据它们的值分别使用 2、3 或 4 个字节来存储。下表总结了 UTF-8 的工作原理：

Unicode 范围	**比特数**	**字节序列**
U+0000 ～ U+007F	7	0xxxxxxx
U+0080 ～ U+07FF	11	110xxxxx 10xxxxxx
U+0800 ～ U+FFFF	16	1110xxxx 10xxxxxx 10xxxxxx
U+10000 ～ U+10FFFF	21	11110xxx 10xxxxxx 10xxxxxx 10xxxxxx

第一列所示的编码范围内的字符都可以通过第二列中的比特数来唯一标识。这些比特随后会被添加由 1 和 0 组成的前缀，形成一个字节序列。第三列中 x 的数量与第二列中的比特数一致。

表格的第一行显示，如果字符属于原始的 7 位 ASCII 码集合，那么其 UTF-8 编码就是在这 7 位编码之前加上一个 0，与 ASCII 码本身一样。

Unicode 值为 U+0080 及以上的字符需要不少于 2 字节。例如，英镑符号（£）的 Unicode 值为 U+00A3。这个值位于 U+0080 和 U+07FF 之间，对应表格的第二行，表明它在 UTF-8 中以 2 字节编码。对于这个范围内的值，只需使用低位的 11 比特就能给出 2 字节的编码，如下所示：

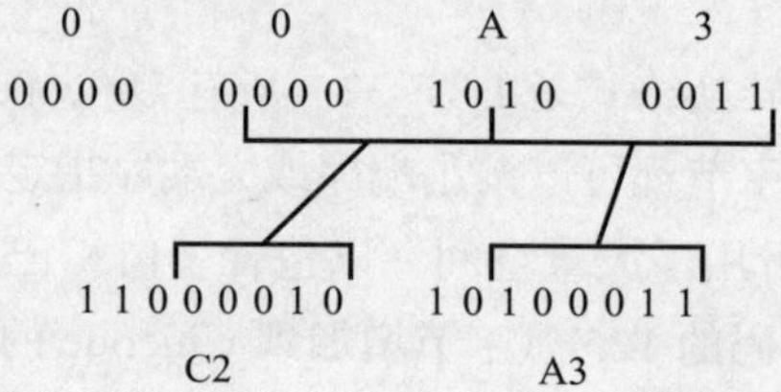

上图的顶部展示了 00A3 的 Unicode 值。这 4 个十六进制数分别对应其正下方的 4 位值。我们知道这个值没有超过 07FFh，这意味着最高的 5 位将是 0，可以被忽略。接下来的 5 位加上前缀 110（如上图的底部所示）组成字节 C2h。最低的 6 位加上前缀 10 组成字节 A3h。

因此，C2h 和 A3h 这两个字节在 UTF-8 中代表英镑符号（£）。虽然使用 2 字节来编码本质上只有 1 字节的信息似乎有些浪费，但这对于保证 UTF-8 的其他部分正常工作来说是必需的。

再看一个例子。א（希伯来文的第一个字母）在 Unicode 中的值是 U+05D0。同样，这个值在 U+0080 和 U+07FF 之间，对应表格的第二行。这个过程和 £ 字符是一样的：

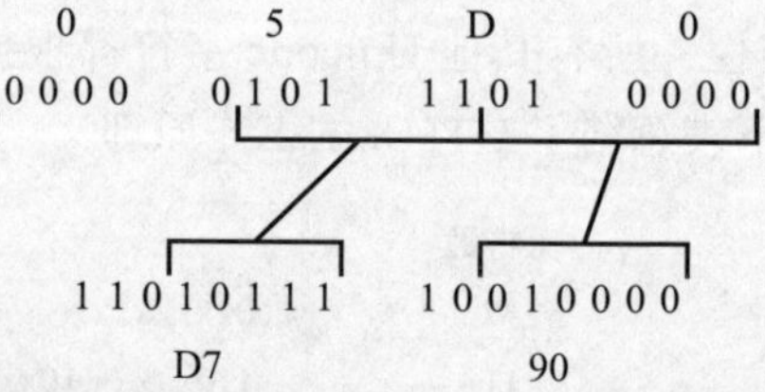

05D0h 的前 5 位可以忽略，接下来的 5 位加上前缀 110，最低的 6 位加上前缀 10，一起构成 UTF-8 字节 D7h 和 90h。

喜极而泣的猫这个表情的逼真度不是很高，其 Unicode 值为 U+1F639，这意味着 UTF-8 用一个 4 字节的序列来表示它。下图展示了这 4 个字节是如何由原始的 21 位编码组合而成的：

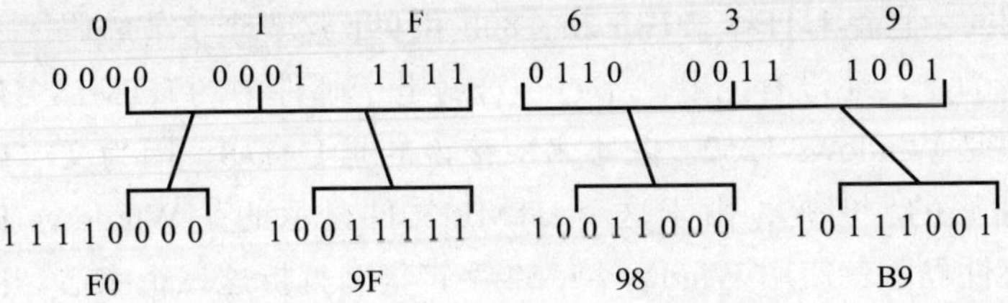

因为使用了不同数量的字节来表示字符，UTF-8 破坏了 Unicode 的一些纯净和美感。在过去，这类与 ASCII 一起使用的方案会引发问题和混乱。UTF-8 并非完全没有问题，但它的定义非常聪明。当对 UTF-8 文件进行解码时，每个字节都可以非常精确地识别出来：

- 如果字节以 0 开头，那就是一个简单的 7 位 ASCII 字符编码。
- 如果字节以 10 开头，那么它就属于多字节字符编码的字节序列的一部分，且不是该序列中的第一个字节。
- 否则，这个字节至少以两个 1 开头，并且是一个多字节字符编码的第一个字节。该字符编码的字节总数由第一个字节开头连续的 1 的数量表示，可以是 2 个、3 个或 4 个。

让我们再尝试一次 UTF-8 转换：右单引号字符是 U+2019。由于这个值位于 U+0800 和 U+FFFF 之间，因此需要查阅表格的第三行。它的 UTF-8 表示为 3 个字节：

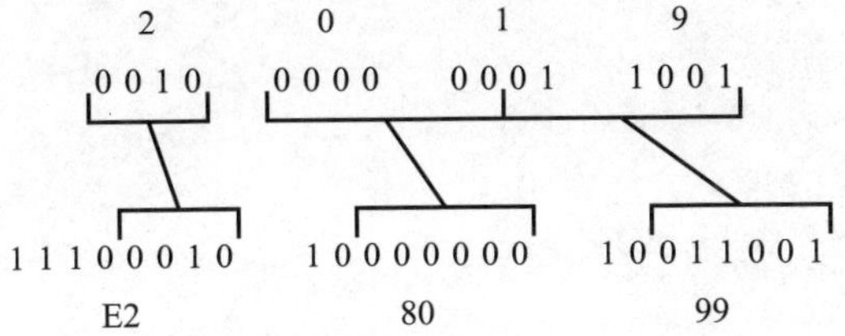

原始 Unicode 编号的所有比特都需要用上，以构成这 3 个字节。前 4 位加上前缀 1110 组成一个字节，接下来的 6 位加上前缀 10 组成一个字节，最后 6 位也加上前缀 10 组成一个字节。结果是一个由 E2h、80h 和 99h 组成的 3 字节序列。

现在，可以看下我在本章开头提到的那封邮件的问题了，邮件的主题行显示：

Weâ€™ve received your payment, thanks.

第一个词显然是"We've"，但这个缩写没有使用老式的撇号 ASCII 码（ASCII 码 27h 或 Unicode U+0027），而是使用了更加花哨的 Unicode 右单引号，正如我们刚刚看到的，它在 UTF-8 中用 E2h、80h 和 99h 这三个字节编码。

到目前为止，还没有问题。不过，这封电子邮件中的 HTML 文件显示其使用的字符集是 Windows-1252。它本来应该说的是 UTF-8，因为文本就是按这种编码方式编码的。但是，由于这个 HTML 文件显示的是 Windows-1252，因此我的电子邮件程序就使用 Windows-1252 字符集来解析这三个字节。回到前面的 Windows-1252 编码表中确认一下，E2h、80h 和 99h 这三个字节确实对应字符 â、€和™，正是电子邮件中的那些字符。

谜团解开了。

Unicode 将计算扩展为了一种通用和多元文化的体验，是一项非常重要的标准。但与其他任何东西一样，只有正确使用才能发挥其作用。

Code

第 14 章
使用逻辑门做加法

加法是最基本的算术运算，因此，如果我们想要构建一台计算机（这也正是本书不加隐藏的目标），首先必须知道怎样制作一台可以将两个数字相加的设备。归根结底，加法几乎就是计算机所做的唯一事情。如果能构造出一台能进行加法运算的设备，我们就已经迈出了构建一台计算机的重要一步，这台计算机不仅可以利用加法来完成减法、乘法、除法运算，还能计算按揭还款额，引导火箭飞往火星，下棋，以及使用社交媒体分享我们最新的舞蹈动作、厨艺成就或宠物趣事。

至少与现代生活中的计算器和计算机相比，我们在本章中要构建的加法器会又大又笨重、速度慢、噪声大。不过，最有趣的是，我们将完全使用前面章节中学到的简单电子设备来构建这台加法器——开关、灯泡、电线、电池，以及已经预先连接为各种逻辑门的继电器。这些组件在 20 世纪之前就已经存在。最棒的是，我们不需要在客厅里构建任何实物，只需要在纸上和脑海中构建这台加法器即可。

这台加法器只适用于二进制数，而且缺乏一些现代设备。你无法使用键盘来输入要加的数字，取而代之的是一排开关。这台加法器也没有数字显示屏来展示结果，取而代之的是一排灯泡。

但这台机器确实会把两个数字加在一起，而且它的完成方式与计算机对数字进行加法运算的方式非常相似。

二进制数的加法运算与十进制数的加法运算很相似。当你想要把两个十进制数（如 245 和 673）相加时，你可以将问题拆分成更简单的步骤。每步只需求出同一位上的两个十进制数之和。在这个例子中，第一步是求 5 加 3 的和。如果你在生活中背过加法表，那么计算的速度就会快很多。

与十进制数相比，二进制数最大的优点就是加法表要简单得多：

+	0	1
0	0	1
1	1	10

如果你真的是在海豚群体中长大，并且在海豚学校背下了这张表格，你可能会用尖锐刺耳的声音大声背诵：

0 加 0 等于 0。

0 加 1 等于 1。

1 加 0 等于 1。

1 加 1 等于 0，进位 1。

你可以用前导零重写加法表，使得每个结果都是一个 2 位的值：

+	0	1
0	00	01
1	01	10

从这个角度来看，一对二进制数相加将产生两个位，分别称为和位与进位位（就像"1 加 1 等于 0，进位 1"那样）。现在，我们可以将二进制加法表分成两张表，第一张用于和位：

和位	0	1
0	0	1
1	1	0

第二张用于进位位：

进位位	0	1
0	0	0
1	0	1

用这种方式来看待二进制加法很方便，因为我们的加法器将分别进行和运算和进位运算。构建二进制加法器需要我们设计一个能执行这些运算的电路。由于电路中的所有部件——开关、灯泡和电线——都可以是二进制位数，因此仅用二进制来工作可以极大地简化问题。

与十进制数的加法一样，我们将两个二进制数逐列相加，从最右边一列的最低有效位开始：

$$
\begin{array}{r}
01100101 \\
+10110110 \\
\hline
100011011
\end{array}
$$

请注意，当我们从右边开始加到第三列时，会有一个 1 被进位到下一列。同样的情况也发生在右数第六、七、八列。

我们想要加多大的二进制数呢？既然我们只是在脑海中构建加法器，我们完全可以构建一个可以加很长的数的机器。不过，让我们理智一点，将要加的二进制数限制在不超过 8 位，即 1 字节。也就是说，我们要加的二进制数的范围是 00000000 ～ 11111111。这个范围换算为十六进制是 00h ～ FFh，换算为十进制是 0 ～ 255。两个 8 位二进制数相加的和最高可以到十进制的 510，或十六进制的 1FEh，或二进制的 111111110。

这个二进制加法器的控制面板看起来可能是这样的：

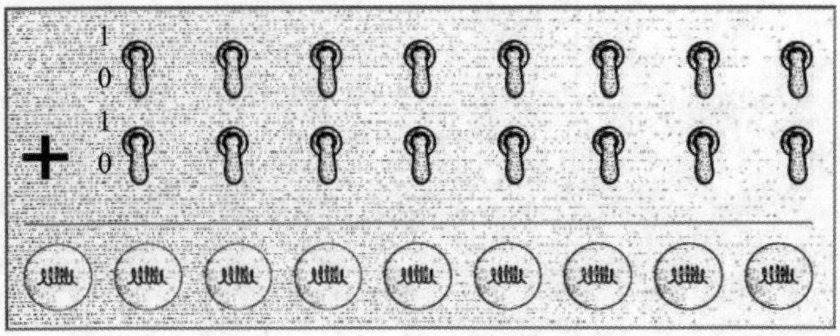

这个面板上有两排开关，每排 8 个。它们就是输入设备，我们会用这些开关来“输入”两个 8 位二进制数。在这个输入设备中，开关关闭（向下）表示 0，打开（向上）表示 1，就跟你家里的墙壁开关一样。与往常一样，最低有效位在右边，最高有效位在左边。底部的输出设备是一排 9 个灯泡。这些灯泡将指示答案。灯泡不亮表示 0，灯泡亮起表示 1。之所以需要 9 个灯泡，是因为两个 8 位二进制数之和可能是一个 9 位二进制数。只有当总和大于十进制数 255 时，最左边的灯泡才会亮。

加法器的其余部分是以各种方式连接在一起的逻辑门。开关将触发逻辑门中的继电器，继电器再打开正确的灯。例如，如果我们想要把 01100101 和 10110110（上一个例子中的两个数）相加，就可以按下图所示拨动相应的开关：

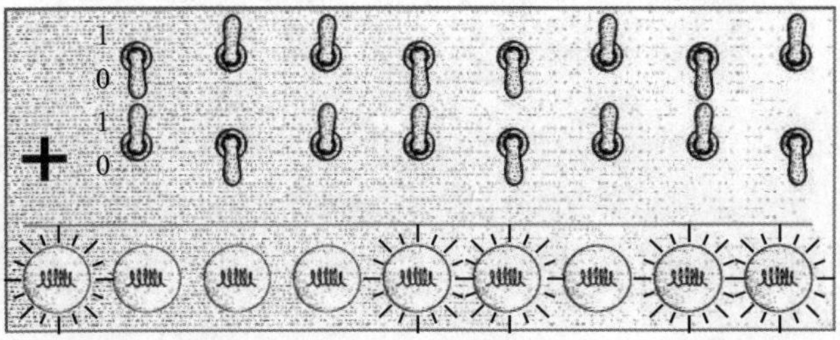

灯泡亮起的情况指示答案是 100011011。（但愿如此，因为我们还没有将加法器构建出来呢！）

我在之前的章节中提到，本书中将会使用大量继电器。我们在本章中构建的 8 位加法器就至少需要 144 个继电器——两个 8 位二进制数相加，每位上的一对数字都需要 18 个继电器。如果我向你展示完整的电路，你肯定会被吓到。没有人能够将连成一堆的 144 个继电器看得明明白白。因此，我将通过更简单的渐进式步骤来解决这个问题。

也许当你看到将两个 1 位数字相加的进位位表时，立刻就发现了逻辑门和二进制加法之间的联系：

进位位	0	1
0	0	0
1	0	1

你可能已经意识到，这和称为与（AND）的逻辑运算是一样的，与门的输出在第 8 章中展示过：

AND	0	1
0	0	0
1	0	1

如果将两个输入标记为 A 和 B，也可以像这样表示：

A	B	AND
0	0	0
0	1	0
1	0	0
1	1	1

相比画一堆继电器，电气工程师更倾向于用符号来表示一个与门，如下所示：

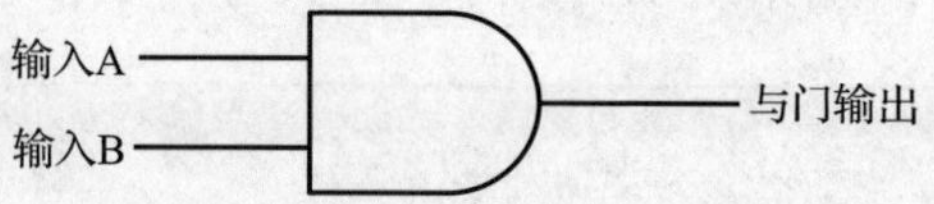

输入位于左侧，分别标记为 A 和 B，代表要相加的两个二进制位。右侧的与门输出是这两个二进制位数字相加的进位位。

啊哈！我们确实取得了一些进展。下一步是利用一些继电器来完成一个困难一些的任务，实现下表：

和位	0	1
0	0	1
1	1	0

这是一对二进制数相加问题的另一半。和位并不像进位位那么简单，但我们会做到的。

首先要意识到的是，除了右下角的情况，或（OR）逻辑运算的结果跟我们想要的很接近：

OR	0	1
0	0	1
1	1	1

我们在第 8 章中提到，或门的符号是这样的：

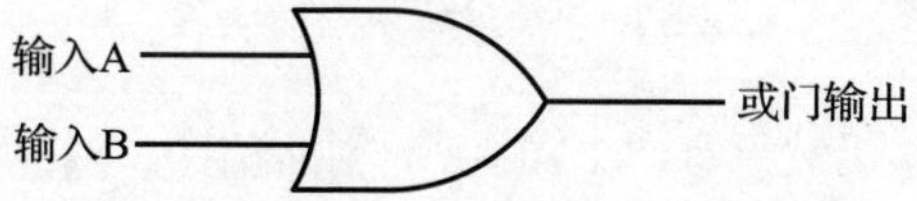

与非（NAND）逻辑运算的结果同样跟我们想要的很接近，它的输出和与门相反。除了左上角的情况外，这与两个 1 位数字相加的和位表相同：

NAND	0	1
0	1	1
1	1	0

下面是与非门的表示方式：

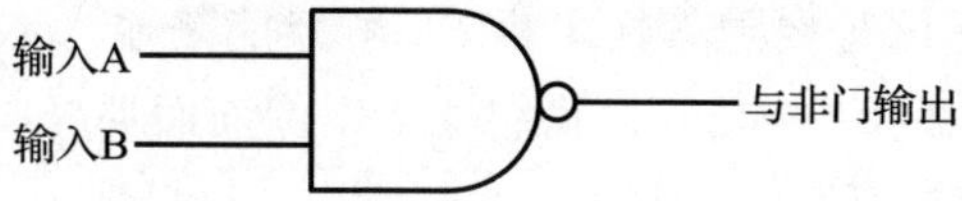

除了在右侧加了一个小圆圈表示输出和与门相反外，它和与门一样。

让我们将一个或门和一个与非门连接到相同的输入上。与之前一样，小点表示电线交叉相连，否则就只是重叠。

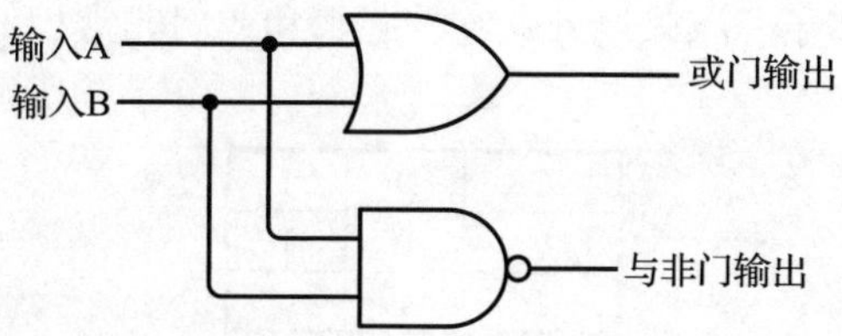

下表总结了或门和与非门的输出，并将其与加法器所需要的结果进行了比较：

输入 A	输入 B	或门输出	与非门输出	需要的结果
0	0	0	1	0
0	1	1	1	1
1	0	1	1	1
1	1	1	0	0

注意，我们想要的 1 这个结果只在或门和与非门的输出都为 1 时才出现。这表明可以将这两个输出作为一个与门的输入。

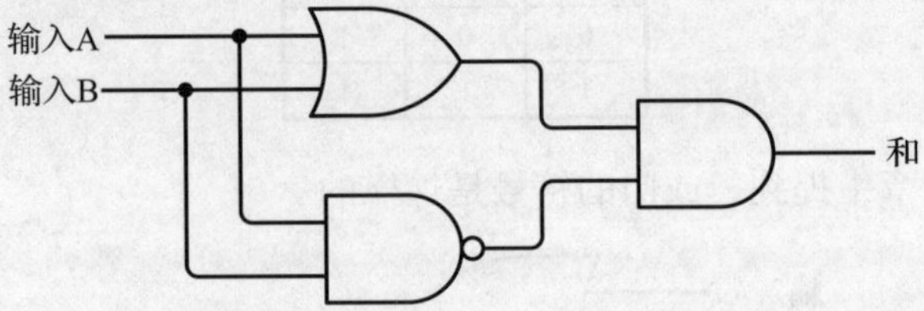

请注意，整个电路仍然只有两个输入和一个输出。两个输入同时进入或门和与非门。或门和与非门的输出又作为一个与门的输入，这样就得到了我们需要的结果：

输入 A	输入 B	或门输出	与非门输出	与门输出（和）
0	0	0	1	0
0	1	1	1	1
1	0	1	1	1
1	1	1	0	0

这个电路实际上有个专门的名称，叫作异或（Exclusive OR，XOR）门。之所以叫作异或门，是因为要想其输出为 1，就只能是输入 A 为 1 或者输入 B 为 1，但不能两个输入都为 1。当然，我们也不用像前面那样画一个或门、一个与非门和一个与门，而是可以使用电气工程师所用的符号来表示它：

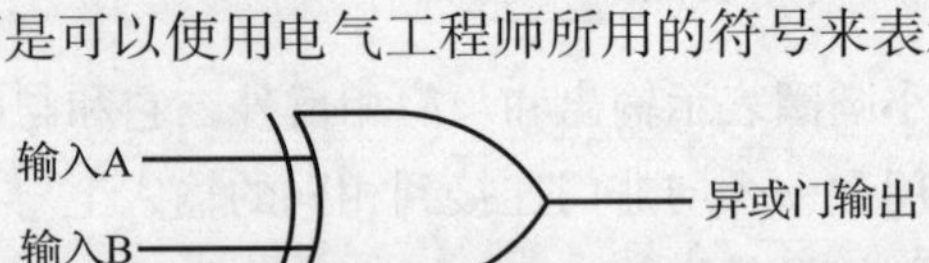

除了在输入端多了一条弧线外，它看起来和或门非常相似。异或门的输出如下表所示：

XOR	0	1
0	0	1
1	1	0

异或门是我在本书中详细介绍的最后一个逻辑门。（在电气工程领域有时还会出现另一种逻辑门，称为符合门或同或门，因为只有当两个输入相同时，其输出才为 1。符合门的输出与异或门相反，因此除了在输出端加了一个小圆圈外，其符号与异或门相同。）

让我们回顾一下目前所学的内容。两个二进制数相加会产生一个和位跟一个进位位：

和位	0	1
0	0	1
1	1	0

进位位	0	1
0	0	0
1	0	1

可以使用下面这两个逻辑门得到这些结果：

XOR	0	1
0	0	1
1	1	0

AND	0	1
0	0	0
1	0	1

两个二进制数相加的和位可以由异或门的输出给出，进位位可以由与门的输出给出。那么，我们可以将一个与门和一个异或门结合起来，从而计算两个二进制数 A 和 B 相加的结果。

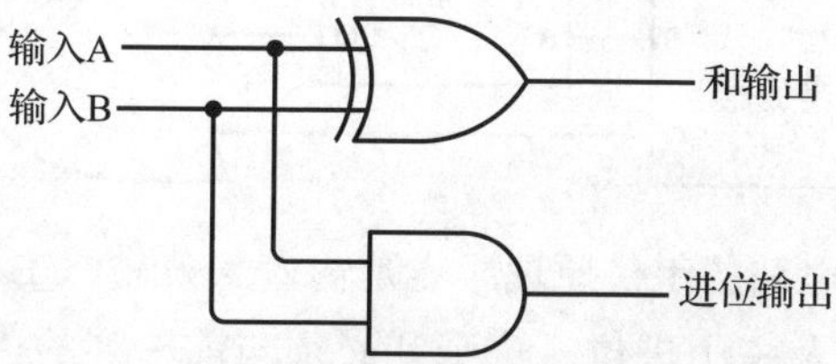

请记住，这个电路比看上去要复杂得多！异或门实际上是由一个或门、一个与非门以及一个与门组合而成的，而这些门每个都由两个继电器组成。但如果将许多细节隐藏起来，这个电路就变得更容易理解了。这个过程有时被称为封装：一个复杂的集合体被隐藏在一个简单的包装内。如果我们想了解所有的细节，可以随时拆开包装，但这并非必要。

下面是另一种封装方式：与其反复绘制与门和异或门，不如简单地将整个电路用这样一个方框来表示，称为半加器：

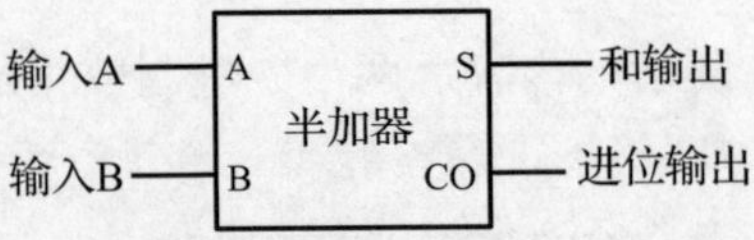

标签 S 和 CO 分别代表和输出跟进位输出。有时候，这样的方框被称为黑盒。特定的输入组合会产生特定的输出，但实现方式是隐藏的。不过，由于我们知道半加器的内部工作原理，因此称其为白盒更为准确。

这个方框被标记为半加器是有原因的。它确实能将两个二进制数相加，并给出一个和位跟一个进位位。但是，对于超过 1 位的二进制数，半加器只能处理两个最低有效位的加法运算。它无法加入前一次 1 位加法运算可能产生的进位。例如，假设我们要将这样两个二进制数相加：

$$\begin{array}{r} 1111 \\ +1111 \\ \hline 11110 \end{array}$$

我们只能用半加器来完成最右列的加法运算：1 加 1 等于 0，进位为 1。对于右数第二列，我们实际上需要加 3 个二进制数，因为有进位。所有后续的列都是如此，每列两个二进制数相加都必须包含上一列的进位。

要将三个二进制数相加，我们需要两个半加器和一个或门，连接方式如下：

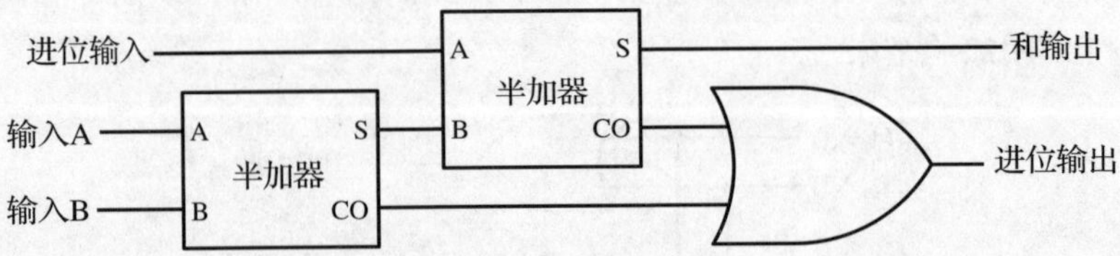

我们来看下这个电路的工作原理。先是输入 A 和输入 B 进入左侧第一个半加器，其输出是一个和及一个进位。这个和必须与前一列的进位输入相加。因此，前一列的进位输入与第一个半加器的和输出一起作为第二个半加器的输入。第二个半加器的和输出就是最后的和位值。两个半加器的进位输出又一起作为一个或门的输入。你可能会觉得这里还需要一个半加器，那样确实是可行的。但是，一旦你考虑完所有的可能性，就会发现两个半加器的进位输出不可能同时为 1。这样的话或门就足够了，因为如果输入不可能同时为 1，或门就等同于异或门。

为了避免一遍又一遍地绘制这个电路图，我们直接称其为全加器：

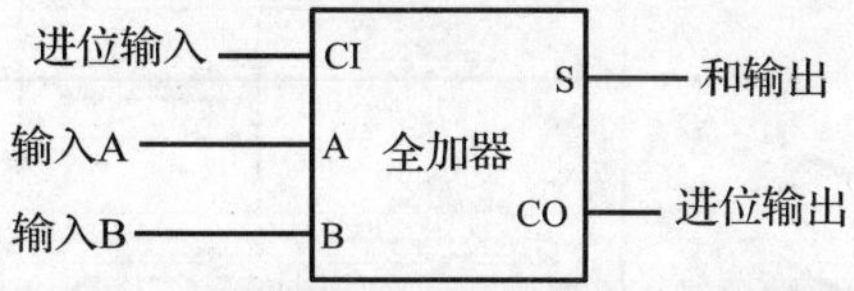

下表总结了全加器所有可能的输入组合及结果输出：

输入 A	输入 B	进位输入	和输出	进位输出
0	0	0	0	0
0	1	0	1	0
1	0	0	1	0
1	1	0	0	1
0	0	1	1	0
0	1	1	0	1
1	0	1	0	1
1	1	1	1	1

我在本章前面说过，我们的二进制加法器需要 144 个继电器。这个数目是这样计算出来的：每个与门、或门和与非门都需要 2 个继电器，因此一个异或门需要 6 个继电器。半加器由一个异或门和一个与门组成，因此一个半加器需要 8 个继电器。全加器是由两个半加器和一个或门组成的，因此需要 18 个继电器。我们的 8 位二进制加法器需要 8 个全加器，总共就是 144 个继电器。

回想一下我们最开始的控制面板，上面有开关和灯泡：

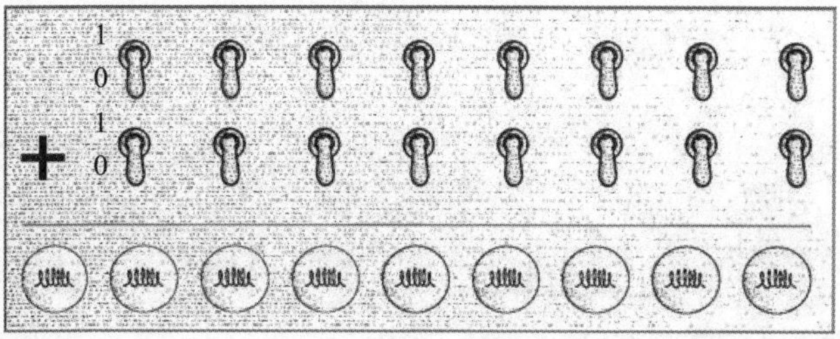

现在，我们可以开始将这些开关和灯泡连接到 8 个全加器上。

从最低有效位开始，首先将最右列（第一列）的两个开关和一个灯泡连接到第一个全加器上：

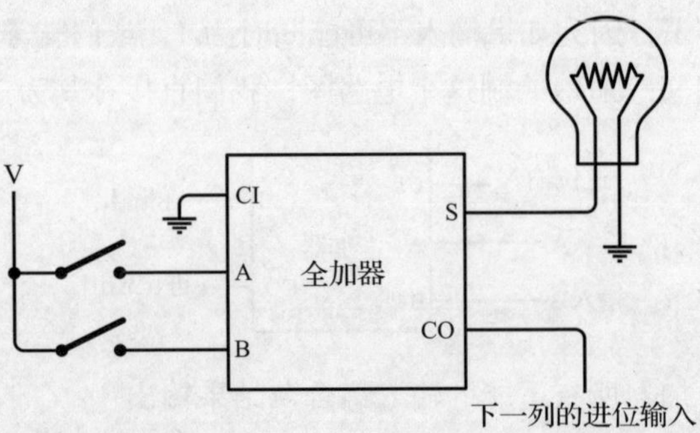

当把两个二进制数相加时，最右列数字的处理方式与其他列有所不同。因为后面的每一列都可能包含前一列的进位位，而最右列不会，所以这个全加器的进位输入是接地的，表示其值为 0。当然，第一列的这对二进制数相加会产生一个进位输出，这个输出会被作为下一列的进位输入。

对于接下来的两个数字和灯泡，采用这样的接线方式连接全加器：

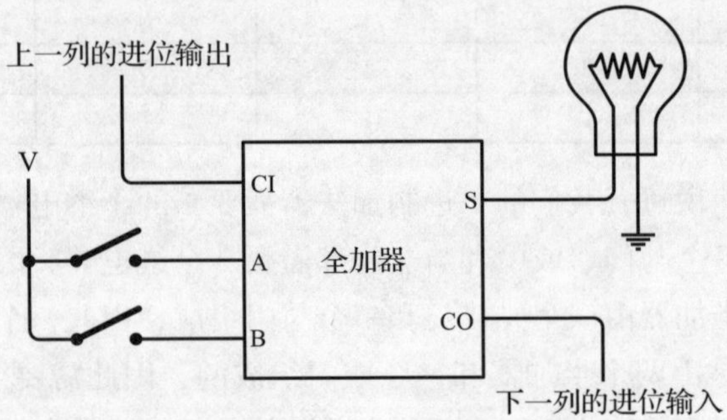

第一个全加器的进位输出作为第二个全加器的输入。随后的每列数字都以这种方式连接，上一列的进位输出作为下一列的进位输入。

最后，第八个灯泡和最后一对开关（控制面板最左侧的那对）将以如下方式连接到最后一个全加器上：

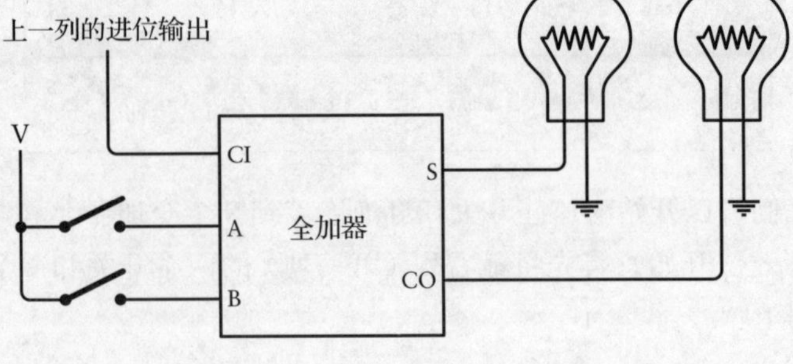

这里，最后的进位输出连接至第九个灯泡。

大功告成。

下面还有另一种理解这 8 个全加器组合的方法，每个全加器的进位输出都是下一个全加器的进位输入。

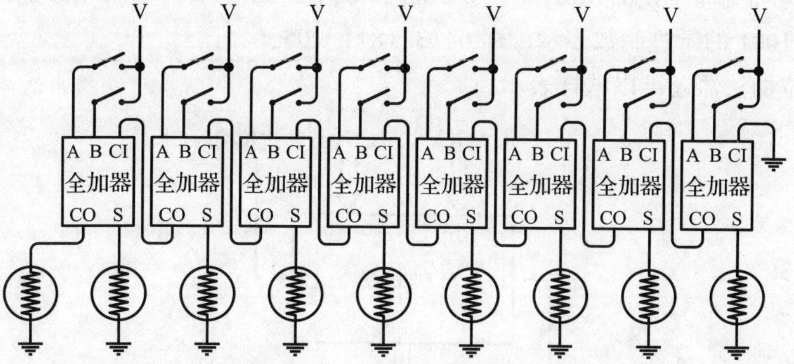

这些全加器的顺序与控制面板上开关和灯泡的顺序相同：最低有效位在右边，最高有效位在左边，与数字通常的写法一样。注意每个进位输出如何循环成为下一个有效位的进位输入。第一个进位输入被设置为接地（表示 0），而最后一个进位输出则对应第九个灯泡。

下面是一个封装在盒子里的完整 8 位加法器。输入端分别标记为 A_0 ～ A_7 和 B_0 ～ B_7，输出端分别标记为 S_0 至 S_7（表示和）。

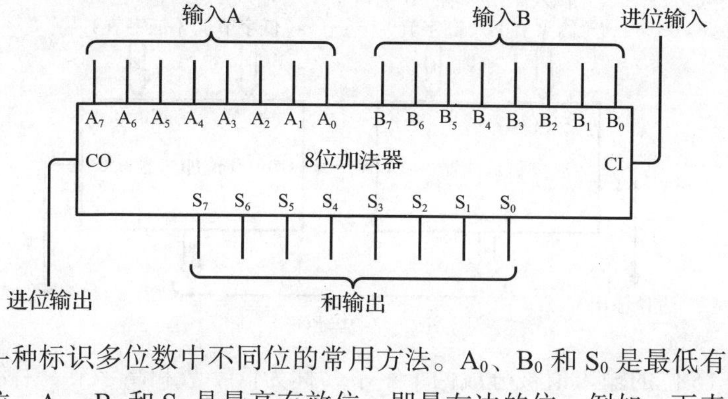

这是一种标识多位数中不同位的常用方法。A_0、B_0 和 S_0 是最低有效位，即最右边的位。A_7、B_7 和 S_7 是最高有效位，即最左边的位。例如，下表展示了这些带下标的字母是如何表示二进制数 01101001 的：

A_7	A_6	A_5	A_4	A_3	A_2	A_1	A_0
0	1	1	0	1	0	0	1

下标从 0 开始，按照有效位从低到高的顺序递增，因为它们对应于 2 的幂指数：

2^7	2^6	2^5	2^4	2^3	2^2	2^1	2^0
0	1	1	0	1	0	0	1

如果将每个 2 的幂次方和下方对应的二进制位相乘后再依次相加，就可以得到 01101001 的十进制数表示，即 64+32+8+1=105。

8 位加法器还可以这样表示：

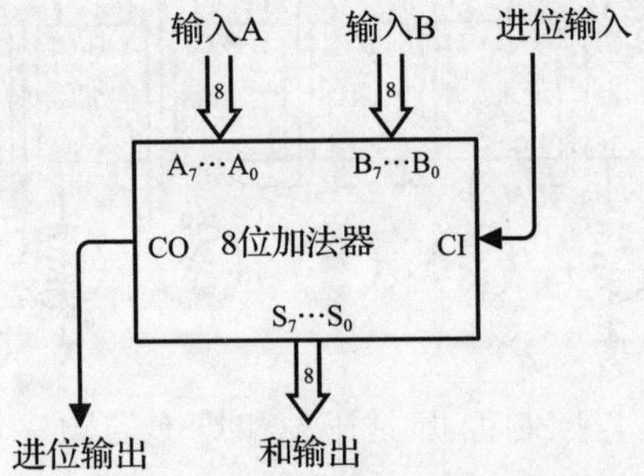

每个双线箭头里面都有一个 8，表示一组 8 个独立信号。这些是 1 字节数据通路。它们还标有 $A_7 \cdots A_0$、$B_7 \cdots B_0$、$S_7 \cdots S_0$，表示 8 位二进制数。

只要制作出第一个 8 位加法器，就可以制作第二个，接着就可以轻松地把它们级联起来完成 16 位二进制数的加法运算。

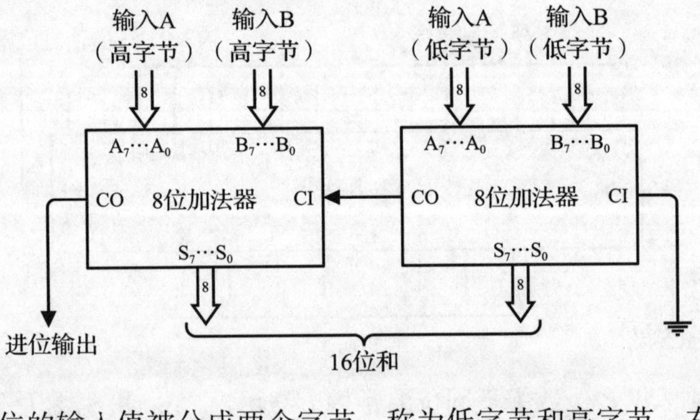

两个 16 位的输入值被分成两个字节，称为低字节和高字节。右侧加法器的进位输出被连接到左侧加法器的进位输入上。左侧加法器的输入是两个相加数字的高 8 位，其输出同样对应结果中的高 8 位。

现在，你可能会问："计算机真的是这样进行数字的加法运算的吗？"

好问题！

第 15 章

真的是这样吗

在第 14 章中，你看到了如何将继电器连接起来制作一个 1 位加法器，然后将 8 个这样的加法器组合起来将两个字节相加。你甚至还看到了如何将这些 8 位加法器级联起来，从而加更大的数字。你可能会想，计算机真的是这样对数字进行加法运算的吗？

嗯，也是也不是。一个很大的区别是，如今的计算机已不再是由继电器构成的了。但它们曾经是。

1937 年 11 月，贝尔实验室的一位研究员乔治·斯蒂比茨（George Stibitz，1904—1995）带了几个用于电话交换电路的继电器回家。他在厨房桌子上将这些继电器与电池、两个灯泡以及两个用铁罐上切割下来的金属条制成的开关组合在一起，制作了一个 1 位加法器，这个加法器就跟你在上一章中看到的那个一样。斯蒂比茨后来称它为“模型 K[㊀]”(Model K)，因为它是他在厨房桌子上制作的。

模型 K 加法器证明了继电器能够执行算术运算，即后来所谓的“概念验证”。贝尔实验室批准了一个项目来继续这项工作。到了 1940 年，复数计算机开始投入运行。它由 400 多个继电器组成，专门用于复数乘法运算。复数由实部和虚部组成（虚数是负数的平方根，在科学和工程应用中非常有用）。两个复数相乘需要分别进行四次乘法运算和两次加法运算。这台复数计算机能够处理实部和虚部最多达到 8 位小数的复数，它执行这个乘法运算大约需要 1 分钟。

这并不是第一台基于继电器的计算机。从时间顺序来看，第一台这样的计算机是由康拉德·楚泽（Conrad Zuse，1910—1995）制作的。1935 年，当他还是一名工程专业学生时，就开始在父母位于柏林的公寓里构建一台机器。他构建的第一台机器名为 Z1，没有使用继电器，而是完全通过机械方式模拟继电器的功

㊀ K 代表 Kitchen（厨房）。——编辑注

能。他的机器 Z2 确实使用了继电器，并且能够通过在老式 35mm 电影胶片上打孔来进行编程。

与此同时，在 1937 年左右，哈佛大学研究生霍华德·艾肯（Howard Aiken，1900—1973）需要一种方法来执行大量重复计算。这最终促成了哈佛与 IBM 之间的合作，它们于 1943 年共同开发出自动序列控制计算器（ASCC），后来被称为哈佛马克一号（Harvard Mark I）。在运行过程中，这台机器的继电器发出的咔嗒声非常独特，有人觉得听起来"就像有一屋子女士在织毛衣"。马克二号（Mark II）是最大的基于继电器的机器，使用了 13 000 个继电器。后来，由艾肯领导的哈佛计算实验室（Harvard Computation Laboratory）开设了第一门计算机科学课程。

这些基于继电器的计算机（也称为机电计算机，因为它们结合了电子和机械元件）是最早的可以工作的数字计算机。

用"数字"一词来描述这些计算机，是乔治·斯蒂比茨在 1942 年首创的，目的是区别于几十年前就已普遍使用的模拟计算机。

麻省理工学院（MIT）教授范内瓦·布什（Vannevar Bush，1890—1974）和他的学生在 1927—1932 年间构造的差分分析器（Differential Analyzer）是伟大的模拟计算机之一。这台机器使用旋转盘、轴和齿轮来求解微分方程——一类涉及微积分的方程。微分方程的解不是一个数字，而是一个函数，差分分析器会在纸上打印出这个函数的图形。

模拟计算机的历史可以追溯到物理学家威廉·汤姆森（William Thomson，1824—1907）设计的潮汐预测机。汤姆森是第一代开尔文勋爵（Lord Kelvin），他在 19 世纪 60 年代构思出一种分析潮汐涨落并将其规律分解成一系列不同频率和振幅的正弦曲线的方法。用汤姆森的话来说，他的潮汐预测机的目的是"用黄铜代替大脑，以减轻计算潮汐升降的基本成分的大量机械劳动"。换句话说，这台机器使用轮子、齿轮和连杆将正弦曲线的各个成分相加，然后将结果打印在纸卷上，显示未来潮汐的涨落。

差分分析器和潮汐预测机都能打印图形，但有趣的是，它们在完成这一任务时，并不需要计算定义图形的数字！这是模拟计算机的一个特点。

威廉·汤姆森在不晚于 1879 年就知道了模拟计算机和数字计算机之间的区别，但他使用了不同的术语。他将自己设计的潮汐预测机这样的工具称为"连续计算机器"，以区别于"纯粹计算"的机器，比如"巴贝奇关于计算机器的宏大但只有部分得以实现的构想"。

汤姆森提到了英国数学家查尔斯·巴贝奇（Charles Babbage，1791—1871）的代表性工作。现在来看，巴贝奇在模拟计算机尚未普及之前就尝试构建数字计算机，这在当时是相当不寻常的。

（图片来源：Bettmann/Getty Images）

在巴贝奇的时代（以及之后的很长一段时间），“计算机”是指那些受雇进行数字计算的人。对数表经常被用来简化乘法运算，而三角函数表对于航海导航以及其他多种用途都是必不可少的。如果你想要出版一套新的数学用表，你就需要雇佣一批这样的“计算机”来工作，然后将他们计算出的结果汇总起来。当然，在这个过程中的任何阶段（从最初的计算到排版，再到最终打印到纸上）都可能出现错误。

查尔斯·巴贝奇是一个非常严谨的人，在遇到数学用表中的错误时，他会感到非常苦恼。大约从 1820 年开始，他萌生了一个想法，那就是制造一台机器来自动构建这些表格，甚至可以自动设置排版以供打印。

巴贝奇的第一台机器被称为差分机，之所以这样命名，是因为它可以完成与创建数学用表有关的特定工作。众所周知，构建对数表并不需要计算每个数值的对数，而是可以计算选定值的对数，然后通过插值法利用所谓的差分进行相对简单的计算，以求出其他中间的数值。

巴贝奇的差分机就是用来计算这些差分的。它使用齿轮来表示十进制数字，并能够进行加减运算。但是，尽管得到了英国政府的一些资助，差分机还是没有完成，巴贝奇在 1833 年放弃了这个项目。

当时，巴贝奇有了一个更好的想法，他把这台机器称为分析机（Analytical Engine）。在反反复复的设计过程中（实际上制造了一些小型模型和零件），这台机器一直耗费着巴贝奇的心血，直到他去世。分析机是 19 世纪最接近数字计算机的设备。在巴贝奇的设计中，它有一个存储器（类似于现在的内存概念）和一个执行算术运算的计算单元（mill）。乘法可以通过重复加法来处理，而除法则通过重复减法来实现。

分析机最吸引人的特点之一是它能够使用打孔卡片进行编程。巴贝奇的这一想法来自约瑟夫·玛丽·雅卡尔（Joseph Marie Jacquard，1752—1834）开发的创新型自动织布机。雅卡尔织布机（大约发明于 1801 年）使用打孔的纸板来控制丝绸图案的编织。雅卡尔自己的杰作是一幅丝绸黑白自画像，它需要大约10 000张卡片。

巴贝奇并未留下一份全面、连贯的描述来说明他尝试用他的分析机做什么。相比之下，他在撰写奇迹的数学论证或者谴责街头音乐家的长篇大论时，要雄辩得多。

（图片来源：Hulton Archive/Stringer/Getty Images）

洛芙莱斯伯爵夫人奥古斯塔·阿达·拜伦（Augusta Ada Byron，1815—1852）弥补了巴贝奇的失误。她是诗人拜伦勋爵的唯一合法女儿，被她的母亲引导进入数学领域，以抵消可能从父亲那里继承的危险诗人气质。阿达师从逻辑学家奥古斯都·德·摩根（在本书第6章和第8章中提到过），并对巴贝奇的机器充满了兴趣。

当翻译一篇关于分析机的意大利文章的工作机会来临时，阿达欣然接受了。她的翻译版本在1843年发表，但她增加了一系列注释，使文章的长度扩展到了原来的三倍。其中一条注释包含为巴贝奇的机器编写的一套示例指令集。因此，阿达并不能完全算是第一个计算机程序员（那应该是巴贝奇本人），而是第一个发布计算机程序的人。

我们这些后来在杂志和书籍上发布计算机程序教程的人，可以将自己视为阿达的后辈。

对于巴贝奇的机器，阿达·洛芙莱斯有一段非常诗意的描述："我们可以说，分析机就像雅卡尔织布机编织花朵和树叶一样编织代数图案。"

阿达还具有超前的远见，她认为计算不仅仅是数字的运算。任何可以用数字表达的事物都有可能成为分析机的研究对象：

> 例如，假设和声学与音乐创作中的基本音调关系可以这样表达和调整，那么这台机器就能够创作出复杂度和长度各异的精致且科学的音乐作品。

考虑到巴贝奇和塞缪尔·莫尔斯几乎是同时代的人，而且巴贝奇也了解乔治·布尔的工作，他没能将电报继电器和数理逻辑之间的关键联系建立起来，实在令人遗憾。直到20世纪30年代，聪明的工程师才开始用继电器构建计算机。哈佛马克一号是第一台能够打印数学用表的计算机，最终在一百多年后实现了巴贝奇的梦想。

从 20 世纪 30 年代第一台数字计算机问世至今，整个计算机发展史可以用三个趋势来概括：更小、更快、更便宜。

继电器并不是构建计算机的最佳器件。继电器是机械性的，通过弯曲金属片来工作，而这些金属片在长时间工作后可能会断裂。此外，继电器也可能因为触点之间沾有污垢或废纸屑而发生故障。1947 年就发生了一个著名的事件，格雷斯·默里·霍珀（Grace Murray Hopper，1906—1992）从哈佛马克二号计算机的继电器中取出了一只飞蛾。她将这只飞蛾粘在了计算机日志簿上，并附上一条注释："首次实际发现的 bug。"霍珀于 1944 年加入艾肯的团队，后来在计算机编程语言领域颇负盛名。

一种可能替代继电器的器件是真空管（英国人称为"阀"），它是约翰·安布罗斯·弗莱明（John Ambrose Fleming，1849—1945）和李·德·福雷斯特（Lee de Forest，1873—1961）在研究无线电通信连接时开发出来的。在 20 世纪 40 年代，真空管已被广泛用于放大电话信号，很多家庭都有一台装满发光真空管的控制台收音机，这些真空管能够放大无线电信号，方便进一步将其还原为可被听见的声音。真空管也可以像继电器一样接线成与门、或门、与非门和或非门。

逻辑门可以组装成加法器和其他复杂的组件。至于逻辑门是通过继电器构建的还是通过真空管构建的，都无关紧要。

尽管如此，真空管也有自己的问题。它们价格昂贵、耗电量大、散发的热量多。更大的问题是它们最终会烧毁。这是人们不得不接受的事实。那些拥有真空管收音机的人已经习惯了定期更换真空管。电话系统的设计有很多冗余，因此偶尔损坏一个真空管并不是什么大问题（反正也没人指望电话系统能完美无缺）。然而，当计算机中的真空管烧毁时，可能无法直接检测到。而且，计算机要使用的真空管数量非常多，从统计上来讲，可能每几分钟就会烧毁一个。

与继电器相比，使用真空管的最大优势在于速度。真空管可以在大约百万分之一秒（1 微秒）内完成切换。继电器在最佳状态下也只能在大约千分之一秒（1 毫秒）内完成切换。有趣的是，速度问题在早期计算机开发中并不是一个主要考虑因素，因为那时的整体计算速度与机器从纸带或胶片上读取程序的速度相关。只要计算机以这种方式构建，真空管比继电器快多少并不重要。

从 20 世纪 40 年代初开始，真空管开始在新型计算机中取代继电器。到了 1945 年，这一转变就已经完成。基于继电器的机器被称为机电计算机，而真空管则是第一代电子计算机的基础。

J. 普雷斯珀·埃克特（J. Presper Eckert，1919—1995）和约翰·莫克利（John

Mauchly，1907—1980）在宾夕法尼亚大学摩尔电气工程学院设计了电子数字积分计算机（Electronic Numerical Integrator and Computer，ENIAC）。它使用了 18 000 个真空管，于 1945 年底完成。就重量（大约 30 吨）来说，ENIAC 是有史以来（也可能将永远是）制造的最大的计算机。然而，埃克特和莫克利试图为这台计算机申请专利的努力，却因为约翰·V. 阿塔纳索夫（John V. Atanasoff，1903—1995）的一项竞争性主张而受阻。阿塔纳索夫早些时候设计了一台电子计算机，但它从未完全正常工作过。

（图片来源：Bettmann/Getty Images）

ENIAC 引起了数学家约翰·冯·诺依曼（John von Neumann，1903—1957）的兴趣。从 1930 年开始，匈牙利出生的冯·诺依曼就一直住在美国。冯·诺依曼是普林斯顿高等研究院的一名数学教授，他的研究范围很广，横跨量子力学到博弈论在经济学中的应用。他是一个惊才绝艳的人，以能够在头脑中完成复杂的算术运算而闻名。

冯·诺依曼帮助设计了 ENIAC 的后继机型，即电子离散变量自动计算机（Electronic Discrete Variable Automatic Computer，EDVAC）。特别是在 1946 年与亚瑟·W. 伯克斯（Arthur W. Burks）和赫尔曼·H. 戈尔茨坦（Herman H. Goldstine）合著的论文 “Preliminary Discussion of the Logical Design of an Electronic Computing Instrument” 中，他描述了使得 EDVAC 大幅超越 ENIAC 的几个计算机特性。ENIAC 使用的是十进制数，但 EDVAC 的设计者认为计算机内部应该使用二进制数。此外，计算机还应该拥有尽可能多的内存，在程序执行过程中，内存应该同时用于存储程序代码和数据。（再次强调，ENIAC 不是这样的。ENIAC 的编程是通过拨动开关和插拔电缆来完成的。）这种设计就是后面的存储程序概念的由来。我们如今在提及计算机时，冯·诺依曼体系结构是一个绕不开的话题，这足以证明这些设计决策对于计算机演变的重要性。

1948 年，埃克特 - 莫契利计算机公司（后来成为雷明顿兰德公司的一部分）开始研发第一台商用计算机——通用自动计算机（Universal Automatic Computer，UNIVAC），并于 1951 年完工，第一台交付给了人口普查局。UNIVAC 曾被用来预测 1952 年总统选举的结果，在哥伦比亚广播公司的黄金时段首次亮相。主持人沃尔特·克朗凯特（Walter Cronkite）称其为“电脑”。同样在 1952 年，国际商业机器公司（IBM）发布了公司的第一台商用计算机系统 701。由此开始了面向企业和政府的计算机的漫长历史。然而，尽管这段历史可能很有趣，但我们要追寻的是另一条历史轨迹—— 一条降低了计算机成本和体积，并将其带入家庭领域的轨迹，这条轨迹始于 1947 年一项几乎不为人知的电子技术突破。

1925 年 1 月 1 日，美国电话电报公司（AT&T）正式将其科学和技术研究部门从其他业务中剥离出来，成立了贝尔实验室。贝尔实验室的主要目的是开发改进电话系统的技术。幸运的是，贝尔实验室的任务非常模糊，涵盖了各种各样的内容，但就电话系统而言，一个显而易见的长期目标是不失真地放大通过电线传输的语音信号。

大量的研究和工程项目被投入到改进真空管上。在 1947 年 12 月 16 日，贝尔实验室的两位物理学家约翰·巴丁（John Bardeen，1908—1991）和沃尔特·布拉顿（Walter Brattain，1902—1987）构建出了一种不同类型的放大器。这种新型放大器是由一块锗（一种被称为半导体的元素）板和一条金箔制成的。一周后，他们向上司威廉·肖克利（William Shockley，1910—1989）展示了这个设备。这就是第一个晶体管，有些人称其为 20 世纪最重要的发明。

晶体管的发明并非突如其来。早在 1939 年 12 月 29 日，也就是差不多 8 年前，肖克利就在他的笔记本上写道："今天我突然想到，使用半导体而不是真空管来制造放大器在原理上是可行的。"第一个晶体管问世后，又花了许多年来对其进行完善。直到 1956 年，肖克利、巴丁和布拉顿三人才因在半导体领域的研究以及发现晶体管效应，被授予诺贝尔物理学奖。

在本书的前面部分，我谈到了导体和绝缘体。导体的得名源于它们非常有利于电流的通过。铜、银和金都是非常好的导体，这三种元素在元素周期表中位于同一列绝非巧合。

锗元素和硅元素（以及一些化合物）之所以被称为半导体，并不是因为它们的导电性能只有导体的一半，而是因为它们的导电性能可以通过各种方式进行操控。半导体最外层的电子数为 4 个，这是外层最多能容纳的电子数的一半。在纯半导体中，原子之间形成了非常稳定的化学键，并具有类似钻石的晶体结构。这样的材料并不是良好的导体。

但半导体可以掺杂，也就是将它们与某些杂质结合。其中一种杂质会增加额外的电子，这是原子间结合所需的电子之外的，这种半导体被称为 N 型半导体（N 代表负）。还有一种杂质则会产生 P 型半导体。

将一个 P 型半导体夹在两个 N 型半导体之间就可以制成放大器。这就是所谓的 NPN 晶体管，三个部分分别称为集电极、基极和发射极。

下面是一个 NPN 晶体管的示意图：

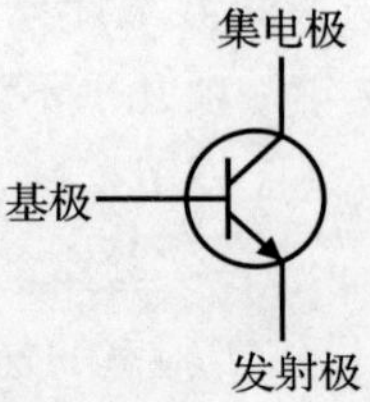

施加在基极的微小电压能够控制从集电极到发射极的较大电压。当基极无电压时，晶体管便会关闭。

晶体管通常封装在直径约 6 毫米的小金属罐中，有三根引线伸出，如下所示：

晶体管开创了固态电子技术时代，这意味着晶体管不需要真空，而是由固体材料（具体来说是硅等半导体材料）制成的。与真空管相比，晶体管体积更小、耗电更少、发热更低，且使用寿命更长。当时，随身携带真空管收音机是不可想象的事情，但晶体管收音机不仅可以用小电池供电，而且不会发热。到了 1954 年，一些幸运的人就已经有机会在圣诞节早晨收到便携式晶体管收音机作为礼物了。这些最早的便携式收音机所使用的晶体管是由德州仪器公司制造的，该公司是半导体革命中的一家重要企业。

然而，晶体管的首个商业应用是助听器。为了纪念亚历山大 · 格雷厄姆 · 贝尔（Alexander Graham Bell）毕生为聋人服务的精神，AT&T 允许助听器制造商免费使用晶体管技术。

第一台晶体管电视机于 1960 年问世，如今电子管设备几乎已成为历史。（不过并非完全销声匿迹——相比晶体管放大器，有一些高保真音响爱好者和电吉他手依然更喜欢电子管放大器的音色。）

1956 年，肖克利离开贝尔实验室，创立了肖克利半导体实验室。他选择回到自己长大的地方——加利福尼亚州帕洛阿尔托。他的公司是该地区的首家半导体公司。随后，其他半导体和计算机公司相继在此开展业务，这片旧金山以南的地区也因此被非正式地称为硅谷。

真空管最初是为了放大信号而研发的，但也能用作逻辑门的开关元件。晶体管同样具备这种特性。下面展示的是一个基于晶体管的与门，其结构与继电器版本非常相似：

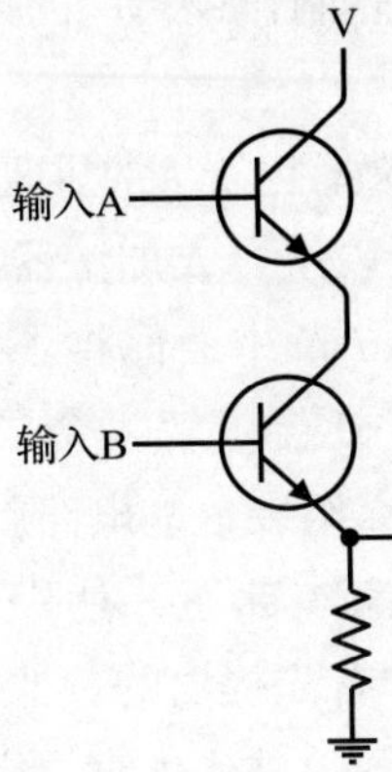

只有当输入 A 和输入 B 都有电压时，两个晶体管才会导通电流，进而在输出端产生电压。电阻器在此过程中起到防止短路的作用。

将两个晶体管以下面这种方式连接就可以构成一个或门。两个晶体管的集电极连接到电源，发射极相互连接：

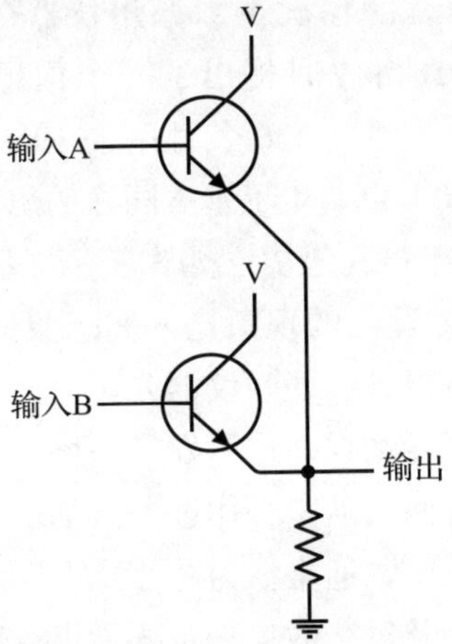

我们学到的所有关于使用继电器构建逻辑门和其他元件的知识，都同样适用于晶体管。继电器、真空管和晶体管虽然最初都是为了放大信号而开发的，但它们都能以相似的方式连接，制成逻辑门，从而构建计算机。第一台晶体管计算机于 1956 年问世，后来在短短几年内，真空管就在新型计算机的设计中被彻底淘汰了。

晶体管确实使计算机变得更可靠、更小巧且更省电，但并没有使计算机的构造变得更简单。虽然晶体管能让我们在更小的空间里容纳更多的逻辑门，但组件之间的互连问题依然存在。用晶体管制作逻辑门的接线工作，其复杂程度与使用继电器和真空管并无二致。

不过，正如你所见，某些晶体管组合经常重复使用。晶体管通常是成对连接来构成逻辑门的。这些逻辑门可以组合成加法器，或者组合成你在第 10 章末尾看到的解码器和编码器。在第 17 章中，你将了解一种极其重要的逻辑门配置——触发器（它可以存储比特），还会了解一个二进制计数器。如果晶体管能按照这些常用配置预先连接好，那么组装这些电路就会简单得多。

这一想法似乎是英国物理学家杰弗里·达默（Geoffrey Dummer，1909—2002）在 1952 年 5 月的一次演讲中首先提出的。他说道："我想窥探一下未来。"

> 随着晶体管的发明和半导体技术的整体进步，我们现在可以构想一种全新的固态电子设备，它不需要任何导线连接。这种设备将由多层不同材料构成，包括绝缘层、导电层、整流层和放大层，通过精确切割这些层的特定区域来直接实现各种电子功能的连接。

然而，还需要等待几年时间才能看到可行的产品。

在不知道达默上述预言的情况下，德州仪器公司的杰克·基尔比（Jack Kilby，1923—2005）于 1958 年 7 月提出了一个构想：用单片硅来制造多个晶体管、电阻器及其他电子元件。在 6 个月后的 1959 年 1 月，罗伯特·诺伊斯（Robert Noyce，1927—1990）也萌生了基本同样的想法。诺伊斯此前在肖克利半导体实验室工作，在 1957 年与其他 7 位科学家一同离职创立了仙童半导体公司。

在科技发展史上，同时发明的现象比人们想象的更为普遍。虽然基尔比早于诺伊斯 6 个月发明了这种设备，德州仪器公司也比仙童半导体公司更早申请专利，但诺伊斯反而先获得了专利权。这引发了一场旷日持久的法律纠纷，最终十年后各方才达成和解。尽管两人从未合作过，但基尔比和诺伊斯如今被公认为集成电路（Integrated Circuit，IC，通常称为芯片）的共同发明人。

集成电路的制造过程涉及复杂的工艺，需要将经过精确掺杂和蚀刻的硅晶片层层叠加，从而形成微小的元件。虽然新型集成电路的开发成本高昂，但通过规模化生产可以降低成本——生产规模越大，单位成本就越低。

由于实际的硅芯片又薄又脆，因此必须进行妥善封装，这不仅能保护芯片本身，还能为芯片内部的元件提供与其他芯片连接的途径。早期的集成电路使用过多种封装形式，其中最为普及的是矩形塑料双列直插式封装（Dual Inline

Package，DIP），两侧设有 14、16 或 40（最多）个引脚：

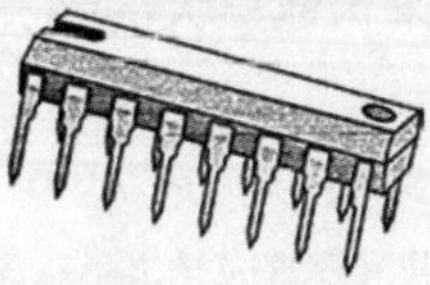

这是一个 16 引脚芯片。当你手持芯片时，让小凹口朝左（如上图所示），从左下角开始沿着芯片边缘逆时针为引脚按 1 ～ 16 编号，最终在左上角以 16 号引脚结束。两侧引脚的间距为 0.1 英寸。

20 世纪 60 年代的太空计划和军备竞赛推动了早期集成电路市场的发展。在民用领域，首个采用集成电路的商业产品是真力时公司于 1964 年推出的助听器。1971 年，德州仪器公司推出了第一款袖珍计算器，同期琶莎（Pulsar）发布了首款数字腕表。（显然，数字腕表中的集成电路采用了与前述完全不同的封装方式。）此后，越来越多的运用集成电路的产品陆续面世。

1965 年，戈登 · E. 摩尔（Gordon E. Moore，当时在仙童半导体公司工作，后来成为英特尔公司的联合创始人）发现，自 1959 年以来，单个芯片上可容纳的晶体管数量每年翻了一番。他预测这一趋势将会持续。后来证实，实际的发展速度略慢于预期，因此摩尔定律（最终命名）被修正为单个芯片上可容纳的晶体管数量每 18 个月翻一番。这仍然是一个惊人的发展速度，也揭示了为什么家用计算机往往在短短几年内就显得过时了。尽管摩尔定律似乎在 21 世纪的第二个十年失效了，但实际发展仍然相当接近这一预测。

有几种不同的技术用于制造集成电路的元件，每种技术有时会被对应为一个集成电路系列。到了 20 世纪 70 年代中期，TTL 和 CMOS 成为两大主流系列。

TTL 是 Transistor-Transistor Logic（晶体管 - 晶体管逻辑）的缩写。在对速度要求较高的应用场景中，这种芯片是首选。而 CMOS（Complementary Metal-Oxide Semiconductor，互补性氧化金属半导体）芯片功耗更低，对电压变化的容忍度更高，但速度不如 TTL。

如果你是一名 20 世纪 70 年代中期的数字设计工程师（专门用集成电路设计大型电路），你的办公桌上必定会放着一本厚约 1.25 英寸的工具书——德州仪器公司 1973 年首次出版的 *The TTL Data Book for Design Engineers*（以下简称《TTL 数据手册》）。这是一本关于德州仪器公司和其他公司出售的 7400 系列 TTL 集成电路的完整参考书。之所以叫 7400 系列，是因为该系列的集成电路产品都以 74 开头编号。

7400 系列的每个集成电路都包含按特定方式预先连接的逻辑门。部分芯片提供简单的预连接门，可用来构建更大的元件，还有一部分芯片则提供通用元件。

7400 系列的第一个集成电路编号就是 7400，《TTL 数据手册》将其描述为“四路 2 输入正与非门”。这表明该集成电路包含 4 个 2 输入与非门。它被称为正与非门的原因是：约 5 伏特的输入对应逻辑 1，而零电压对应逻辑 0。这是一个 14 引脚的芯片，《TTL 数据手册》中的示意图展示了引脚与输入输出的对应关系：

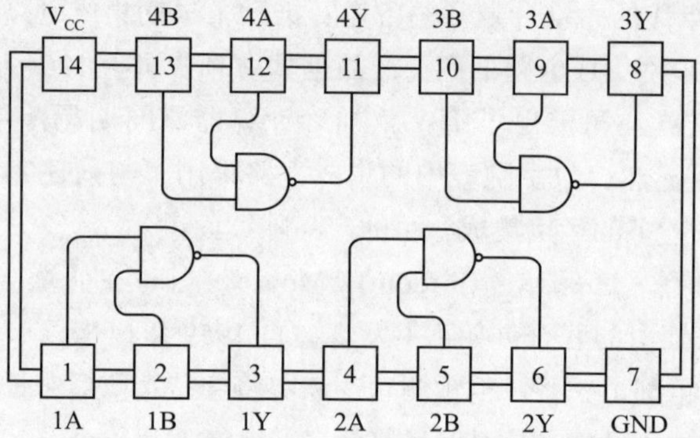

上图为芯片的俯视图（引脚位于底部），小凹口位于左侧（如前面的图所示）。

14 号引脚标记为 V_{CC}，等同于我前面用来表示电压的 V 符号。7 号引脚标记为 GND，即接地端。同一电路中的每个集成电路都必须连接到共用的 5 伏特电源和接地端。7400 芯片的 4 个与非门每个都有两个输入和一个输出，它们互相独立运作。

集成电路的一个重要参数是传播时间，即输入变化反映到输出所花费的时间。

芯片的传播时间通常以纳秒（ns）来计量。纳秒是一个非常小的时间单位：千分之一秒为 1 毫秒，百万分之一秒为 1 微秒，十亿分之一秒才是 1 纳秒。7400 芯片中与非门的传播时间要保证小于 22 纳秒——即 0.000 000 022 秒，也就是十亿分之二十二秒。

如果你无法体会到纳秒到底有多短，这很正常。不妨这样想：当你把这本书拿在距离脸部 1 英尺的位置时，光从书页到达你眼睛所需的时间，就是 1 纳秒。

然而，正是纳秒级的运算速度使得计算机成为可能。计算机的每一步操作本质上都很简单，但由于这些操作能以极快的速度执行，才使计算机能够完成大量复杂的任务。正如罗伯特·诺伊斯所说："一旦你理解了纳秒这个概念，计算机运算的原理就变得相当简单了。"

《TTL 数据手册》里面列出了许多常见的基础元件：7402 芯片有四个 2 输入或非门，7404 有 6 个反相器，7408 有 4 个 2 输入与门，7432 有 4 个 2 输入或门，而 7430 则是一个 8 输入与非门，如下所示：

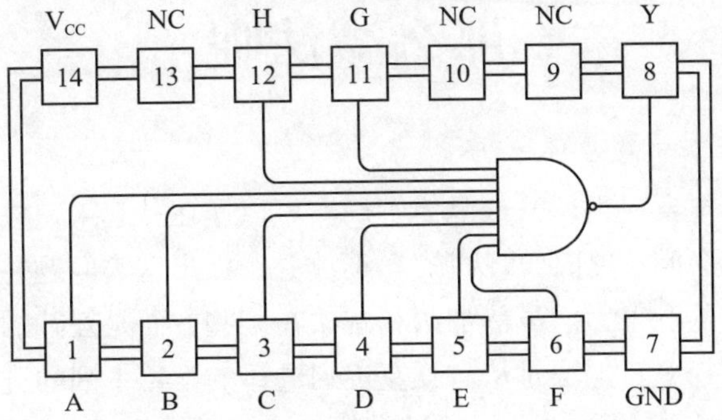

NC 表示无连接（No Connection）。

继续翻阅《TTL 数据手册》，你会发现 7483 芯片是一个 4 位二进制全加器，74151 是一个 8 线到 1 线数据选择器，而 74154 则是一个 4 线到 16 线解码器。

现在你知道我在本书中展示的各种元件从何而来了——它们都来自《TTL 数据手册》。

在该手册中，你会遇到一个有趣的芯片 74182，它被称为超前进位生成器。该芯片需要与 74181 配合使用，后者负责执行加法和其他算术运算。在第 14 章中，我们在构建 8 位加法器时，二进制加法器的每一位都需要取决于前一位的进位。这种方式被称为行波进位。它有一个缺陷：要相加的数字越大，获得结果的速度就越慢。

超前进位生成器通过提供专门的电路克服了这一缺陷，使计算进位的速度快于加法器本身。虽然这种专门的电路需要更多的逻辑门，但能显著提升加法运算的整体速度。有时，可以通过重新设计来简化电路，减少逻辑门的数量，但在更多的情况下，为了处理特定的性能瓶颈，增加逻辑门反而能提高电路的运行速度。

逻辑门并非抽象概念或虚构之物，而是真实存在的实体。它们的发展历程清晰可见：最初由继电器构建，继而演进到真空管，再到晶体管，最后发展为集成电路。尽管物理实现方式几经变迁，其底层概念却始终保持不变。

Code

第 16 章

那么减法呢

在你确信继电器、电子管或晶体管确实可以连在一起来完成二进制数的加法运算后，你可能会问："那么减法呢？"请放心，提出这类问题并不是多余的，这实际上显示了你的洞察力。虽然加法和减法在某些方面是互补的，但这两种运算的运作机制大相径庭。加法是从右至左逐列进行的，每一列的进位都会加到下一列。但减法中没有进位，它采用的是借位，这涉及一种截然不同的机制—— 一种混乱的来来回回的运算。

例如，让我们来看一个典型的需要不断借位的减法问题：

$$\begin{array}{r} 253 \\ -176 \\ \hline ??? \end{array}$$

在注意到最右侧的列中 6 大于 3 的时候，你可能会跟我一样感到有些头疼。这意味着你需要从左边紧邻的这一列借位，而这一列又需要继续借位。我就不详细介绍这个过程了，但如果你做对了，最终会得到 77 这个答案：

$$\begin{array}{r} 253 \\ -176 \\ \hline 77 \end{array}$$

现在，我们该如何驱使一堆逻辑门去实现得到这一结果所需的反常逻辑呢？

好吧，我们不打算尝试。相反，我们将使用一个让我们能够在不借位的情况下完成减法运算的小技巧。这乍看起来可能像个小把戏，却是理解负数如何在计算机中存储的关键第一步。

你可能很早就被告知，减法就是负数的加法。从某种意义上来说，这是个无用的信息，因为它并没有使减法变得更简单。但这确实意味着我们可以将减法重写为一个正数加到一个负数上：

$$-176+253=$$

现在，我想再往里面加入两个数字—— 一个正数和一个负数，这样我们就有 4 个数字了：

$$1000-176+253-1000=$$

我们先加上 1000，再减去 1000，这样对结果来说应该没有任何影响。我们知道 1000=999+1，所以我们可以不从 1000 开始，而是先从 999 开始，再加上 1。这样数字串会变得更长，但它仍然是等价的：

$$999-176+253+1-1000=$$

这确实有点复杂，但让我们从左到右开始计算吧。第一步是一个减法：999 减去 176。令人惊讶的是，你不需要借位！很容易计算出 999 减去 176 等于 823：

$$823+253+1-1000=$$

把一个数从一串 9 中减去，得到的结果称为 9 的补数。176 的 9 的补数是 823，反之，823 的 9 的补数是 176。这样做的好处在于，无论减数是什么，计算 9 的补数永远不需要借位。

接下来的两个步骤仅涉及加法。首先将 253 加到 823 上，得到结果 1076：

$$1076+1-1000=$$

然后加 1，再减去 1000：

$$1077-1000=77$$

答案和之前一样，但没有用到任何令人讨厌的借位。

有一点很重要：当使用 9 的补数来简化减法运算时，你需要知道你处理的数字有多少位。如果两个数字都为 4 位，或者有一个为 4 位，另一个少于 4 位，就需要用 9999 来计算 9 的补数，然后在最后减去 10 000。

但如果减数大于被减数呢？例如，减法题可以是

$$\begin{array}{r} 176 \\ -253 \\ \hline ??? \end{array}$$

通常，你会看着这个题说："嗯，因为这里的减数大于被减数，所以我必须把这两个数字交换一下位置，执行减法运算，并记住结果实际上是一个负数。"你也许可以在脑海中交换它们的位置，并以这种方式写出答案：

$$\begin{array}{r} 176 \\ -253 \\ \hline -77 \end{array}$$

在不借位的情况下执行这项计算的方式与前面的示例略有不同，首先是将两个数字的位置互换，然后在开头加上 999，在结尾减去 999：

$$999-253+176-999=$$

像之前一样，从 999 中减去 253，得到 9 的补数：

$$746+176-999=$$

现在将 9 的补数加到 176 上：

$$922-999=$$

这时候，按照上一个问题中的步骤，你可以加 1 再减去 1000，从而得到最终结果，但这个策略在这里行不通。相反，这里剩下的是正 922 和负 999。如果是负 922 和正 999，你可以直接取 922 的 9 的补数，也就是 77。但因为我们在进行这个 9 的补数运算时交换了符号，所以答案实际上是 −77。虽然这不像第一个例子那样直接，但同样不需要借位。

这个技巧同样适用于二进制数，而且比十进制数更为简单。让我们看看它是如何工作的。

原来的减法问题是

$$\begin{array}{r} 253 \\ -176 \\ \hline ??? \end{array}$$

当把这些数字转换为二进制时，问题变成

$$\begin{array}{r} 11111101 \\ -10110000 \\ \hline ???????? \end{array}$$

我要先交换这两个数字的位置，使问题变成在一个负数上加一个正数。二进制数下方显示了它们对应的十进制数：

$$\begin{array}{ccccc} -10110000 & + & 11111101 & = \\ -176 & + & 253 & = \end{array}$$

现在，让我们在式子开头加上 11111111（等于十进制数 255），末尾加上 00000001（十进制数 1）并减去 100000000（等于十进制数 256）：

$$\begin{array}{cccccccccc} 11111111 & - & 10110000 & + & 11111101 & + & 00000001 & - & 100000000 & = \\ 255 & - & 176 & + & 253 & + & 1 & - & 256 & = \end{array}$$

在二进制中，第一步减法不需要任何借位，因为是从 11111111 中减去数字：

$$\underbrace{11111111-10110000}_{01001111}+11111101+00000001-100000000=$$

$$01001111+11111101+00000001-100000000=$$

当从一串 9 中减去一个十进制数时，结果被称为 9 的补数。对于二进制数而言，从一串 1 中减去一个数所得的结果被称为 1 的补数。但请注意，计算 1 的补数时实际上不需要做减法。看看这两个数字，10110000 的 1 的补数是 01001111，反过来 01001111 的 1 的补数是 10110000：

1 0 1 1 0 0 0 0

0 1 0 0 1 1 1 1

这些位只是简单地取反：在 1 的补数中，原数中的每个 0 变为 1，每个 1 变为 0。这就是为什么 1 的补数经常被称为反码（在这一点上，你可能会想起我们在第 8 章中构建了一个称为反相器的逻辑门，它可以将 0 变为 1，将 1 变为 0）。

现在问题变为：

$$01001111+11111101+00000001-100000000=$$

$$79\quad+\quad253\quad+\quad1\quad-\quad256\quad=$$

将前两个数相加：

$$\underbrace{01001111+11111101}_{101001100}+00000001-100000000=$$

$$101001100+00000001-100000000=$$

结果是一个 9 位二进制数，这没有问题。现在问题简化为：

$$101001100+00000001-100000000=$$

$$332\quad+\quad1\quad-\quad256\quad=$$

加上 1 很简单：

$$101001101-100000000=$$

$$333\quad-\quad256\quad=$$

现在剩下的就是减去 256 对应的二进制值，这实际上只需要去掉最左边的位即可：

01001101

77

你会很高兴地看到，这个最终结果与我们用十进制计算得到的答案是完全一样的。

让我们把这两个数字反过来再试一次。在十进制中，这个减法问题是

$$\begin{array}{r} 176 \\ -253 \\ \hline ??? \end{array}$$

在二进制中是这样的：

$$\begin{array}{r} 10110000 \\ -11111101 \\ \hline ???????? \end{array}$$

与十进制数的处理方式类似，先交换这两个数字的顺序，然后在式子开头加上 11111111，末尾再减去 11111111：

$$\begin{array}{ccccccccc} 11111111 & - & 11111101 & + & 10110000 & - & 11111111 & = \\ 255 & - & 253 & + & 176 & - & 255 & = \end{array}$$

第一步是找出 11111101 的 1 的补数：

$$\underbrace{11111111-11111101}_{00000010}+10110000-11111111=$$

$$00000010 \quad +10110000-11111111=$$

将其与下一个数字相加：

$$\begin{array}{cccc} 10110010 & - & 11111111 & = \\ 178 & - & 255 & = \end{array}$$

现在，必须从结果中减去 11111111。当从一个较大的数中减去一个较小的数时，这一步是加 1 并减去 100000000。但这种方式在这里还是离不开借位，所以我们采用另一种方法——从 11111111 中减去这个结果：

$$\begin{array}{ccccc} 11111111 & - & 10110010 & = & 01001101 \\ 255 & - & 178 & = & 77 \end{array}$$

同样，这里的策略实际上就是通过对所有位取反来得到结果。答案仍然是 77 对应的二进制值，但对于这个问题来说，实际答案是 −77。

这个在我们从一个较小的数中减去一个较大的数时遇到的小怪圈，就像在暗示我们还没有完全搞定。我们还没有完全解决这个问题。

不管怎样，我们现在已经掌握了所有必要的知识，可以对第 14 章开发的加法器进行改进，使其既能做加法也能做减法。为了避免过于复杂，这台新的加减法机只会做结果为正数的减法运算。

它的核心还是由逻辑门组装而成的 8 位加法器：

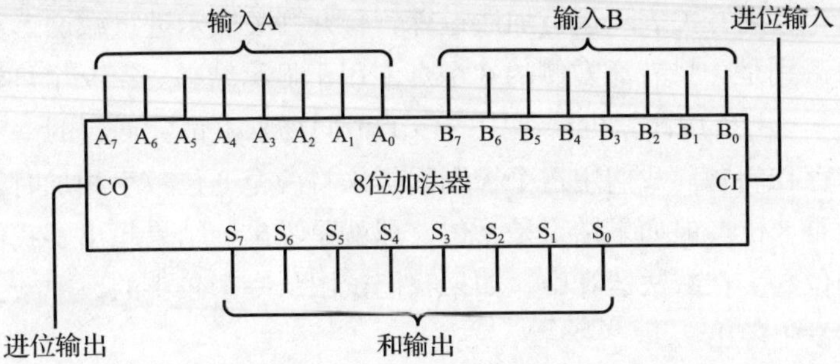

你可能还记得，输入 A_0 ～ A_7 和 B_0 ～ B_7 连接着开关，开关指示要相加的两个 8 位数值。

进位输入接地，相当于 0 位。输出 S_0 ～ S_7 连接着 8 个灯泡，用于显示加法结果。由于加法可能产生 9 位的值，所以进位输出还连接着第 9 个灯泡。

控制面板看起来是这样的：

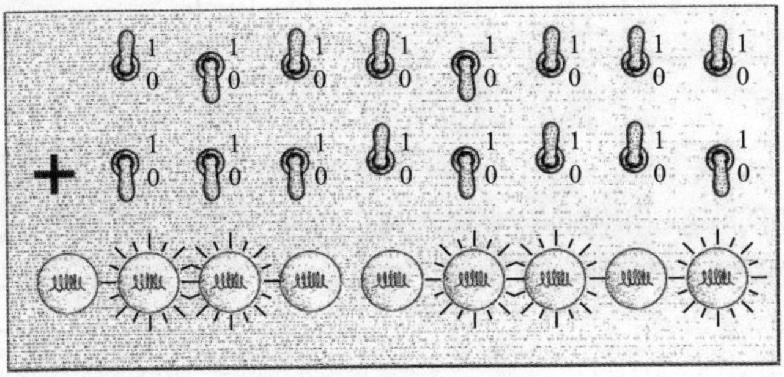

在这个图中，开关设置为将 183（即 10110111）和 22（00010110）相加，得到结果 205，即 11001101，如底部的灯泡所示。

用于加减两个 8 位数字的新控制面板只做了轻微的修改。不同于之前的大加号，它增加了一个开关，用来指示我们要做的是加法还是减法。

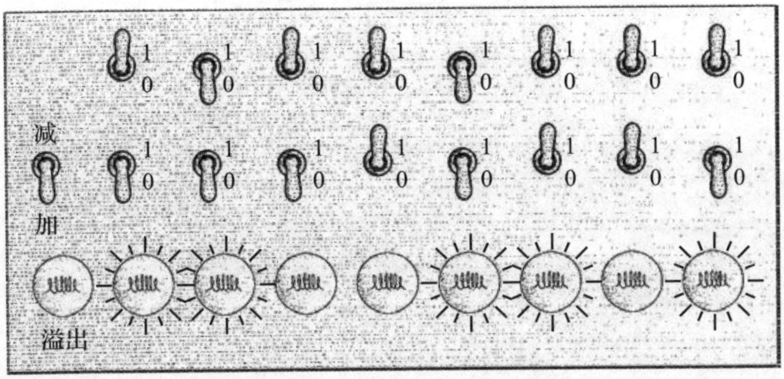

如标签所示，关闭开关表示进行加法运算，打开开关表示进行减法运算。

另一个区别是，只有靠右侧的 8 个灯泡用于显示结果。第 9 个灯泡现在标记为“溢出”。溢出是在计算机编程中的多个不同场景下都会遇到的一个术语，几乎总是表示存在问题。我们用这个控制面板来将两个 8 位数字相加时，大多数情况下结果也是 8 位。但如果结果是 9 位，那就是溢出。结果超出了我们分配的用于显示它的位数。在减法运算中，如果我们试图从一个较小的数中减去一个较大的数，也会发生溢出。

溢出灯泡亮起意味着结果是负数，但我们还没有妥善处理负数结果的显示方式。

在加法器上主要需要新增的是一个能计算 8 位二进制数的 1 的补数的电路。回想一下，计算 1 的补数等同于对其按位取反，所以计算 8 位二进制数的 1 的补数的电路可以简单到只需要 8 个反相器：

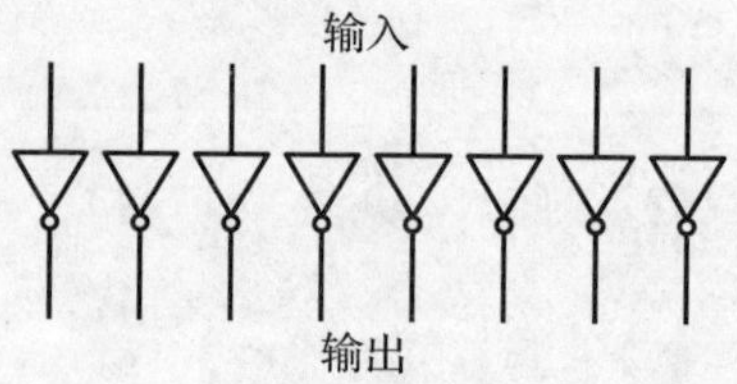

这个电路的问题在于它只会对输入的位进行反转。我们想要创建的是一台既能做加法又能做减法的机器，因此只有在做减法时电路才需要按位取反。一个更好的电路设计如下：

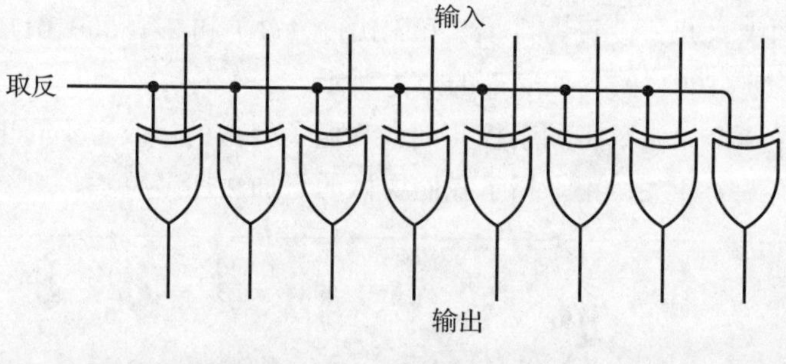

8 个异或（XOR）门分别输入一个标记为“取反”的信号。回想一下异或门的输出，如下所示：

XOR	0	1
0	0	1
1	1	0

如果取反信号为 0，那么 8 个异或门的输出与输入相同。假设输入为 01100001，则输出也为 01100001。如果取反信号为 1，那么 8 个输入信号将被取反。假设输入为 01100001，则输出为 10011110。

让我们把这 8 个异或门封装在一个标记为“1 的补数”的方框中：

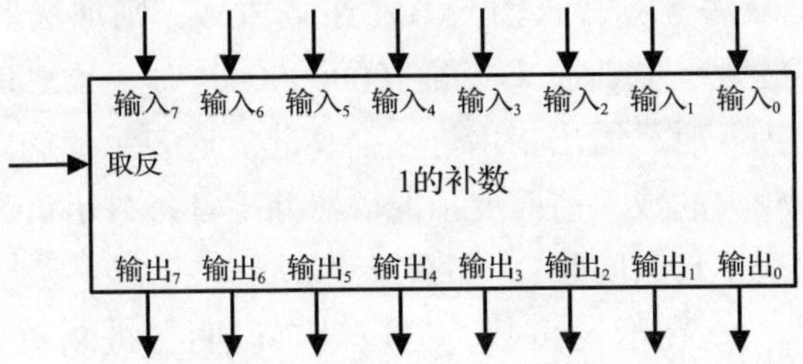

这个“1 的补数”方框、前面的“8 位加法器”方框和最后一个异或门现在可以按如下方式连接在一起：

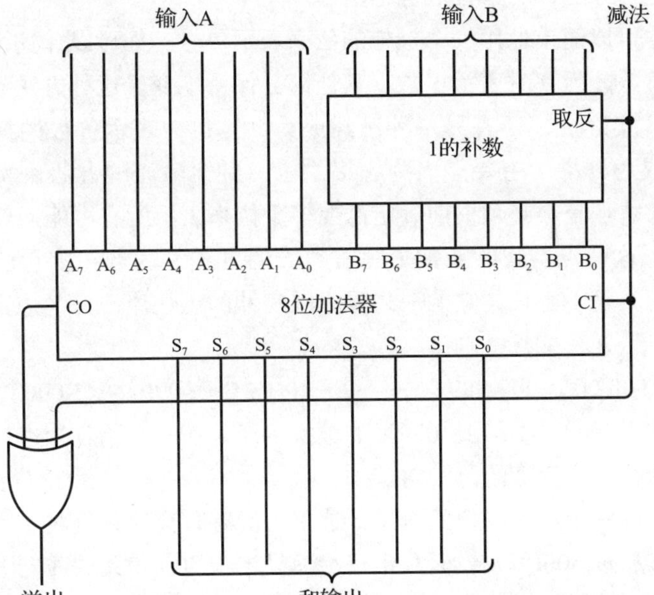

注意右上角标有“减法”的导线，它来自加 / 减开关。这个信号为 0 时执行加法运算，为 1 时执行减法运算。在进行加法运算时，1 的补数电路的取反信号为 0，电路不产生任何效果。进位输入（CI）也为 0。这与简单的加法电路相同。

但在进行减法运算时，输入 B（控制面板中的第二排开关）在进入加法器之前都会被 1 的补数电路取反。同时，通过将加法器的进位输入设置为 1，使加法运算结果加 1。

减法信号和加法器的进位输出（CO）还会进入一个异或门，用于点亮溢出指示灯。如果减法信号为 0（表示正在执行加法运算），当加法器的进位输出为 1 时，指示灯就会亮起。这表示加法运算的结果大于 255。

如果执行的是减法运算，且输入 B 小于输入 A，则加法器的进位输出正常就为 1。这代表在最后一步必须减去的 100000000。对于减法运算而言，只有当加法器的进位输出为 0 时，溢出指示灯才会亮起。这表示我们正在尝试从一个较小的数中减去一个较大的数。前面展示的机器并不具备显示负数的功能。

现在你一定很庆幸自己问了："那么减法呢？"

在本章中，我一直在谈论负数，但还没有说明二进制负数是什么样子的。你可能会认为二进制和十进制一样使用传统的负号。比如，-77 用二进制表示为 -1001101。这当然可以，但使用二进制数的目标之一是用 0 和 1 来表示所有内容，即使是负号这样的小符号也不例外。

当然，你可以简单地用一个额外的位来表示负号。你可以让这个额外的位在为 1 时表示负数，为 0 时表示正数，其他部分保持不变。这种方法确实可行，但还不够完善。实际上，还有另一种已经成为计算机中表示负数的标准的解决方案。之所以成为标准，主要是因为它提供了一种无障碍的方法来实现正负数相加。它的最大缺点是你必须提前确定需要多少位来表示所有可能遇到的数字。

思考一下这一点，我们通常书写正负数的方式的优点在于它们可以无限延伸。我们认为 0 是中心点，它的一边是无限延伸的正数流，另一边是无限延伸的负数流：

… -1 000 000 -999 999 … -3 -2 -1 0 1 2 3 … 999 999 1 000 000 …

不过，假设我们并不需要无限多的数字，而是在一开始就知道，我们遇到的每个数字都会在一个特定的范围内。

让我们考虑一个支票账户的例子，这里人们有时会遇到负数。假设你的支票账户余额从未超过 500 美元，而且银行给你设定了 500 美元的透支限额。这意味着你的支票账户余额始终在 -500 美元到 499 美元之间。同时，假设你每次存款都不会超过 500 美元，开出的支票金额也不会超过 500 美元，并且只使用美元，不考虑美分。

这些条件意味着你在使用支票账户时处理的数字范围是 -500 ～ 499，总共 1000 个数字。这个限制意味着你可以使用 3 位的十进制数来在不使用负号的前提下表示所有需要的数字。这里的诀窍在于你实际上并不需要 500 ～ 999 区间内的正数，因为你已经确定了需要的最大正数是 499，所以这个区间内的数实际上可以用来表示负数。具体工作方式如下：

使用 500 表示 −500。

使用 501 表示 −499。

使用 502 表示 −498。

（以此类推）

使用 998 表示 −2。

使用 999 表示 −1。

使用 000 表示 0。

使用 001 表示 1。

使用 002 表示 2。

（以此类推）

使用 497 表示 497。

使用 498 表示 498。

使用 499 表示 499。

换句话说，所有以 5、6、7、8 或 9 开头的 3 位数实际上都表示的是负数。不同于负数和正数从 0 开始向两个方向延伸的方式，比如：

−500 −499 −498…−4 −3 −2 −1 0 1 2 3 4 …497 498 499

它们可以这样表示：

500 501 502 … 996 997 998 999 000 001 002 003 004 … 497 498 499

请注意，这形成了一个排序循环。最小的负数（500）看起来像是最大的正数（499）的延续。而数字 999（实际上是 −1）比 0 小 1。给 999 加 1，通常会得到 1000。但由于我们只处理 3 位数，所以实际上得到的是 000。

这种表示法称为 10 的补数。要将一个 3 位的负数转换为 10 的补数，需要用 999 减去它的绝对值再加 1。换句话说，10 的补数就是 9 的补数加 1。例如，要用 10 的补数表示 −255，先用 999 减去它的绝对值得到 744，然后加 1 得到 745。

在使用 10 的补数时，根本不需要做减法。所有运算都是加法。

假设你的支票账户余额是 143 美元。你开了一张 78 美元的支票。通常情况下，你会这样计算新的余额：

$$\begin{array}{r} 143 \\ -78 \\ \hline 65 \end{array}$$

这是一个涉及两次借位的减法运算。但如果使用 10 的补数，-78 可以写为 999-078+1，即 922，所以计算就变成：

$$\begin{array}{r} 143 \\ +922 \\ \hline 1065 \end{array}$$

忽略溢出部分后，结果仍然是 65 美元。如果你接着又开了一张 150 美元的支票，你需要加上 -150，用 10 的补数表示就是 850：

$$\begin{array}{r} 65 \\ +850 \\ \hline 915 \end{array}$$

结果以 9 开头，所以这是一个负数，等于 -85 美元。

在二进制中，等效的体系称为 2 的补数，这是计算机表示正负数的标准方式。

假设我们使用的是字节，那么所有数字都用 8 位来表示。这些数字的范围为 00000000 ～ 11111111。到目前为止，我们一直认为这些数字对应的是十进制数 0 ～ 255。但如果你还想表示负数，那么实际上就可以用所有以 1 开头的 8 位数字来表示它们，如下表所示：

二进制	十进制
10000000	-128
10000001	-127
10000010	-126
10000011	-125
⋮	⋮
11111101	-3
11111110	-2
11111111	-1
00000000	0
00000001	1
00000010	2
⋮	⋮
01111100	124
01111101	125
01111110	126
01111111	127

现在可以表示的数字范围为 -128 ～ 127。最高有效位（最左边的位）被称为符号位，1 对应负数，0 对应正数。

要计算 2 的补数，首先要计算 1 的补数，然后加 1。这相当于将所有位取反再加 1。例如，十进制数 125 的二进制表示为 01111101。要用 2 的补数表示 -125，首先要将 01111101 的所有位取反得到 10000010，然后加 1 得到 10000011。你可以用上面的表验证结果。要进行反向转换，做同样的操作——将所有位取反再加 1。

这个体系的一大优点是可以在不使用负号的情况下表示正数和负数。也许更大的优点是它让我们可以仅使用加法规则就能自由地对正数和负数进行加法运算。例如，要将 -127 和 124 对应的二进制值相加，使用上面的表作为参考，只需简单地写为：

$$\begin{array}{r} 10000001 \\ +01111100 \\ \hline 11111101 \end{array}$$

结果相当于十进制的 -3。

这里需要注意的是溢出。当加法运算的结果大于 127 时就会发生溢出。例如，假设你将 125 与自身相加：

$$\begin{array}{r} 01111101 \\ +01111101 \\ \hline 11111010 \end{array}$$

因为结果的最高位为 1，所以必须将其解析为负数，具体来说，就是 -6 对应的二进制值。显然，两个正数相加不可能得到负数，但这种情况确实发生了。这是一个特异且明显错误的结果。

当 -125 与自身相加时也会发生类似的情况：

$$\begin{array}{r} 10000011 \\ +10000011 \\ \hline 100000110 \end{array}$$

这也显示了一个问题：我们一开始就决定将自己限制在 8 位数的范围内，所以结果最左边的数字必须忽略。靠右边的 8 位对应的是十进制数 6，这是一个正数。

一般来说，在这种使用 2 的补数又涉及正数和负数的加法中，如果两个操作数的符号位相同，但结果的符号位不同，那么结果就是无效的。当一个正数和一个负数相加时，结果总是有效的，因为结果总是在 -128 ～ 127 的范围内。

下面是一个改进后的加法器，用于将两个 8 位的 2 的补数相加：

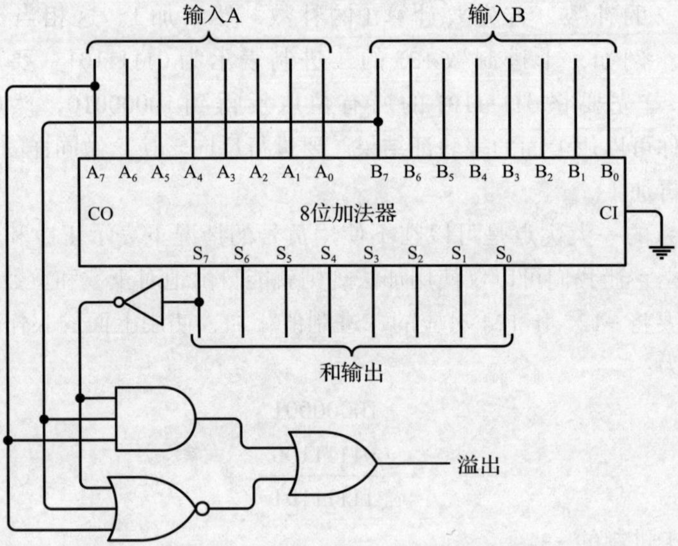

8 位加法器你现在已经很熟悉了。这里增加了一些门电路来检测溢出。请记住，最高位代表数字的符号：1 表示负数，0 表示正数。在输入端，符号位对应的是 A_7 和 B_7。S_7 对应的是和的符号位。注意，在输入与门和或非门之前，和的符号位被取反。

与门用于检测负数的溢出情况。如果输入 A 和输入 B 的符号位都为 1（表示负数），而和的符号位为 0（表示正数），那么显然出现了错误。这两个负数的和超出了我们分配的 8 位二进制数所能表示的范围。

或非门用于检测正数的溢出情况。如果输入 A 和输入 B 的符号位都为 0，而和的符号位为 1，则意味着这两个正数相加的结果太大，以至于被表示为负数！或非门的三个输入都将为 0，而输出将为 1，表示发生了溢出。

在本章开始时，二进制数相当简单。它们以非常直接的方式与十进制数相对应。8 位二进制数可以表示的十进制数范围为 0 ～ 255。这种二进制数被称为无符号数，因为它们总是正数。

2 的补数让我们能够处理带符号的二进制数，包括正数和负数。对于 8 位的二进制值来说，对应的十进制数范围为 -128 ～ 127。虽然可表示的数字总量依然是 256 个，但范围发生了变化。

我们在这里使用的正式数学术语是整数——可以是正数或负数，但不含小数。在实际应用中，8 位整数往往无法满足许多工作的需要，程序员会改用 16 位整数（每个数字占用 2 字节）、32 位整数（4 字节）或者甚至 64 位整数（8 字节）。

在每种情况下，这些整数都可以选择使用有符号形式或无符号形式。下表汇总了不同的整数位数所能表示的十进制值范围：

整数位数（二进制）	无符号形式值范围（十进制）	有符号形式值范围（十进制）
8 位	0 ～ 255	−128 ～ 127
16 位	0 ～ 65 535	−32 768 ～ 32 767
32 位	0 ～ 4 294 967 295	−2 147 483 648 ～ 2 147 483 647
64 位	0 ～ 18 446 744 073 709 551 615	−9 223 372 036 854 775 808 ～ 9 223 372 036 854 775 807

这些范围都是基于 2 的幂的。例如，16 位可以表示 2 的 16 次方——65 536 个不同的数字。这些数字的范围可以是 0 ～ 65 535（无符号）或者 −32 768 ～ 32 767（有符号）。

数字本身无法表明它们是有符号的还是无符号的。例如，如果有人问你："我有一个 8 位二进制数 10110110，它对应的十进制值是多少？"你必须先问清楚："它是有符号数还是无符号数？因为它可能是 −74，也可能是 182。"

二进制位就只是 0 和 1 而已，它们本身不携带任何信息，其含义必须取决于具体的上下文。

| 第 17 章 |

反馈与触发器

众所周知，电可以让物体动起来。简单环顾一下家中，我们就可以看到电动机在各种电器中的应用，从时钟、风扇、食品加工机到所有带有旋转磁盘的设备。电还控制着扬声器、耳机和耳塞的振动，使我们的各种设备能够播放音乐和语音。即使你的车不是电动车，启动传统燃油发动机的也是电动机。

不过，电使物体运动的最简单和最优雅的方式，也许从一类正在逐渐被新产品替代的设备上可以看到。我指的是那些充满复古风格的电子蜂鸣器和电铃。

将继电器、电池、开关按如下方式连接：

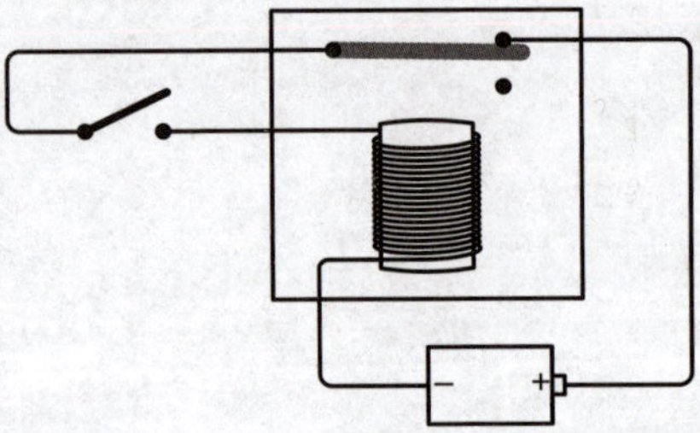

如果你觉得它看起来有点奇怪，那么你还没有发挥出想象力。我们之前还没有见过这样接线的继电器。继电器的输入和输出通常是分开的，而这里却构成了一个完整的回路。

当你闭合开关时，电路连通：

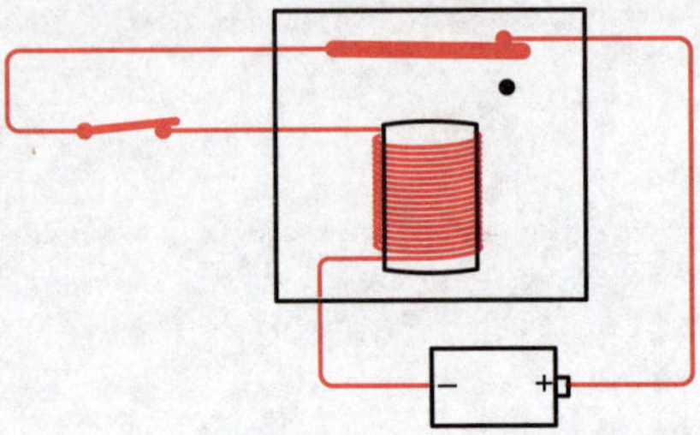

连通的电路使电磁铁向下拉动柔性触点：

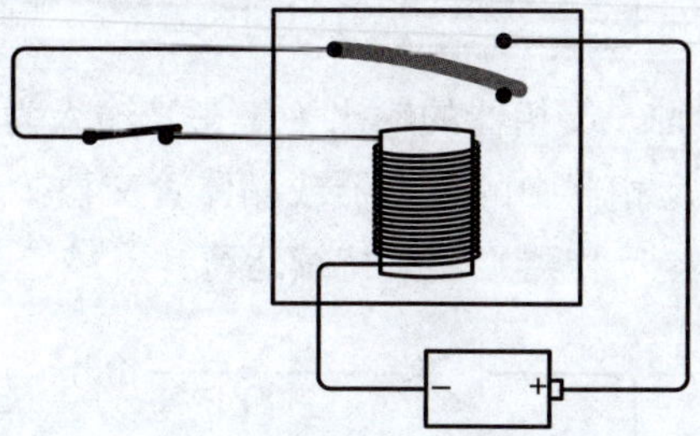

但当触点改变位置时，电路不再连通，因此电磁铁失去磁性，柔性触点向上弹回：

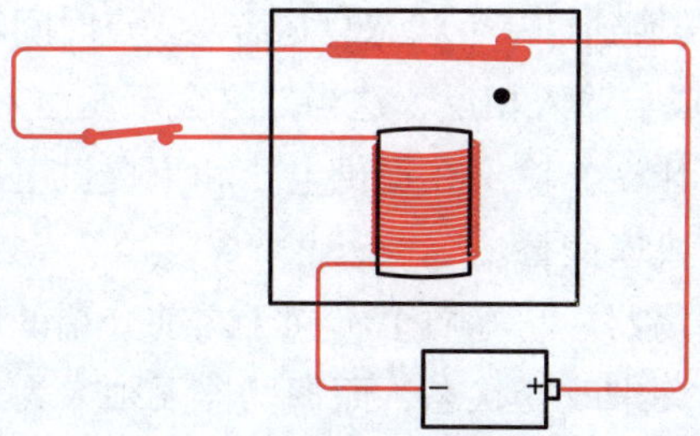

但这又使电路重新连通了。只要开关保持闭合，金属触点就会来回摆动，交替闭合和断开电路，很可能发出重复的（可能令人烦躁的）声音。如果触点发出刺耳的声音，这就是蜂鸣器。如果在上面安装一个槌并加上一个金属锣，就构成了一个电铃。

有两种方法可用来连接继电器以构造一个蜂鸣器。下面是使用传统电压和接地符号对另一种方法的描述：

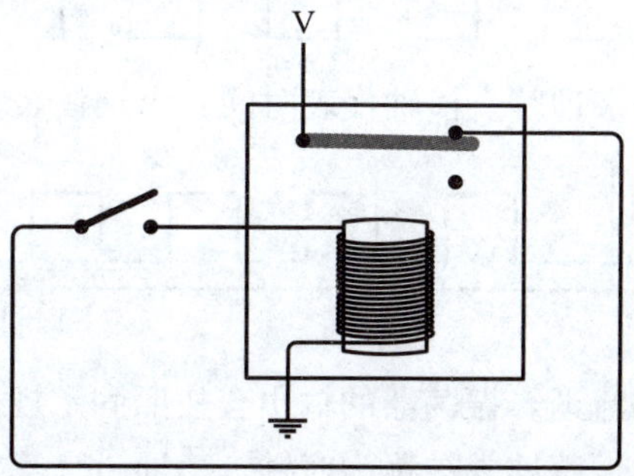

用这种方式绘制，你可能会认出这是第 8 章中介绍的反相器，因此这个电路可以简化为：

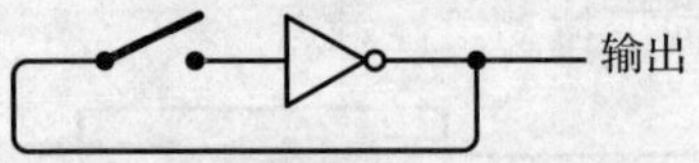

众所周知，当输入为 0 时，反相器的输出为 1；当输入为 1 时，其输出为 0。闭合此电路的开关会导致反相器中的继电器或晶体管交替接通和断开。你也可以在不使用开关的情况下连接反相器，使其持续运行：

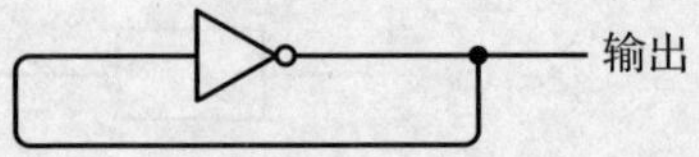

这个图看起来似乎演示了一个逻辑矛盾，因为反相器的输出应该与输入相反，但这里输出就是输入！然而请记住，无论反相器是基于继电器、真空管还是基于晶体管构建的，从一个状态转换到另一个状态总是需要一点时间。即使输入与输出相同，输出也会很快改变，变成与输入相反，这当然又会改变输入，如此循环往复下去。

这个电路的输出是什么？输出在提供电压和不提供电压之间快速交替。或者说，输出在 0 和 1 之间快速交替。

这种电路被称为振荡器。它本质上不同于之前介绍的所有电路。之前介绍的电路都需要通过人工开关来改变状态，而振荡器无须人为干预，能够自主运行。

当然，单独的振荡器看似用处不大，但在本章后面和接下来的几章中，我们会看到这种电路与其他电路连接在一起，构成自动化的核心组件。每台计算机都配备了某种振荡器，它能让其他一切保持同步运行。（不过，实际计算机中的振荡器要复杂得多，由石英晶体组成，其接线方式使其振荡非常一致，速度也非常快。）

振荡器的输出在 0 和 1 之间交替变化。为了直观地展示这种变化，我们通常使用下面这种图示：

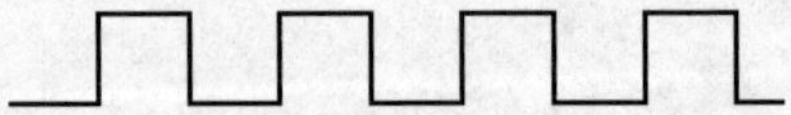

这可以用一个图表来理解。横轴代表时间，纵轴代表输出是 0 还是 1：

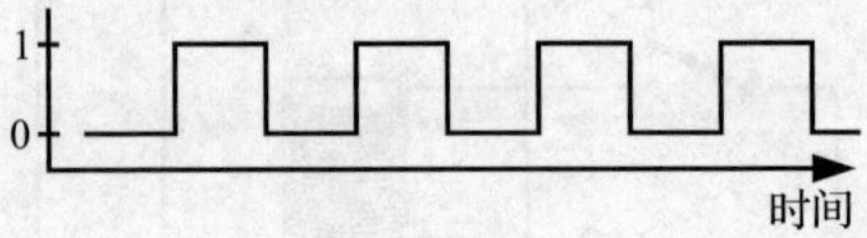

这表明随着时间的流逝，振荡器的输出会按照固定规律在 0 和 1 之间交替变化。由于这种规律性，振荡器常被称为时钟——通过计算振荡次数，它确实能够起到计时的作用。

振荡器能运行多快？它的输出每秒能在 0 和 1 之间切换多少次？这显然取

决于振荡器的具体构造。我们不难想象，一个大而坚固的继电器会缓慢地来回摆动，而一个小型轻便的继电器则会快速地嗡嗡作响。至于晶体管振荡器，它每秒可以振动数百万次甚至数十亿次。

振荡器的一次循环是指振荡器的输出发生变化，然后又回到起始位置的一段区间：

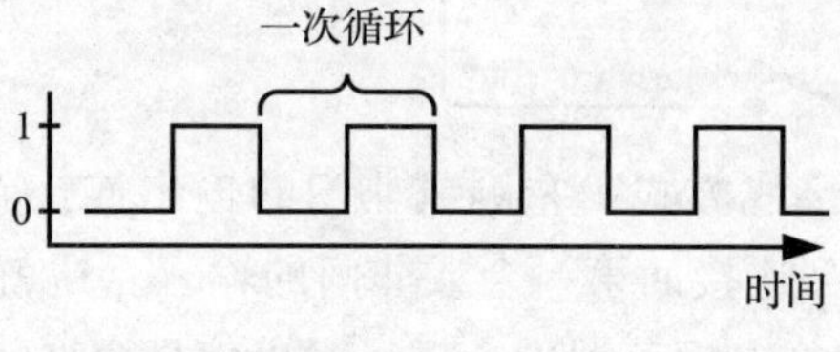

一次完整循环所需的时间称为振荡器的周期。让我们以一个周期为 0.02 秒的振荡器为例进行介绍。横轴表示时间，任选一个时刻将其标记为 0，然后依次标注：

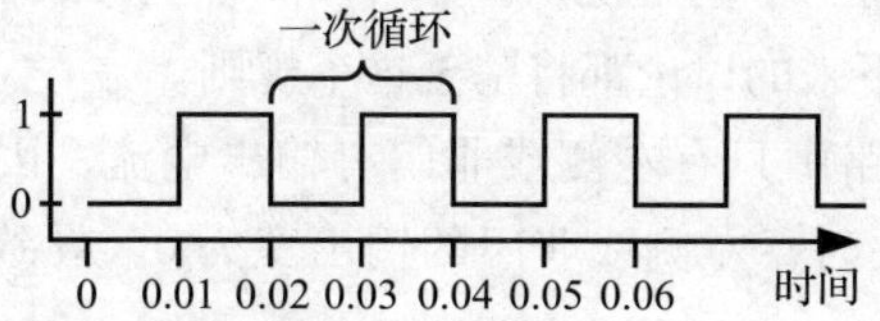

振荡器的频率等于 1 除以周期。在这个例子中，振荡器的周期为 0.02 秒，其频率就为 1 ÷ 0.02，即每秒循环 50 次。这意味着振荡器的输出每秒完成 50 次变化回归。

每秒循环数这个术语很直观，就像我们常见的每小时公里数、每平方厘米压力或每份食物热量一样容易理解。不过现在这个术语已经较少使用。为了纪念第一个成功传输和接收无线电波的科学家海因里希 · 鲁道夫 · 赫兹（Heinrich Rudolph Hertz，1857—1894），人们改用“赫兹”这个计量单位。这一用法始于 20 世纪 20 年代的德国，此后逐渐在世界各地推广开来。

因此，我们可以说这个振荡器的频率是 50 赫兹，简写为 50Hz。

当然，我们刚才只是假设了一个特定振荡器的速度。在本章结束时，我们将学会构建一个设备来准确测量振荡器的速度。

首先，让我们来看一对特殊连接的或非门。回顾一下，或非门的工作原理是：只有当两个输入都没有电压时，输出才会有电压：

NOR	0	1
0	1	0
1	0	0

下面是一个由两个或非门、两个开关和一个灯泡组成的电路：

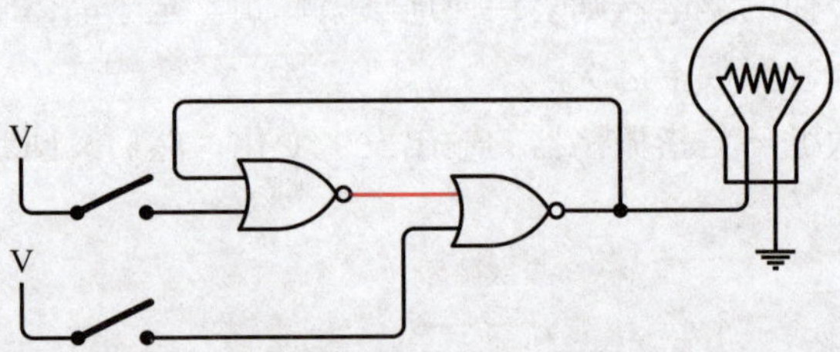

这里有个独特的接线方式：左侧或非门的输出连接到右侧或非门的输入，而右侧或非门的输出又连接回第一个或非门的输入。这就形成了一个反馈回路（feedback）。确实，就像在振荡器中一样，输出信号会循环回来成为输入。这种反馈结构将是本章大多数电路的关键特征。

使用这个电路时有一个基本规则：你可以闭合上方或下方的开关，但不能同时闭合两个开关。接下来的讨论都将基于这个规则。

初始状态下，电路中只有左侧或非门有输出电流，因为它的两个输入都为0。当闭合上方的开关时，左侧或非门的输出变为0，导致右侧或非门的输出变为1，灯泡随即亮起：

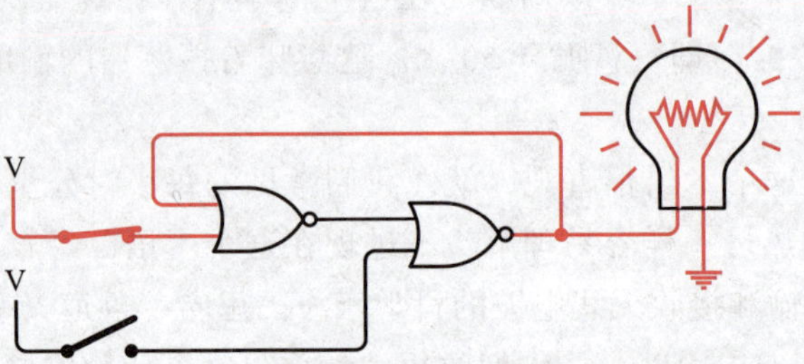

现在，当你断开上方的开关时，神奇的事情发生了。由于或非门在任一输入为1时输出为0，左侧或非门的输出保持不变，灯泡依然亮着：

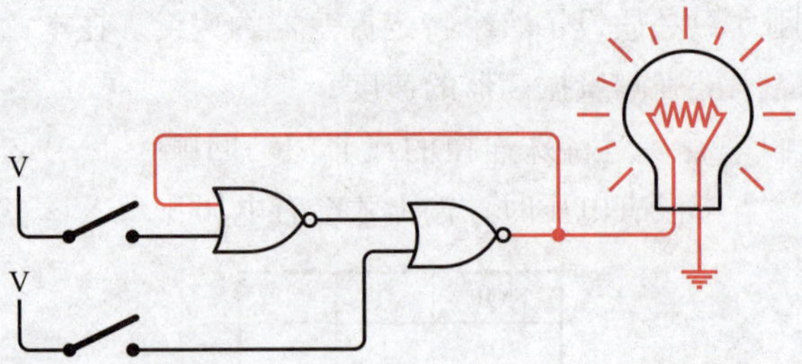

这个现象很奇怪：两个开关都处于断开状态——与初始状态完全相同——但

灯泡却是亮着的。这与我们熟悉的电路行为有很大不同。通常情况下，电路的输出完全取决于当前的输入状态，但这个电路似乎打破了这个规律。此外，即使你此时反复操作上方的开关，灯泡也会一直亮着。由于左侧或非门的输出稳定在 0，因此这个开关对电路没有进一步的影响。

现在闭合下方的开关，右侧或非门的一个输入变为 1，使其输出变为 0，灯泡随即熄灭，同时左侧或非门的输出变为 1：

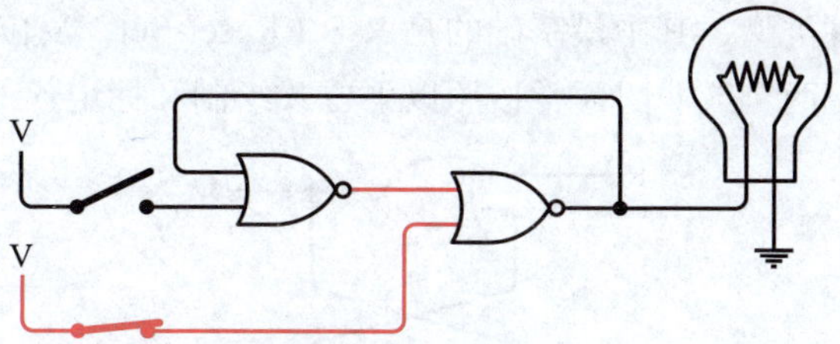

当你断开下方的开关时，灯泡会保持熄灭：

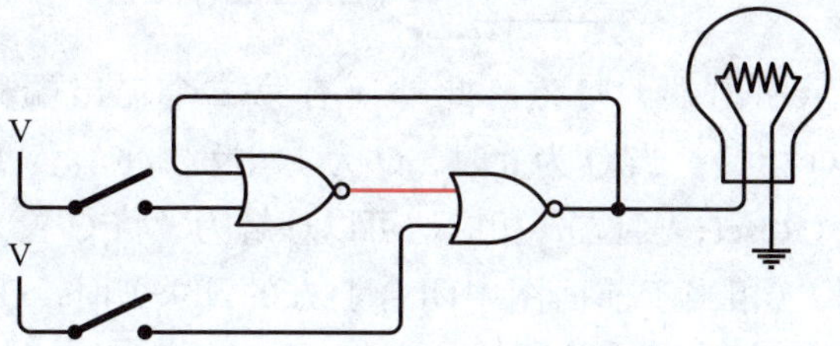

我们又回到了起点。此时，无论你如何操作下方的开关，都不会对灯泡产生进一步的影响。让我们总结一下：

- 闭合上方的开关会点亮灯泡，即使随后断开开关，灯泡也会继续亮起。
- 闭合下方的开关会熄灭灯泡，即使随后断开开关，灯泡也会保持熄灭。

这个电路最有趣的特点在于，当两个开关都断开时，灯泡可能是亮着的，也可能是熄灭的。这说明当两个开关都断开时，电路存在两种稳定状态。这种电路被称为触发器（flip-flop）——flip-flop 这个词还可以用于表示人字拖或者政客改变立场。触发器是英国无线电物理学家威廉·亨利·埃克尔斯（William Henry Eccles，1875—1966）和 F. W. 乔丹（F. W. Jordan，1881—1941）在 1918 年发明的。触发器电路可以保持信息，具有“记忆”功能。虽然它只能记住最近闭合的是哪个开关，但这一特性非常重要。当你遇到这样的触发器时，通过观察灯泡的状态就能推断出最近的操作：如果灯泡亮起，说明最近闭合的是上方的开关；如果灯泡熄灭，则说明最近闭合的是下方的开关。

触发器很像跷跷板。跷跷板有两个稳定状态，很少会停留在不稳定的中间位置。只要看一眼跷跷板，就能知道最近是哪一端被压下去了。

触发器是一个关键工具，尽管这一点现在可能还不那么明显。它们赋予电路“记忆”能力，让电路能够记录之前发生的事情。想象一下：如果你完全没有记忆力，还怎么数数？你既不知道数到哪里了，也不知道下一个数字是什么！这就是为什么计数电路（我将在本章后面介绍）需要触发器。

触发器有几种类型，其中最基础的是 R-S（Reset-Set，复位 - 置位）触发器。为了看起来对称，两个或非门通常按照以下方式绘制和标记：

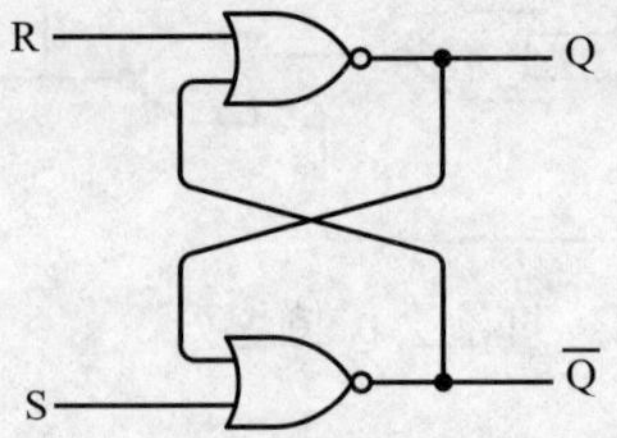

我们用 Q 表示输出端的灯泡。此外还有第二个输出端称为 $\overline{Q}$（读作“Q 反”），它始终与 Q 相反：当 Q 为 0 时，$\overline{Q}$ 为 1，反之亦然。两个输入分别是 S（Set，置位）和 R（Reset，复位），相应地可以理解为“将 Q 置为 1”和“将 Q 复位为 0”。当 S 为 1（相当于前面图中闭合上方的开关）时，Q 变为 1 而 $\overline{Q}$ 变为 0；当 R 为 1（相当于闭合下方的开关）时，Q 变为 0 而 $\overline{Q}$ 变为 1。如果两个输入都为 0，输出会保持 Q 最后是置位或者复位的状态。下表总结了这些结果：

输入		输出	
S	**R**	**Q**	**$\overline{Q}$**
1	0	1	0
0	1	0	1
0	0	Q	$\overline{Q}$
1	1	禁止	

这种表格被称为功能表（function table）、逻辑表（logic table）或真值表（truth table）。它展示了不同输入组合产生的输出。由于 R-S 触发器只有两个输入，因此可能的输入组合共有 4 种，对应表头下面的 4 行。

注意倒数第二行，当 S 和 R 都为 0 时，输出显示为 Q 和 $\overline{Q}$。这表示输出 Q 和 $\overline{Q}$ 会保持在输入 S 和 R 变为 0 之前的状态。最后一行指出输入 S 和 R 不能同时为 1。虽然这种操作不会造成实际损害，但当两个输入同时为 1 时，两个输出都会变为 0，这违反了 Q 必须与 $\overline{Q}$ 相反的基本原则。因此，在设计使用 R-S 触发器的电路时，应避免输入 S 和 R 同时为 1 的情况。

R-S 触发器通常用一个小方框来表示，两个输入和两个输出标注如下：

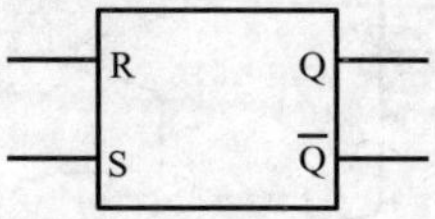

尽管 R-S 触发器这种能“记住”最后哪个输入有电压的电路很有趣，但更有用的是能够记住特定信号在某个时刻是 0 还是 1 的电路。

在实际开始构建这种电路之前，让我们先思考一下它应该如何工作。这个电路需要两个输入：一个叫作数据端（Data），另一个叫作保持位（Hold That Bit）。数据端的输入和所有数字信号一样只能是 0 或 1。保持位的功能就好比有人说“记住这个想法”。保持位信号通常为 0，此时数据端信号不会影响电路。当保持位变为 1 时，电路会采用数据端信号的值。之后保持位信号可以回到 0，此时电路会记住数据端信号最后的值，即使数据端信号发生变化也不会有进一步的影响。

换句话说，我们需要一个具有以下功能表的电路：

输入		**输出**
数据端	**保持位**	**Q**
0	1	0
1	1	1
0	0	Q
1	0	Q

在前两种情况下，保持位信号为 1，输出 Q 与数据端输入保持一致。在后两种情况下，保持位信号为 0，无论数据端输入是什么，输出 Q 都将保持原状。这个功能表可以简化如下：

输入		**输出**
数据端	**保持位**	**Q**
0	1	0
1	1	1
X	0	Q

其中 X 表示“与其无关”，因为当保持位输入为 0 时，输出 Q 会保持原状，完全不受数据端输入的影响。

要在 R-S 触发器的基础上实现“保持位”功能，需要在输入端添加两个与门，如下图所示：

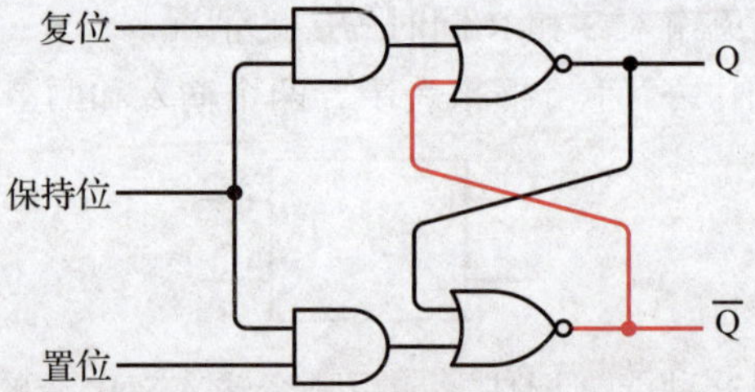

虽然这里还没有包含数据端输入，但这个问题稍后会解决。

回想一下，只有当两个输入都为 1 时，与门的输出才为 1。这意味着只有在保持位为 1 时，复位输入和置位输入才能影响电路的其余部分。

在初始状态下，电路中的 Q 和 $\overline{Q}$ 具有相反的值。在上图中，输出 Q 为 0，输出 $\overline{Q}$ 为 1。当“保持位”信号为 0 时，置位信号不会改变输出状态：

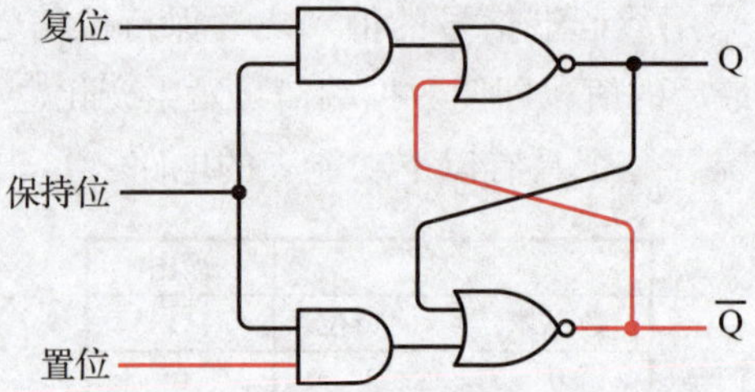

类似地，复位信号也没有影响：

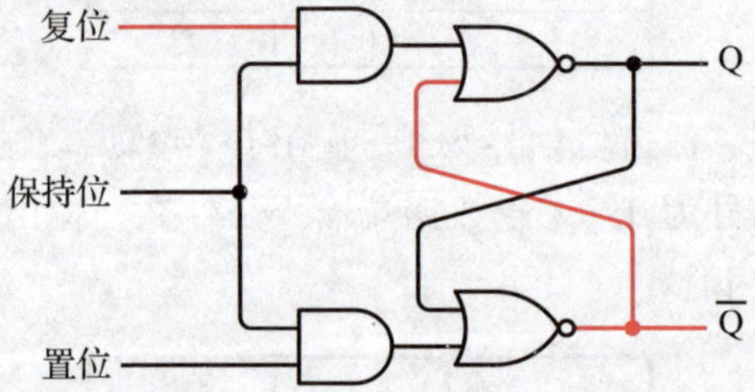

只有在保持位信号变为 1 时，该电路的功能才与前面所示的普通 R-S 触发器相同：

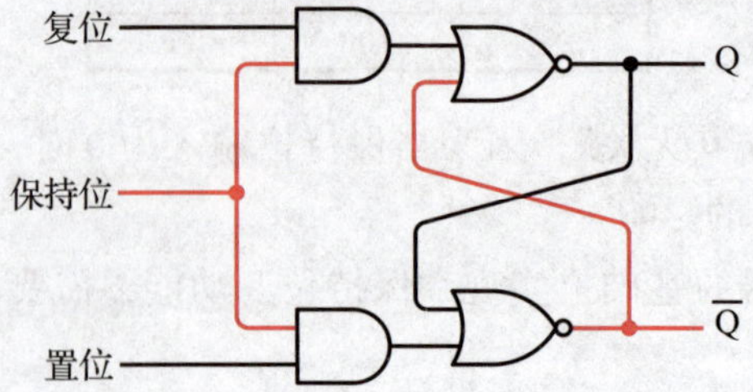

此时电路的行为与普通 R-S 触发器相同，因为上方与门的输出等于复位信号，下方与门的输出等于置位信号。

但我们的目标还没有实现：我们需要的是两个输入，而不是三个。如何实现这一点呢？

回顾一下 R-S 触发器的原始功能表，置位和复位禁止同时为 1。同时，让它们都为 0 也没有实际意义，因为这只会让输出保持不变。我们可以通过将“保持位”设为 0 来完成同样的事情。这意味着置位和复位应该始终相反：当置位为 1 时，复位为 0；当置位为 0 时，复位为 1。

让我们对电路做两处改动。第一处改动是用单个数据端输入替代置位输入和复位输入。这相当于将数据端输入直接作为置位信号，经过反相后作为复位端信号。

第二处改动是将“保持位”信号改名为更传统的“时钟”(Clock)。虽然这不是真正的时钟，但它具有类似时钟的特性——可以在 0 和 1 之间有规律地切换。目前，这个时钟输入仅用于指示何时保存数据端输入。

下面是修改后的电路图。数据端输入替代了下面与门的置位输入，同时通过一个反相器将该信号反相后替代上面与门的复位输入：

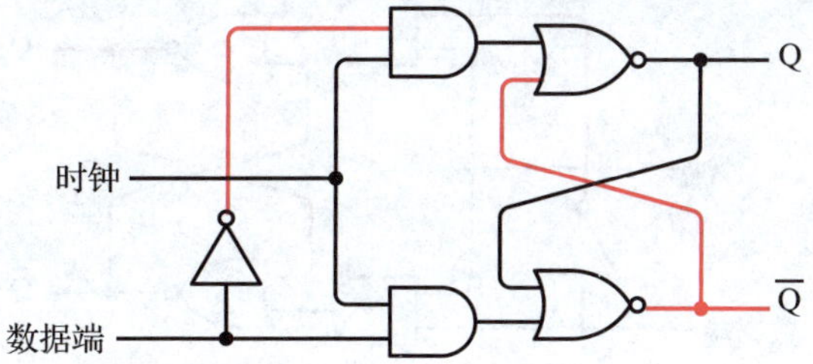

让我们从初始状态开始分析：两个输入都为 0 时，输出 Q 为 0，$\overline{Q}$ 为 1。只要时钟输入保持为 0，数据端输入就不会影响电路：

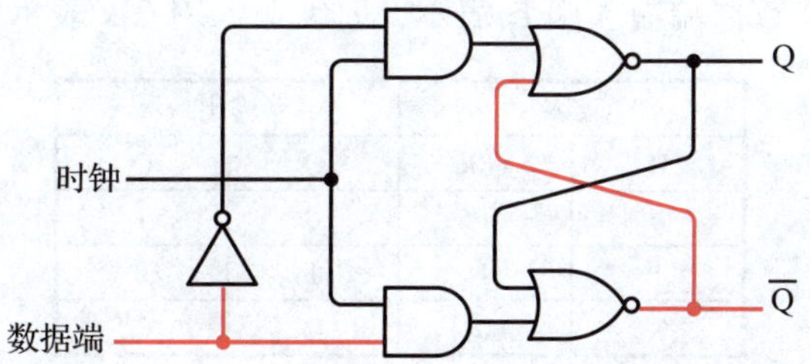

但当时钟变为 1 时，电路会采用数据端输入的值：

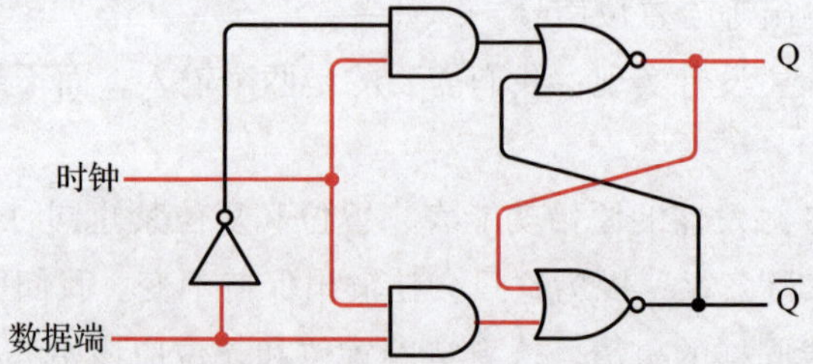

此时输出 Q 与数据端输入相同，而 $\overline{Q}$ 则相反。接下来时钟可以返回到 0：

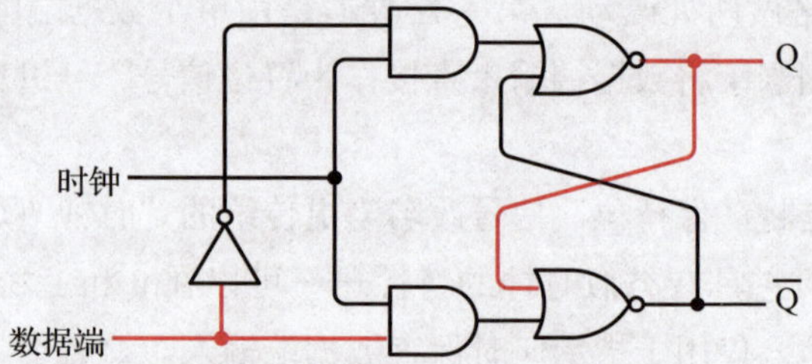

此时，无论数据端如何变化，电路都会记住时钟最后一次为 1 时数据端的值。比如，即使数据端信号返回到 0，也不会影响输出：

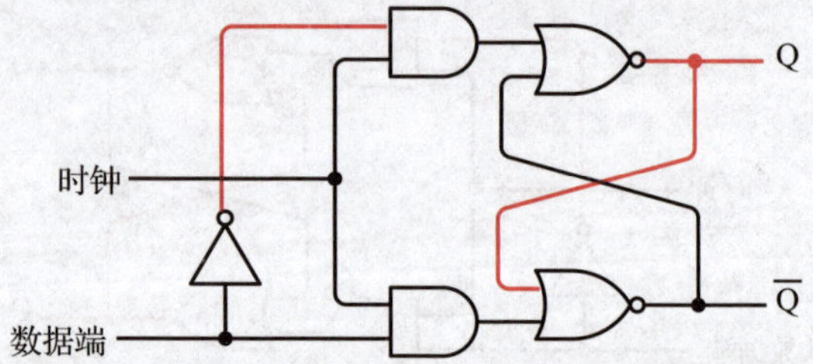

这就是所谓的电平触发的 D 型触发器。其中 D 代表数据端（Data）。电平触发表示触发器会在时钟输入处于特定电平时（本例中为 1）保存数据端输入的值。（稍后我们将介绍另一种触发器。）

在功能表中，数据端输入用 D 表示，时钟输入用 Clk 表示：

输入		输出	
D	**Clk**	**Q**	**$\overline{Q}$**
0	1	0	1
1	1	1	0
X	0	Q	$\overline{Q}$

这种电路也称为电平触发的 D 型锁存器，它能锁定一位数据，并将其保留以供后续使用。从本质上来讲，这是一个 1 位存储器。在第 19 章中，我将演示如何将多个这种触发器连接起来，构建更大容量的存储器。

现在，让我们先尝试保存 1 字节的数据。通过将 8 个电平触发的 D 型触发器组合在一起，并将它们的时钟输入合并为一个信号，我们可以得到这样的封装：

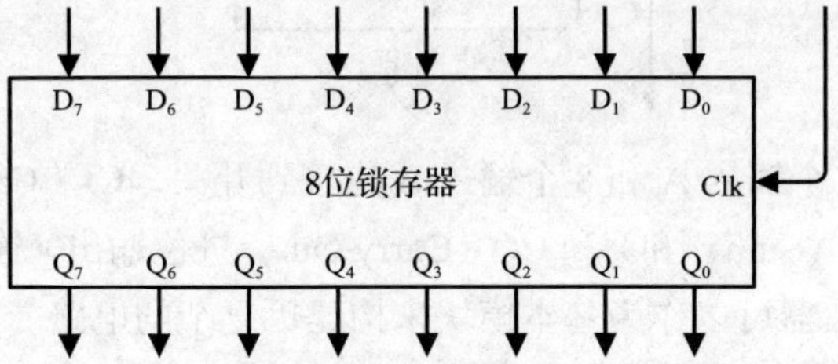

这个锁存器可以存储一个完整的字节。它在上面有 8 个输入端（D_0 ～ D_7），下面有 8 个输出端（Q_0 ～ Q_7），右侧是时钟输入。时钟信号默认为 0。当时钟信号变为 1 时，D 输入端的 8 位值会被传送到 Q 输出端。当时钟信号回到 0 时，这 8 位值会保持不变，直到时钟信号再次变为 1。其中，每个锁存器的输出 $\overline{Q}$ 都被忽略。

这个 8 位锁存器还可以用另一种方式表示：将 8 个数据端输入和 8 个 Q 输出分别组合成一条数据通路，如下图所示：

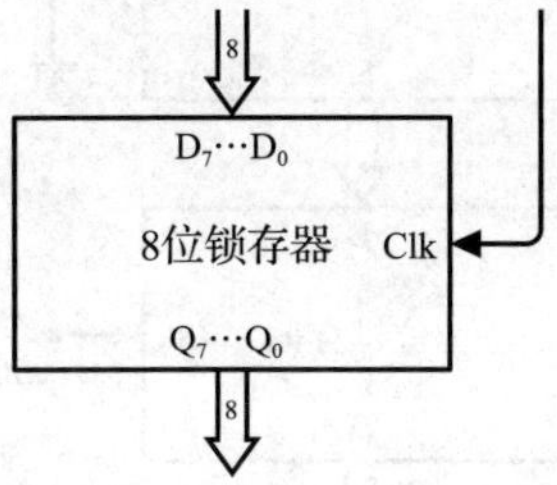

甚至可以更简单地只分别用 D 和 Q 标记输入和输出：

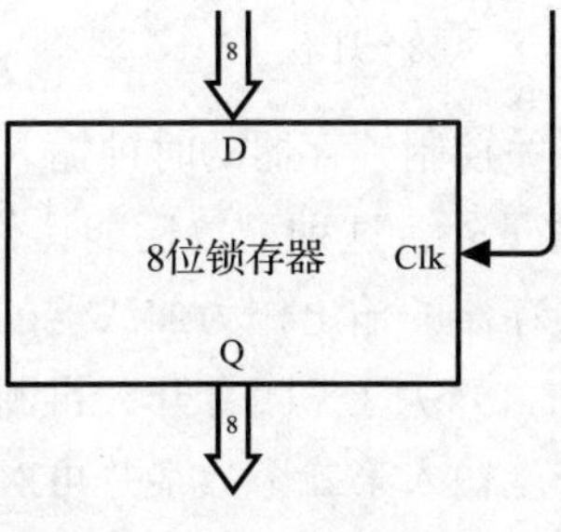

在第 14 章末尾，我们将 8 个 1 位加法器组合在一起，实现了整字节加法运算：

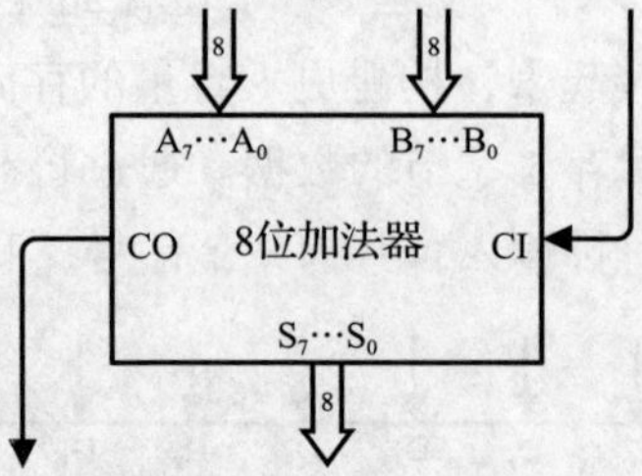

在那章中，8 个输入 A 和 8 个输入 B 连接到开关，CI（Carry In，进位输入）接地，8 个输出 S（Sum，和）和 CO（Carry Out，进位输出）连接到灯泡。

锁存器和加法器可以作为基本模块来构建更复杂的电路。例如，可以用 8 位锁存器存储 8 位加法器的输出，也可以用一个 8 位锁存器替代一组开关，将其输出作为加法器的输入。下面的设计结合了这两种用法，创建了一个“累加器”，用于计算多个数字的累加和：

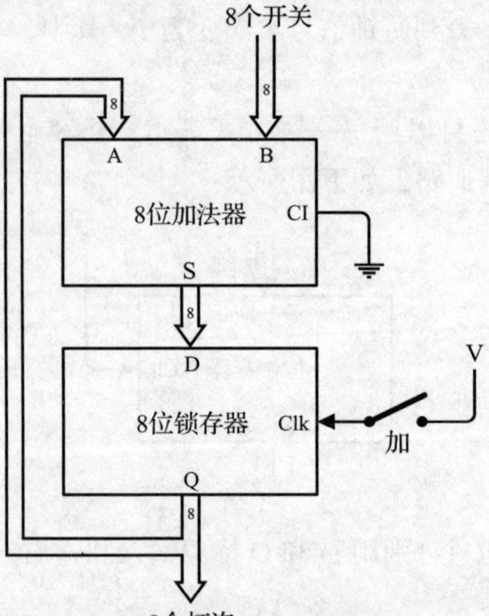

注意，标有“加”的开关控制锁存器的时钟输入。

除了减少一半的开关数量外，这种配置还能让你完成多个数字的加法运算，而不需要输入中间结果。锁存器的输出作为加法器的输入 A，初始为全零。当你输入第一个数字并操作“加”开关（先闭合开关再断开）时，这个数字会被锁存器存储并通过灯泡显示出来。输入第二个数字并再次操作“加”开关后，输入的数字会与之前的总和相加，结果继续通过灯泡显示出来。你可以继续这样输入更多数字并操作“加”开关。

然而，这个设计并不能如预期工作。如果用慢速继电器构建加法器，并能够快速切换“加”开关来将加法器的结果存入锁存器，或许能行。但当“加”开关闭合时，锁存器数据端输入的任何变化都会立即传递到输出 Q，然后返回到加法器，与输入值相加后的总和又会返回锁存器，如此循环往复。

这就形成了“无限循环”。出现这种情况是因为我们设计的 D 型触发器是电平触发的：时钟输入必须从 0 变为 1（高电平）才能存储数据端输入的值，但在时钟输入保持 1 期间，数据端输入的任何变化都会直接反映在输出值上。

电平触发的时钟输入可以满足某些应用的需求，但却不适用于累加器。对于累加器而言，我们不需要一个在时钟输入为 1 时就让数据持续通过的锁存器，而是需要一个只在时钟从 0 变为 1（或从 1 变为 0）的瞬间才保存数据的锁存器。这种跳变被称为边沿，因为它在图形表示中呈现出这样的形状：

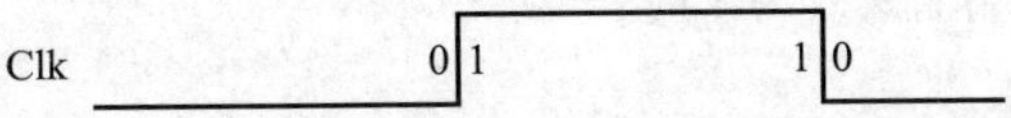

从 0 到 1 的跳变称为正跳变或正边沿，从 1 到 0 的跳变称为负跳变或负边沿。

之前介绍的电平触发的触发器在时钟输入为 1 时锁存数据，而正边沿触发的触发器只在时钟从 0 跳变为 1 的瞬间锁存数据。两种触发器都有一个共同点：当时钟输入为 0 时，数据端输入的变化不会影响输出。正边沿触发的触发器的特别之处在于，当时钟输入为 1 时，数据端输入的变化也不会影响输出——它只在时钟由 0 变为 1 的瞬间影响输出。

这种设计与前面讨论的电路有很大不同，看起来很难实现。但有一个巧妙的解决方案：边沿触发的 D 型触发器实际上是由两级电平触发的 D 型触发器串联而成，连接方式如下：

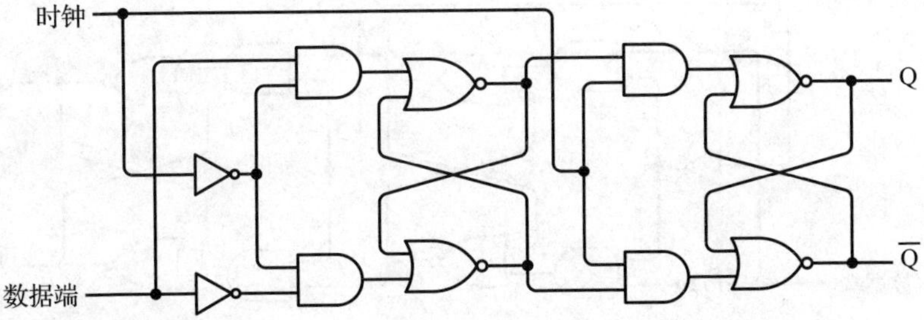

时钟输入同时控制两级触发器，但第一级的时钟信号经过反相处理。这使得第一级虽然仍是 D 型触发器，但会在时钟为 0 时存储数据端输入。第一级的输出连接到第二级的输入，在时钟为 1 时被第二级触发器保存。这样的级联结构确保数据端输入只在时钟从 0 变为 1 的瞬间被保存。

让我们仔细看看。当触发器处于初始状态时，数据端输入、时钟输入和输出 Q 都为 0：

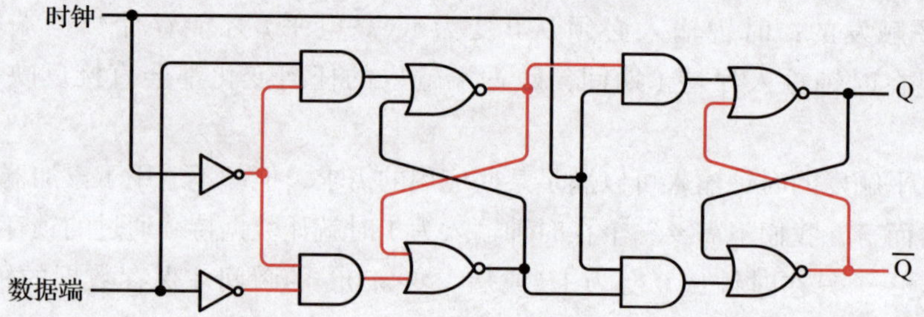

当我们将数据端输入改为 1 时：

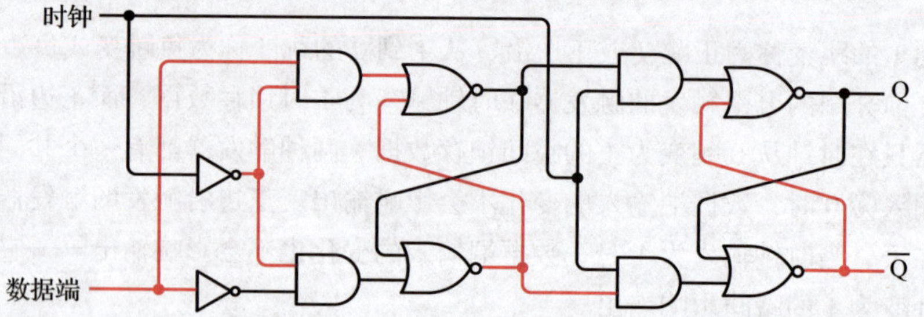

第一级触发器的状态会发生改变，因为反相后的时钟输入为 1。但是，由于未反相的时钟输入仍为 0，第二级保持不变。接下来，将时钟输入改为 1：

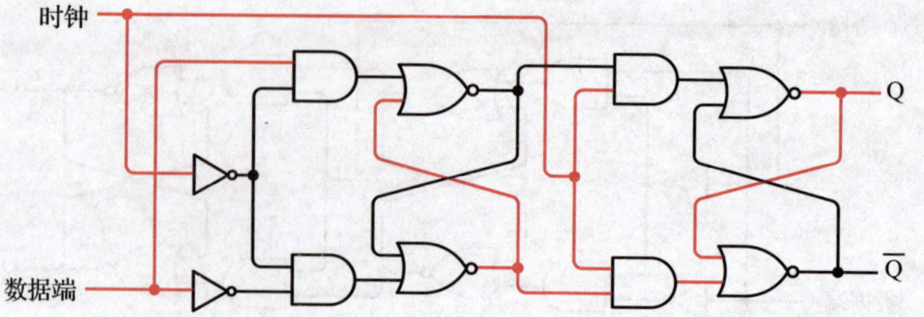

这会导致第二级发生变化，输出 Q 变为 1。不同之处在于，即使此时数据端输入发生变化（比如变回 0），也不会影响输出 Q：

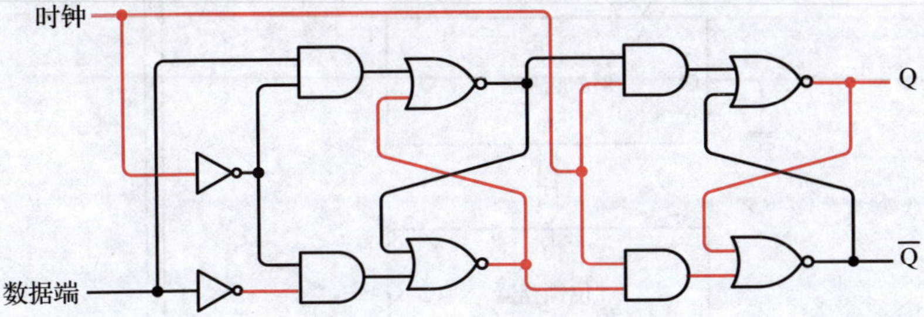

输出 Q 和 $\overline{Q}$ 仅在时钟输入从 0 变为 1 的瞬间才会改变。

边沿触发的 D 型触发器的功能表引入了一个新符号：向上的箭头（↑）。这个符号代表信号从 0 到 1 的跳变：

输入		输出	
D	**Clk**	**Q**	$\overline{\mathbf{Q}}$
0	↑	0	1
1	↑	1	0
X	0	Q	$\overline{Q}$

向上的箭头表明，只有在时钟发生正跳变（从 0 到 1）时，输出 Q 才会跟随数据端输入的值变化。这种触发器的图示如下：

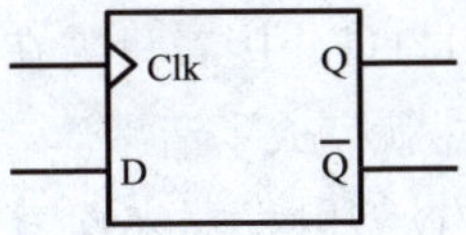

时钟输入处的小角括号表示该触发器是边沿触发的。8 个边沿触发的触发器组合在一起时，同样在时钟输入处画有一个小角括号：

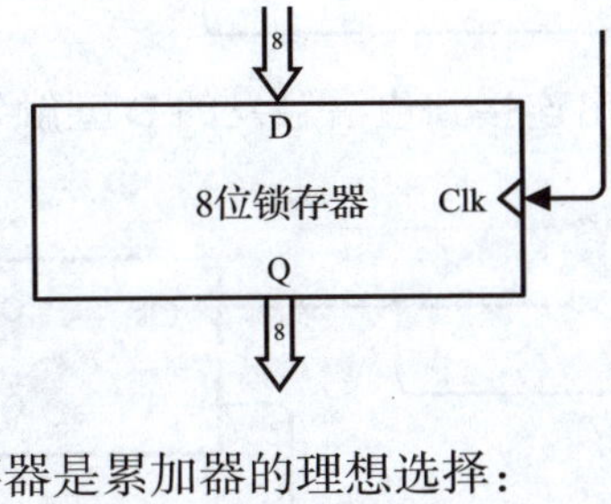

这种边沿触发的锁存器是累加器的理想选择：

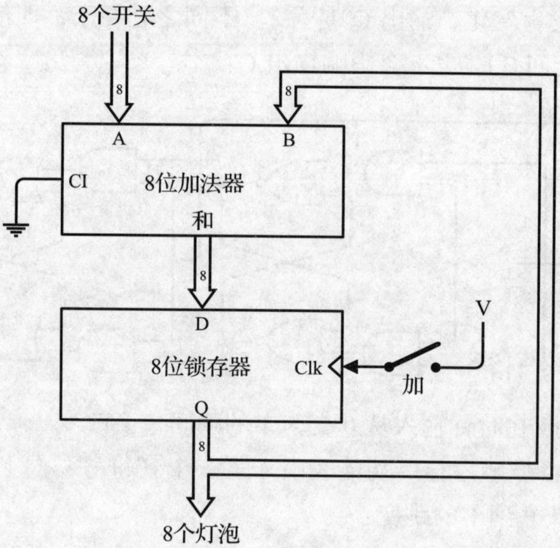

这个累加器在处理进位输出信号方面存在缺陷：当两个数字的和超过 255 时，进位输出会被忽略，导致灯泡显示的结果小于实际值。一种可能的解决方案是使用 16 位宽（或至少比预期需要的更宽）的加法器和锁存器。不过，我们暂且搁置这个问题。

还有一个问题是，这个加法器缺乏直接的清零功能来开始新的累加。但我们可以用一个巧妙的间接方法实现：利用第 16 章学过的 1 的补数和 2 的补数的概念。例如，假设当前的累加值是 10110001，我们可以在开关上输入 1 的补数（01001110）并相加，得到 11111111。接着只需在开关上输入 00000001 并相加，这时所有灯泡都会熄灭，加法器就完成了清零。

现在，我们用边沿触发的 D 型触发器来探索另一种电路。还记得本章开始时介绍的振荡器吗？它的输出在 0 和 1 之间交替变化：

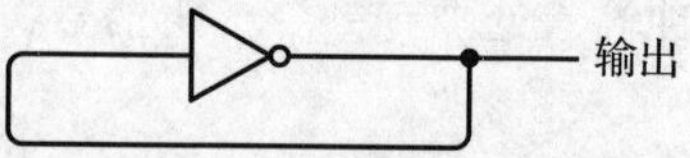

让我们把振荡器的输出连接到边沿触发的 D 型触发器的时钟输入，同时将输出 Q 连接到输入 D：

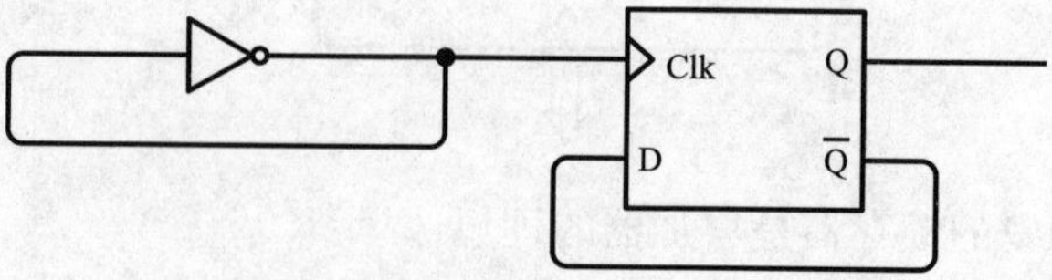

触发器的输出成为自身的输入，又形成了一个反馈回路！（这在实践中可能会有问题。振荡器由继电器或其他开关元件构成，会以最快速度来回切换。振荡器的输出连接到触发器的元件，而这些元件可能跟不上振荡器的速度。为避免这种问题，我们假设振荡器的速度远小于电路中其他触发器的速度。）

为了理解这个电路的工作原理，我们通过其功能表来分析各种状态变化。这个过程有点复杂，让我们一步一步来。

刚开始时，时钟输入为 0，输出 Q 为 0。这意味着此时输出 $\overline{Q}$ 为 1，并连接到输入 D：

输入		输出	
D	**Clk**	**Q**	**$\overline{Q}$**
1	0	0	1

当时钟输入从 0 变为 1 时，输出 Q 与输入 D 一致：

输入		输出	
D	**Clk**	**Q**	**$\overline{Q}$**
1	0	0	1
1	↑	1	0

此时时钟输入为 1。当输出 Q 变为 0 后，输入 D 随之变为 0：

输入		输出	
D	**Clk**	**Q**	**$\overline{Q}$**
1	0	0	1
1	↑	1	0
0	1	1	0

时钟输入变回 0，输出保持不变：

输入		输出	
D	**Clk**	**Q**	**$\overline{Q}$**
1	0	0	1
1	↑	1	0
0	1	1	0
0	0	1	0

时钟输入再次变为 1。由于输入 D 为 0，输出 Q 变为 0，而输出 $\overline{Q}$ 变为 1：

输入		输出	
D	**Clk**	**Q**	**$\overline{Q}$**
1	0	0	1
1	↑	1	0
0	1	1	0
0	0	1	0
0	↑	0	1

这使得 D 输入也变为 1：

输入		输出	
D	**Clk**	**Q**	**$\overline{Q}$**
1	0	0	1
1	↑	1	0
0	1	1	0
0	0	1	0
0	↑	0	1
1	1	0	1

这个过程可以简单概括：每当时钟输入从 0 变为 1 时，输出 Q 就会发生翻转，要么从 0 变为 1，要么从 1 变为 0。通过时序图可以更直观地理解这个过程：

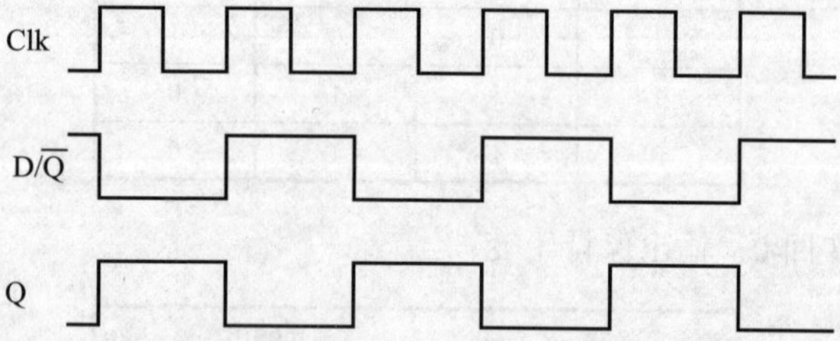

当时钟输入从 0 变为 1 时，D 值（与 $\overline{Q}$ 值相同）会传送到 Q，从而在下一次时钟输入从 0 变为 1 时改变 $\overline{Q}$ 和 D。

我之前提到过，信号在 0 和 1 之间振荡的速率称为频率，以赫兹（Hz）为单位，表示每秒的循环数。如果振荡器的频率为 20Hz（20 次循环每秒），那么输出 Q 的频率就是其一半，即 10Hz。由于这种电路将 $\overline{Q}$ 输出返回到触发器的数据端输入，因此被称为分频器。

当然，可以将一个分频器的输出作为另一个分频器的时钟输入，从而实现进一步分频。以下是 3 个级联分频器的排列示例，这种排列可以继续扩展：

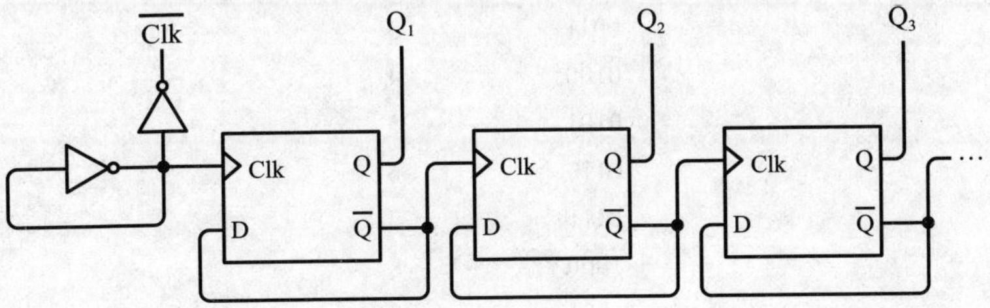

观察图中上面标注的 4 个信号：

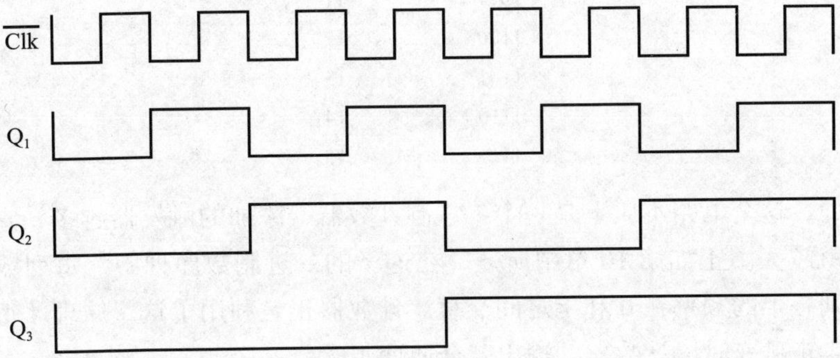

我选择了一个恰当的位置来开始和结束这个图示，但这完全符合实际情况：电路会持续重复这个模式。但是，你能看出它有什么熟悉的地方吗?

让我给你一个提示，用 0 和 1 来标记这些信号：

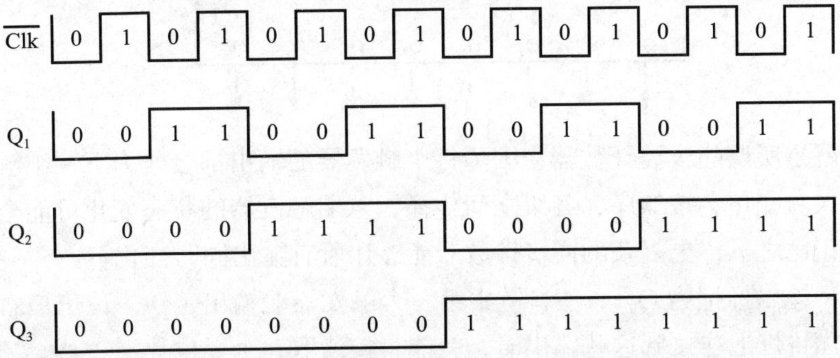

看出来了吗？将这个图顺时针旋转 90 度，读一读横向的 4 位数字，每组都对应了十进制数 0 ～ 15 中的一个：

二进制	十进制
0000	0
0001	1
0010	2
0011	3
0100	4
0101	5
0110	6
0111	7
1000	8
1001	9
1010	10
1011	11
1100	12
1101	13
1110	14
1111	15

因此，这个电路本质上是一个二进制计数器，添加的触发器越多，它能计数的范围就越大。正如第 10 章中所述，在递增的二进制数序列中，每列数字都以其右侧列一半的频率在 0 和 1 之间交替。计数器正是利用了这一原理。每当时钟信号发生正跳变时，计数器的输出就会递增 1。

让我们把 8 个触发器串联在一起，放入一个方框中：

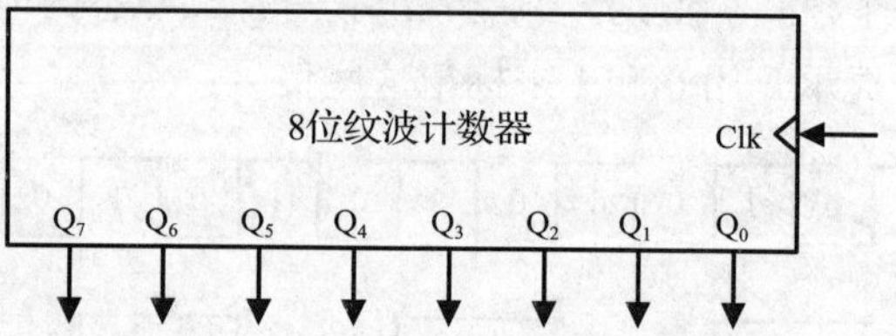

这就是所谓的纹波计数器，因为每个触发器的输出都会作为下一个触发器的时钟输入。变化会按顺序在各级之间传播，末端触发器的状态变化可能会有轻微延迟。相比之下，更复杂的同步计数器能够让所有输出同时变化。

我将输出标记为 Q_0 ～ Q_7，链中第一个触发器的输出（Q_0）位于最右端。这样，当你将灯泡连接到这些输出时，就能直接读取一个 8 位数字。

我在本章前面提到过，我们会介绍一种确定振荡器频率的方法。这就是答案。将振荡器连接到 8 位计数器的时钟输入，计数器就会显示振荡器完成的循环次数。当计数达到 11111111（十进制数 255）时，它会重置为 00000000（这种现象称为翻转或回绕）。确定振荡器频率最简单的方法可能就是将 8 个灯泡连接到 8 位计数器的输出上。现在，等到所有输出都为 0（即灯泡都熄灭）时启动秒表，到灯泡再次全部熄灭时停止。得到的结果就是振荡器完成 256 次循环所需的时间。假设用时 10 秒，那么振荡器的频率就是 256 ÷ 10，即 25.6Hz。

在现实中，由振动晶体制成的振荡器的速度要快得多，其频率从 32 000Hz（即 32kHz）起步，可达到每秒一百万次循环（一兆赫兹，1MHz）以上，甚至能达到每秒十亿次循环（一吉赫兹，1GHz）。

一种常见的晶体振荡器的频率为 32 768Hz。这个数字是经过精心选择的！当它作为输入通过一系列分频器时，频率会依次变为 16 384Hz、8192Hz、4096Hz、2048Hz、1024Hz、512Hz、256Hz、128Hz、64Hz、32Hz、16Hz、8Hz、4Hz、2Hz、1Hz——这正好可以用来计算数字时钟的秒数。

纹波计数器存在一个实际问题：它们不一定从零开始计数。接通电源时，各个触发器的输出 Q 可能随机为 1 或 0。为了解决这个问题，触发器通常会添加一个清零信号，将输出 Q 强制设为 0，而不受时钟输入和数据端输入的影响。

对于比较简单的电平触发的 D 型触发器，添加清零输入很容易实现，只需要增加一个或门即可。清零输入在正常状态下为 0，当变为 1 时，输出 Q 就会变为 0，如下图所示：

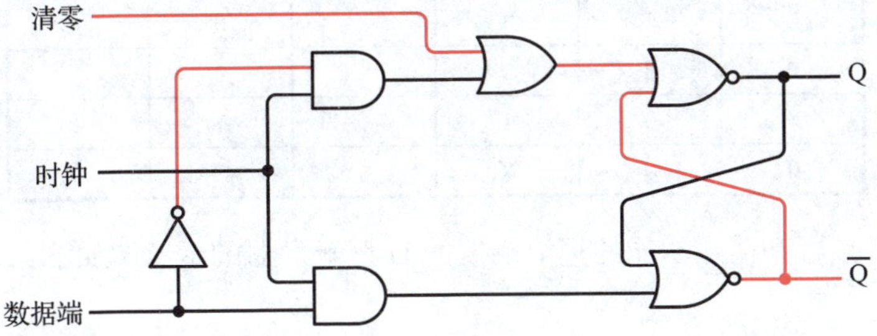

无论其他输入信号如何变化，该信号都会强制 Q 为 0，从而使触发器清零。

边沿触发的触发器的清零信号设计更为复杂。在添加清零信号的同时，我们通常也会考虑添加预置信号。清零信号将输出 Q 设为 0，预置信号则将其设为 1，两者都与时钟输入和数据端输入无关。这些清零和预置信号对于制作数字时钟非常有用，可以用来设置初始时间。

下面展示的这个边沿触发的 D 型触发器完全由 6 个三输入或非门和 1 个反相器构成，带有预置和清零功能。虽然结构不是很简单，但还比较对称。

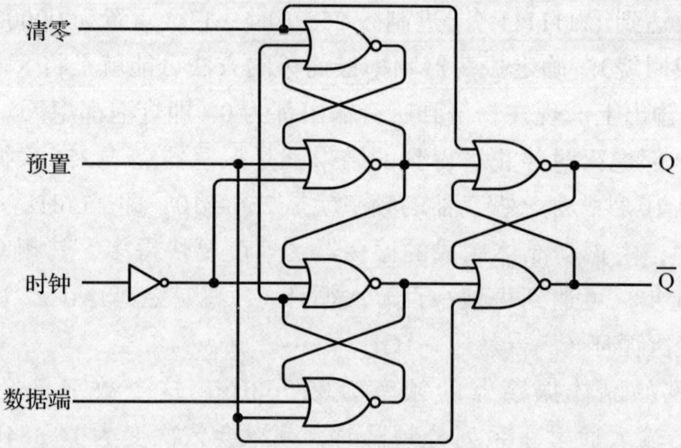

预置输入（Pre）和清零输入（Clr）可以覆盖时钟输入和数据端输入。在正常状态下，预置输入和清零输入都为 0。当预置输入为 1 时，Q 变为 1，$\overline{Q}$ 变为 0；当清零输入为 1 时，Q 变为 0，$\overline{Q}$ 变为 1。（类似于 R-S 触发器的置位和复位输入，预置和清零输入不能同时为 1。）除此以外，它的功能与普通的边沿触发的 D 型触发器完全相同：

输入				输出	
Pre	**Clr**	**D**	**Clk**	**Q**	$\overline{\mathbf{Q}}$
1	0	X	X	1	0
0	1	X	X	0	1
0	0	0	↑	0	1
0	0	1	↑	1	0
0	0	X	0	Q	$\overline{Q}$

这个带预置和清零功能的边沿触发的 D 型触发器的示意图如下：

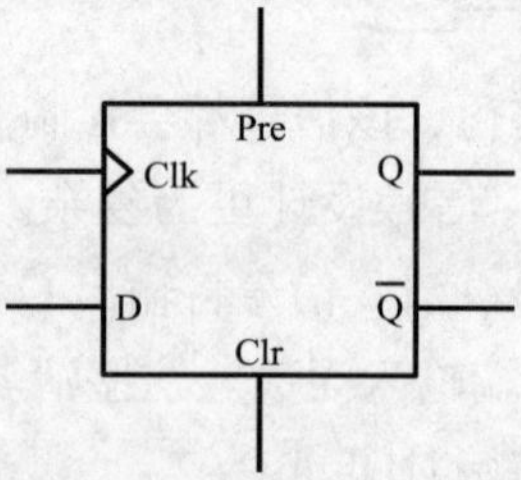

在第 15 章中，我介绍过 TTL 系列的集成电路的一些例子。如果你需要这种触发器，其实不必从门电路开始构建。7474 芯片就是一个“带预置和清零功能

的双 D 型正边沿触发的触发器”，下面是《TTL 数据手册》中对它的展示：

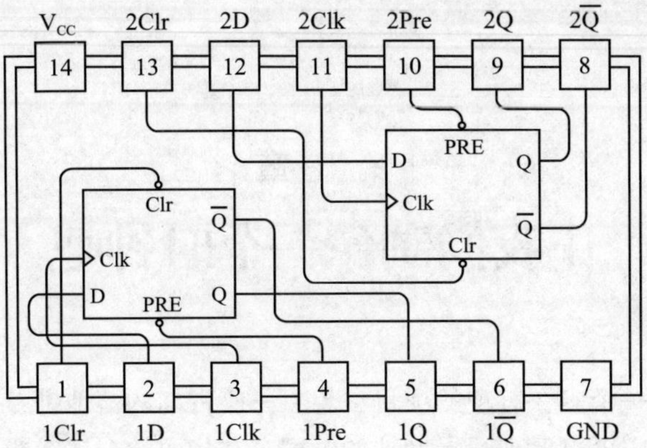

到目前为止，我们已经成功地用电报继电器和晶体管实现了二进制数的加法、减法和计数。我们还看到了触发器如何存储位和字节。这是构建计算机的核心组件存储器的第一步。

现在，让我们来点有趣的尝试。

|第 18 章|

让我们制作一个时钟吧

制作时钟是一个多么有趣的项目！想象一座古老的落地钟：雕刻精美的木制外壳，透过玻璃门可以看到缓慢摆动的钟摆。在华丽的金属表盘背后是一组复杂的齿轮系统，通过巧妙的擒纵装置来计时，嘀嗒声在整个房子里回响，每到整点就会响起庄严的钟声。

不过，我们要制作的并不是这种时钟。本章介绍的是数字时钟，它使用数字而不是旋转的指针来显示时、分和秒。实际上，这个时钟的第一个版本甚至不会显示常规的十进制数字，而是用闪烁的灯光来以二进制形式显示时间。

我知道，我知道：用二进制显示时间听起来很糟糕！但这是用熟悉的十进制数字来表示时间必要的第一步。此外，我们将使用的二进制数实际上是纯二进制和十进制的混合体。

让我们先来看看构成时间的数字。如果包括秒和分，时间显示就需要六个十进制数字，例如：

12:30:47

这是 12 时 30 分 47 秒，差不多是午夜或正午过后半小时。添加上午（AM）或下午（PM）的标志就能让这个信息更清晰。

这个时间可以用数字 12、30 和 47 的二进制等值来表示为：

1100 : 11110 : 101111

我不知道你怎么想，但我可不想以这种形式看时间。等我把这些二进制数转换成十进制，时间恐怕都已经过去一分钟了。

让我们换个方式。我们不妨将每个十进制数字分别用二进制表示，这样 12:30:47 这个时间就可以用 1、2、3、0、4 和 7 的二进制数来显示，即：

0001 0010 : 0011 0000 : 0100 0111

现在你需要在脑海中将 6 个四位二进制数转换成十进制，但由于十进制值都在 0 ～ 9 之间，所以转换起来要容易得多。此外，通过观察这种时钟上秒数的变化，你很快就能学会读取和解析这些二进制数。

这种表示方法有一个专门的名称，叫作二进制编码十进制（Binary-Coded Decimal，BCD）。在 BCD 中，十进制数的每位数字都被编码为一个四位二进制数，如下表所示：

BCD	**十进制**
0000	0
0001	1
0010	2
0011	3
0100	4
0101	5
0110	6
0111	7
1000	8
1001	9

你以前也见过类似的表格，但它们通常会继续显示 1001（十进制的 9）之后的数值，比如 1010、1011、1100、1101、1110 和 1111——这些是十进制数 10 ～ 15 的二进制等值。在 BCD 中，这些额外的二进制数是无效的。BCD 只到 1001 为止，其他的位组合都不使用。

这又是一个位本身无法表达自身含义的例子。如果你遇到数字 10011001，在没有上下文的情况下，你无法知道它代表什么。如果是无符号整数，它就是十进制的 153；如果是 2 的补码的有符号整数（在第 16 章中学过），它就是 −103；如果是 BCD，它就是 99。

BCD 在计算机内部并不常用，因为它会使加减法等基本算术运算复杂化。但在显示十进制数时，通常中间都会用到 BCD。

本章展示的第一个时钟不一定会显示正确的时间，但它会显示秒从 00 递增到 59，然后是分钟从 00 递增到 59，最后是小时。选择用 BCD 意味着显示时间的 6 个十进制数字都可以单独计算，从秒开始。以下是用于显示时间的 6 个数字及其有效值范围：

- 秒的个位数，范围为 0 ～ 9。
- 秒的十位数，范围为 0 ～ 5。
- 分的个位数，范围为 0 ～ 9。
- 分的十位数，范围为 0 ～ 5。
- 时的个位数，范围为 0 ～ 9。
- 时的十位数，只能是 0 或 1。

秒的个位数从 0 稳步递增到 9。每当秒的个位数到达 9 时，它就会翻转（或重置）到 0，同时十位数增加 1（即递增）：从 0 到 1，然后到 2、3、4，最后到 5。当秒数到达 59 时，下一个值是 00，同时分钟数增加 1。

时间中的这 6 个数字每个都需要一个独立的电路，而且每个电路都会影响下一个电路。

让我们从秒的个位数开始。你可以用类似于第 17 章中用于创建纹波计数器的连接方式，先串联 4 个边沿触发的触发器。每个触发器的输出 Q 都连接到一个灯泡：

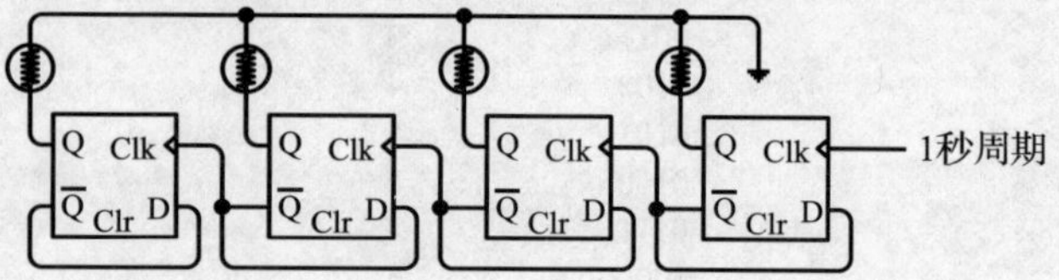

在第 17 章中，触发器从左向右连接，而这里是从右向左连接的。很快你就会看到，这种排列方式能让灯泡显示的二进制数更易读取。

最右边的输入是一个频率为 1Hz（每秒循环一次）的振荡器。这个振荡器的周期——完成一次循环所需的时间——是频率的倒数，为 1 秒。也就是说，它每秒都会从 0 变到 1，再回到 0。

每个触发器都有 Q 和 $\overline{Q}$ 两个输出，它们的值正好相反。如果 Q 为 0，则 $\overline{Q}$ 为 1。每个触发器的输出 $\overline{Q}$ 连接到其输入 D（数据端）。当时钟输入从 0 跳变到 1 时，输入 D 的值会变为输出 Q 的值。当输出 Q 从 0 跳变到 1 时，它会触发左边相邻触发器的状态改变。

对于最右边的触发器，其输出 Q 会在一秒内为 0，下一秒为 1，使得灯泡灭一秒再亮一秒。周期变成 2 秒，频率减半。右数第二个触发器再次将频率减半，对应的灯泡会亮两秒再灭两秒。以此类推。

这样，4 个闪烁的灯泡就能用二进制数读秒：

0000
0001
0010
0011
0100
…
1110
1111
0000
…

灯泡会从 0000 计数到 1111，然后回到 0000，每 16 秒完成一次循环。

但这并不是我们想要的！我们需要灯泡每 10 秒从 0000 计数到 1001，到达 1001（十进制的 9）后又回到 0。

幸运的是，我们使用的触发器底部有一个标记为 Clr 的清零输入。当清零输入被设为 1 时，无论其他输入是什么，触发器的输出 Q 都会变为 0。而且，所有清零输入可以同时设为 1，将显示的数字重置为 0000。

这些清零输入何时该设为 1 呢？显示值 1001（十进制的 9）是有效的，但下一个值 1010（十进制的 10）无效。因此，当 4 个触发器的输出为 1010 时，我们希望将它们都清零。

这可以通过将一个与门连接到两个触发器的输出 Q 来实现：

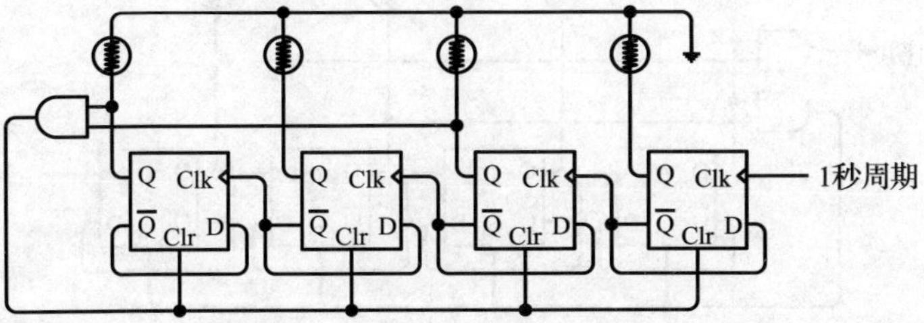

在现实中，构成触发器的晶体管运行速度极快，你根本看不到从 1010 到 0000 的转变过程。当 4 个触发器的输出 Q 变为 1010 时，与门的输出立即变为 1，触发器随即清零，回到全零状态。从视觉上看，从 1001 到 0000 的过渡非常平滑：

0 0 0 0

0 0 0 1

0 0 1 0

0 0 1 1

0 1 0 0

0 1 0 1

0 1 1 0

0 1 1 1

1 0 0 0

1 0 0 1

0 0 0 0

…

如果你对使用触发器输出来清零触发器有些不放心，那么你的担心并非毫无道理。虽然存在更好的实现方法，但它们都相对复杂。在实际构建二进制时钟时，你可以考虑使用名为十进制计数器的集成电路，它能够从 0000 计数到 1001，然后平稳地回到 0000。

现在我们已经实现了从 0 到 9 的计数，接下来你将看到一个用于秒的十位数的电路，它可以实现从 0 到 5 的计数。当表示个位数的 4 个灯泡从 1001 返回 0000 时，十位数需要加 1，这意味着我们需要一个信号在此时从 0 变为 1。

虽然可以用与门的输出来实现这个功能，但我们采用另一种方法，在电路中加入一个与非门：

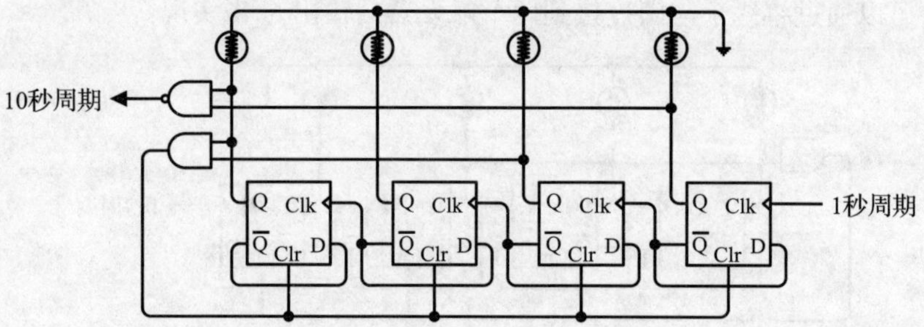

回想一下，与非门的输出和与门相反，其输出通常为 1，仅当两个输入都为 1 时，输出才为 0。这个与非门的接线方式是，当显示数字为 1001（十进制的 9）时，两个输入都为 1。此时，与非门的输出将变为 0，随后回到 1。这个过程每 10 秒重复一次，这种从 0 到 1 的跳变可以作为另一个边沿触发的触发器的输入。

下面展示了 1 秒周期信号、4 个触发器的输出 Q（从右到左）以及 10 秒周期信号的时序图：

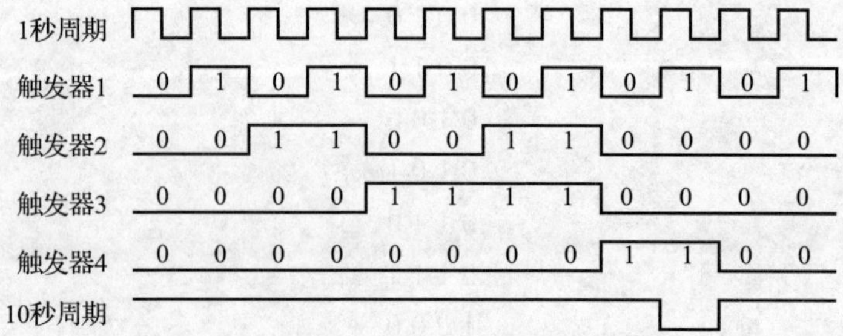

将这个图顺时针旋转 90 度后，你可以清楚地看到 4 个触发器如何从 0000 计数到 1001，然后回到起点。

前面的与非门的输出作为这个二进制时钟下一阶段的输入，用于计数秒的十位数：0、1、2、3、4 和 5。这一阶段仅需 3 个触发器，但当计数到达 110（十进制的 6）时，这 3 个触发器都需要清零：

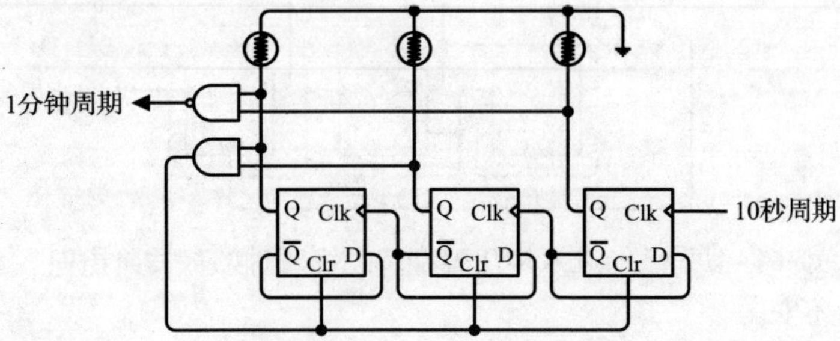

当显示数字为 101（十进制的 5）时，该电路中与非门的输出变为 0。结合前面的 4 个触发器，这个时钟现在可以从 000 0000 计数到 101 1001（十进制的 59），然后所有 7 个触发器都归零。以下是这 3 个触发器的时序图：

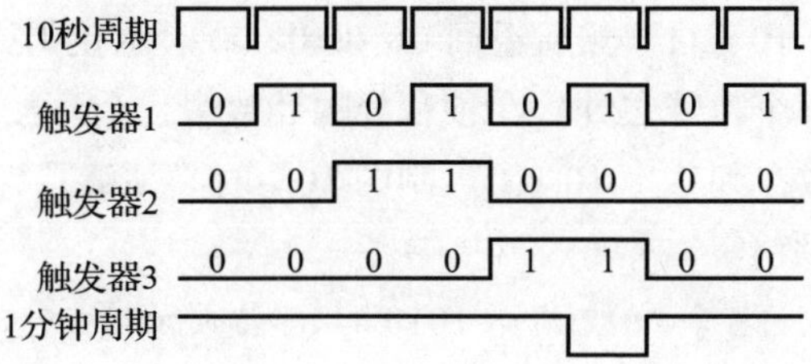

同样，将这个图顺时针旋转 90 度，你可以清楚地观察触发器如何从 000 计数到 101，然后回到起点。

现在我们有了一个周期为 1 分钟的信号，可以开始计数分钟了。用于从 0 到 9 计数分钟的这 4 个触发器与之前用于计数秒的 4 个的配置完全相同：

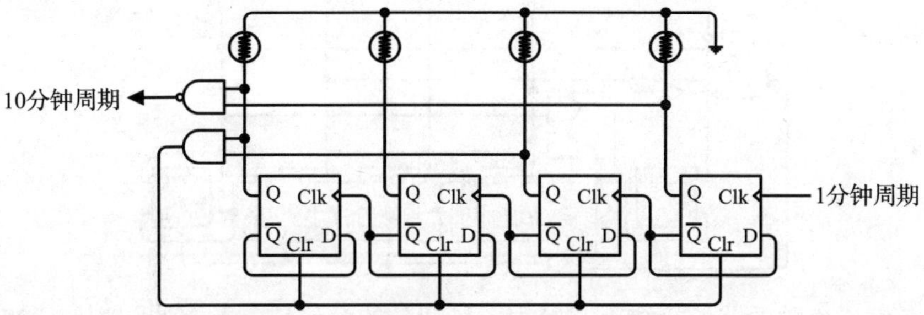

这个 10 分钟周期的输出可以作为另一组 3 个触发器的输入，用于计数分钟的十位数，其配置与之前用于计数秒的十位数的一样：

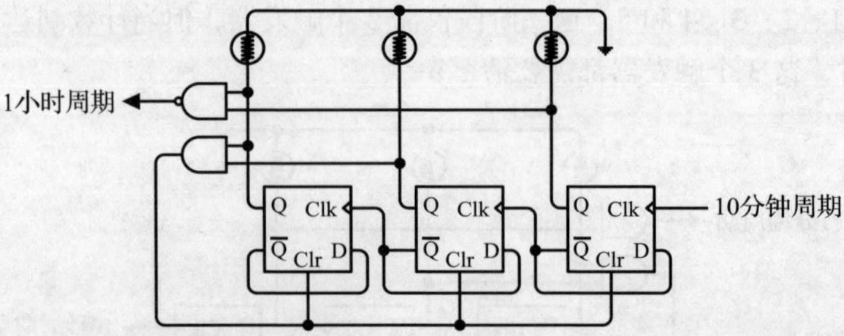

现在，就在你似乎已经进入构建整个二进制时钟的最后阶段时，你可能会开始感到一丝不安。

对于 24 小时制时钟，小时从 0 开始计数到 23，但英语国家通常使用 12 小时制，这就带来了一个问题：小时虽然与分和秒一样也有两位数字，但不是从 0 开始的。按照惯例，正午或午夜显示为 12 点，随后是 1 点。

让我们暂时搁置这个问题。假设在 12 小时制下，小时依次为 0、1、2、3、4、5、6、7、8、9、10、11，然后返回 0，00:00:00 表示正午或午夜。

但小时还有另一个特殊之处：在秒和分的计数中，个位数和十位数的清零是相互独立的。个位数在到达 1010（十进制的 10）时必须清零，十位数在到达 110（十进制的 6）时必须清零。

对于小时来说，当个位数到达 1010 时也必须清零。这就是从 9:59:59 到 10:00:00 的跳变。但当十位数为 1 且个位数为 0010 时，两位数都必须清零。这就是从 11:59:59 到午夜或正午的转换，我们暂时将其表示为 00:00:00。

这意味着小时的个位数和十位数必须一起考虑。下面的 5 个触发器展示了如何在两种不同的条件下清零这两位数字：

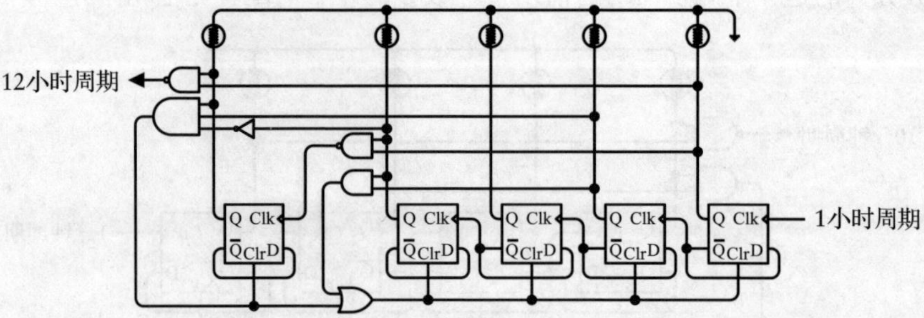

右侧 4 个触发器的接线方式与用于秒和分的个位数的配置非常相似。当数字变为 1010 时，有一个与门清零这些触发器，同时有一个与非门输出从 0 到 1 的跳变信号。

但在左上方还有一个三输入与门，用于判断是否小时的十位数为 1 且个位数同时为 0010（十进制的 2），合并的 BCD 值为 12。你可能会想在此时显示 12，但这样就会遇到如何将下一个数值显示为 1 的问题。取而代之的是，这个三输入与门会清零所有 5 个触发器，使显示的小时为 0。

这个电路可以成功地从 0 到 11 依次显示小时。现在我们只需要解决一个问题：我们希望在所有触发器的输出 Q 都为 0 时显示的小时为 12，即 1 0010。

这可以通过一个五输入或非门来实现，如下图右侧所示：

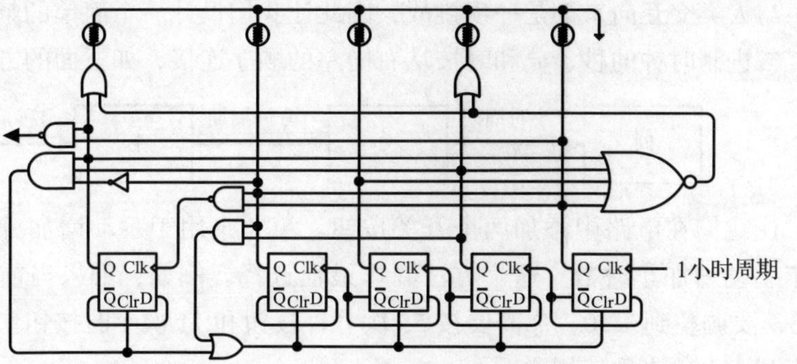

回想一下，或非门的输出和或门相反。只有当所有 5 个输入都为 0 时，这个或非门的输出才为 1。该或非门的输出接着又作为两个分别连接到两个灯泡上的或门的输入。因此，当 5 个触发器的输出为 0 0000 时，灯泡会显示 1 0010（十进制的 12）。

我还没有提到最左侧的与非门。这个门的输出通常为 1，只在小时显示为 1 0001（十进制的 11）时会变为 0。一旦小时不再是 11，输出就会恢复为 1。这个输出信号可以连接到另一个触发器，用作上午 / 下午（AM/PM）的标志：

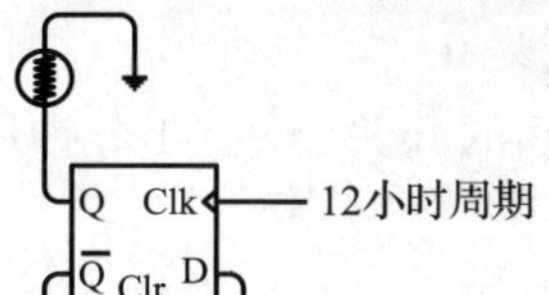

你可以在网站 CodeHiddenLanguage.com 上找到结合了所有这些组件的完整二进制时钟。

如你所见，这个时钟的 6 位数字都使用了一个与非门来为下一位数字生成时钟信号。这个与非门的输出通常为 1，只有当两个输入同时为 1 时才会变为 0。这种设计在时钟首次启动时会产生一个独特现象：在启动时，每个与非门的输出都为 1，都会触发下一级第一个触发器的时钟输入。这样，时钟启动时的初始时间会被设置为：

1:11:10

如果这正好是你启动时钟的准确时间，那就很理想了。但如果不是，你可能就需要将时钟调整到当前时间。

有些数字时钟可以通过互联网、GPS 卫星或专用的无线电信号来获取时间。但就需要手动设置的时钟而言，你可能遇到过那种需要按特定顺序操作多个按钮的情况，有时甚至需要查看详细说明才能完成设置。

与人类交互向来都是一项挑战，因此让我们设计一个简单的解决方案。

二进制时钟的秒、分和时按从右向左的顺序连接，如下面的方框图所示：

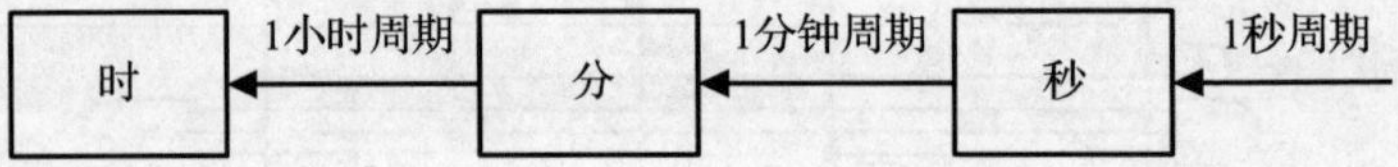

让我们在电路中添加两个开关按钮。第一个用于手动增加分钟数，第二个用于手动增加小时数。这个方法并非最佳选择。例如，如果当前显示的时间是 2:55，要调整到 1:50，你需要按 55 次分钟按钮和 11 次小时按钮。它的优点是简单直观，无须查看使用说明。

通常，当秒数达到 59 并返回到 00 时，分钟数会增加。“1 分钟周期”信号通常为 1，但会在秒的十位数字为 5 时变为 0。同样，“1 小时周期”信号通常也为 1，但会在分的十位数字为 5 时变为 0。

我们希望在按下设置时间的开关时这两个信号会发生变化。例如，当“1 分钟周期”信号为 1（这是大多数情况下的状态）时，按下开关会使其变为 0，松开开关则恢复为 1。同样，当信号为 0（即秒数在 50 ～ 59 之间）时，按下开关会使信号变为 1，松开后恢复为 0。

简而言之，手动设置时间的开关会使“1 分钟周期”和“1 小时周期”信号转变为与正常情况相反的值。

这正是异或门的应用场景之一。我们在第 14 章讨论数字相加时曾使用过这种门。异或门的输出和或门相似，只在两个输入都为 1 时会有所不同：

XOR	0	1
0	0	1
1	1	0

除了在加法运算中发挥重要作用之外，异或门还可以反转信号。当一个输入为 0 时，异或门的输出与另一个输入保持一致；当一个输入为 1 时，输出则变为

另一个输入的相反值。

利用异或门的这一特性，我们可以轻松实现手动设置时间的功能：

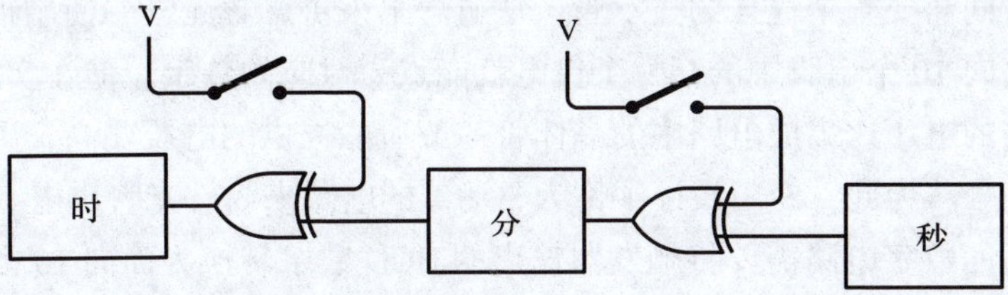

当二进制时钟的秒和分不断跳动时，这种效果令人着迷。从 20 世纪 70 年代开始，带闪烁灯光的二进制时钟作为新奇物品进入市场，虽然其价格与简单的内部电路不相称。不过对于想学习二进制数字（或至少是二进制编码十进制数字）的人来说，这些时钟确实具有一定的教育价值。

对于偏好传统十进制数字显示的人来说，还有其他选择。其中最优雅的一种（从技术复古的角度来看）是使用冷阴极显示器—— 一种主要充满氖气的玻璃管。管内有呈数字形状的交错导线，每根导线连接到底部的 10 个引脚之一，最左边为 0，依次往右到 9：

图中省略了一个接地引脚，以及一个连接到该引脚的环绕所有导线的金属网格。

当向某个引脚施加电压时，环绕对应数字的氖气会发光：

布劳斯公司于 1955 年推出了这种显示管，以一个神话中的水精灵命名，称之为 Nixie 管（辉光管）。

显示时间需要 6 个这样的显示管。从概念上来讲，辉光管的使用很简单：只需设计电路向 10 个引脚中的某一个供电就能点亮对应的数字。但在实际使用中，由于它所需的电压比集成电路中的晶体管一般所能提供的电压要高，因此使用起来会比较困难。为此，专门设计了称为驱动器的电路来为辉光管供电。

辉光管的数字电路需要将触发器输出的 BCD 数字转换为面向 10 个独立的引脚的信号。当数字为 0000 时，向代表 0 的第一个引脚发送信号；当数字为 0001 时，向代表 1 的引脚发送信号；当数字为 1001 时，向代表 9 的最后一个引脚发送信号。

你在第 10 章末尾见过类似的电路，那里将八进制数转换为点亮 8 个灯泡之一的信号。这种电路称为解码器，这里将其扩展以适应 BCD 数字，因此称为 BCD 解码器：

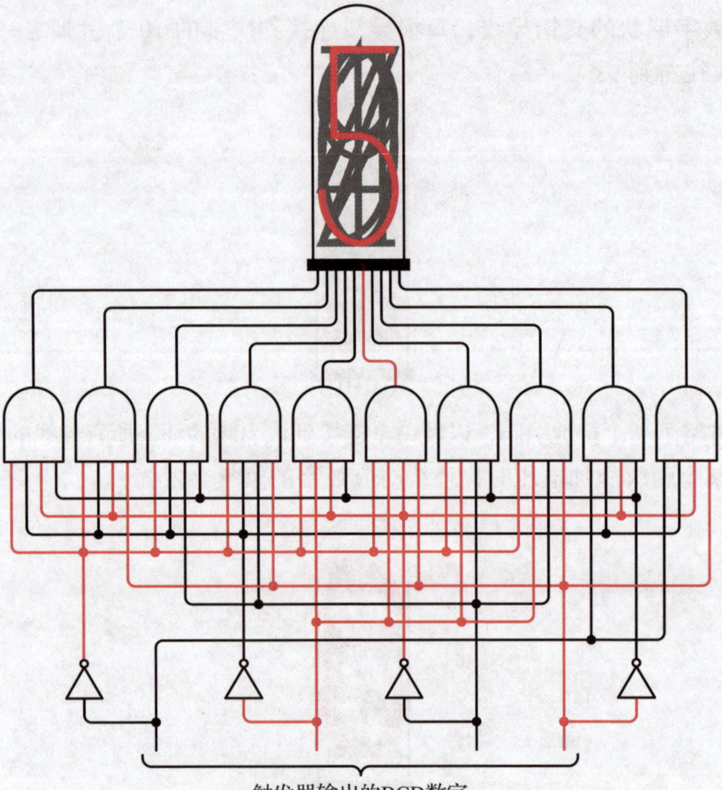

这个电路乍看起来比较复杂，其实结构非常清晰。下面是 4 个触发器输出的 BCD 数字，图中的红线表示当前的数字为 0101（十进制的 5）。这 4 个信号都通过反相器进行了反相，然后与原始信号组成各种组合，输入 10 个四输入与门。以对应数字 5 的与门为例（位于中心偏右处），它的 4 个输入分别是：

- BCD 的最低有效（最右）位
- BCD 次低有效位的反相
- BCD 的次高有效位
- BCD 最高有效（最左）位的反相

只有当 BCD 数字为 0101 时，这 4 个输入才会同时为 1。

显示十进制数字的一种更常见的方式是使用 7 段数码管，这种数码管由 7 段以简单的模式排列的细长灯管构成：

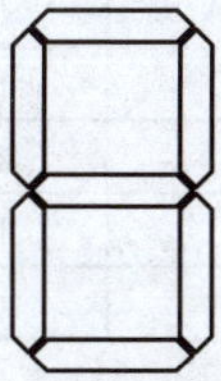

这种数码管一般在背面设有 8 个引脚：其中 7 个分别对应 7 段灯管，1 个用于接地。通过向不同引脚组合施加电压，就可以点亮相应的段来显示特定的十进制数字：

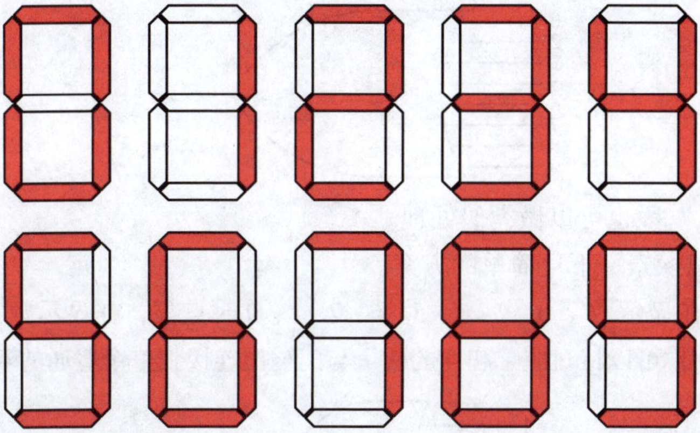

为方便接线，每段都有一个标识字母：

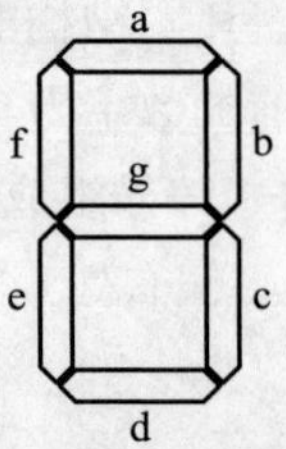

下表列出了显示十进制数字 0 ～ 9 分别需要点亮的段：

数字	a	b	c	d	e	f	g
0	1	1	1	1	1	1	0
1	0	1	1	0	0	0	0
2	1	1	0	1	1	0	1
3	1	1	1	1	0	0	1
4	0	1	1	0	0	1	1
5	1	0	1	1	0	1	1
6	1	0	1	1	1	1	1
7	1	1	1	0	0	0	0
8	1	1	1	1	1	1	1
9	1	1	1	1	0	1	1

这些十进制数字对应的信号已经有了，即 BCD 解码器中的与门的输出，刚才被用于点亮数码管。

先来看“a”段。它需要在显示数字 0、2、3、5、6、7、8、9 时点亮。因此，我们可以将对应这 8 个数字的与门输出连接到一个八输入或门：

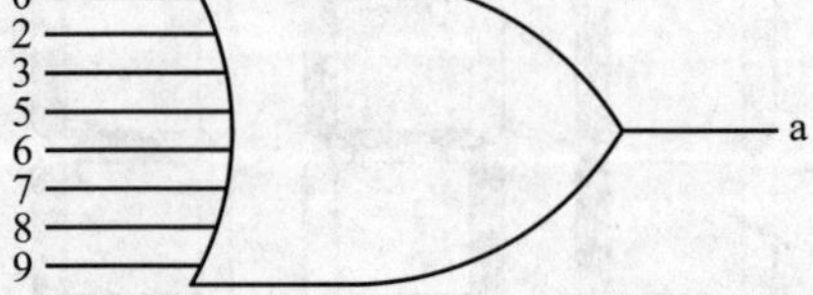

对于“b ～ g”段也可以做类似处理。

你也可以探索一下更简单的方案。

“a”段在显示数字 0、2、3、5、6、7、8、9 时点亮，在显示数字 1 和 4 时不点亮。因此，你可以将对应 1 和 4 的两个与门输出连接到一个普通的双输入或非门：

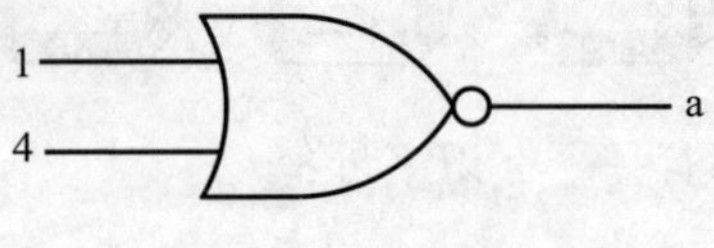

当输入信号不是 1 或 4 时，这个或非门的输出为 1。对于这两个数字，顶部的段不会点亮。

这两种方法的效果略有不同。有时你可能需要 7 段数码管整个都不亮，不显示十进制数字。比如，当 BCD 解码器中的 10 个与门信号都为 0 时。在这种情况下，八输入或门能正确工作，但双输入或非门会继续点亮顶部的段。

如果你的 7 段数码管需要一直显示数字，那么可以按照下图所示在 BCD 解码器的基础上构建一个 7 段解码器：

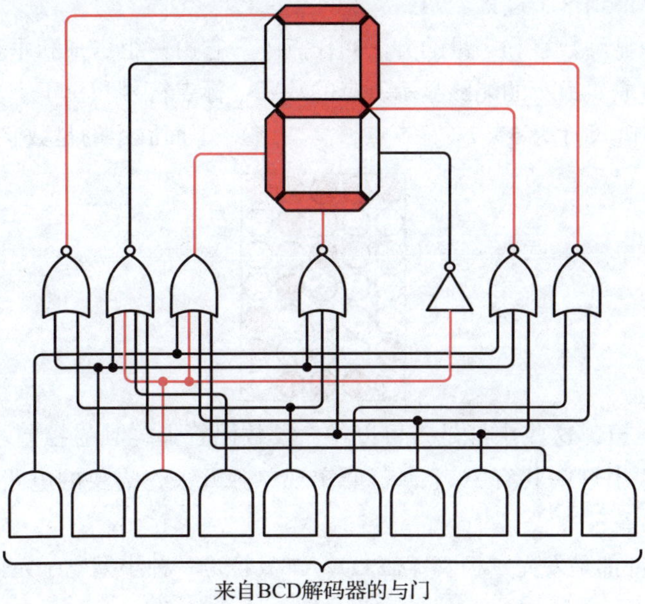

其中 5 段使用或非门，另外 2 段分别使用或门和反相器。

值得注意的是，最右边的与门没有任何连接！这个与门对应的是数字 9 的信号，该数字的所有段都通过其他的或非门和反相器点亮。7 段数码管还可以接线显示额外的十六进制数字，但需要想办法区分十六进制的 B 和 8，以及 D 和 0。一种解决方案是混合使用大小写字母，下图显示的是 A、b、C、d、E 和 F：

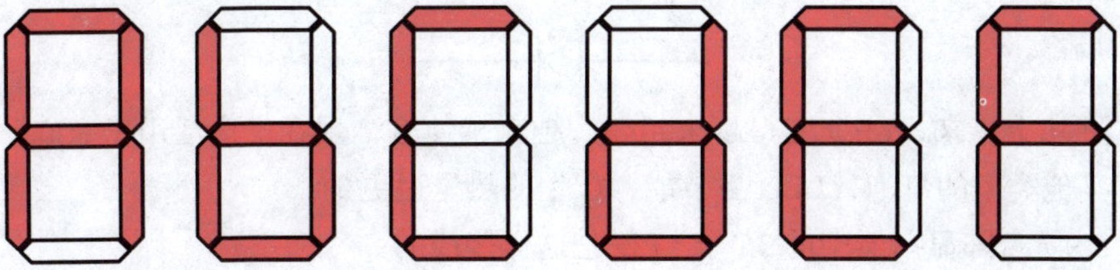

若要显示全部 26 个字母，则需要更多段，包括对角段。常用的解决方案是使用 14 段数码管和 16 段数码管。

你可能会想，每个数字是否都需要单独的解码电路。虽然这样做可行，但为了简化电路，有更好的方案。我们可以使用一种叫作多路复用的技术让多个数字共享一个解码电路。解码器的输入可以在不同信号源之间快速切换，输出同时传送到所有显示器。不过，当解码器在多个信号源之间切换时，每次只有一个显示器接地。也就是说，任一时刻只有一个数字亮起，但由于切换速度极快，我们的眼睛一般察觉不到这个过程。

还有一种显示数字和字母的方法叫作点阵，它由一组水平和垂直排列成网格的圆形小灯组成。最小的能够显示所有的数字、标点符号和拉丁字母表中的不带重音字母的点阵尺寸为 5 × 7（宽 5 点，高 7 点），下面展示的是数字 3：

你可能会想，这些小灯是否可以像 7 段数码管那样独立控制。但这并不实际，因为这些小灯一共有 35 个，若要实现单独开关，需要的电路太多。因此，我们采用了另一种方法。

这 35 个灯都是发光二极管（LED）。二极管是一种小型电子元件，用以下符号表示：

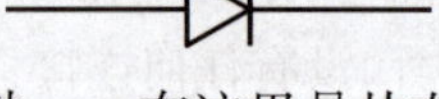

二极管只允许电流单向流动——在这里是从左向右。右侧的垂直线表示二极管会阻止电流从右向左流动。

LED 是一种能在电流通过时发射出光子的二极管，这些光子被我们的眼睛感知为光。LED 的符号与普通二极管相似，但多了几个代表光线的小箭头：

近几十年来，LED 变得越来越亮、越来越便宜，现在已广泛用于家庭照明。相比其他类型的灯泡，LED 更节能，产生的热量也更少。

5 × 7 点阵显示器中的 35 个 LED 是这样接线的：

每个 LED 都位于行和列的交叉点上。这些 LED 同一行的输入端相互连接，同一列的输出端相互连接。（也可以将输入端按列连接，输出端按行连接，但这对整体工作原理没有实质影响。）

这样，7 行 5 列的连接数就从 35 个减少到 12 个。

这种设计的局限是一次只能点亮一行或一列灯。起初，这看似很受限，但有个巧妙的解决方案：通过让点阵的行和列快速依次显示，就能让人眼产生整个显示屏同时被点亮的错觉。

回头看看点阵是如何显示数字 3 的。在最左列中，有两个灯被点亮：顶部的灯和从下往上数第二个灯。这只需给这两行供电，并将第一列接地即可实现：

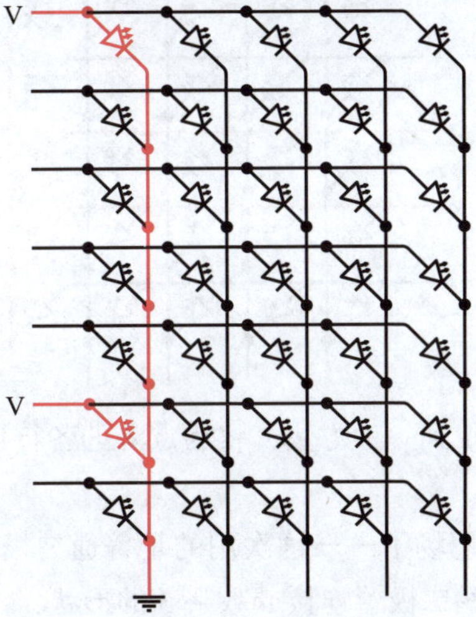

追踪从电源到接地之间所有可能的连接，你会发现除了这两个被点亮的灯之外，其他所有电流路径都是被二极管阻断的。

对于数字 3 的第二列，顶部和底部的灯需要点亮。为此，给这两行供电并将第二列接地：

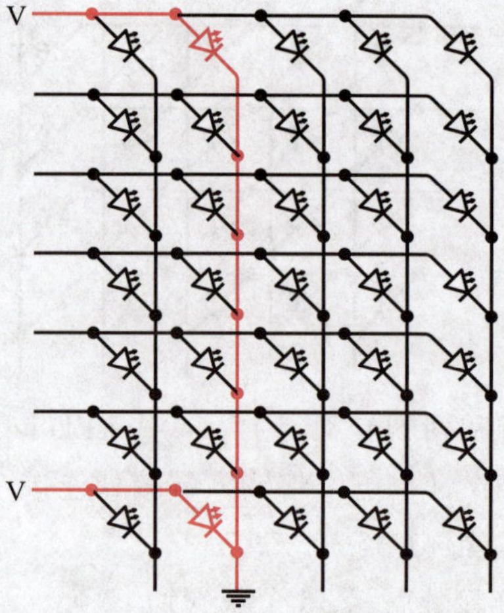

其他列的工作原理类似。对于数字 3 的最右列，需要点亮三个灯。给对应的行供电，并将该列接地：

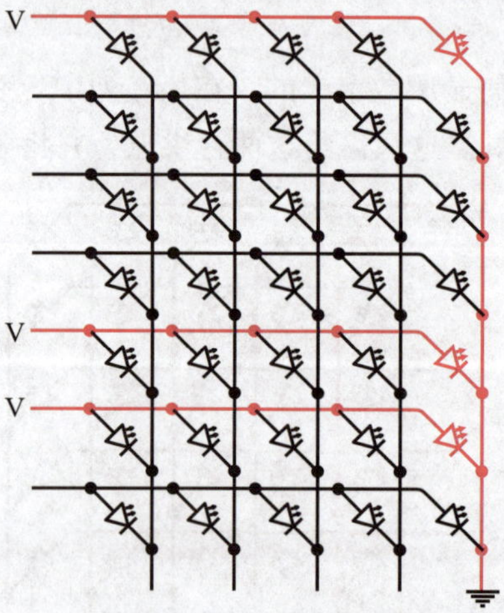

接下来，我们需要找到一种方法，将为点阵的各行供电和将其中一列接地的过程自动化。

二极管又一次派上用场了——这次用的是普通二极管，而不是发光二极管。下图展示的是如何将一些二极管连接成数字 3 的形状：

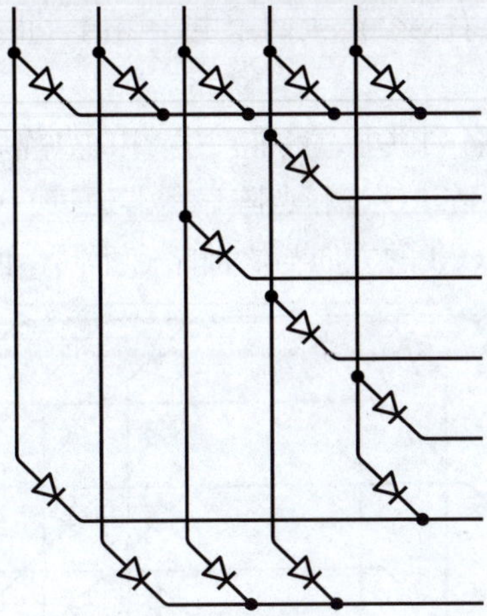

你能从这里看出数字 3 吗？这些二极管的排列与前面显示数字 3 时点亮的灯完全对应。但请记住，这些是普通二极管，不是 LED。数字 3 实质上是通过这组相连的二极管编码而成的。

这种配置被称为二极管矩阵，它存储着显示数字 3 所需点亮的灯的位置信息。因此，这个二极管矩阵可以被视为一种存储器。由于其内容在不重新接线的情况下无法更改，因此更确切地说，它是一种只读存储器（ROM）。

这个二极管矩阵 ROM 能帮助我们在点阵 LED 显示器上显示数字 3。注意顶部的各列导线，它们分别对应着点阵显示器的 5 列。下图展示了向左侧第一根垂直导线供电的情况：

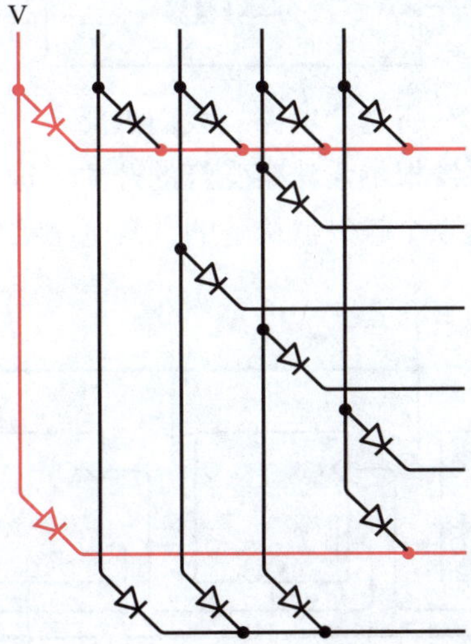

按照二极管的排列，右侧会产生两个电压输出，正好对应着显示数字 3 时第一列需要点亮的 LED 灯。

通过快速依次向其余各列供电，就能产生 LED 点阵显示所需的全部电压组合。

下图展示了二极管矩阵 ROM 和点阵显示器通过一些辅助电路连接在一起的样子。虽然二极管矩阵 ROM 的方向与之前略有不同，但其功能完全一样：

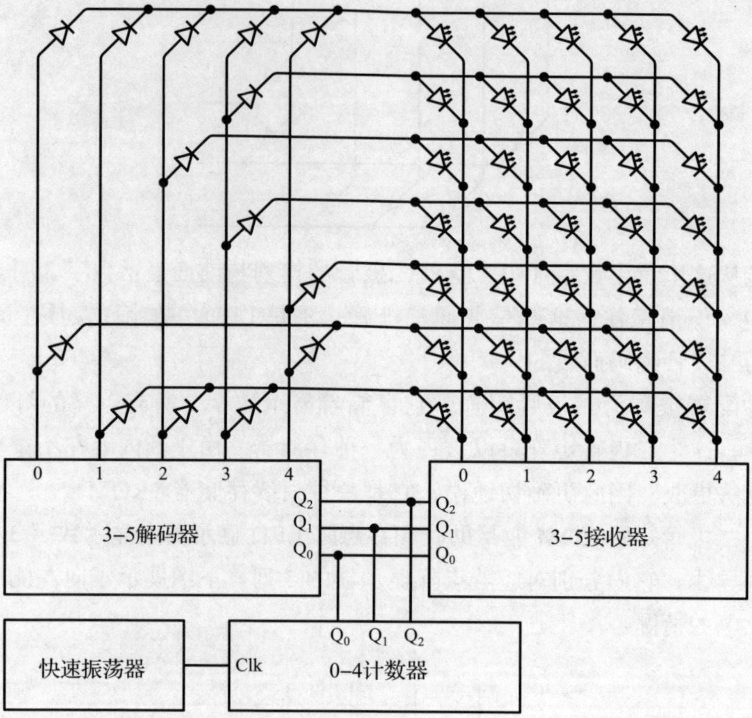

让我们从左下角开始分析这个电路：我们需要一个非常快速的振荡器，其速度要快到使人类的视觉系统根本无法察觉灯的开关。这个振荡器为一个计数器提供输入，该计数器是通过 3 个触发器构建的，其电路结构你应该很熟悉：

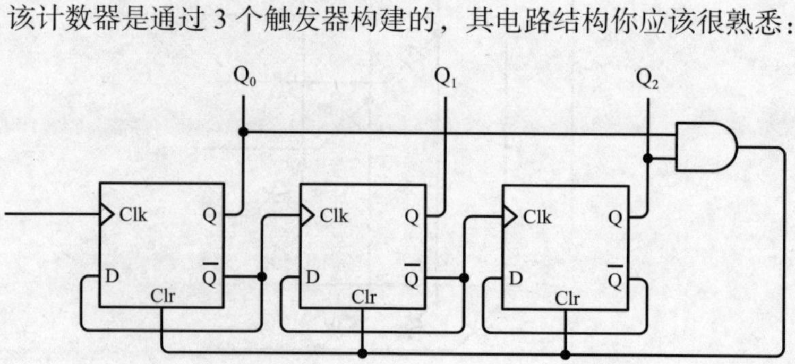

这个计数器与之前在时钟中使用的类似，但它只从 0 开始计数到 4，即二进制的 000、001、010、011 和 100。当计数达到 101 时，与门会将 3 个触发器清零。

这些二进制数会输入到左侧的 3-5 解码器中。它是第 10 章末尾介绍的 3-8 解码器和本章前面介绍的 BCD 解码器的简化版。之所以说它是简化版，是因为它只需要将 000 ～ 100 这 5 个二进制数分别解码为 5 个信号：

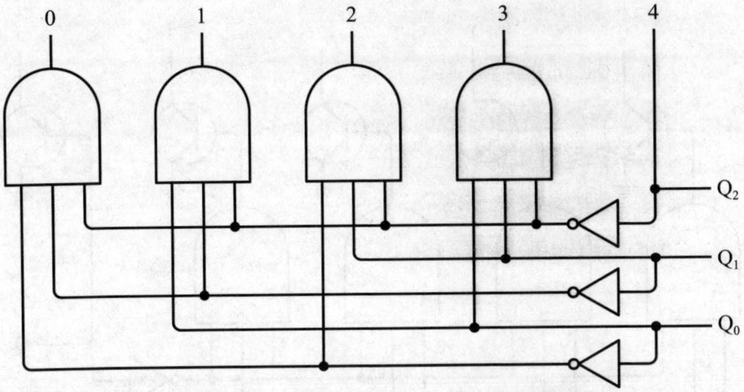

随着三位二进制数从 000 计数到 100，解码器依次输出 0、1、2、3、4，然后返回到 0 重新开始。值得注意的是，标记为“4”的输出不需要与门，这是因为 Q_2 只在二进制数为 100（即 4）时才为 1。

这 5 个输出（0 ～ 4）对应大图左侧二极管矩阵 ROM 的 5 列，随后为右侧点阵显示器的 7 行供电。在实际应用中，必须在二极管矩阵和点阵显示器之间添加电阻，以限制电流，防止 LED 烧毁。

电流随后向下进入一个名为“3-5 接收器”的特殊元件，这是该电路中唯一的新元件。

这个电路需要一个特殊的设计。在 5 个信号向上穿过二极管矩阵的同时，我们需要某种方法将点阵显示器的 5 列之一接地。在本书中，我们已经构建了用于供电的电路和逻辑门，这类电路可以称为电流源。但现在我们需要的恰恰相反——我们需要一个可以接收电流（自动接地）的装置。

让我们使用第 15 章中学过的晶体管。下面是一个晶体管的符号表示：

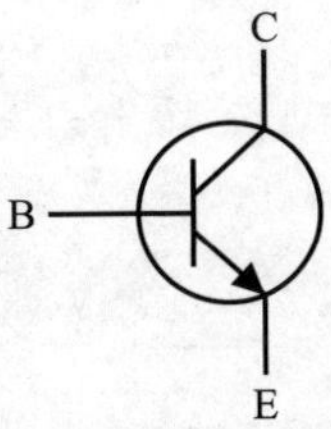

三个字母分别代表基极（B）、集电极（C）和发射极（E）。基极通电后，电流会从集电极流向发射极，这意味着我们可以将发射极接地。

大图底部的 3-5 接收器与 3-5 解码器极为相似。事实上，两者可以使用相同的电路。唯一的区别在于，顶部与门的输出（以及 Q_2 输入）连接到了 5 个晶体管的基极输入。

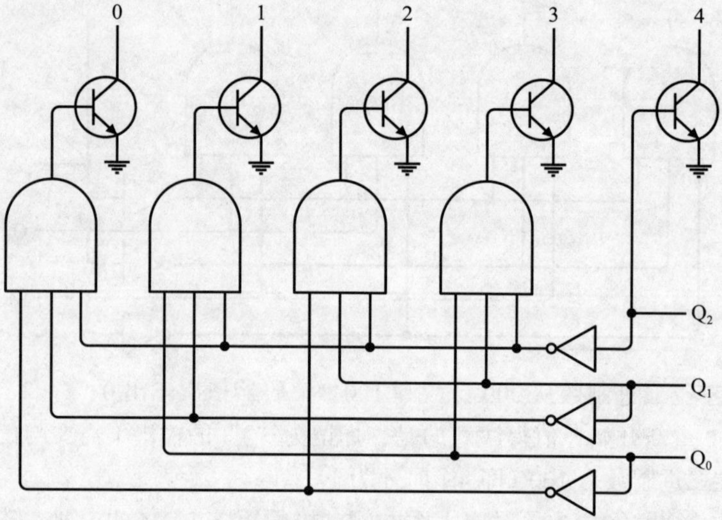

然后，点阵显示器的 5 列向下流动的电流会通过这些晶体管依次接地。

现在我们有了一个能在点阵显示器上显示数字 3 的完整电路。当然，这还不是我们的最终目标。就像辉光管和 7 段数码管一样，我们希望这个电路也能显示时钟输出的 0 ～ 9 的数字。为此，我们需要扩展其他 9 个数字的二极管矩阵，并使用 BCD 解码器实现另一级选择。

在网站 CodeHiddenLanguage.com 上可以找到显示数字 0 ～ 9 的电路的动态演示版本。

不过，尽管与二进制数对应的动态数字看起来可能其乐无穷，但本书的目标不只是制作一个时钟。

第 19 章 存储器组织

每天早上，当我们从睡梦中醒来时，记忆会填补大脑的空白。我们会记起自己身在何处，之前做了什么，以及今天计划做什么。这些记忆可能会突然涌现，也可能慢慢浮现，也许几分钟后还会有一些记忆断层（“奇怪，我不记得睡觉时穿着袜子”），但总的来说，我们通常能够重新串起自己的生活，获得足够连续的记忆来开始新的一天。

当然，人类的记忆并不是很有条理。当你试图回忆高中几何课的内容时，很可能会想起正当老师要解释证明完毕（Quod Erat Demonstrandum，QED）的概念时开始了消防演习。

人类的记忆也并非万无一失。事实上，文字记录的发明很可能就是为了弥补我们记忆的缺陷。

我们书写，然后阅读；我们保存，然后检索；我们存储，然后访问。存储器的功能就是在这两个事件之间保持信息完整。每当我们存储信息时，我们就在使用不同类型的存储器。在 20 世纪，存储信息的媒介就包括纸张、塑料光盘、磁带，以及各种类型的计算机存储器。

即使是电报继电器（在接线为逻辑门并组装成触发器后）也能存储信息。如我们所见，一个触发器能够存储 1 位信息。虽然这个信息量并不大，但这是一个开始。一旦知道如何存储 1 位信息，我们就能轻松地存储 2 位、3 位或者更多信息。

在第 17 章中，你遇到了电平触发的 D 型触发器，它由一个反相器、两个与门和两个或非门组成：

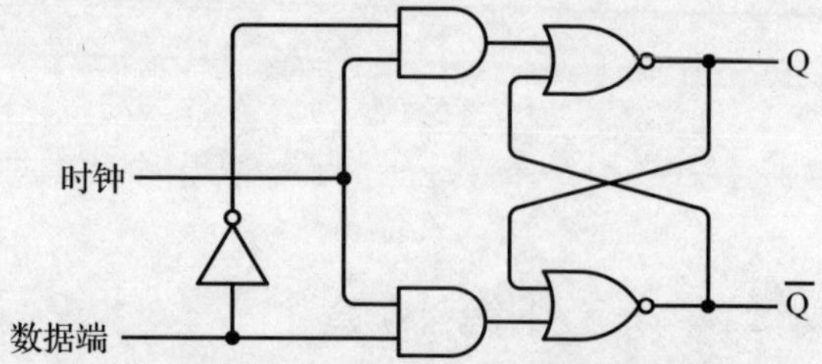

当时钟输入为 1 时，输出 Q 与数据端输入相同。但当时钟输入变为 0 时，输出 Q 会保持为数据端输入之前的值。在时钟输入再次变为 1 之前，数据端输入的后续变化不会影响输出。

在第 17 章中，这个触发器在几个不同的电路中都有使用，但在本章中，它通常只会以一种方式使用——存储 1 位信息。因此，我要重新命名输入和输出，使它们更符合这个用途：

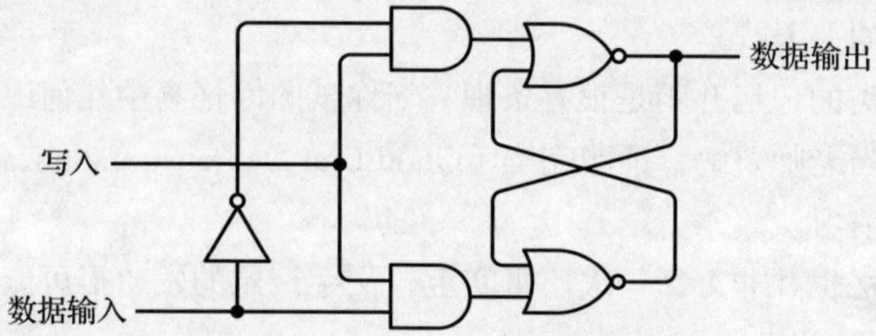

这是同一个触发器，但现在输出 Q 改名为数据输出，时钟输入（在第 17 章中最初称为保持位）改名为写入。类似于在纸上书写信息，写入信号使数据输入信号被写入或存储到电路中。通常情况下，写入输入为 0，数据输入信号对输出没有影响。但每当我们要在触发器中存储 1 位数据时，就会将写入输入置 1，然后置 0。如下面的逻辑表所示，数据输入、写入和数据输出分别简写为 DI、W 和 DO：

输入		输出
DI	**W**	**DO**
0	1	0
1	1	1
X	0	DO

正如第 17 章所述，这种电路也被称为锁存器，因为它可以锁存数据。在本

章中，我们将其称为存储器。下面展示了 1 位存储器的简化表示形式，没有绘制单独的组件：

也可以采用另一种方向：

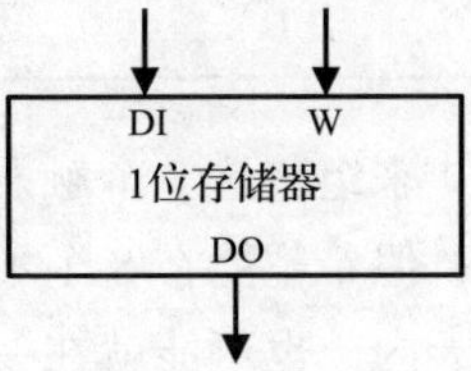

输入和输出的位置可以灵活调整。

虽然 1 位存储器的容量很小，但我们可以轻松地将 8 个这样的存储器连接在一起，组成一个整字节存储器。你需要做的就是将这 8 个写入信号连接起来：

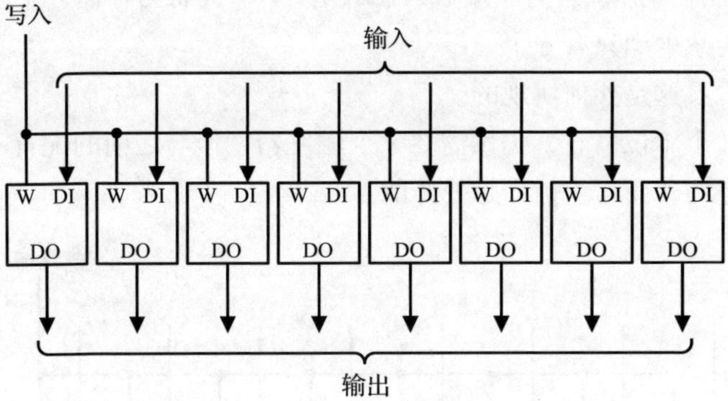

这个 8 位存储器具有 8 个输入端、8 个输出端，以及一个通常保持为 0 的写入输入端。要在存储器中保存一个字节，只需将写入输入先置 1 再置 0。这个电路也可以用一个简单的方框来表示：

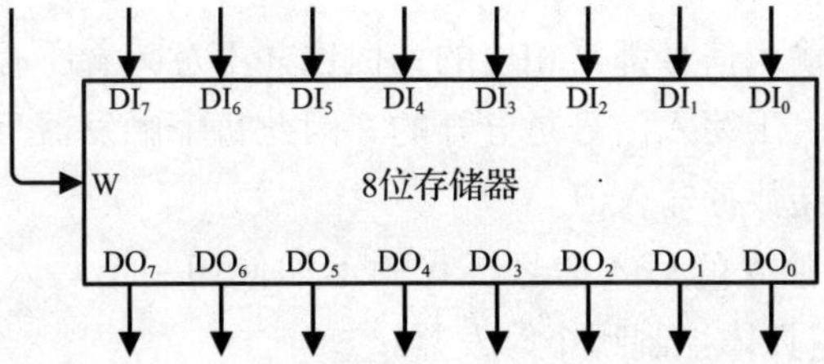

像之前一样，这 8 位用下标数字来区分，0 代表最低有效位，7 代表最高有效位。

为了与 1 位存储器的表示保持一致，可以用 8 位数据通路来表示 8 位存储器的输入和输出：

还有一种不那么直接的方式来组装这 8 个触发器。假设我们只需要一个数据输入信号和一个数据输出信号，但希望能在 8 个不同的时刻保存数据输入信号的值，这 8 个时刻可能分布在一天内，也可能就在一分钟内。同时，我们希望之后能通过查看那个唯一的数据输出信号来读取这 8 个值。

换句话说，我们不是要保存一个 8 位值，而是要保存 8 个独立的 1 位值。

存储 8 个独立的 1 位值涉及的电路更复杂，但却从其他方面简化了存储器：计算一下 8 位存储器所需的连接数，总共为 17 个，而当存储 8 个独立的 1 位值时，连接数会减少到只有 6 个。

让我们看看这是如何实现的。

当存储 8 个 1 位值时，仍然需要 8 个触发器，但与之前的配置不同，所有数据输入是相连的，而写入信号是分开的：

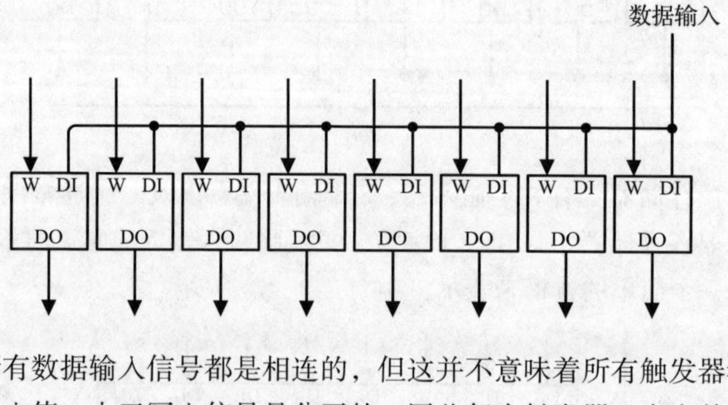

虽然所有数据输入信号都是相连的，但这并不意味着所有触发器都会存储相同的数据输入值。由于写入信号是分开的，因此每个触发器只会在其对应的写入信号变为 1 时才存储数据输入值。

与其操作 8 个独立的写入信号，我们不如使用一个写入信号，并使用一个 3-8 解码器来管理它具体控制哪个触发器：

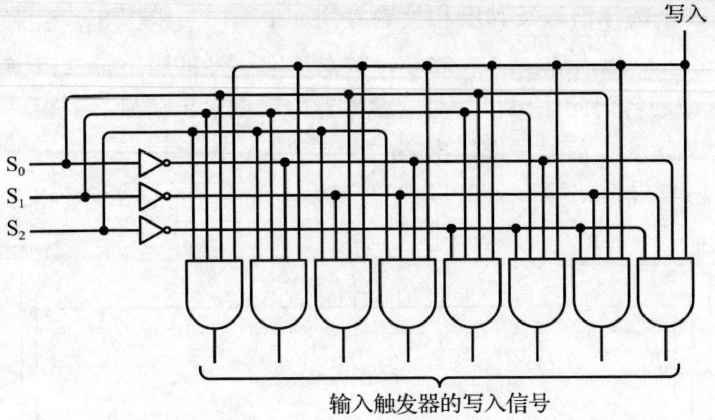

这种电路在之前已经出现过：第 10 章末尾介绍了一个使用 3 个开关来指定八进制数的电路，其中 8 个与门分别连接到一个灯泡。根据指定的八进制数，8 个灯泡中只有一个会亮起。第 18 章中用于显示时钟数字的电路也与之类似。

S_0、S_1 和 S_2 是选择信号。每个与门的输入都包含这些选择信号或它们的反相之一。这个 3-8 解码器比第 10 章中的更有用，因为它将写入信号与输入 S_0、S_1 和 S_2 结合了起来。当写入信号为 0 时，所有与门的输出都为 0；当写入信号为 1 时，根据 S_0、S_1 和 S_2 的状态，有且仅有一个与门的输出为 1。

8 个触发器的数据输出信号作为输入连接到一个 8-1 选择器，这个选择器可以从 8 个数据输出信号中选择一个：

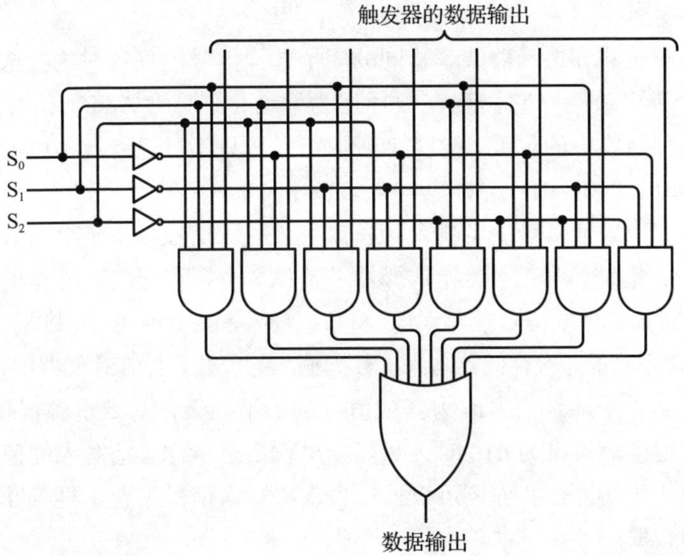

同样，3 个选择信号及其反相被输入到 8 个与门。根据 S_0、S_1 和 S_2 的状态，有且仅有一个与门的输出为 1。此外，触发器的数据输出信号也被输入到这 8 个与门。被选中的与门的输出将是对应触发器的数据输出信号。最后，由一个八输入或门提供从这 8 个信号中选择出来的最终数据输出信号。

3-8 解码器和 8-1 选择器可以与 8 个触发器像下面这样组合起来：

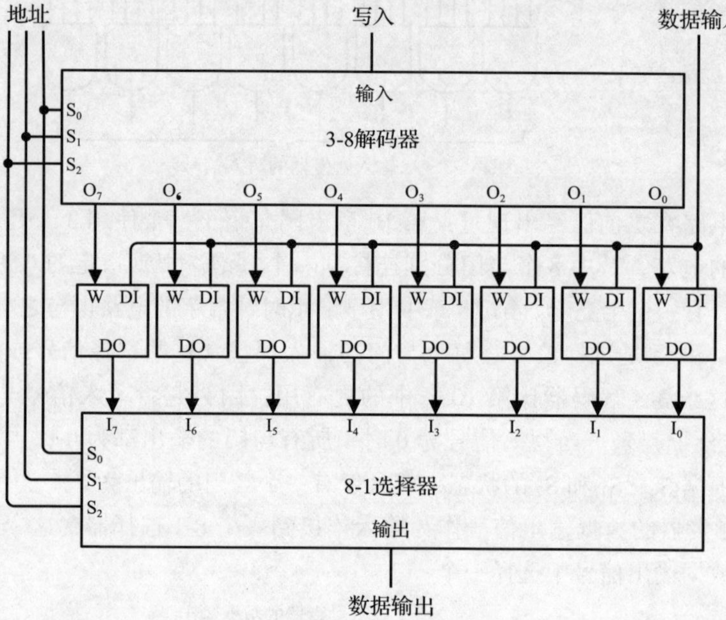

注意，解码器和选择器共享相同的 3 个选择信号。我还对这些选择信号的标签做了一个重要改动。它们现在被标记为地址（简写为 Addr）信号，因为它们指定了位在存储器中的位置。这类似于信箱号，只不过只有 8 种可能的 3 位地址值：000、001、010、011、100、101、110 和 111。

在输入端，地址信号决定哪个触发器将被写入信号触发来存储数据。在输出端（图底部），地址信号控制 8-1 选择器来选择 8 个锁存器之一的输出。

例如，将 3 个地址信号置为 010，将数据输入置为 0 或 1，并将写入信号先置 1 再置 0。这就完成了一次存储器写入，数据输入的值被存储在存储器的地址 010 处。

你可以将 3 个地址信号改为其他值。到了第二天，只要电源保持接通状态，当你再次将地址信号设为 010 时，数据输出就会显示你之前写入的值。这就是存储器的读取或访问操作。你还可以通过再次将写入信号先置 1 再置 0 来向同一地址写入新的数据。

这种结构允许你随时将地址信号设为 8 个值中的任意一个，从而存储 8 个不同的 1 位值。这种触发器、解码器和选择器的配置有时被称为读 / 写存储器，因为它既允许你存储（即写入）值，也允许你随后对这个值进行访问（即读取）。由于可以随意将地址信号更改为 8 个值中的任意一个，这种存储器更广为人知的名称是随机存储器（Random Access Memory，RAM）。

并非所有存储器都是随机存储器！在 20 世纪 40 年代后期——用真空管制造存储器变得可行而晶体管尚未发明之前，人们使用了其他形式的存储器。有一种独特的技术是使用长汞管来存储信息位。脉冲像池塘中的波浪一样从管子的一端传播到另一端，但这些脉冲只能按顺序读取，不能随机读取。这种延迟线存储器以及其他类似产品一直使用到了 20 世纪 60 年代。

我们现在构建的这种 RAM 配置可以存储 8 个独立的 1 位值。它可以这样表示：

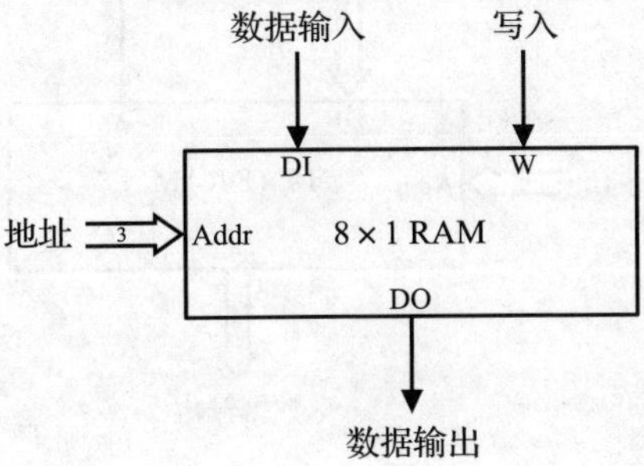

特定的 RAM 配置通常被称为 RAM 阵列。上图中的这个 RAM 阵列以 8 × 1 的方式组织。阵列中的 8 个值每个都是 1 位。通过将这两个值相乘就可以得出 RAM 阵列能存储的总位数，本例中为 8 × 1=8 位。

通过将较小的阵列连接在一起，可以构建更大的存储器阵列。例如，将 8 个 8 × 1 的 RAM 阵列的所有地址信号连接在一起，所有写入信号连接在一起，就可以构建一个 8 × 8 的 RAM 阵列：

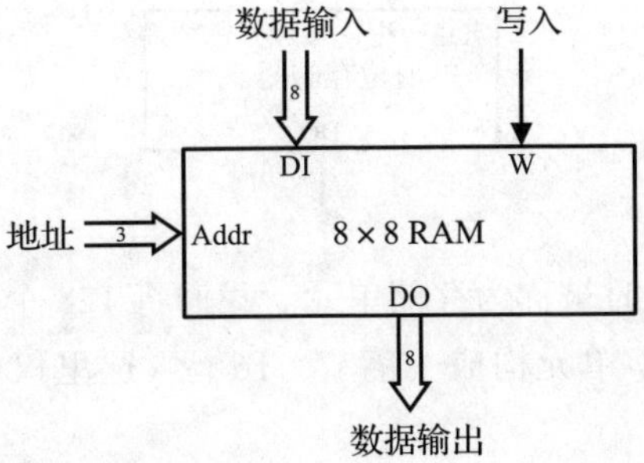

注意，数据输入和数据输出信号现在都是 8 位宽。这个 RAM 阵列可以存储 8 个独立的字节，每个字节都由一个 3 位地址引用。

然而，如果我们真的用 8 个 8×1 的 RAM 阵列来组装这个 RAM 阵列，那么所有的解码逻辑和选择逻辑都会重复。此外，你可能已经注意到，3-8 解码器和 8-1 选择器在很多方面都很相似。它们都使用 8 个四输入与门，由 3 个选择信号或地址信号进行选择。在实际的存储器配置中，解码器和选择器会共用这些与门。

让我们探索一种更高效的 RAM 阵列组装方式。不用 8×8 的 RAM 阵列来存储 8 个字节，我们可以将容量翻倍，制作一个 16×8 的 RAM 阵列来存储 16 个字节。最终的结果如下所示：

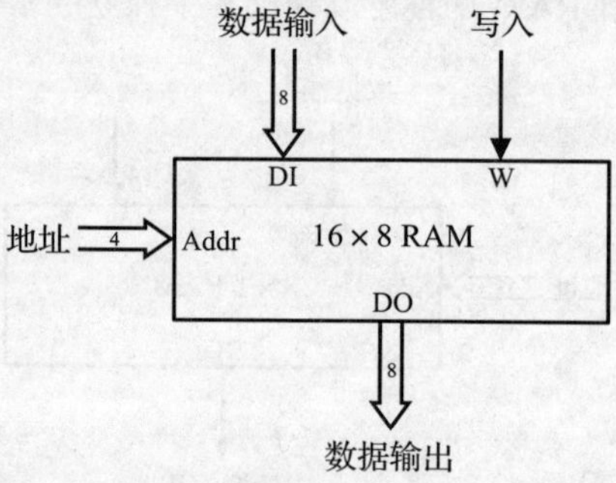

地址需要 4 位宽才能寻址 16 字节的存储器。这个 RAM 阵列可以存储的总位数是 16 乘以 8，即 128 位，这需要 128 个独立的触发器。显然，完整的 16×8 的 RAM 阵列很难在一页纸内展示出来，因此我将分几个部分来介绍。

在本章前面，你看到了如何用一个方框来表示存储 1 位的触发器，标有数据输入（DI）、写入（W）输入和数据输出（DO）：

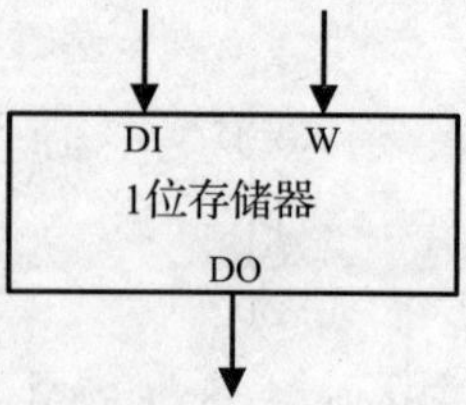

这种 1 位存储器有时被称为存储单元。我们将 128 个这样的单元排列成 8 列 16 行的网格。每行 8 个单元构成 1 字节，16 行（这里仅展示 3 行）就可以存储 16 字节：

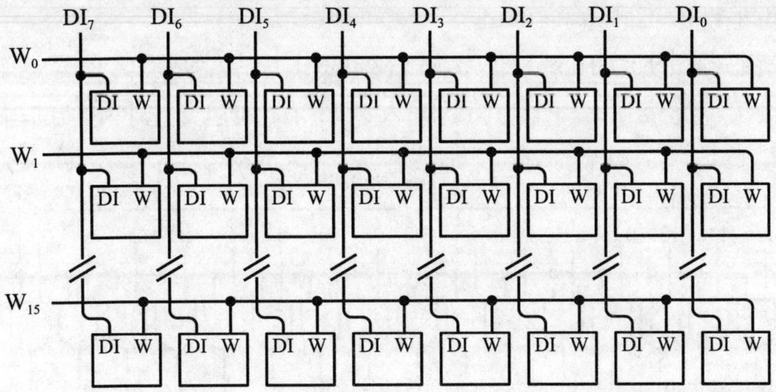

先不考虑数据输出部分。如你所见，每个字节的写入信号是相连的，因为我们将一次性写入一个完整的字节。这些写入信号在左侧标记为 W_0 ~ W_{15}，对应 16 个可能的地址。

数据输入信号采用不同的连接方式。在每行中，字节的最高有效位在左侧，最低有效位在右侧。每个字节的对应位相互连接在一起。虽然所有字节共享相同的数据输入信号，但这不会造成问题，因为只有在写入信号为 1 时，数据才会写入相应的字节位置。

要写入 16 字节中的任意一个，我们需要一个 4 位宽的地址，因为至少需要 4 位才可以生成 16 个不同的值，从而一一对应这 16 字节。如前所述，16×8 的 RAM 阵列的地址输入确实是 4 位宽的，但我们需要一种方法来将地址转换为合适的写入信号。这时就需要用到 4-16 解码器：

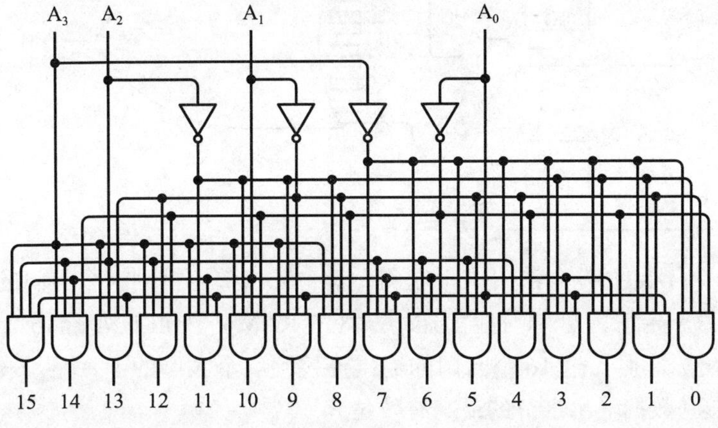

这是本书中最复杂的解码器！图中的 16 个与门各自都有 4 个输入，对应 4 位地址信号及其反相的不同组合。我用数字标识了这些与门的输出，这些数字分别对应 4 位地址的不同值。

这个解码器负责为 16 × 8 的 RAM 阵列的 16 字节生成写入信号：解码器中每个与门的输出都连接到另一个与门的输入，该与门还包含一个单独的写入信号：

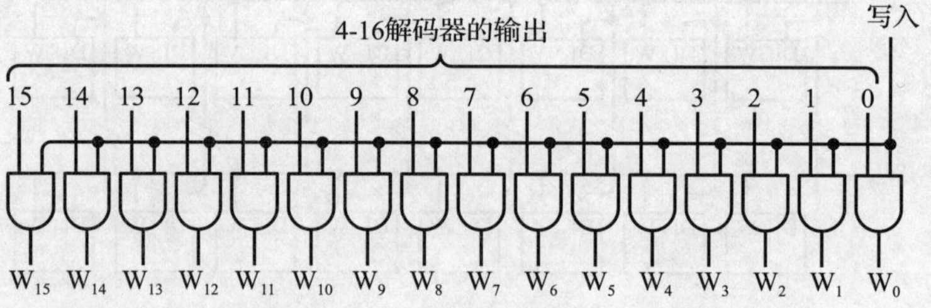

这些信号用于将数据输入写入前述 16 × 8 的 RAM 阵列。

完成输入部分后，我们需要处理 128 个存储单元的数据输出信号。这部分较为复杂，因为 8 列位需要分别处理。以前述 16 × 8 的 RAM 阵列的最左列为例，让我们看看如何将 16 个存储单元的数据输出信号与 4-16 解码器的 16 个输出相结合，从而选择其中一个存储单元：

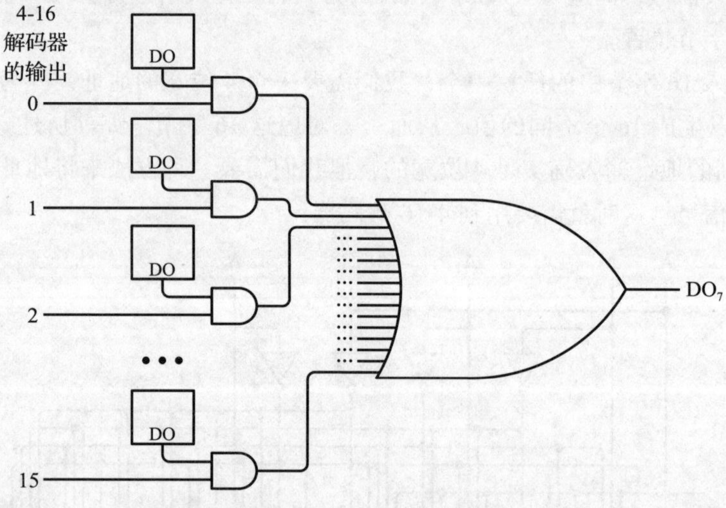

4-16 解码器的 16 个输出位于左侧，每个输出都连接到一个与门的输入。这些与门的另一个输入分别对应前述 16 × 8 的 RAM 阵列最左列的 16 个存储单元的数据输出。然后，这 16 个与门的输出连接到一个大型的十六输入或门。最终结果为 DO_7（数据输出字节的最高有效位）。

这个电路最大的缺点是，每个字节位都需要复制一份相同的结构！

幸运的是，有更简单的方法。

不管在什么时候，4-16 解码器的 16 个输出只有一个为 1（即有电压），其余皆为 0（即接地）。因此，只有一个与门会输出 1（且仅当该存储单元的数据输出为 1 时），其他都输出 0。使用大型或门的唯一目的是检测是否有输入为 1。

如果能直接把所有与门的输出连接在一起，就可以避免使用大型或门了。但一般来说，逻辑门的输出端是不允许直接连接的，因为这可能导致电压直接接地而造成短路。不过，我们可以用晶体管来解决这个问题，像这样：

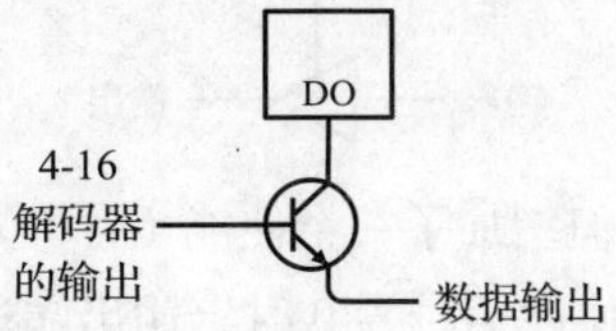

当 4-16 解码器的输出为 1 时，晶体管发射极的数据输出信号与存储单元的 DO（数据输出）信号相同——要么有电压要么接地。但是，当 4-16 解码器的输出为 0 时，晶体管不传导任何信号，发射极的数据输出信号为空，既没有电压也不接地。这样，同一行所有晶体管的数据输出信号就可以安全地连接在一起，而不会造成短路。

再次展示简化的存储器阵列，这次仅显示数据输出连接。4-16 解码器的输出位于左侧，完整的数据输出信号位于底部。图中未显示数据输出信号处的小电阻，这些电阻用于确保输出为 1 或 0：

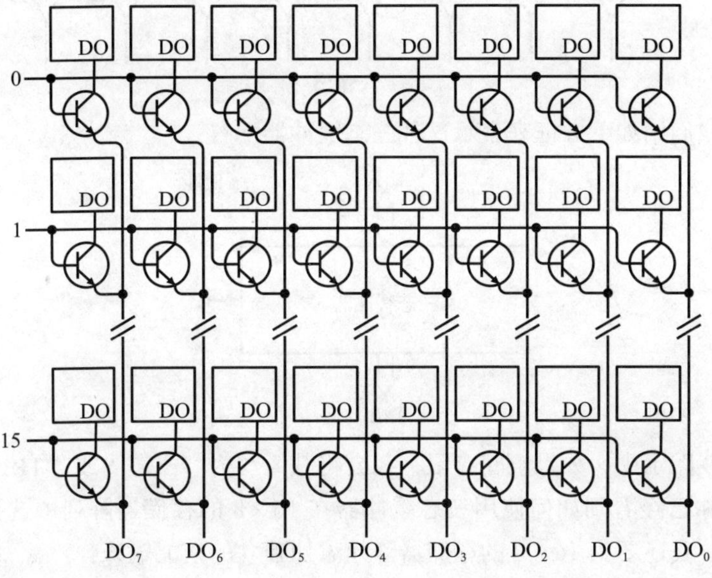

这个完整的 16 × 8 的 RAM 阵列可在 CodeHiddenLanguage.com 上查看。

这些晶体管是三态缓冲器电路的基础。三态缓冲器有三种输出状态：接地（表示逻辑 0）、有电压（表示逻辑 1）、无输出（既没有电压也不接地，就像没有连接任何东西一样）。

单个三态缓冲器的符号如下：

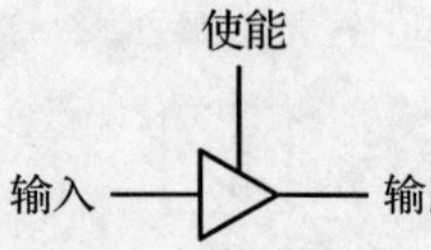

它类似于普通缓冲器，但增加了一个使能（简写为 En）信号。当使能信号为 1 时，输出与输入相同；当使能信号为 0 时，输出端进入“悬空”状态，就像没有连接任何东西一样。

三态缓冲器帮助我们突破了逻辑门输出不能互连的限制。多个三态缓冲器的输出可以连接在一起而不会造成短路，只需要确保同一时刻仅有一个被使能即可。

一般来说，三态缓冲器在封装以处理整字节时更为有用，此时只需要一个使能信号：

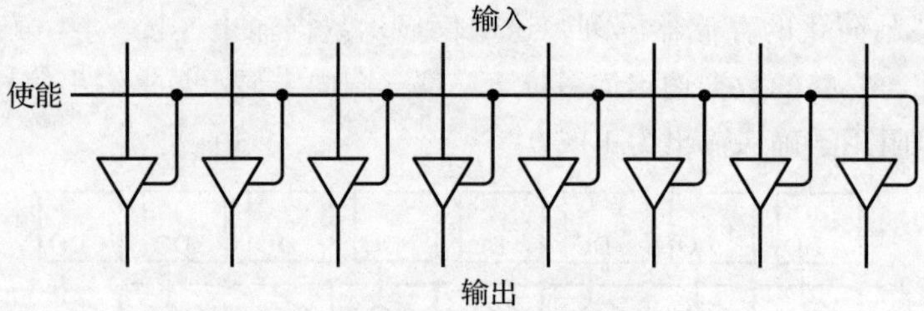

后续我们用如下方框来表示这种三态缓冲器配置：

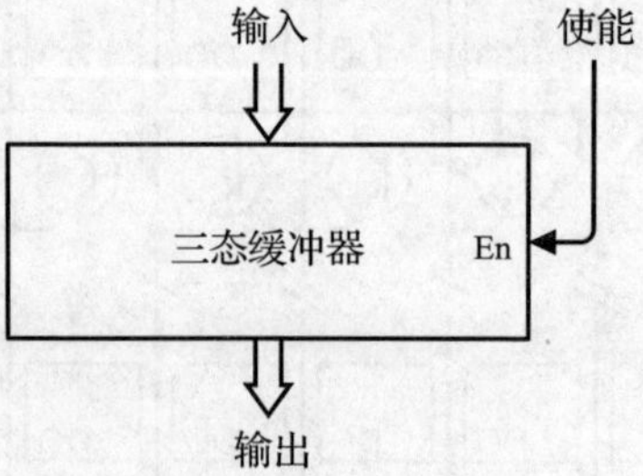

在后续图示中，如果空间有限，我会将其简写为“三态”或“TRI”。

现在你已经看到如何使用三态缓冲器在 16 × 8 的存储器阵列中选择 16 个字节之一了。我还要为 16 × 8 的存储器阵列添加独立的使能输入：

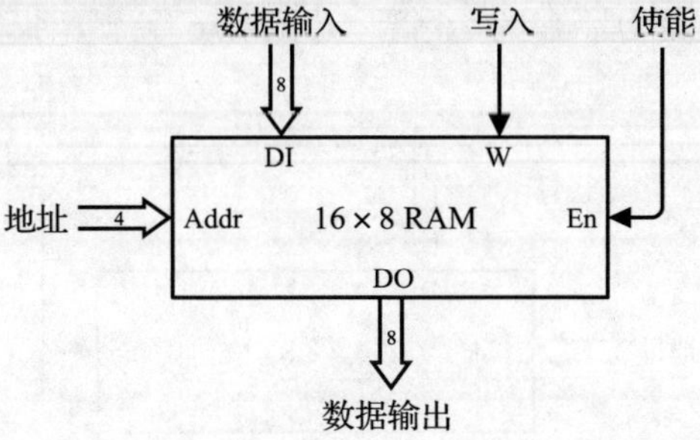

当使能信号为 1 时，数据输出信号表示指定地址存储的字节内容；当使能信号为 0 时，数据输出为空。

现在我们已经构建了一个可以存储 16 字节的电路，让我们把它翻倍吧。或者变成 4 倍？ 8 倍？要不直接将存储器容量变成原来的 16 倍吧！

要实现这一目标，我们需要 16 个 16 × 8 的存储器阵列，按如下方式连接：

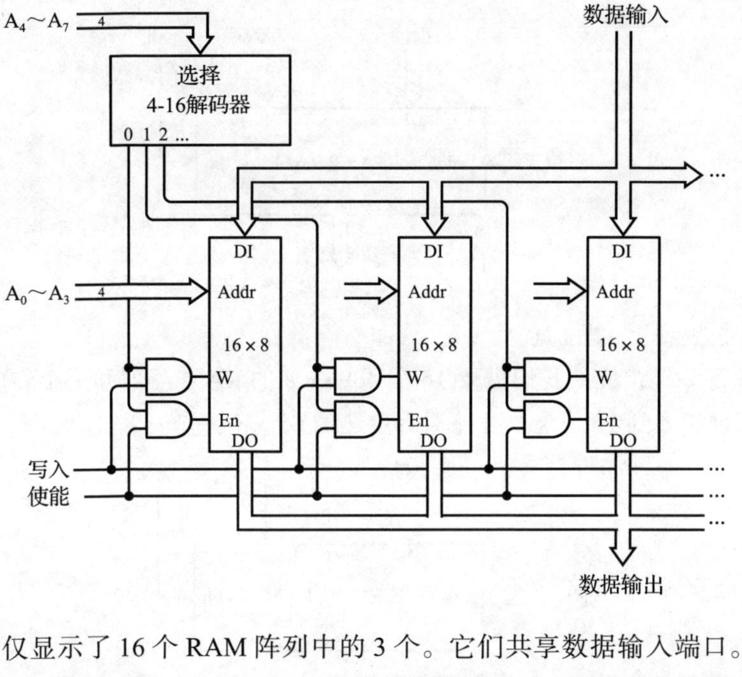

图中仅显示了 16 个 RAM 阵列中的 3 个。它们共享数据输入端口。由于输出端使用了三态缓冲器，16 个 RAM 阵列的数据输出可以安全地连接在一起。请注意两组 4 位地址信号：标有 A_0 ～ A_3 的地址信号用于寻址所有 16 个 RAM 阵列，而标有 A_4 ～ A_7 的地址信号为 4-16 解码器提供选择输入。它们分别用于控制 16 个 RAM 阵列哪个获得写入信号，哪个获得使能信号。

存储器的总容量变为原来的 16 倍，达到 256 字节。我们可以将这个电路用一个新的方框来表示：

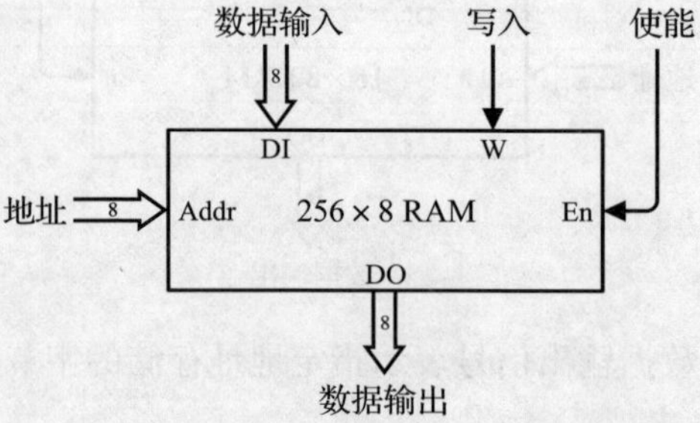

注意，地址现在扩展到了 8 位宽。这个可以存储 256 字节的 RAM 阵列就像一个拥有 256 个信箱的邮局，每个信箱中都独立存储着 1 字节的值。

让我们继续扩展！这次使用 16 个 256 × 8 的 RAM 阵列，再增加一个 4-16 解码器和 4 位地址。存储器容量扩大到 256 字节的 16 倍，达到 4096 字节。结果如下：

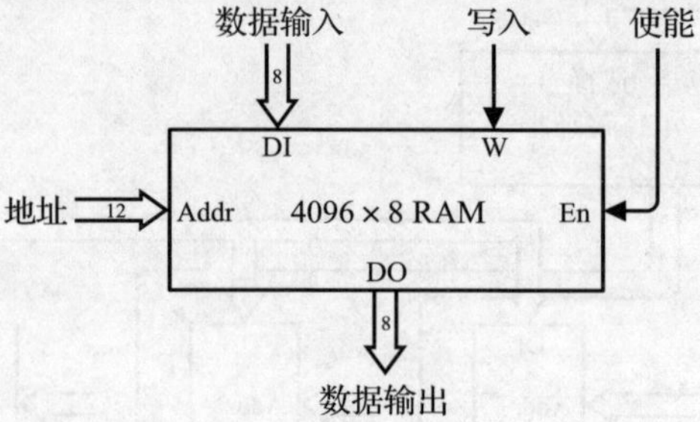

地址现在扩展到了 12 位宽。

再进行一次扩展。我们需要 16 个 4096 × 8 的 RAM 阵列和一个新的 4-16 解码器。地址扩展到 16 位宽，存储器容量达到 65 536 字节：

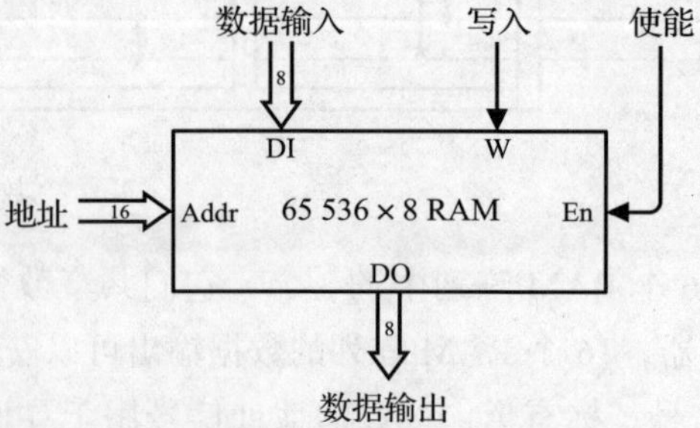

你还可以继续扩展下去，但这里就到此为止了。

你可能已经发现，RAM 阵列可以存储的值数量与地址位数直接相关。没有地址输入时，只能存储 1 个值。4 位地址可以存储 16 个值，16 位地址就可以存储 65 536 个值。这一关系可以通过以下等式总结出来：

$$\text{RAM 阵列可以存储的值数量} = 2^{\text{地址输入的数量}}$$

65 536 字节通常也称为 64 千字节（kilobyte，KB），或 64K，这乍一看会比较令人费解：65 536 字节是通过什么奇怪的运算变成 64 千字节的呢？

2^{10} 等于 1024，这就是一千字节（kilobyte）的实际大小。虽然前缀“kilo”（源自希腊语 khilioi，意为“一千”）在公制系统中表示 1000（如 1kg=1000g，1km=1000m），但在这里，一千字节是指 1024 字节——而不是 1000 字节。

这种差异源于公制系统和二进制数的基数不同。公制系统基于 10 的幂（10、100、1000、10 000、100 000 等），而二进制数基于 2 的幂（2、4、8、16、32、64 等）。两者永远不会相等，没有任何一个 10 的整数次幂等于某个 2 的整数次幂。

但它们有时会非常接近。比如 1000 就与 1024 比较接近，在数学上可以用“约等于”符号来表示：

$$2^{10} \approx 10^3$$

这个近似关系没有什么特殊含义，仅仅表明 2 的某次幂约等于 10 的某次幂而已。这个巧合让我们可以方便地用“千字节”来指代 1024 字节。

因此，说 64K 的 RAM 阵列的存储容量为 64 000 字节是不准确的，因为它的实际容量应该是 65 536 字节。专业的表述方式是“64KB”“64 千字节”或“六万五千五百三十六字节”。

每增加一个地址位，存储器容量就会变成原来的一倍。下面的式子依次展示了容量翻倍的过程：

$$1\text{KB} = 1024\text{B} = 2^{10}\text{B} \approx 10^3\text{B}$$
$$2\text{KB} = 2048\text{B} = 2^{11}\text{B}$$
$$4\text{KB} = 4096\text{B} = 2^{12}\text{B}$$
$$8\text{KB} = 8192\text{B} = 2^{13}\text{B}$$
$$16\text{KB} = 16\,384\text{B} = 2^{14}\text{B}$$
$$32\text{KB} = 32\,768\text{B} = 2^{15}\text{B}$$
$$64\text{KB} = 65\,536\text{B} = 2^{16}\text{B}$$
$$128\text{KB} = 131\,072\text{B} = 2^{17}\text{B}$$
$$256\text{KB} = 262\,144\text{B} = 2^{18}\text{B}$$
$$512\text{KB} = 524\,288\text{B} = 2^{19}\text{B}$$
$$1024\text{KB} = 1\,048\,576\text{B} = 2^{20}\text{B} \approx 10^6\text{B}$$

注意，左边显示的千字节数也都是 2 的幂。

既然 1024 字节称为 1KB，按照同样的逻辑，1024KB 就称为 1MB（megabyte，在希腊语中，megas 意为“大”），即一兆字节。存储器容量继续翻倍：

$$1\text{MB}=1\,048\,576\text{B}=2^{20}\text{B}\approx 10^{6}\text{B}$$
$$2\text{MB}=2\,097\,152\text{B}=2^{21}\text{B}$$
$$4\text{MB}=4\,194\,304\text{B}=2^{22}\text{B}$$
$$8\text{MB}=8\,388\,608\text{B}=2^{23}\text{B}$$
$$16\text{MB}=16\,777\,216\text{B}=2^{24}\text{B}$$
$$32\text{MB}=33\,554\,432\text{B}=2^{25}\text{B}$$
$$64\text{MB}=67\,108\,864\text{B}=2^{26}\text{B}$$
$$128\text{MB}=134\,217\,728\text{B}=2^{27}\text{B}$$
$$256\text{MB}=268\,435\,456\text{B}=2^{28}\text{B}$$
$$512\text{MB}=536\,870\,912\text{B}=2^{29}\text{B}$$
$$1024\text{MB}=1\,073\,741\,824\text{B}=2^{30}\text{B}\approx 10^{9}\text{B}$$

在希腊语中，gigas 意为“巨大”，因此 1024MB 称为一吉字节（gigabyte），缩写为 GB。

类似地，一太字节（terabyte，在希腊语中，teras 意为“庞然大物”）等于 2^{40}（约 10^{12}）字节，即 1 099 511 627 776 字节，缩写为 TB。

1KB 约等于一千字节，1MB 约等于一百万字节，1GB 约等于十亿字节，1TB 约等于一万亿字节。

再大的单位就很少使用了，例如：一拍字节（petabyte）等于 2^{50} 字节，即 1 125 899 906 842 624 字节，约为 10^{15} 或一千万亿；一艾字节（exabyte）等于 2^{60} 字节，即 1 152 921 504 606 846 976 字节，约为 10^{18} 或一百亿亿。

为了让你对此有一个具体的认识，在写作本书第 1 版时（1999 年），台式计算机通常配备 32MB、64MB 或 128MB 的 RAM。到写作本书第 2 版时（2021 年），台式计算机通常配备 4GB、8GB 或 16GB 的 RAM。[别急着困惑——我还没谈到那些断电后能保留数据的存储设备，包括普通硬盘和固态硬盘（SSD），这里我们只讨论 RAM。]

当然，人们习惯用简略的说法。有 65 536 字节内存的人会说“我有 64K”（这个人是从 1980 年穿越过来的），有 33 554 432 字节内存的人会说“我有 32M”，而有 8 589 934 592 字节内存的人会说“我有 8G”。

虽然有时人们会提到千比特或兆比特（注意是比特而不是字节），但讨论存储器时很少这样说。在讨论存储器时，人们几乎总是用字节来计算，而不是比特。千比特或兆比特这样的术语通常只在讨论数据传输时出现，特别是在谈到称为“宽带”的高速网络连接时，会用到“千比特每秒”或“兆比特每秒”这样的短语。

现在你已经知道如何构建任意大小的 RAM 阵列了（至少在理论上），但我还是限定在 65 536 字节的存储器。

为什么是 64KB 而不是 32KB 或 128KB？因为 65 536 是个不错的整数——它是 2^{16}。这个 RAM 阵列使用 16 位地址，正好是 2 字节，其范围用十六进制表示为 0000h ～ FFFFh。

正如我在前面所暗示的，1980 年前后的个人计算机普遍使用 64KB 的内存，但其结构与我们这里介绍的不太一样。用触发器构建的存储器更确切的名称应该是静态 RAM。到了 1980 年，动态 RAM（DRAM）逐渐占据主导地位。DRAM 每个存储单元只需要一个晶体管和一个电容器。电容器是一种由两个分开的导体组成的电子元件，能够存储电荷，但不能永久保持。DRAM 工作的关键在于这些电荷每秒都要刷新数千次。

静态 RAM 和动态 RAM 都属于易失性内存，需要持续供电才能保存数据。一旦断电，它们就会完全“失忆”。

如果有一个控制面板能让我们管理这个 64KB 的存储器，向其中写入值或对其进行检查，那将对我们非常有帮助。

这个控制面板有 16 个开关用于指示地址，8 个开关用于定义我们要写入存储器的 8 位值，1 个开关用于控制写入信号，还有 8 个灯泡用于显示特定的 8 位值：

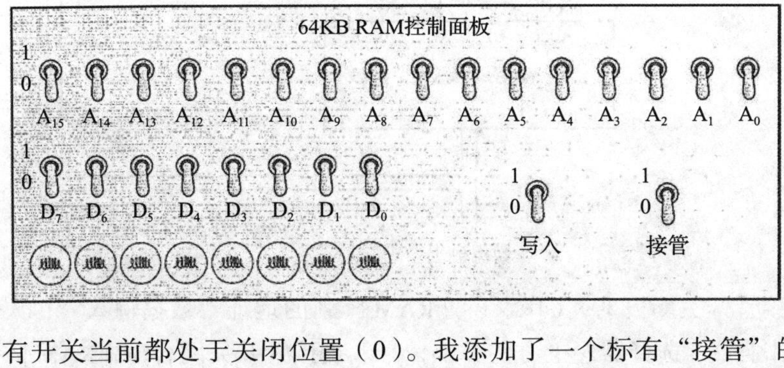

所有开关当前都处于关闭位置（0）。我添加了一个标有“接管”的开关。这个开关的作用是让其他电路使用与控制面板相连的存储器。当接管开关设为 0

时（如图所示），控制面板上的其他开关都不起作用。当接管开关设为 1 时，控制面板获得对存储器的完全控制权。

这个接管开关需要通过一系列 2-1 选择器来实现。与本章讨论的其他大型解码器和选择器相比，这种选择器非常简单：

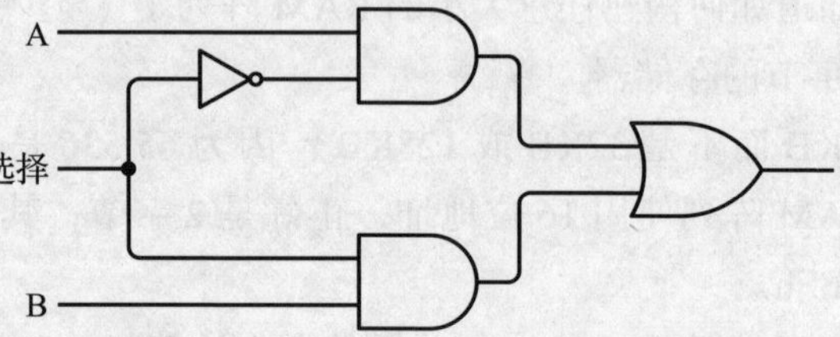

当选择信号为 0 时，或门输出等于输入 A；当选择信号为 1 时，或门输出等于输入 B。

我们需要 26 个这样的 2-1 选择器：16 个用于地址信号，8 个用于数据输入，另外 2 个分别用于写入开关和使能信号。电路结构如下：

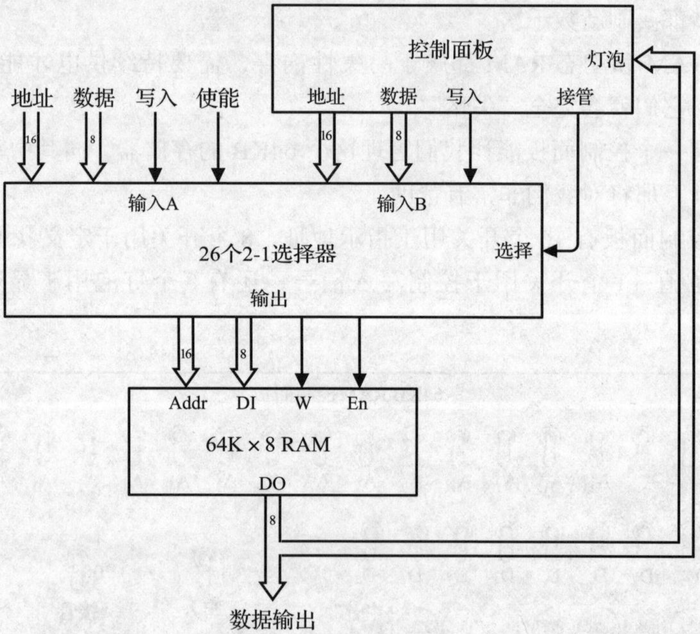

当接管开关断开时，64K × 8 的 RAM 阵列的地址、数据输入、写入和使能信号均来自 2-1 选择器左上方的外部信号。当接管开关闭合时，RAM 阵列的地址、数据输入和写入信号则来自控制面板的开关，且使能信号置为 1。无论哪种情况，RAM 阵列的数据输出都会显示在控制面板的 8 个灯泡上，同时可以传送到其他位置。

接管开关闭合后，你可以用 16 个地址开关来选择 65 536 个地址中的任意一个。灯泡会显示该地址当前存储的 8 位值。你还可以用 8 个数据开关来设置新值，并通过写入开关将其写入存储器。

这个 64K × 8 的 RAM 阵列和控制面板不仅能帮你管理 65 536 个 8 位值，还为其他可能性预留了空间——比如让其他电路读取数据或写入新的值。

如果你觉得这种设计不太实际，不妨看看《大众电子》（*Popular Electronics*）1975 年 1 月刊的封面，上面有一个关于第一台家用计算机“Altair 8800”的专题：

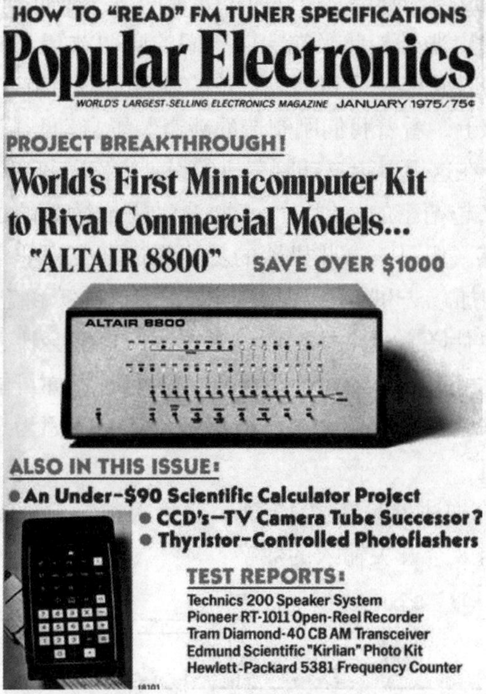

（图片来源：Retro AdArchives/Alamy Stock Photo）

这台计算机的正面是一个控制面板，上面除了开关和指示灯外什么都没有。如果你仔细数一数底部的那一排开关，会发现恰好是 16 个。

巧合？我想不是。

Code

| 第 20 章 |

算术自动化

人类往往极具创造力和勤奋，但同时又异常懒惰。显而易见，我们人类不喜欢工作。我们对工作的厌恶是如此极端，而我们的聪明才智又是如此敏锐，以至于我们热衷于花无数的时间来设计和制造巧妙的装置，只为节省几分钟的工作时间。没有什么比躺在吊床上，看着我们刚制造的新奇装置自动割草更令人愉悦的了。

很遗憾，我不会在这里展示自动割草机的设计方案。不过在本章中，我将带你逐步了解一系列越来越精密的机器，它们将自动完成数字的加减运算。我知道这听起来并不令人震撼。但是，这些机器的功能将逐渐变得非常全面，它们几乎可以解决任何需要用到加减法和布尔逻辑的问题，而这确实涵盖了相当广泛的范围。

当然，精密性也伴随着复杂性，所以有些内容可能会比较难以理解。如果你略过那些令人痛苦的细节，也不会有人责怪你。有时，你可能会抗拒并发誓再也不想依赖电子设备来解决数学问题了。但请坚持下去，因为最终我们会创造出一台名副其实的计算机。

我们上一次讨论加法器是在第 17 章，那个版本包含一个 8 位边沿触发锁存器，用于累加从一组 8 个开关输入的数字：

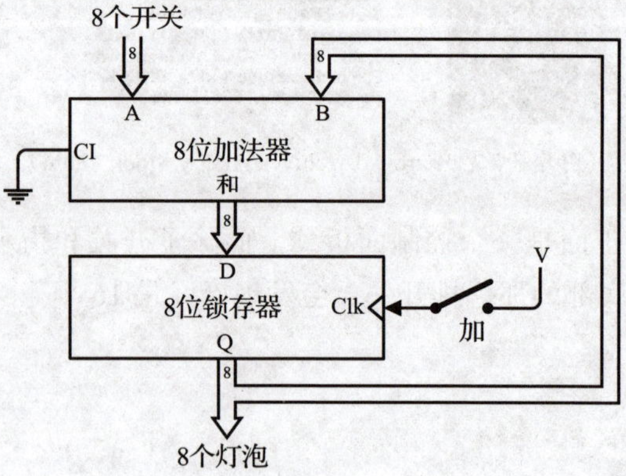

回想一下，8 位锁存器使用触发器来存储 8 位值。初始时，锁存器为全零，因此输出也为全零。你用开关输入第一个数字。加法器将这个数字加到锁存器的输出上，这时结果就是你输入的数字。按下“加”开关会将该数字存储到锁存器中，并通过灯泡显示出来。由于这是一个边沿触发的锁存器，因此只有在“加”开关释放并再次按下时，锁存器才会存储新值。

接着你在开关上设置第二个数字。加法器将这个数字与存储在锁存器中的数字相加。再次按下“加”按钮会将总和存储在锁存器中，并通过灯泡显示出来。通过这种方式，你可以将一串数字相加并显示累计总和。当然，这里的限制是 8 个灯泡无法显示大于 255 的总和。

用于累加数字求总和的锁存器通常称为累加器。但你稍后会看到，累加器不会仅用于简单的累加。累加器通常首先是一个锁存器，它先保存一个数字，然后存储该数字与另一个数字进行算术或逻辑运算后的结果。

上述加法器存在一个明显的问题：假设你需要累加一个 100 字节的列表，你就需要坐在加法器前，一丝不苟地输入每个数字并累加总和。但在完成后，你发现列表中有几个数字是错误的。这时你开始怀疑输入过程中是否还犯了其他错误。然后你就只能重新来过。

不过，也许还是有解决办法的。在第 19 章中，你看到了如何使用触发器来构建一个 64KB 的 RAM 阵列。你还看到了一个配备开关和灯泡的控制面板：

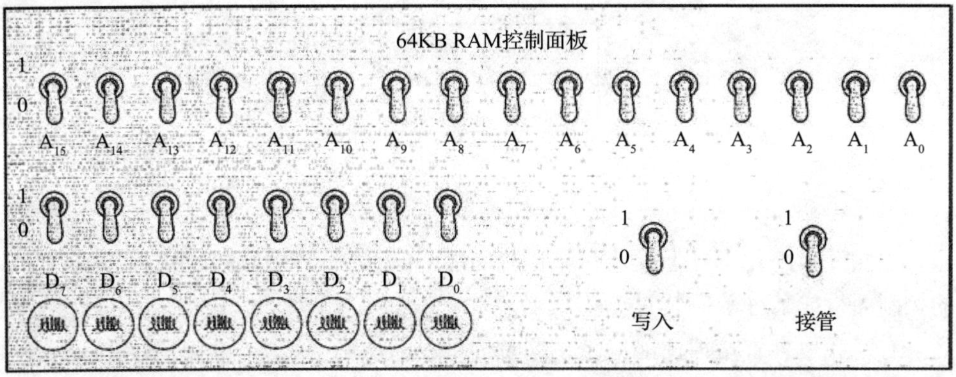

通过转换接管开关，我们就可以接管这个 RAM 阵列的读写操作，如下所示：

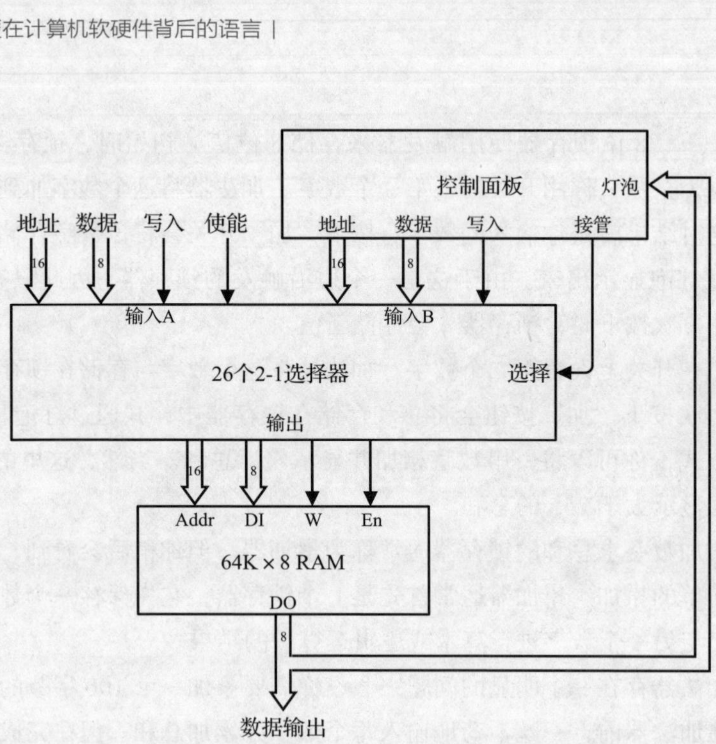

如果将所有 100 个字节都输入到这个 RAM 阵列而不是直接输入到加法器中，检查和修正数值就会容易得多。

为了简化本书后续的图示，我们将只画出 64K × 8 的 RAM 阵列，不再附带接管读写所需的控制面板和 26 个选择器：

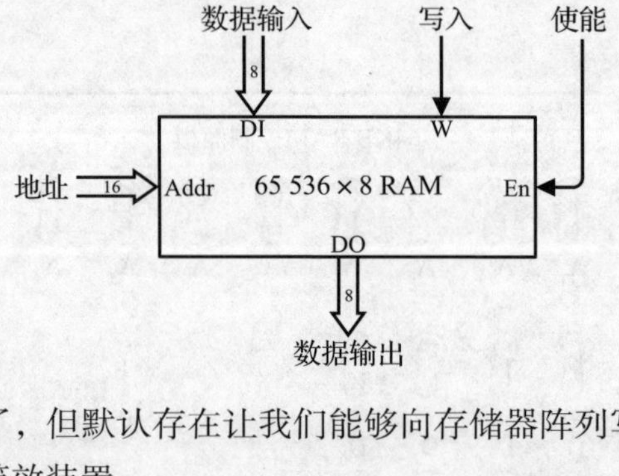

虽然图示简化了，但默认存在让我们能够向存储器阵列写入字节并读取它们的控制面板或某种等效装置。

有时我也会省略掉使能信号，这时你可以默认用于数据输出的三态缓冲器处于启用状态。

假设我们要将 8 个字节相加，分别为十六进制值 35h、1Bh、09h、31h、1Eh、12h、23h 和 0Ch。用 Windows 或 macOS 自带的计算器的程序员模式可以算出总和是 E9h，但让我们挑战一下自己，组装一些硬件来为我们完成这项加法运算吧。

使用控制面板，你可以从地址 0000h 开始将这 8 个字节输入到 RAM 阵列中。完成后，RAM 阵列所存储的内容可以表示如下：

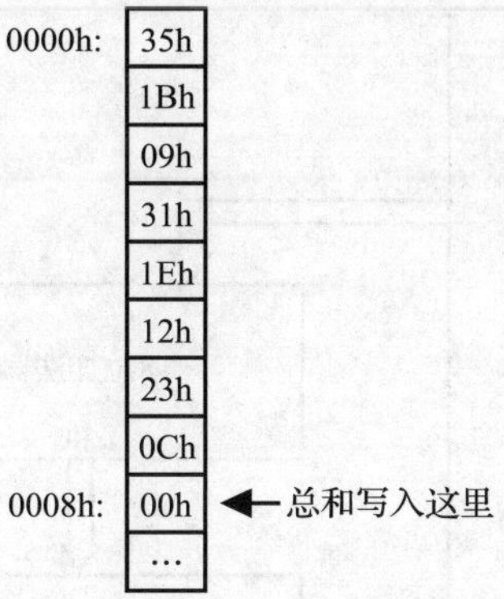

从现在起，我将以这种方式来展示存储器的区段。用方框来表示存储器的内容，每个字节都在一个方框中。方框的地址位于左侧。由于地址是连续的，因此不是每个地址都需要标注，你可以通过计算得出特定方框对应的地址。右侧是关于这个存储器的一些注释。图中的这条注释表明，我们需要将前 8 个字节相加，然后将总和写入第一个字节内容为 00h 的存储器位置，这个地址在本例中是 0008h。

当然，存储的数字不限于 8 个。如果你有 100 个数字，你就可以将它们存储在地址 0000h ～ 0063h 之间。现在，我们面临的挑战是如何将 RAM 阵列与第 17 章中的累加器连接起来，再来看下这个累加器的结构：

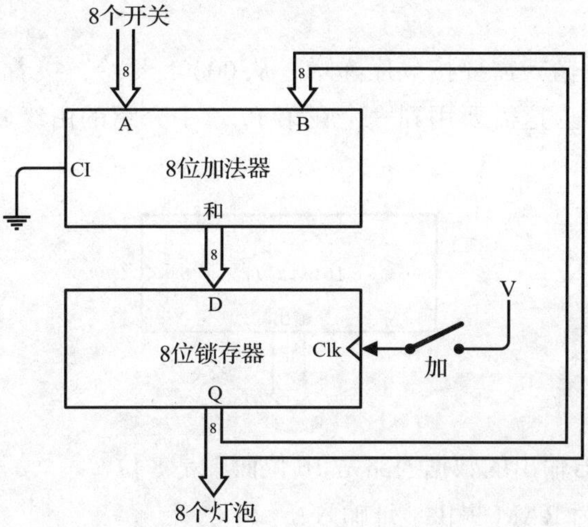

这些开关和灯泡现在不需要了，因为连接到存储器阵列的控制面板上已经配备。我们可以将加法器的开关替换为 RAM 阵列的数据输出信号，并将锁存器的输出连接到 RAM 的数据输入端，而不是用来点亮灯泡：

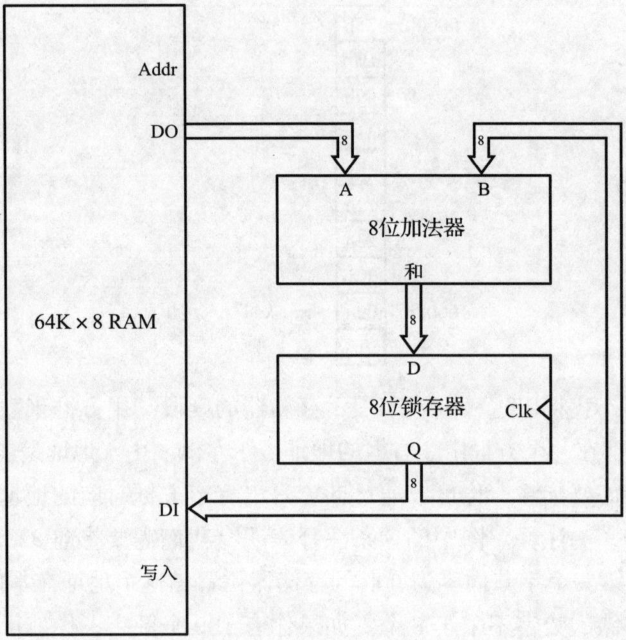

当然，这个设计还缺少几个关键部分：锁存器的时钟信号（用于存储累加和）、RAM 的写入信号（用于存储最终结果），以及访问 RAM 存储内容所需的 16 位地址。

RAM 的地址输入需要按顺序递增，从 0000h 开始，接着是 0001h、0002h、0003h，以此类推。这需要用到一个在第 17 章中介绍的由级联触发器构建的计数器：

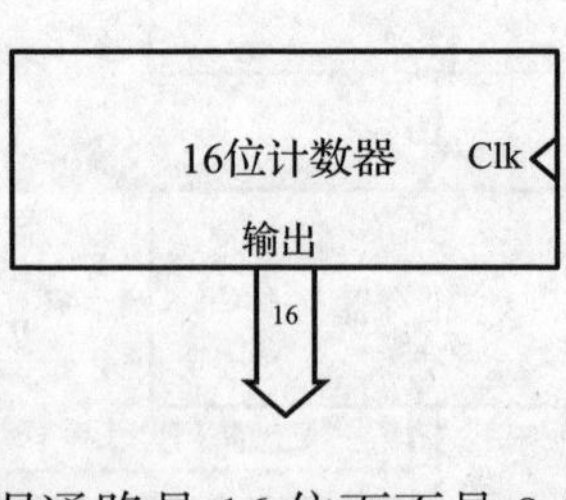

注意，这个计数器输出的数据通路是 16 位而不是 8 位。

这个计数器为 RAM 提供地址输入：

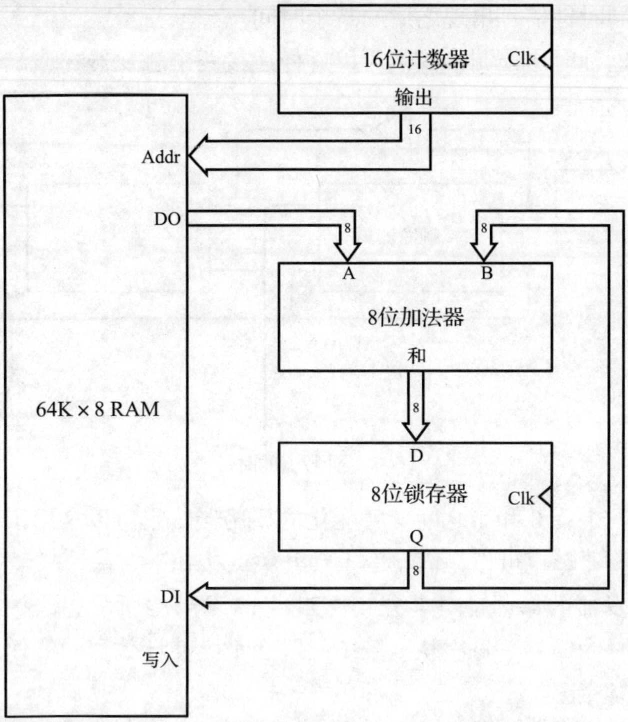

我称这台机器为自动累加器。

在添加计数器来为 RAM 提供地址的同时，我们缺少的时钟信号又增加了一个，它是增加计数器的值所必需的。不过我们正在取得进展。所有主要的 8 位和 16 位数据通路都已确定。现在只需要 3 个信号：

- 计数器的时钟输入
- 锁存器的时钟输入
- RAM 的写入输入

这类信号有时统称为控制信号，它们往往是电路中最复杂的部分。这 3 个信号必须协调同步。

计数器的时钟输入使地址按顺序递增，从 0000h 到 0001h，再从 0001h 到 0002h，以此类推。每个地址对应一个特定的存储器字节，这个字节与锁存器的输出一起输入加法器。随后，锁存器的时钟输入必须存储新的和。在实际操作中，存储器访问和加法运算需要一定的时间，因此锁存器的时钟输入必须出现在计数器的时钟信号出现之后的某个时间。同样，计数器的下一个时钟信号也必须出现在锁存器的时钟信号出现之后的某个时间。

为了实现这种时序控制，我们可以这样连接两个触发器：

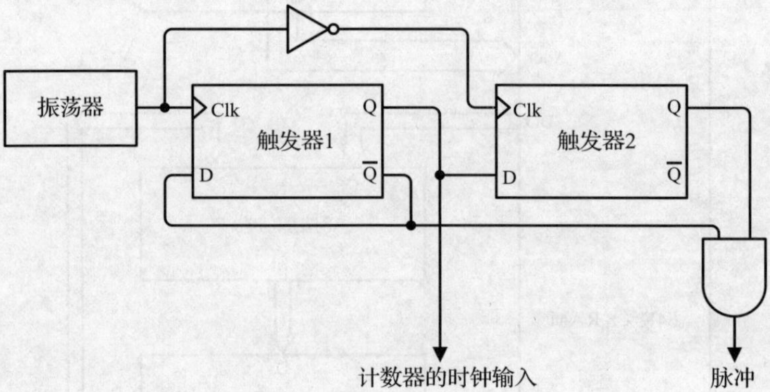

最左边是一个在 0 和 1 之间交替变化的振荡器。它可以是用于时钟和计算机的高速晶体振荡器，也可以是简单的手动开关或按钮。

第一个触发器的作用是对半分频，如第 17 章末尾所示。该触发器的输出 Q 作为计数器的时钟输入，每次从 0 到 1 的跳变都会使计数器的值递增。下面是第一个触发器的时序图：

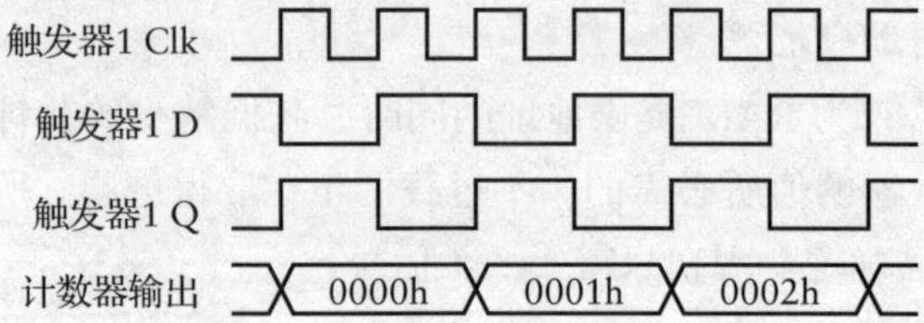

时序图的底部显示了计数器的输出如何变化。

第二个触发器的时钟输入相位与第一个触发器相反，其输入 D 接收第一个触发器的输出 Q，这意味着第二个触发器的输出 Q 会与第一个触发器的输出 Q 错开一个周期。为了便于对比，下图包含了之前的计数器输出：

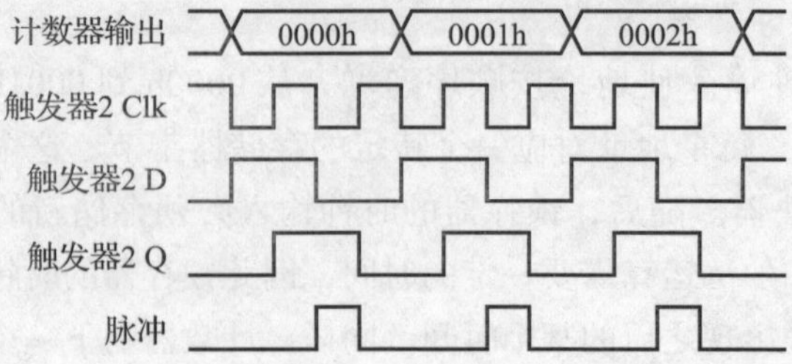

右下方的与门将第一个触发器的输出 $\overline{Q}$ 和第二个触发器的输出 Q 组合在一起，其输出称为脉冲信号。

这个脉冲信号用作锁存器的时钟输入：

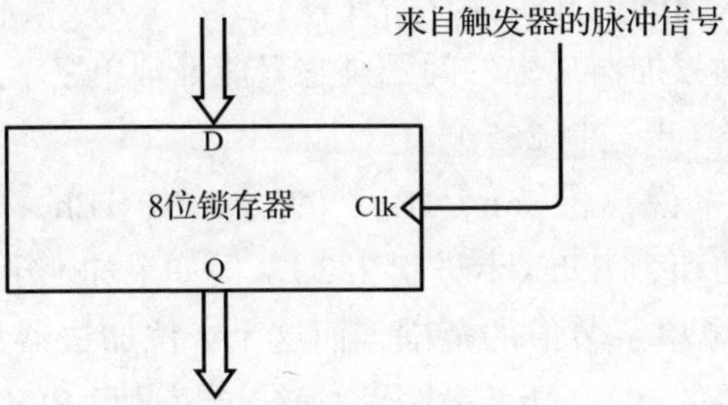

我们需要确保有充足的时间让计数器的值完成存储器寻址，并让存储器中的数据与之前的和相加，然后再存入锁存器。这样做的目的是确保在锁存器保存新的和之前，所有信号都已稳定。换句话说，这种设计可以避免信号毛刺。当脉冲信号为 1 时，计数器的输出保持不变，这证明我们已经实现了这一目标。

自动累加器还需要一个存储器写入信号。前面提到，我们希望将累加和写入第一个值为 00h 的存储器位置。为了检测这个位置，我们将 RAM 的数据输出信号连接到一个 8 位或非门上。当所有数据输出值都为 0 时，这个或非门的输出为 1。随后，可以将这个输出与触发器配置产生的脉冲信号组合起来：

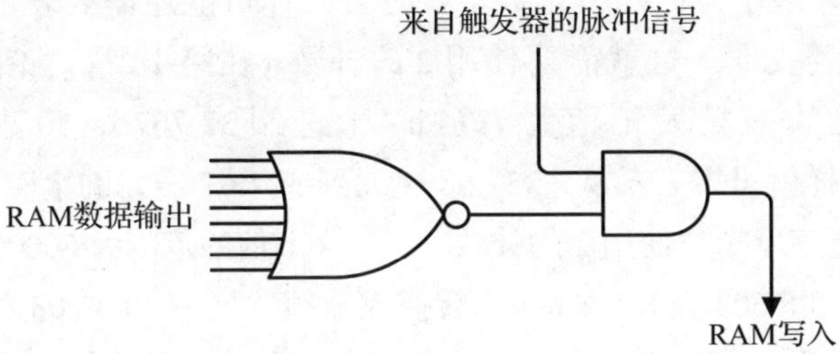

完整的自动累加器的交互版本可在网站 CodeHiddenLanguage.com 上找到。

这个自动累加器没有停止机制，会持续运行下去。只要振荡器持续生成在 0 和 1 之间交替的信号，计数器就会继续访问存储器。如果存储器中存在其他地址值为 00h 的位置，电路也会将所计算的和写入。

如果振荡器持续运行，计数器最后会达到 FFFFh，然后翻转到 0000h 并重新开始累加。不过，这次它会将存储器中的所有值与已计算出的和相加。

为了控制这个过程，你可能需要添加一个清零按钮或开关。用于存储器寻址的计数器是用边沿触发的触发器构建的，因此它可能有一个清零输入。锁存器也是用边沿触发的触发器构建的，而且边沿触发的触发器还被用于生成控制信号。清零按钮可以重置计数器和锁存器，并停止用于生成控制信号的两个触发器。这样就能向存储器输入新的值并重新开始计算。

但是，这个自动累加器最大的问题是它只能处理单字节加法运算，且值的范围限制在 00h ～ FFh（十进制 255）。

以之前的示例来说，将 35h、1Bh、09h、31h、1Eh、12h、23h 和 0Ch 这 8 个字节相加，得到的和为 E9h（十进制 233）。但如果加上第九个字节 20h，和就变成 109h。这超出了单字节值的范围，而这个 8 位加法器只会输出 09h 并存入存储器。虽然加法器的进位输出信号会指示结果超过了 FFh，但自动累加器并未处理这个信号。

假设你想用自动累加器来验证支票账户存款。在美国，货币使用美元和美分来计算（如 1.25 美元），许多其他国家也有类似的体系。要在一个字节中存储 1.25 这个值，需要将其转换为整数——乘以 100 得到 125，用十六进制表示为 7Dh。

这意味着如果你想用单字节来存储金额，数值将被限制在 FFh（十进制 255）以内，也就是区区 2.55 美元。

要存储更大的金额，就需要使用更多的字节。如果使用两字节，值的范围就变成 0000h ～ FFFFh（十进制 65 535），相当于 655.35 美元。

这个范围好多了，但除了正数金额之外，你可能还需要表示负数金额——比如支票账户透支时。这就需要使用 2 的补数（在第 16 章讨论过）。使用 2 的补数时，16 位数的最大正值为 7FFFh（十进制 32 767），最小负值为 8000h（−32 768）。这样就可以表示从 −327.68 美元到 327.67 美元的金额范围。

再尝试一下三字节。使用 2 的补数时，三字节值的范围为 800000h ～ 7FFFFFh，即十进制的 −8 388 608 ～ 8 388 607，转换成金额就是 −83 886.08 美元到 83 886.07 美元。这个范围对大多数人的支票账户来说更加合适，所以我们就采用这个方案。

那么，如何升级自动加法器使其能处理三字节值而不仅仅是单字节值呢？

最直接的解决方案是扩展存储器以存储 24 位值，并构建 24 位加法器和锁存器。

但这种方案可能不太实际，原因可能是你已经构建了 64K × 8 的 RAM 阵列，并且已经有了 8 位加法器，这些硬件都不容易替换。

如果继续使用 8 位存储器，那么我们可以将 24 位值分到 3 个连续的存储器位置来存储。但这就带来一个关键问题：按什么顺序存储？

这个问题是什么意思呢？

假设你要存储 10 000.00 美元的值，这等于 1 000 000 美分，即十六进制的 0F4240h。分成 3 个字节的话是 0Fh、42h 和 40h，分别对应“高字节”“中间字节”和“低字节”。它们在存储器中可以用两种方式存储，一种是按这个顺序：

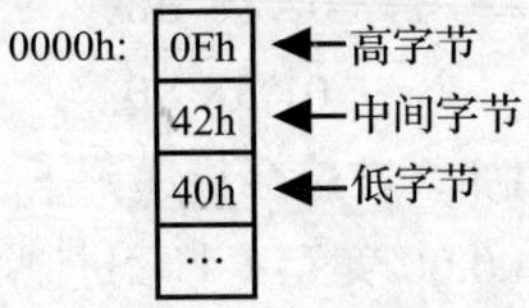

另一种是按这个顺序：

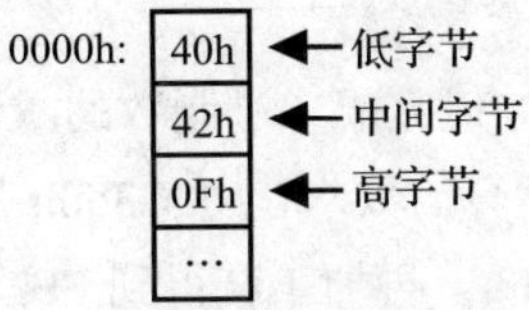

你可能会问：哪种是惯常的做法？或者：一贯以来的行业标准是哪种？不幸的是，这个问题的答案是：两种都是。一些计算机采用第一种，另一些则采用第二种。

这两种存储多字节值的方法被称为大端序和小端序。我在第 13 章讨论 Unicode 时提到过这种差异。这些术语源自乔纳森·斯威夫特（Jonathan Swift）的讽刺小说《格列佛游记》(第一部分第 4 章及后续章节)，里面描述了小人国的人民如何陷入了一个关于鸡蛋应该从小端还是大端打破的长期争议。在计算机行业，这与其说是一个争议，不如说是一个大家都已经学会接受的基本差异。

乍看之下，大端序似乎更合理，因为它与我们通常写入字节的顺序一致。小端序则看起来是反向的，因为它从最低有效字节开始。

然而，当从存储器中读取多个字节值进行加法运算时，从最低有效字节开始反而更有意义。这是因为最低有效字节相加可能产生进位，这个进位在次低有效字节相加时会被用到。

基于这个原因，我将采用小端序格式存储字节——最低有效字节在前。但这仅适用于存储器中的存储顺序。在其他地方显示十六进制值时，我仍会把最高有效字节放在前面。

在介绍这台新机器的功能时，我会用“存款”和“取款”这样的术语，就像在计算银行账户的余额一样。当然，这个概念同样适用于小企业的收支记账，或者资产和负债的计算。

我们从两笔存款开始，金额分别为 450.00 美元和 350.00 美元。用十六进制表示，它们的加法如下：

```
  00 AF C8
+ 00 88 B8
----------
  01 38 80
```

每对字节都从右边开始相加，进位会传递到下一对字节的计算。

现在从这个总额中取款 500.00 美元（十六进制为 00C350h）：

```
  01 38 80
- 00 C3 50
----------
```

在第 16 章中，我介绍了如何完成二进制数的减法运算。首先要将被减数转换为 2 的补数，然后进行加法运算。要求出 00C350h 的 2 的补数，先将所有位取反（0 变 1，1 变 0）得到 FF3CAFh，再加 1 就得到 FF3CB0h。现在进行加法运算：

```
  01 38 80
+ FF 3C B0
----------
  00 75 30
```

这个结果用十进制表示是 30 000，即还剩 300 美元。再取出 500 美元：

```
  00 75 30
+ FF 3C B0
----------
  FF B1 E0
```

结果是一个负数。我们的余额已经小于零！要确定这个负数的值，再次将所有位取反得到 004E1Fh，加 1 得到 004E20h，即十进制的 20 000。余额变成了 −200.00 美元。好在我们还有收入。这次的存款高达 2000.00 美元（十六进制为 030D40h）。将它加到之前的负数结果上：

```
  FF B1 E0
+ 03 0D 40
----------
  02 BF 20
```

结果是十进制的 180 000，也就是 1800.00 美元。

这就是我期望这台新机器完成的工作。它应该能对存储在存储器中的 3 字节值进行加减运算，并将结果写回存储器。

减法功能是必需的。我希望 500 美元的取款能直接存储为 3 个字节 00、C3 和 50，而不是以 2 的补数的形式。由机器自动完成 2 的补数的转换。

但这里有个问题：如果所有数字都以正值形式存储在存储器中，那么存款和取款就无法区分了。这应该怎么办呢？

我们需要在存储器中为这些数字添加标识，指明要执行的操作。经过深思熟虑后，你可能会想到一个好办法：在存储器中每个数字前加上某种代码。一种代码表示“加上后面的 3 字节值”，另一种代码表示“减去后面的 3 字节值”。我们刚刚讨论的例子在存储器中可能是这样的：

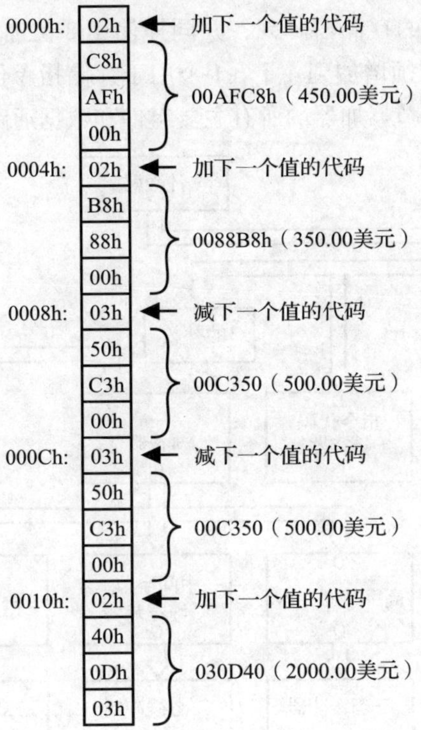

我选择了 02h 作为加法代码，03h 作为减法代码。这些代码的选择看似随意，实际上是经过考虑的（稍后你就会明白）。

这类代码有时被称为指令代码或者操作码。它们指示读取存储器的机器做什么，而机器则通过执行某些操作（如加法或减法）来做出响应。

这样，存储器的内容就可以清晰地分为代码和数据两部分。在这个例子中，每个代码字节后面都跟着 3 个数据字节。

既然我们有了加减数值的代码，不妨再设计两个代码：一个用于将累计总和保存到代码自身之后的位置，另一个用于停止机器运行：

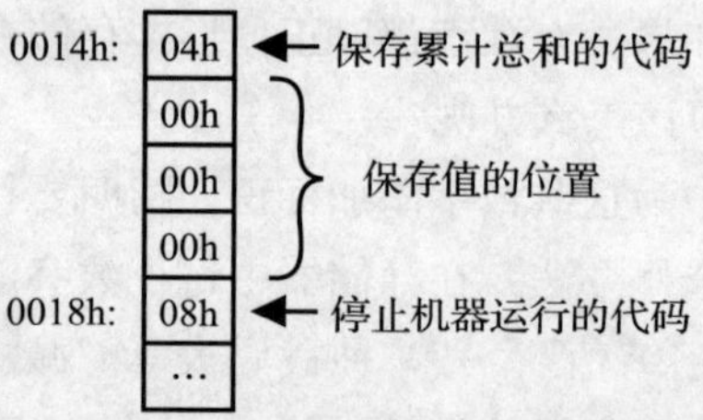

让我们把完成这一奇妙壮举的机器称为三字节累加器。和自动累加器一样，它会继续使用 64K × 8 的存储器阵列，并同样使用 8 位加法器来计算累计总和。但是，锁存器的数量必须增加到 4 个，1 个用于存储指令代码，另外 3 个用于存储累计总和。这个三字节累加器的所有主要组件和数据通路如下图所示：

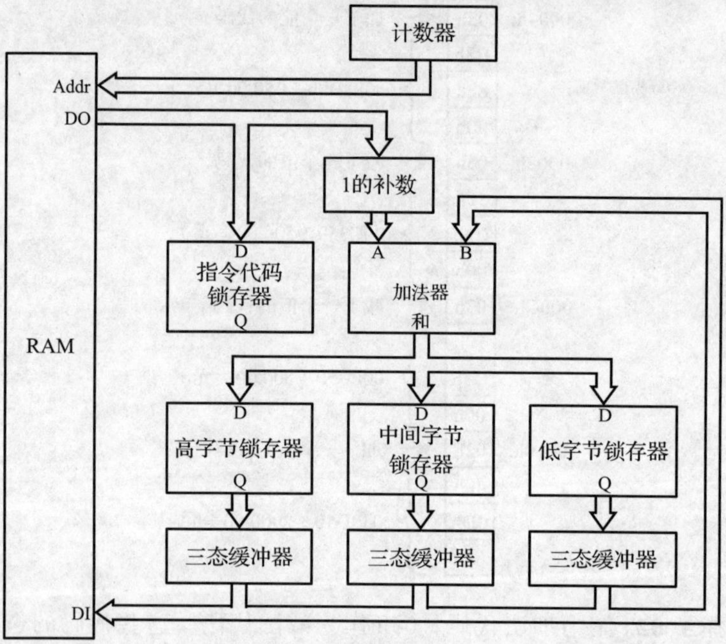

为了简化图示，我们省略了许多控制信号，并将在本章后面详细介绍。此外，图中也没有显示各个模块的控制信号输入端，如计数器和锁存器的时钟输入、三态缓冲器的使能信号以及 RAM 的写入信号。

与自动累加器一样，三字节累加器也配备了一个 16 位计数器来为 RAM 提供地址输入。该计数器的时钟输入采用了跟之前一样的双触发器配置。

三字节累加器包含 4 个锁存器，其中第一个是指令锁存器，用于存储来自存储器地址 0000h、0004h、0008h 等位置的指令代码。

另外 3 个分别是“高字节锁存器”“中间字节锁存器”“低字节锁存器”，用于存储累计总和的 3 个字节。它们接收加法器的和输出，并将结果传送到 3 个三态缓冲器（第 19 章介绍过）。这些三态缓冲器的使能信号未在图中标出，其工作原理很简单：当使能信号为 1 时，其输出与输入一致（0 对应 0，1 对应 1）；当使能信号为 0 时，输出既非 0 也非 1，而是处于“悬空”状态，这就是所谓的“第三态”。

这 3 个三态缓冲器各有独立的使能信号，且任意时刻只有一个为 1。这样，3 个三态缓冲器的输出端就可以连接在一起，而不会出现有电压和接地之间的冲突。使能信号控制着哪个锁存器的输出可以进入 RAM 的数据输入端和加法器的 B 输入端。

这 3 个使能信号由计数器生成的存储器地址的最低两位决定。存储器中的数据按照固定模式排列：先是指令字节，随后是三字节数的低字节、中间字节和高字节。这 4 个字节的排列顺序与存储器地址的最低两位相对应，这两位按 00、01、10、11 的顺序循环，正好与 4 个字节一一对应：

- 地址的最低两位为 00 时，该地址处存储的是指令代码。
- 地址的最低两位为 01 时，该地址处存储的是低字节。
- 地址的最低两位为 10 时，该地址处存储的是中间字节。
- 地址的最低两位为 11 时，该地址处存储的是高字节。

3 个三态缓冲器的使能信号可以通过一个 2-4 解码器来生成，将存储器地址的最低两位（A_0 和 A_1）作为这个解码器的输入：

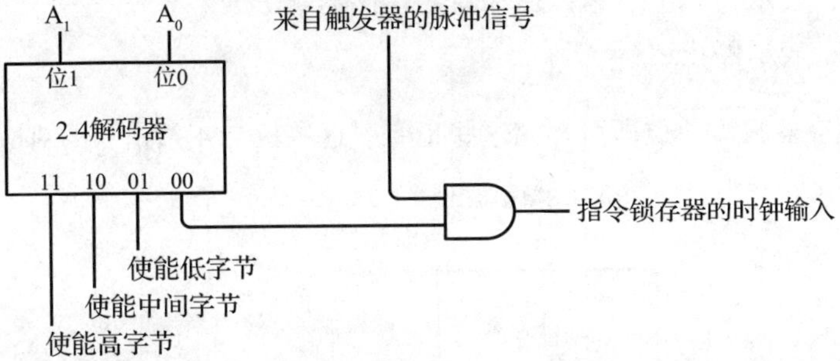

图中还显示了指令锁存器的时钟输入。当地址的最低两位为 00，双触发器配置的脉冲信号为 1 时，指令就会被锁存到锁存器中，接着访问后续 3 个字节。其他三个锁存器的时钟信号要复杂一些，稍后将会介绍。

下面介绍三字节累加器的工作原理。假设所有锁存器初始都已清零，没有保存任何值。当计数器输出 RAM 地址 0000h 时，该地址存储的字节（本例中为 02h）被锁存到指令锁存器中。

接着计数器输出 RAM 地址 0001h，这是第一个数的低字节在存储器中的位置。该字节将进入加法器。（暂不考虑“1 的补数”模块，在加法运算中它也确实不起作用。）由于地址的最低两位是 01，因此低字节三态缓冲器被选中。而低字节锁存器已被清零，加法器的输入 B 为 00h。加法器的和输出即为第一个数的低字节，随后被锁存到低字节锁存器中。

下一个地址是 0002h，这是第一个数的中间字节。该字节与中间字节锁存器中的值（00h）一起进入加法器。加法器的和输出与存储器中的中间字节相同，并被锁存到中间字节锁存器中。

接着地址变为 0003h，这是第一个数的高字节。跟前面两个字节一样经过加法器后被锁存到高字节锁存器中。

计数器接下来输出地址 0004h，这里存储的是指令代码 02h，表示执行加法运算。

然后输出地址 0005h，对应第二个数的低字节。该字节会进入加法器的输入 A。此时低字节三态缓冲器被启用，里面锁存的第一个数的低字节会进入加法器的输入 B。这两个字节会被相加，结果锁存到低字节锁存器中。

接着按照同样的方式处理中间字节和高字节，然后进入下一个数的处理。

在设计三字节累加器时，我定义了 4 个指令代码：

- 02h，表示加上后面的 3 字节数
- 03h，表示减去后面的 3 字节数
- 04h，表示将 3 字节累计总和写入存储器
- 08h，表示停止运行

指令锁存器只需 4 位即可存储这些指令，这些位与 4 条指令的对应关系如下：

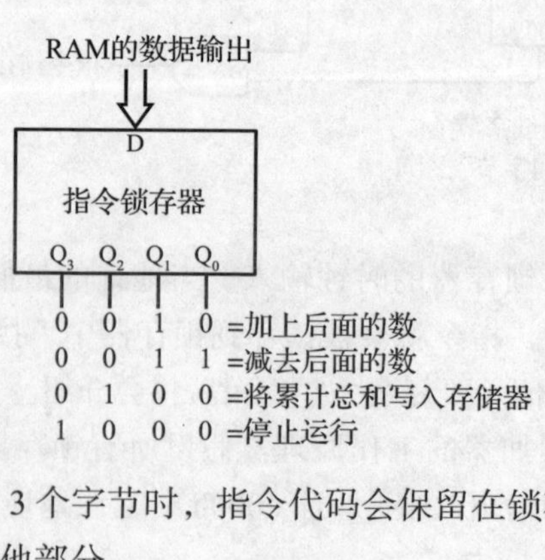

在机器读取随后的 3 个字节时，指令代码会保留在锁存器中，其中的位用于控制三字节累加器的其他部分。

例如，当需要在累计总和的基础上加上或减去后面 3 个字节的值时，则 Q_1 位为 1。这意味着 Q_1 就可以用来帮助确定 3 个数据字节锁存器的时钟输入。如下所示为前面的 2-4 解码器，这次展示了如何将其输出与 Q_1 指令位和触发器的脉冲信号结合：

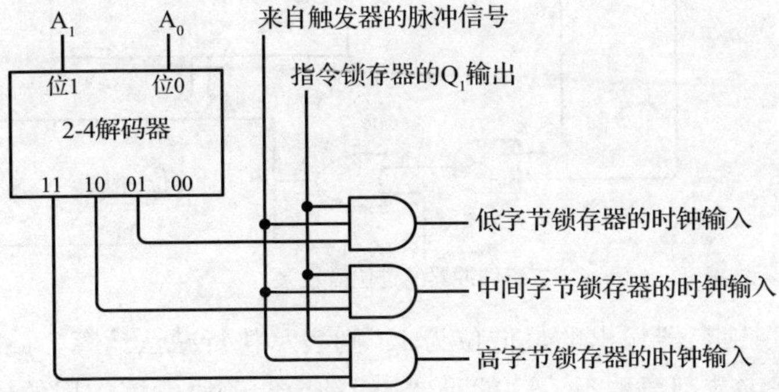

如前所述，当地址的最低两位为 00 时，锁存的是指令字节。在随后访问地址的最低两位为 01、10 和 11 的 3 个数据字节时，这个指令字节会被用到。如果是加法或减法指令，指令锁存器的 Q_1 输出为 1，三个与门会生成时钟信号来依次锁存这 3 个字节。

前面将“加”的指令代码定义为 02h，将“减”的指令代码定义为 03h，这初看起来似乎有些奇怪。为什么不是 01h 和 02h？或者 23h 和 7Ch？这样设计正是为了让“加”和“减”的指令代码有 1 位是相同的，从而用来控制锁存器的时钟信号。

指令代码的 Q_0 位只在对后续 3 个字节执行减法运算时为 1。在这种情况下，需要求该数的 2 的补数。计算 2 的补数的方法是先求 1 的补数（将所有位取反，从 0 变 1，从 1 变 0），然后加 1。你在第 16 章已经看到过求 1 的补数的电路：

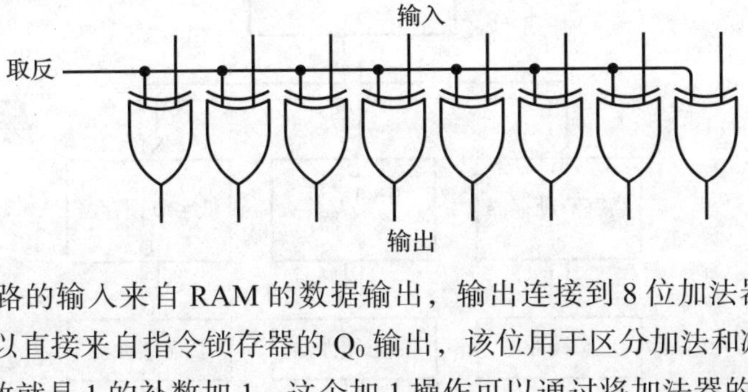

这个电路的输入来自 RAM 的数据输出，输出连接到 8 位加法器的输入 A。取反信号可以直接来自指令锁存器的 Q_0 输出，该位用于区分加法和减法运算。

2 的补数就是 1 的补数加 1。这个加 1 操作可以通过将加法器的进位输入设置为 1 来实现，但只需要对第一个字节这样处理。

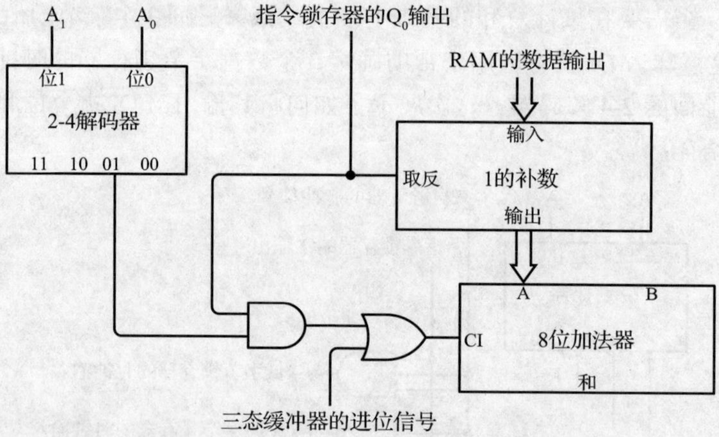

如果指令锁存器输出的最低位为 1，则表示执行减法运算。此时所有来自 RAM 的数据字节都要取反，这就是“1 的补数”模块发挥作用的地方。同时，加法器的进位输入必须设为 1，但仅限于处理第一个字节时，这通过一个与门实现。解码器的 01 输出只在处理第一个数据字节时为 1。

图中还使用了一个或门，因为在对第二和第三个数据字节进行加减运算时，可能还需要设置加法器的进位。之前为了简化图示，我暂时没有考虑进位问题，但现在是时候正面处理它了。

三字节累加器使用了 3 个锁存器和 3 个三态缓冲器来存储和访问累计总和的 3 个字节：

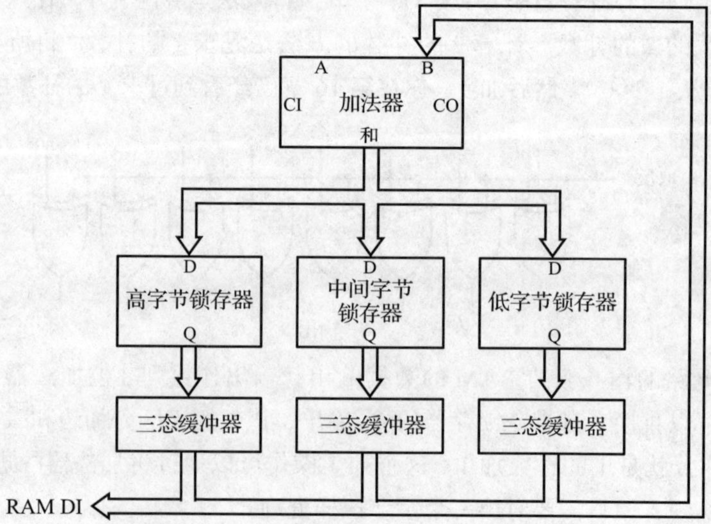

它的实际设计更加复杂。为了处理进位，其中两个锁存器需要存储 9 位数据——加法器的和 8 位，进位输出 1 位。同样，其中两个三态缓冲器也需要处理 9 位，从而使低字节加法运算的进位能用于中间字节的加法运算，中间字节加法运算的进位能用于高字节的加法运算：

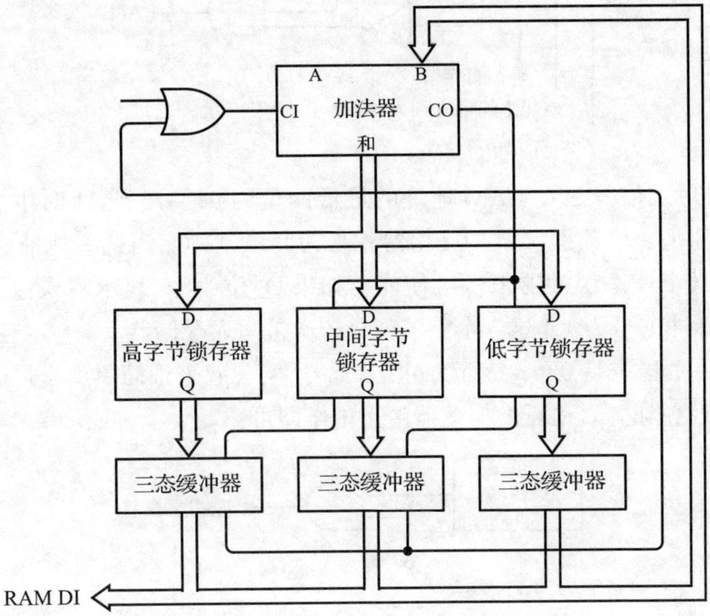

注意，这里有个看似奇怪的设计：加法器的进位输出信号存入低字节锁存器和中间字节锁存器后，接着进入中间字节和高字节对应的三态缓冲器。这种设计是有原因的。

在进行低字节的加法运算时，加法器的进位输入为 0，进行减法运算时则为 1。(这就是或门的另一个输入)。加法运算可能产生进位。加法器的进位输出存入低字节锁存器。然而，这个进位值在进行中间字节的加法运算时必须用上，这就是为什么低字节锁存器中的进位值是中间字节三态缓冲器的另一个输入。同理，中间字节的加法运算产生的进位在进行高字节的加法运算时也必须用上。

现在我们进入最后阶段。所有的加法和减法运算都已处理完毕。尚未处理的是指令代码 04h——用于将 3 个字节写入存储器。这个电路使用存储在指令锁存器中的 Q_2 位：

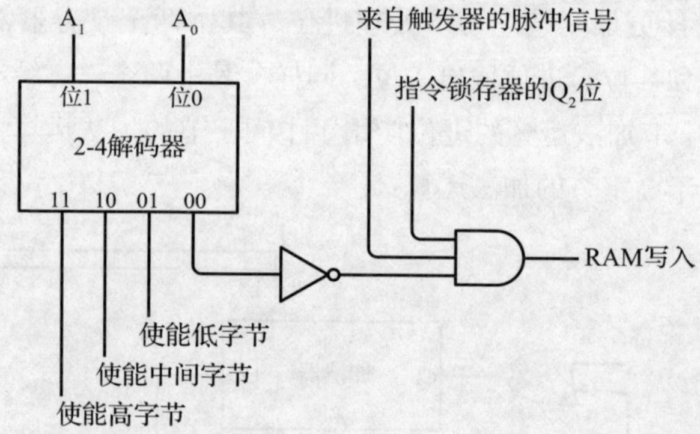

RAM 写入信号只在 RAM 地址的最低两位为 01、10 或 11 时生成，这 3 个地址对应的是 3 个数据字节。反相器就是为此设计的。当这些地址位为 01、10 或 11 时，3 个三态缓冲器依次被使能。如果 Q_2 位为 1（表示写入指令）且触发器配置的脉冲信号为 1，这 3 个字节就会依次被写入存储器。

最后一个指令是 08h，表示停止运行。这实现起来很简单。当指令锁存器的 Q_3 位为 1 时，让一直运行的振荡器停止工作即可：

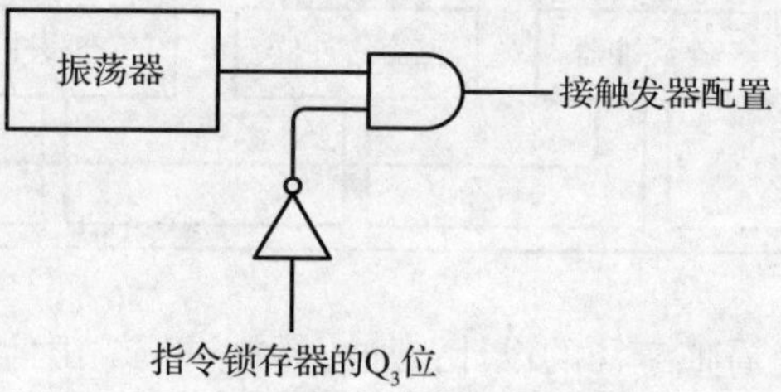

此外，还可以添加一个“清零”按钮。它可以清空触发器、计数器和所有锁存器中的内容，为下一轮累加做准备。

完整的三字节累加器的交互版本可以在网站 CodeHiddenLanguage.com 上找到。

现在大家应该明白我为什么要这样定义 4 个指令代码了吧。我想在电路中直接使用这些位：一位表示加法或减法，一位表示减法，一位用于将结果写入存储器，一位用于停止运行。如果只是使用 01h、02h、03h 和 04h 这样的数字，就需要额外的电路来将这些值解码成独立的信号。

为什么选择用 3 字节而不是 4 字节来保存每个数字，现在也很容易理解了。这样可以用存储器地址的 A_0 和 A_1 位直接控制各个锁存器。如果使用 4 字节，那么操作码就会保存在 0000h、0005h、000Ah、000Fh、0014h 等存储器地址，这样就很难将所有内容存入正确的锁存器中。

现在我可以定义本书标题中的两个关键词了：硬件和软件。三字节累加器清晰地展示了它们的区别：硬件是指所有的电路，而软件则是由保存在存储器中的代码和数据组成的。之所以称之为“软件”，是因为它们容易更改。如果输错了数字，或者混淆了加法和减法的代码，你可以轻松更正。相比之下，电路就难以更改得多。即使电路只是模拟的（如网站 CodeHiddenLanguage.com 上的那些），而不是真实世界中的导线和晶体管，情况也是如此。

此外，三字节累加器也展示了硬件和软件之间的紧密联系。代码和数字的值保存在存储器的触发器中，而构成这些值的位则成为与硬件其他部分集成的信号。在最基本的层面上，硬件和软件都只是与逻辑门交互的电信号。

假设你构建了一台三字节累加器，并用它来记录你的小型企业的财务状况。当业务发展超出预期时，你可能会感到担忧，因为你很可能会遇到收入或支出超过机器 3 字节容量的情况。这台机器难以扩展，因为 3 字节的限制是内置在硬件中的。

虽然我们恐怕必须把三字节累加器这个方向视为一条死胡同，但幸运的是我们在构建它的过程中学到的一切都不会浪费。事实上，我们已经发现了一些极其重要的东西。

我们发现了一个惊人的事实：可以构建一台能够对存储在存储器中的代码做出响应的机器。三字节累加器只使用了 4 个代码，但如果将指令代码以 1 字节的形式存储，就可以定义多达 256 个不同的代码来执行各种任务。这些任务可能每个都很简单，但可以想象，如果将它们组合在一起，那么绝对能够完成非常复杂的事情。

这里的关键在于，较简单的任务是在硬件中实现的，而较复杂的任务则是在软件中以指令代码组合的形式实现的。

如果在 1970 年想构建这样一台多功能机器，那绝对是一项艰巨的任务。但到了 1980 年，你完全不需要自己动手！你可以直接购买一种叫作微处理器的芯片，它能访问 64KB 的存储器并解析接近 256 个不同的指令代码。

第一台“单片计算机”问世于 1971 年 11 月。这款芯片由英特尔公司制造，名为 4004，是一个包含 2250 个晶体管的 4 位处理器，可以访问 4KB 内存。到了 1972 年年中，英特尔又发布了第一款 8 位微处理器 8008，它可以访问 16KB 内存。

这些芯片的多功能性和内存容量还不足以支撑制造出带有键盘和显示器的个人计算机。它们主要应用于嵌入式系统，与其他数字逻辑协同工作，用于控制某些机器或执行专门的任务。

1974 年 4 月，英特尔 8080 横空出世。这是一个包含约 4500 个晶体管的 8 位处理器，可以访问 64KB 内存。英特尔 8080 采用 40 引脚芯片封装：

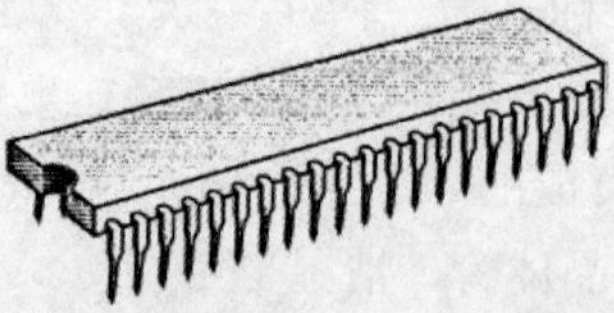

英特尔 8080 开创了微处理器的黄金时代。这款微处理器被用于第一台家用计算机——Altair 8800（如第 19 章末尾展示的《大众电子》封面上所示），同时也是 1981 年 8 月发布的初代 IBM 个人计算机（PC）所搭载的英特尔 16 位微处理器的技术先驱。

同期，摩托罗拉也在研发微处理器。同样于 1974 年推出的摩托罗拉 6800 是另一款可访问 64KB 内存的 8 位微处理器。MOS 科技在 1975 年推出了 6800 的简化版本，将其命名为 MOS 6502。史蒂夫·沃兹尼亚克（1950—？）在 1977 年 6 月发布的影响深远的 Apple II 计算机上采用的正是这种芯片。

英特尔 8080 和摩托罗拉 6800 虽然在某些方面有相似之处，比如都是封装在 40 引脚芯片中的 8 位微处理器，都能访问 64KB 内存，但它们的指令代码体系却完全不同。二者还存在另一项根本性差异：前面讨论过存储多字节数值的大端序与小端序模式，摩托罗拉 6800 采用的是大端序，先存储最高有效字节，而英特尔 8080 采用的是小端序，先存储最低有效字节。

从第 21 章开始，我将尝试通过动手搭建来带你探索英特尔 8080 的内部构造。在这个过程中，我们只会使用你已经熟悉的基本元件，如逻辑门、触发器、加法器、锁存器和三态缓冲器。

这个雄心勃勃的项目我不会完整实现。我们的英特尔 8080 版本不会达到原版的性能水平。不过，我们也会足够深入，等我们完成时，你会对计算机的内部工作原理有着异常深刻的理解。

Code

第 21 章

算术逻辑单元

现代计算机是由无数组件构成的复杂组合体，这些组件大致可以分为三类：

- 存储器
- 中央处理器（CPU）
- 输入输出（I/O）设备，通常称为外围设备

在第 19 章中，你了解了随机存储器的构建和组织方式，以及如何通过地址访问存储器中的每个字节。第 20 章则展示了存储器如何存储数字，以及存储在存储器中的代码如何控制操纵这些数字的电路。更广泛地说，存储器可以存储任何可以用 0 和 1 表示的数字化内容，包括文本、图片、音乐和电影等。存储在存储器中的指令代码通常统称为代码，而其他所有内容则统称为数据。简而言之，存储器包含代码和数据。

计算机还包括多个输入输出（I/O）设备，即外围设备，而具体包含哪些外围设备则主要取决于特定的计算机是放在桌面上的、便于折叠夹在胳膊下的、放在口袋或手提袋中的，或是内置于微波炉、扫地机器人或汽车中的。

台式计算机最显眼的 I/O 设备包括视频显示器、键盘、鼠标，以及可能位于角落的打印机。笔记本电脑通常用触摸板代替鼠标，而智能手机则在单个屏幕上集成所有这些功能。这些计算机都配备大容量存储设备：台式计算机多采用机械硬盘，笔记本电脑一般使用固态硬盘（SSD），手机则依赖闪存存储，有时还会通过外接存储设备（如 U 盘）进行容量扩展。

其他 I/O 设备则不那么显眼，例如播放声音和音乐的电路、通过以太网连接器或 Wi-Fi 连接互联网的电路、接收全球定位系统（GPS）信号以告诉你所在位置和目的地的电路，甚至是检测重力和运动以确定手机相对于地球的方向和移动状态的设备。

不过，本章（以及接下来的 3 章）的主题是 CPU，它常被比喻为计算机的

“心脏”“灵魂” 或 “大脑”，这取决于你的偏好。

第 20 章介绍了一个三字节累加器。它由一个用于访问存储器的计数器、一个加法器和多个锁存器组成，所有功能都由电路控制，而这些电路使用存储在存储器中的代码进行加减运算，随后将累计总和写入存储器。

CPU 与那个三字节累加器十分相似，但更加通用，因为它可以响应多种不同的代码。

我将在本书中构建的 CPU 会以字节为单位工作，因此可以归类为 8 位 CPU 或 8 位处理器。不过，它需要能够寻址 64KB 的随机存储器，64KB 的随机存储器就需要 16 位（即 2 个字节）的存储器地址。因此，虽然这款 8 位 CPU 主要处理字节数据，但它也必须能够在有限的范围内处理与该存储器地址相关的 16 位值。

这个 CPU 只存在于理论中，具备从存储器中读取代码和数据，执行各种算术和逻辑运算的能力。就这方面而言，它将等同于任何其他数字计算机，无论后者多么复杂。

多年来，随着 CPU 从 8 位演进到 16 位——再到 32 位和 64 位，这些更先进的 CPU 也并未获得处理新的运算类型的能力，而只是执行相同任务的速度变得更快。在某些场景下，速度决定一切——比如在解码视频数据流时，8 位 CPU 也能完成相同的处理任务，但可能无法达到播放视频所需的速度。

虽然 8 位 CPU 主要进行字节级的数学和逻辑运算，但它也能处理多字节数字。例如，假设要将 1388h 和 09C4h（分别为十进制的 5000 和 2500）这两个 16 位数相加，CPU 需要处理的存储器值如下：

0000h:	3Eh
	88h
	C6h
	C4h
	32h
	10h
	00h
	3Eh
	13h
	CEh
	09h
	32h
	11h
	00h
	76h
	00h
0010h:	00h
	00h

这些字节可能初看起来难以理解，因为它们是指令代码和数据的混合体，而你可能不知道指令代码是什么。让我们看看带注释的版本：

0000h:	3Eh	将下一个字节移入CPU的代码
	88h	1388h（十进制5000）的低字节
	C6h	将下一个字节与CPU中已有的值相加的代码
	C4h	09C4h（十进制2500）的低字节
	32h	将结果存入下面两个字节给出的存储器地址的代码
	10h	存储器地址0010h
	00h	
	3Eh	将下一个字节移入CPU的代码
	13h	1388h的高字节
	CEh	将下一个字节与CPU中已有的值带进位相加的代码
	09h	09C4h的高字节
	32h	将结果存入下面两个字节给出的存储器地址的代码
	11h	存储器地址0011h
	00h	
	76h	停止CPU运行的代码
	00h	
0010h:	00h	保存结果的位置
	00h	

类似这样的指令序列被称为计算机程序。（但你可能已经猜到了！）这个简单的程序将 1388h（十进制 5000）和 09C4h（十进制 2500）相加。首先，CPU 将低字节的两个 16 位值（88h 和 C4h）相加，并将结果存入存储器地址 0010h。然后将两个高字节（13h 和 09h）以及第一次加法运算可能产生的进位相加，结果存入地址 0011h。最后停止 CPU 运行。16 位的和保存在地址 0010h 和 0011h 处，后续可以通过这两个地址访问。

3Eh、C6h、32h、CEh 和 76h 这些特定的代码从何而来？它们并非随意编造的，虽然我还未开始构建 CPU，但我选择了使用英特尔 8080 微处理器的实际指令代码。这款处理器被用于 MITS Altair 8800——公认的第一款在商业上取得成功的个人计算机。初代 IBM 个人计算机虽未采用 8080 微处理器，但采用了其下一代产品英特尔 8088。

在本章及接下来的几章中，我将以英特尔 8080 为蓝本设计自己的 CPU，但仅作为参考模型。我的 CPU 只会实现 8080 的部分功能。英特尔 8080 有 244 个指令代码，而我的 CPU 将只实现其中的一半多。

即便如此，你仍然可以对计算机的核心工作原理有一个很好的了解。

我一直把这些代码称为指令代码或操作码。它们也被称为机器码，因为这些代码直接被机器（即 CPU 的电路）使用。前面展示的就是一个机器码程序的例子。

所有 8080 指令代码都是单字节的，但某些代码需要在指令字节后面增加 1 个或 2 个字节。在前面的示例中，指令代码 3Eh、C6h 和 CEh 后面必须跟着一个字节，这类指令被称为双字节指令，因为代码后面的字节实际上属于指令的一部分。指令代码 32h 属于三字节指令，因为它后面跟着两个用于定义存储器地址的字节。也有许多指令不需要额外的字节，如停止 CPU 运行的 76h。指令长度的这种变化增加了 CPU 设计的复杂性。

前面的例子中的代码和数据排列并非适用于两个 16 位数字相加的最佳方式，因为指令代码和数据混杂在一起。通常最好将代码和数据分开存放在存储器的不同区域。第 22 章中将详细解释这一点。

CPU 本身由多个组件构成。本章余下部分将重点介绍 CPU 最基础的部分：算术逻辑单元（ALU）。这是负责加减运算及其他基本运算的核心部件。

8 位 CPU 的 ALU 只能执行 8 位加减运算。但在实际应用中，我们常需要处理 16 位、24 位、32 位甚至更大的数字。这些大数字必须从最低有效字节开始，逐字节进行加减运算。后续每个字节的加减运算还要考虑前一次运算产生的进位。

这意味着我们的 ALU 必须能够执行以下基本运算：

- 将一个 8 位数与另一个 8 位数相加。
- 将一个 8 位数与另一个 8 位数相加，同时考虑前一次加法的进位。这称为带进位加法。
- 从一个 8 位数中减去另一个 8 位数。
- 从一个 8 位数中减去另一个 8 位数，同时考虑前一次减法的进位。这称为带进位减法或带借位减法（两者指同一概念）。

为方便起见，我们可以将这 4 种运算的描述简化为：

- 加法
- 带进位加法
- 减法
- 带借位减法

稍后我会进一步简化这些描述。需要注意的是，带进位加法和带借位减法要使用前一次运算产生的进位位（可能是 0 或 1，取决于是否产生了进位）。这意味着 ALU 必须保存当前运算的进位位，以供下一次运算使用。

跟之前一样，相比基本运算，处理进位会显著提升复杂度。

例如，假设你要将两个 32 位数相加，每个数占 4 字节。首先需要将两个最低有效字节相加。这次加法运算可能产生进位，也可能不会。我们用一个进位标志来表示，其值可能是 0 或 1。然后，你需要将两个次低有效字节相加，并将前一次加法运算产生的进位标志纳入计算，之后继续处理剩余字节。

两个 32 位数相加需要对 4 对字节进行 4 次运算：

- 加法
- 带进位加法
- 带进位加法
- 带进位加法

减法的过程类似，但需要将被减数转换为 2 的补数（如第 16 章所述）：所有 0 变成 1，所有 1 变成 0。对于多字节数的第一个字节，通过设置加法器的进位输入来加 1。因此，32 位数的减法同样需要 4 次运算：

- 减法
- 带借位减法
- 带借位减法
- 带借位减法

我想将执行这些加减运算的电路封装在一个如下所示的方框中：

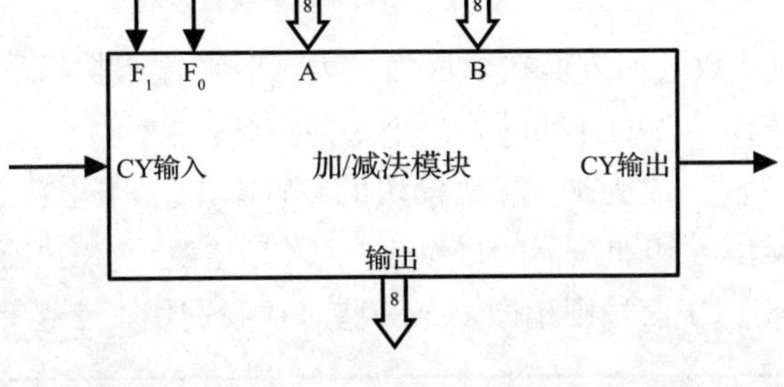

这个设计看起来很直观：两个 8 位输入相加或相减得到一个 8 位输出。不过，这个方框确实与之前的设计有些不同。

以往在标记 8 位加法器时，我通常用 CI 表示进位输入，用 CO 表示进位输出。这次的标记有所不同。我用 CY 来表示进位标志。如你所见，CY 输出与加法器的进位输出相同，但 CY 输入其实是前一次加减法运算的进位标志，这与加法器的进位输入可能不同。

图中还新增了两个输入：F_0 和 F_1。F 代表“功能”，这两个输入控制着方框内的运算：

F_1	F_0	运算
0	0	加法
0	1	带进位加法
1	0	减法
1	1	带借位减法

请记住，我们正在构建的东西需要与存储器中存储的指令代码配合工作。通过巧妙地设计这些指令代码，就可以用其中的两位来为这个加 / 减法模块提供功能输入，就像第 20 章中加法和减法的指令代码一样。这个加 / 减法模块的大部分内容应该看起来很熟悉：

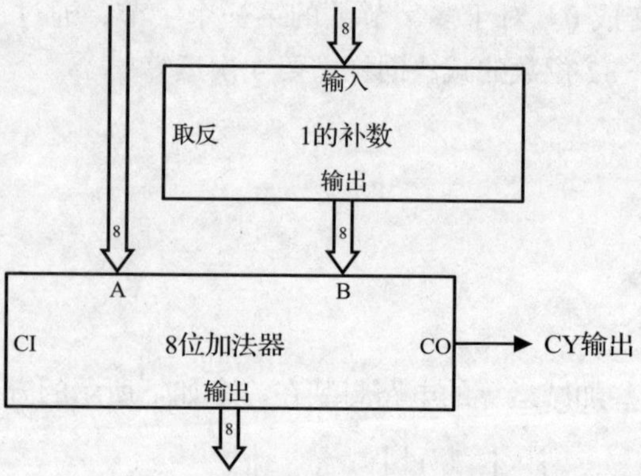

标记为“1 的补数”的方框在取反信号为 1 时对输入执行取反操作。在执行减法运算时，这是转换 2 的补数的第一个必要步骤。

加法器的进位输出成为加 / 减法模块的 CY 输出。但这个图中缺少了“1 的补数”方框的取反信号和加法器的进位输入（CI）信号。在执行减法运算时，取反信号必须为 1，但 CI 信号则稍微复杂一些。让我们用一个逻辑图表来说明：

F_1	F_0	功能	取反	CI
0	0	加法	0	0
0	1	带进位加法	0	CY
1	0	减法	1	1
1	1	带借位减法	1	CY

可以看出，“1 的补数”反相器的取反信号与 F_1 相同。这很简单！但加法器的 CI 输入却有点麻烦。它在减法运算时为 1，因为在处理多字节减法的第一个字节时，需要在 1 的补数上加 1 以得到 2 的补数。如果 F_0 为 1，则 CI 为前一次加减法运算的 CY 输出。所有这些都可以通过以下电路实现：

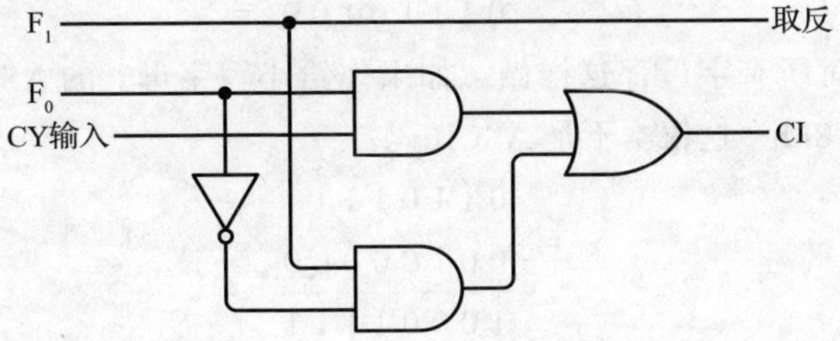

完整的加 / 减法模块的交互版本可以在网站 CodeHiddenLanguage.com 上找到。

除了加减法之外，你还想让算术逻辑单元做什么？如果你的答案是“乘法和除法”，恐怕要让你失望了。如果你对构建加减法电路的困难程度已经有了概念，那么试着想象一下乘除法的逻辑复杂性吧！虽然这样的电路是可能的，但它超出了本书的目标范围。此外，既然英特尔 8080 没有实现乘除法，那么我们的 CPU 也不会实现。不过，如果你足够有耐心，到第 24 章结束时你会看到我们正在构建的 CPU 如何拥有执行乘法运算的基本工具。

我们先不考虑乘法，先看下“算术逻辑单元”这个术语中的第二个词。在本书中，“逻辑”一词通常指布尔运算。这些运算如何发挥作用呢？

假设你在存储器中从某个任意地址开始存储以下 ASCII 码：

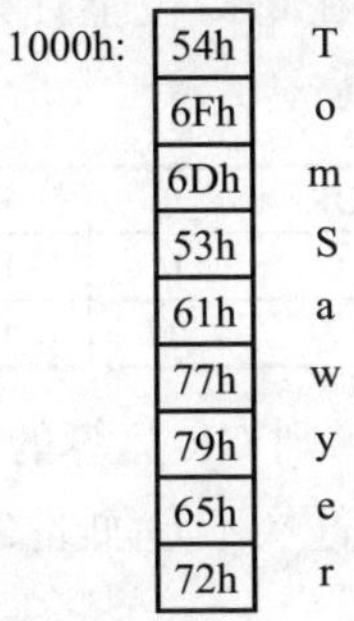

或许你想将所有这些文本转换为小写。

回顾一下第 13 章，你会看到大写字母的 ASCII 码范围为 41h ～ 5Ah，小写字母的 ASCII 码范围为 61h ～ 7Ah。对应的大小写字母的 ASCII 码相差 20h，这意味着你可以通过将 ASCII 码加上 20h 来将特定的大写字母转换为小写字母。

例如，在大写字母 T 的 ASCII 码 54h 上加上 20h 就可以得到小写字母 t 的 ASCII 码 74h。下面是对应的二进制加法：

```
  01010100
+00100000
  01110100
```

但你不能对所有字母都这样做。如果你给小写字母 o 的 ASCII 码 6Fh 加上 20h，就会得到 8Fh，这根本不是 ASCII 码：

```
  01101111
+00100000
  10001111
```

不过，仔细看下这些位的模式。下面是字母 A 的大小写形式各自的 ASCII 码 41h 和 61h：

A: 0 1 0 0 0 0 0 1

a: 0 1 1 0 0 0 0 1

这是字母 Z 的大小写形式各自的 ASCII 码 5Ah 和 7Ah：

Z: 0 1 0 1 1 0 1 0

z: 0 1 1 1 1 0 1 0

对于所有字母的 ASCII 码的二进制形式而言，其大小写形式只在左数第三位上不一样。通过将该位设为 1，就可以将大写字母转换为小写字母。如果字母已经是小写形式也没有关系，因为这样的话该位本身就为 1。

那么，与其加上 20h，不如在每对位上使用布尔 OR（或）运算。你还记得第 6 章的这个表吗？

OR	0	1
0	0	1
1	1	1

如果两个操作数中任何一个为 1，则 OR 运算的结果为 1。

再次以大写字母 T 为例，但这次不是加上 20h，而是让 54h（T）和 20h 的对应位进行 OR 运算：

```
    01010100
OR 00100000
    01110100
```

若对应位中有任何一个为 1，结果就为 1。这种方法的优点是小写字母保持不变。下面是小写 o 的 ASCII 码和 20h 进行 OR 运算的结果：

```
     01101111
OR   00100000
-------------
     01101111
```

如果让存储器中的每个字母都和 20h 进行 OR 运算，就可以将所有字母都转换为小写形式，结果如下：

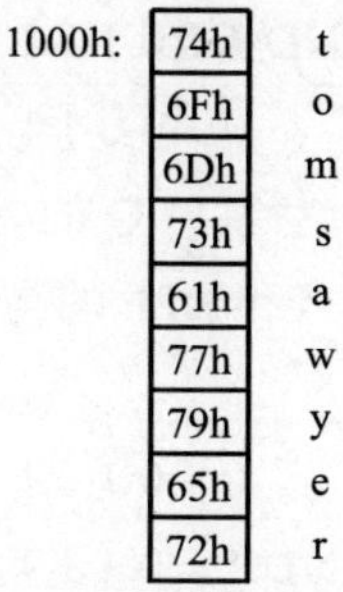

我们在这里所做的操作有一个名字。由于它对每对对应的位执行或运算，因此被称为按位或运算。事实证明，除了将文本转换为小写之外，它在其他任务中也很有用。因此，我想在算术逻辑单元中添加以下电路：

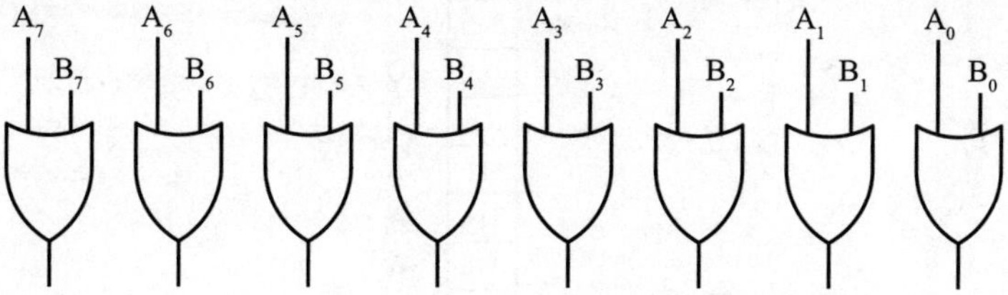

这个电路对标记为 A 和 B 的 2 个字节对应的 8 位执行或运算。让我们用一个方框来表示这个电路，并简单做下标记，如下所示：

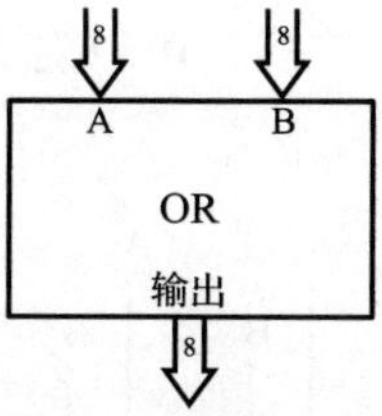

现在考虑一下如何将文本块转换为大写形式。这个过程与之前的略有不同，因为你需要将对应的位设为 0 而不是 1。这种情况需要用与（AND）运算而不是或运算。下面这个表格同样来自第 6 章：

AND	0	1
0	0	0
1	0	1

这时就不能采用和 20h 进行或运算的方式了，而应该和 DFh（二进制 11011111，即 20h 取反）进行与运算。下面是小写字母 o 转换为大写的过程：

```
    01101111
AND 11011111
------------
    01001111
```

ASCII 码 6Fh 变成 4Fh，这正是大写字母 O 的 ASCII 码。

如果字母已经是大写的，那么和 DFh 的与运算不会产生任何影响。以大写字母 T 为例，如下所示：

```
    01010100
AND 11011111
------------
    01010100
```

在和 DFh 进行与运算后，它仍然是大写的。对整个文本进行该操作就可以将所有字母转换为大写形式：

1000h:	54h	T
	4Fh	O
	4Dh	M
	53h	S
	41h	A
	57h	W
	59h	Y
	45h	E
	52h	R

如果 ALU 包含一组（8 个）与门，可以对 2 个字节执行按位与运算，将会非常有用：

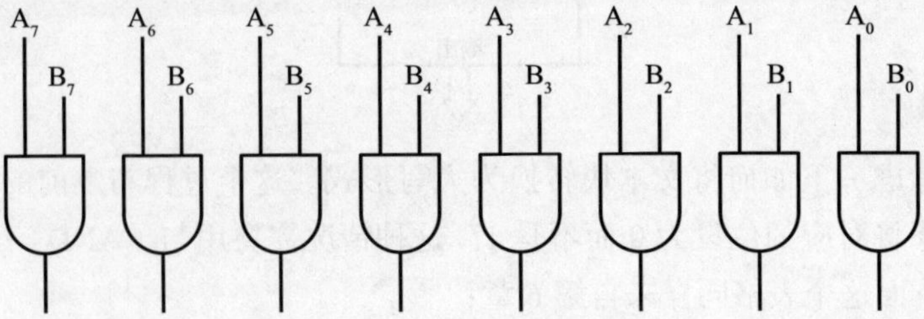

让我们把它放在一个简单的方框中，以便后续引用：

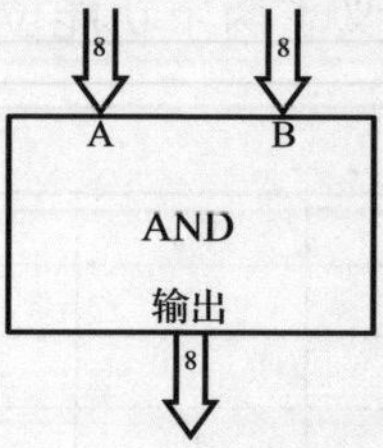

按位与运算对于确定字节的特定位是 0 还是 1 也很有用。例如，假设你有一个字母的 ASCII 码字节，想知道这个字母是小写的还是大写的，只需让这个字节和 20h 执行按位与运算。如果结果是 20h，则该字母是小写的；如果结果是 00h，则该字母是大写的。

还有一种有用的按位运算是异或（XOR）。以下表格出现在第 14 章，当时这种逻辑运算被用于加法：

XOR	0	1
0	0	1
1	1	0

下面是一排 8 个异或门，用于对 2 个字节执行按位异或运算：

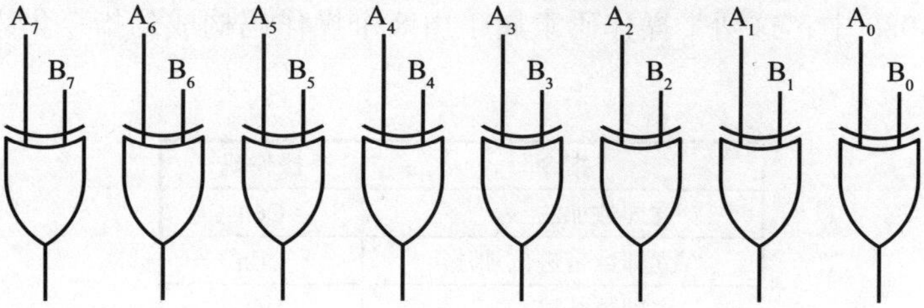

再次，让我们把这个电路放到一个简单的方框中以便后续引用：

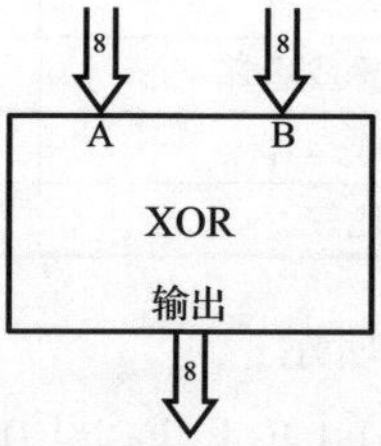

XOR 运算对于反转位很有用。例如，如果对“TomSawyer”的 ASCII 码和 20h 执行异或运算，所有大写字母都会转换为小写字母，而所有小写字母都会变

成大写字母！跟 FFh 执行异或运算则会反转一个值的所有位。

我在前面为加 / 减法模块定义了两个功能位 F_1 和 F_0。对于完整的 ALU，我们需要三个功能位，如下表所示：

F_2	F_1	F_0	运算
0	0	0	加法
0	0	1	带进位加法
0	1	0	减法
0	1	1	带借位减法
1	0	0	按位与
1	0	1	按位异或
1	1	0	按位或
1	1	1	比较

这些功能代码并非随意指定的。稍后你会看到，这些代码都暗含在英特尔 8080 微处理器实现的实际指令代码中。除了按位与、按位异或和按位或之外，还有另一个称为比较的运算被添加到了表格中，稍后会讨论。

在本章开始时，我展示了一个带有操作码 C6h 和 CEh 的小程序，它对存储器中的下一个字节执行加法运算。C6h 表示普通加法，而 CEh 表示带进位加法。这类操作码被称为立即数指令，因为它们使用的是紧跟着操作码的下一个字节。在英特尔 8080 中，这两个操作码隶属于由 8 个操作码构成的指令集家族，如下表所示：

指令	操作码
立即数加法	C6h
立即数带进位加法	CEh
立即数减法	D6h
带借位立即数减法	DEh
立即数与运算	E6h
立即数异或运算	EEh
立即数或运算	F6h
立即数比较	FEh

这些操作码的一般形式如下所示：

$$1\ 1\ F_2\ F_1\ F_0\ 1\ 1\ 0$$

其中 F_2、F_1 和 F_0 就是前面的表中所示的位。这 3 位被用于将按位与、按位异或和按位或这 3 个方框结合在一起的电路，如下所示：

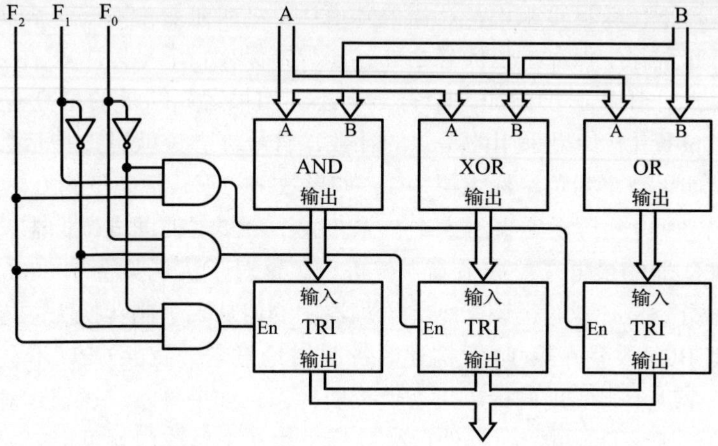

输入 A 和输入 B 各自都被路由到 AND、XOR 和 OR 这 3 个方框。这 3 个方框所代表的电路同时起到各自的作用。不过，它们中只有一个会被选为最终输出。这就是标有 TRI 的 3 个方框发挥作用的地方，TRI 代表 8 位三态缓冲器。基于 F_0、F_1 和 F_2 这 3 个功能信号，这 3 个三态缓冲器只有一个会被启用（或都不启用）。如果 F_2 为 0，或者如果 F_2、F_1 和 F_0 都为 1，则不选择任何输出。

让我们将图中所示的这个电路封装到一个新的方框中：

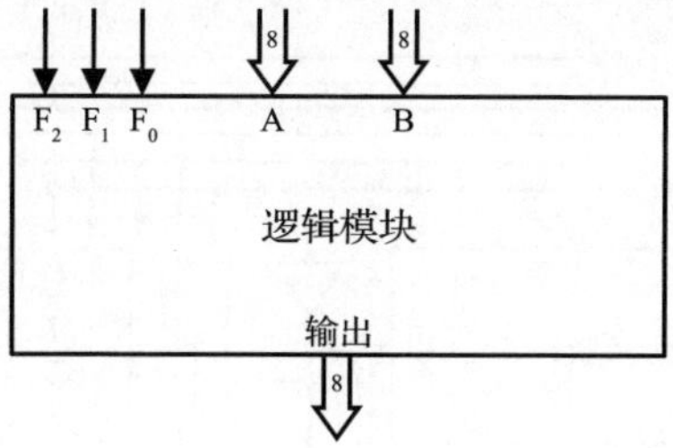

这就是算术逻辑单元的逻辑模块。

从前面的表中可以看到，如果 F2、F1 和 F0 都为 1，则执行比较运算。这是什么意思？

有时，确定一个数字是小于、大于还是等于另一个数字很有用。如何实现这一点呢？基本上就是做减法。从字节 A 中减去字节 B。如果结果为零，那么这两个数字相等。否则，如果进位标志被置位，则字节 B 大于字节 A，如果进位标志未被置位，则字节 A 更大。

比较运算与减法运算差不多，但有一个重要区别：它不保存减法运算的结果，而是保存进位标志。

此外，对于比较运算来说，还需要知道运算结果是否为零——表明两个字节相等。这意味着除了保存进位标志之外，还需要保存一个零标志。

既然如此，让我们再添加一个符号标志。如果运算结果的最高有效位为 1，则将该标志位置 1。如果采用的是 2 的补数，符号标志位就可以指示数字是负数还是正数。如果数字为负，标志位为 1；如果数字为正，标志位为 0。

（英特尔 8080 实际上定义了 5 个标志。我不会实现辅助进位标志，它用于指示是否从加法器的最低 4 位向最高 4 位进位。这对于实现英特尔 8080 的十进制调整累加器指令是必需的，该指令将累加器中的值从二进制转换为二进制编码的十进制，即 BCD，我在第 18 章构建时钟时讨论过它。我的 CPU 不会实现该指令。还有一个我不会实现的标志是奇偶校验标志，如果算术或逻辑运算的结果有偶数个 1 位，则该标志位为 1。奇偶校验标志用 7 个异或门就可以轻松实现，但它比其他标志的用处要小得多。）

事实证明，对于某些编程任务来说，比较运算比加减运算更重要。例如，假设你正在编写一个在网页上查找文本的程序。这就涉及将网页上的文本字符与你要查找的文本字符进行比较。

整个算术逻辑单元就是由加 / 减法模块和逻辑模块以及一些相当杂乱的支持电路组成的：

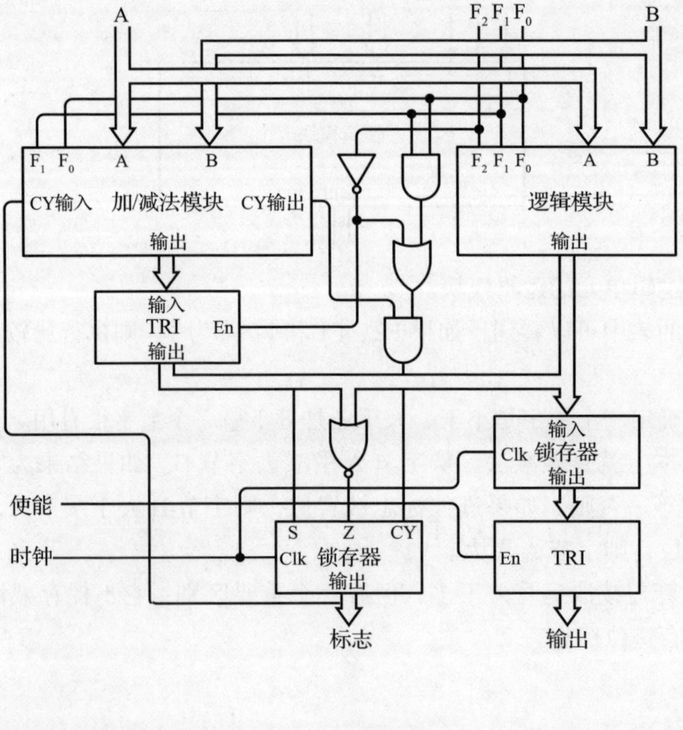

标有 TRI 的两个方框代表的是三态缓冲器。逻辑模块仅在选择与、或和异或运算的 F_0、F_1 和 F_2 这 3 个信号为 3 种特定组合之一时才启用输出。加 / 减法模块输出上的三态缓冲器仅在 F_2 为 0 时启用，这表示加法或减法。

在底部，两个锁存器的时钟（Clk）输入连接到左下角的时钟输入，该输入适用于整个 ALU。右下角的三态缓冲器由左下角的使能信号控制，该信号也是 ALU 的输入。这个三态缓冲器是加 / 减法模块和逻辑模块的复合输出端。

图中的大多数逻辑门都是用于处理进位标志（缩写为 CY）的。当 F_2 信号为 0（表示加法或减法运算）或 F_1 和 F_0 同时为 1（表示比较运算）时，进位标志应被置位。

底部中央锁存器的输入就是这三个标志。中间有一个八输入或非门确定运算结果是否全为零，这就是零标志（缩写为 Z）。数据输出的高位即为符号标志（缩写为 S）。尽管只有 3 个标志，但在从 ALU 输出时，它们被视为一个字节的 3 位。然后进位标志绕回顶部，作为加 / 减法模块的 CY 输入。

下一步是将所有这些复杂的逻辑隐藏在一个简单的方框中：

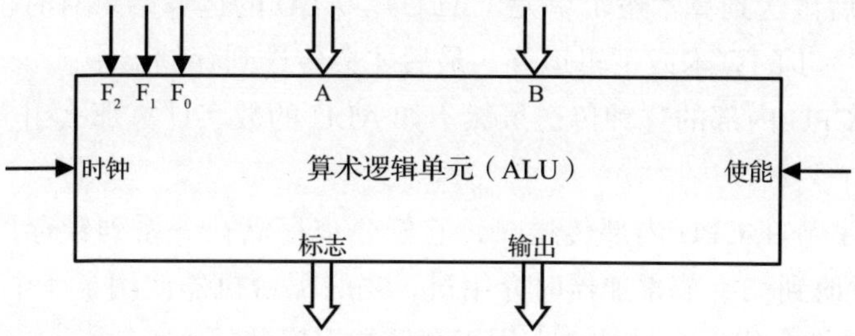

算术逻辑单元完成了！

虽然 ALU 是 CPU 的一个极其重要的组件，但 CPU 需要的不仅仅是对数字进行算术和逻辑运算的方法。它还需要一种将数字输入 ALU 的方法，以及一种存储并传送结果的方法。这就是下一步。

第 22 章

寄存器和总线

计算机的许多日常操作都涉及东西的传送，这里的“东西”当然就是指字节。每次我们加载或保存文件、用流媒体播放音乐或视频、进行视频会议时，都涉及这种字节的传送。有时，如果这些字节传送得不够快，声音或视频就会卡顿或出现乱码。这种情况我们都经历过。

在更微观的层面上，字节也在中央处理器（CPU）内部传送：从存储器传送到 CPU，然后传送到算术逻辑单元（ALU）。ALU 的运算结果有时也还需要返回 ALU 进行进一步的算术或逻辑运算，最后才会传送到存储器中。

字节在 CPU 内部的这种传送虽然不如 ALU 的数字计算那么引人注目，但同样必不可少。

当这些字节在 CPU 内部传送时，它们会被存储在一系列锁存器中。这个概念在第 20 章谈到三字节累加器时介绍过，当时那台机器使用了 4 个 8 位锁存器：1 个用于存储指令代码，另外 3 个用于存储数据字节。

我在这几章中构建的 CPU 是基于英特尔 8080 微处理器的，它需要的锁存器不止 4 个。我不会一次性展示所有锁存器。首先，我们重点看一下 7 个非常特殊的 8 位锁存器，它们可以直接由 CPU 指令控制。这些锁存器被称为寄存器，其主要用途是在 ALU 处理字节时存储这些字节。

这 7 个寄存器都很重要，但其中一个尤为重要，它被称为累加器。

累加器到底有多重要？正如第 21 章所述，ALU 有两个输入：A 和 B。在英特尔 8080（还有我正在构建的 CPU）中，输入 A 始终是存储在累加器中的值，且 ALU 的输出也总是存回累加器。之后，输出结果才可以被传送到其他寄存器之一或存储到存储器。

这 7 个寄存器都用字母标记。累加器被称为寄存器 A，剩下的寄存器有 4 个被简单地标记为 B、C、D 和 E。最后 2 个寄存器并非 F 和 G，而是 H 和 L，分别代表“高字节”和“低字节”，因为它们经常被一起用于创建 16 位访存地址。

总之，英特尔 8080（和我的 CPU）定义了 7 个寄存器：A、B、C、D、E、H 和 L。

在第 21 章中，我将操作码 3Eh 描述为“将下一个字节移入 CPU 的代码”。更准确地说，这是将存储器中的下一个字节移入累加器（即寄存器 A）的代码。3Eh 隶属于英特尔 8080 实现的下列指令集家族：

操作码	含义
06h	将下一个字节移入寄存器 B
0Eh	将下一个字节移入寄存器 C
16h	将下一个字节移入寄存器 D
1Eh	将下一个字节移入寄存器 E
26h	将下一个字节移入寄存器 H
2Eh	将下一个字节移入寄存器 L
36h	将下一个字节移入存储器地址 [HL]
3Eh	将下一个字节移入寄存器 A

代码 3Eh 位于表格底部。虽然这些代码的数字顺序与寄存器的字母顺序不一致，但这就是既定的设计。

注意代码 36h。与表中其他代码不同，它不是将操作码后面的字节移入 7 个寄存器之一，而是将该字节存储到由寄存器 H 和 L 组合形成的 16 位存储器地址中，这个地址用 [HL] 表示。

虽然我还没有构建出一个能理解这些指令的 CPU，但假设我们有一个这样的 CPU（或使用英特尔 8080 的计算机），我们就能运行下面这个用到了其中 3 个指令代码的小计算机程序：

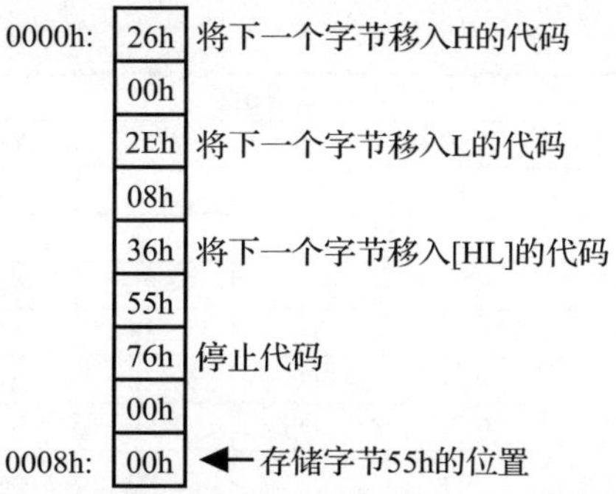

26h、2Eh 和 36h 这三个指令代码都在前面的表中出现过。第一个指令代码将存储器中的下一个字节（00h）移入寄存器 H。第二个将字节 08h 移入寄存器 L，此时寄存器 H 和 L 共同形成存储器地址 0008h。第三个指令代码是 36h，表示将下一个字节（55h）存储到 [HL] 指向的存储器地址。最后是代码 76h，使 CPU 停止运行。

使用寄存器 H 和 L 形成 16 位存储器地址的方法被称为间接寻址。虽然现在可能还不太明显，但事实证明这种方法非常有用。

如果仔细观察前面表格中的 8 个操作码，你会发现它们都遵循同一个位模式：

0 0 D D D 1 1 0

其中 DDD 是字节目标寄存器的 3 位代码，下表展示了具体的对应关系：

代码	寄存器或存储器
000	B
001	C
010	D
011	E
100	H
101	L
110	[HL] 或 M
111	A

表中代码 110 表示由寄存器 H 和 L 的 16 位组合寻址的存储器位置。我个人倾向于用 [HL] 来表示该存储器位置，但在英特尔 8080 的文档中，它被称为 M（代表存储器），就像它只是另一个寄存器一样。

如果 8 位处理器支持的所有操作码长度都是 1 字节，那么可能有多少个操作码？显然是 256 个。实际上，英特尔 8080 只定义了 244 个指令代码，留下了 12 个 8 位值未定义。到目前为止，你已经在第 21 章和本章中分别看到了 1 张各包含 8 个指令代码的表格。在第 21 章中，我们还介绍了 32h 和 76h 这两个指令代码，前者用于将一个字节存储到指令代码后面的存储器地址，后者用于停止处理器运行。

请做好准备，接下来的表格包含 64 个操作码：

算术或逻辑运算								
源	ADD	ADC	SUB	SBB	ANA	XRA	ORA	CMP
B	80h	88h	90h	98h	A0h	A8h	B0h	B8h
C	81h	89h	91h	99h	A1h	A9h	B1h	B9h
D	82h	8Ah	92h	9Ah	A2h	AAh	B2h	BAh
E	83h	8Bh	93h	9Bh	A3h	ABh	B3h	BBh
H	84h	8Ch	94h	9Ch	A4h	ACh	B4h	BCh
L	85h	8Dh	95h	9Dh	A5h	ADh	B5h	BDh
M	86h	8Eh	96h	9Eh	A6h	AEh	B6h	BEh
A	87h	8Fh	97h	9Fh	A7h	AFh	B7h	BFh

表中所示的操作码占了英特尔 8080 实现的所有操作码的四分之一以上，这些运算构成了 CPU 支持的算术和逻辑功能的核心。

在 8 列操作码的顶部，你会看到一行三字母缩写，分别是表示算术运算的 ADD（加法）、ADC（带进位加法）、SUB（减法）、SBB（带借位减法），表示逻辑运算的 ANA（与）、XRA（异或）、ORA（或），以及 CMP（比较）。这些也是英特尔在 8080 微处理器文档中使用的缩写。它们不仅是助记符——帮助记忆较长的运算名称的简单词语，还在为 8080 编写程序时发挥着重要作用。

这 8 种算术和逻辑运算可以与左侧列中的任何源进行组合，这些源包括 7 个寄存器和由 [HL] 访问的存储器位置。

这些缩写为指令代码的表达提供了一种方便的方式。比如，不用说“将寄存器 E 的内容加到累加器的代码”或“操作码 83h”，你可以直接说：

```
ADD E
```

寄存器 E 与累加器的和会存回累加器中。

同样，不用说“在累加器和存储器 [HL] 处存储的字节之间执行异或运算”或“操作码 AEh”，你可以简单地说：

```
XRA M
```

结果同样会存回累加器中。

这些缩写的正式名称为汇编语言指令，这个术语源自 20 世纪 50 年代初，指的是汇编计算机程序的过程。这些助记符是表示 CPU 实现的特定指令代码的一种非常简洁的方式。例如，汇编语言指令 XRA M 就等同于操作码 AEh，反之亦然。

前面表中的全部 64 条指令都遵循这个位模式：

10FFFSSS

其中 FFF 是第 21 章介绍的 ALU 算术或逻辑功能代码，SSS 是源寄存器或存储器代码，本章前面已经介绍过。

本章前面还给出了一张用于将指令代码后面的字节移入寄存器或内存的指令代码表格。它们被称为立即数传送（MVI）指令。现在是时候停止语言描述，而开始使用汇编语言指令了：

汇编语言指令	操作码
MVI B,data	06h
MVI C,data	0Eh
MVI D,data	16h
MVI E,data	1Eh
MVI H,data	26h
MVI L,data	2Eh
MVI M,data	36h
MVI A,data	3Eh

为强调汇编语言指令的重要性，我把操作码移到了最后一列。这里的“data”指的是操作码后面的字节。

3Ah 和第 21 章前面介绍的 32h 是一对相关指令：32h 将累加器的内容存入指令代码后的存储器地址，而 3Ah 则从该地址加载字节到累加器：

汇编语言指令	操作码
STA addr	32h
LDA addr	3Ah

STA 表示“保存累加器”，LDA 表示“加载到累加器”。addr 指的是操作码后面的 2 字节给出的 16 位地址。

助记符 HLT 对应操作码 76h，用于停止 CPU 运行。

下面是一个使用了其中一些指令的小计算机程序，从中可以看出操作码与汇编语言指令的对应关系：

```
0000h: 3Ah  LDA 2044h
       44h
       20h
       06h  MVI B,33h
       33h
       80h  ADD B
       32h  STA 2044h
       44h
       20h
       76h  HLT
       …
2044h: 66h  ← 存储和的位置
```

LDA 指令将地址 2044h 处的值 66h 加载到累加器。MVI 指令将值 33h 加载到寄存器 B。ADD 指令将寄存器 B 的值加到累加器中，得到 99h。最后，STA 指令将这个和 99h 存回地址 2044h 处，覆盖原来的值 66h。

第 21 章末尾表中的 8 个操作码用英特尔 8080 助记符表示为：

汇编语言指令	操作码
ADI data	C6h
ACI data	CEh
SUI data	D6h
SBI data	DEh
ANI data	E6h
XRI data	EEh
ORI data	F6h
CPI data	FEh

我在第 21 章中提到，这些指令被称为立即数指令，因为它们使用紧跟在操作码之后的字节执行算术或逻辑运算。它们可以读作“立即数加法”“立即数带进位加法”“立即数减法”，以此类推。这些运算始终涉及累加器，且结果总是返回到累加器中。

前面那个小程序可以简化如下：

```
0000h: 3Ah  LDA 2044h
       44h
       20h
       C6h  ADI 33h
       33h
       32h  STA 2044h
       44h
       20h
       76h  HLT
        …
2044h: 66h  ← 存储和的位置
```

这里直接用 ADI 指令将值 33h 加到累加器，无须先将其加载到寄存器 B 中。

英特尔 8080 还定义了 63 条指令，用于将字节从一个寄存器传送到另一个、从存储器地址 [HL] 处传送到寄存器，或从寄存器传送到该存储器地址：

MOV destination, source 的操作码								
	目标							
源	B	C	D	E	H	L	M	A
B	40h	48h	50h	58h	60h	68h	70h	78h
C	41h	49h	51h	59h	61h	69h	71h	79h
D	42h	4Ah	52h	5Ah	62h	6Ah	72h	7Ah
E	43h	4Bh	53h	5Bh	63h	6Bh	73h	7Bh
H	44h	4Ch	54h	5Ch	64h	6Ch	74h	7Ch
L	45h	4Dh	55h	5Dh	65h	6Dh	75h	7Dh
M	46h	4Eh	56h	5Eh	66h	6Eh		7Eh
A	47h	4Fh	57h	5Fh	67h	6Fh	77h	7Fh

这类指令被称为数据传送指令，在英特尔 8080 的助记符中缩写为 MOV。上述 63 条指令每条都需要指定目标寄存器和源寄存器。例如，操作码 69h 对应的指令为：

MOV L,C

注意！目标寄存器在前，源寄存器在后。这个约定一开始可能会让人感到困惑。上面这条指令的意思是将寄存器 C 中的字节传送到寄存器 L 中。我们可以用一个箭头来直观地表示这个过程：

传送 L ← C

寄存器 L 的原始内容会被寄存器 C 的值替换。寄存器 C 的内容保持不变，操作完成后，C 和 L 中的值一样。

有趣的是，其中有 7 条指令实际上是多余的，因为它们的源寄存器和目标寄存器相同，例如：

MOV C,C

将寄存器的内容传送给自己毫无意义。

然而，里面没有 MOV M,M 指令。它对应的操作码是 76h 被用于停止计算机运行（缩写为 HLT）。

下面是编写将值加到存储器位置 2044h 处的字节的小程序的另一种方法：

0000h:	26h	MVI H,20h
	20h	
	2Eh	MVI L,44h
	44h	
	7Eh	MOV A,M
	CEh	ADI 33h
	33h	
	77h	MOV M,A
	76h	HLT
	…	
2044h:	66h	← 存储和的位置

这个版本展现了使用寄存器 H 和 L 进行间接寻址的便利性。只需一次设置就能指定存储器地址 2044h。第一条 MOV 指令将该地址处的值（66h）传入累加器，然后将 33h 加到这个值上。第二条 MOV 指令将累加器的值传送回 2044h 处，无须重新指定地址。

分析这 63 条 MOV 指令的二进制结构，我们可以发现如下模式：

0 1 D D D S S S

其中 DDD 表示目标寄存器，SSS 表示源寄存器。这与你之前看到的表格是一致的：

代码	寄存器或存储器
000	B
001	C
010	D
011	E
100	H
101	L
110	M
111	A

设计 CPU 的一种途径是，先确定要实现哪些指令，再设计实现这些指令所需的电路。这正是我采用的方法：先选择英特尔 8080 指令的一个子集，再构建相应的电路。

要实现涉及这 7 个寄存器的所有指令代码，CPU 需要能够在 7 个锁存器中存储字节，并通过 3 位代码来检索这些字节。我们暂时不考虑代码 110，因为它必须作为特例处理，其他 7 个代码可以直接用作 3-8 解码器的输入。

下面的电路包含 7 个锁存器和 7 个三态缓冲器，以及两个 3-8 解码器——一个用于将输入值锁存到其中一个寄存器，另一个用于使能一个三态缓冲器，以从对应的寄存器中选择一个值：

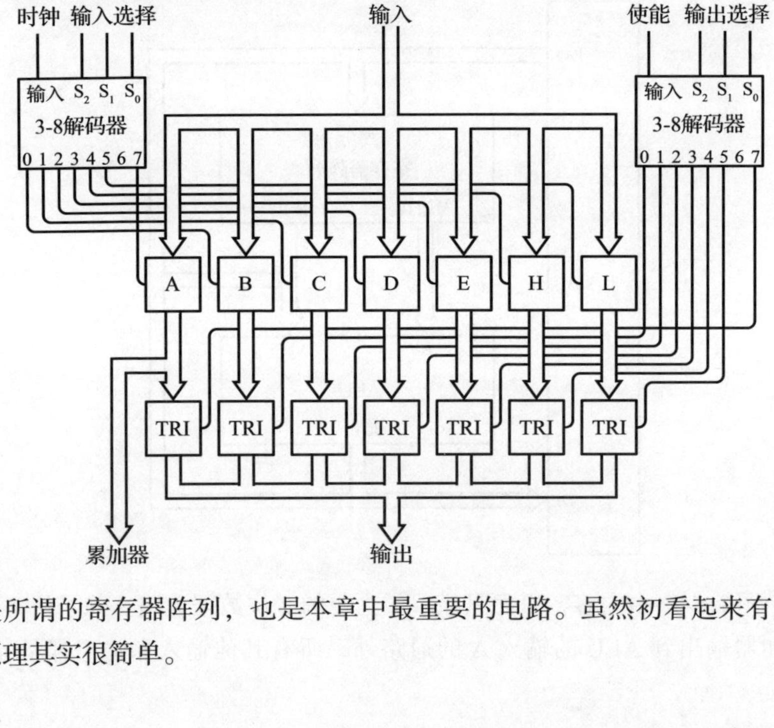

这就是所谓的寄存器阵列，也是本章中最重要的电路。虽然初看起来有点复杂，但其原理其实很简单。

电路上面标记为“输入”的是一条 8 位数据通路，用于向寄存器阵列输入要保存的字节。中间 7 个带字母标记的方框都是 8 位锁存器。虽然图中没有明确标注，但每个锁存器左侧都有一个时钟输入，用于向锁存器中保存数据。

图中左上侧和右上侧是两个 3-8 解码器，其输入选择端均标有 S_2、S_1 和 S_0。这 3 个输入的值对应上表所示的 7 个锁存器代码。这就是标有 6 的输出未使用的原因：该输出对应的输入值为 110，指向的是存储器位置而不是锁存器。

左侧的 3-8 解码器控制这些锁存器的时钟输入。时钟信号会根据 S_0、S_1 和 S_2 的值被路由到 7 个锁存器之一，从而将输入字节保存到该锁存器中。

每个锁存器下方都有一个三态缓冲器，每个缓冲器都带有一个使能输入端（虽然图中未标出）。右侧的 3-8 解码器负责使能 7 个三态缓冲器之一，从而使相应锁存器中存储的字节出现在下面的输出数据通路上。

请注意，这里对累加器的处理有些特殊：其中存储的值始终可以通过底部的累加器输出获取。

进入寄存器阵列的 8 位值可以来自存储器、其他寄存器或 ALU。相应地，从寄存器阵列输出的 8 位值也可以存储到存储器、其他寄存器或传入 ALU。

下面这个简化框图展示了这些数据通路，可以帮助你掌握整体结构：

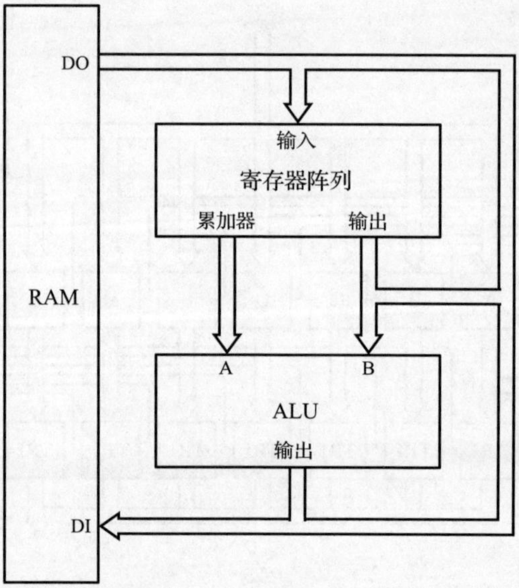

这个图缺少很多内容，里面只显示了主要的 8 位数据通路。除了从寄存器阵列的累加器输出到 ALU 的输入 A 的通路外，所有其他输入和输出都是互连的。

就连 RAM 的数据输出（DO）也连接到了其数据输入（DI）！

之所以可以这样设计，是因为所有组件的输出都要经过三态缓冲器，而任何时刻只有一个缓冲器处于使能状态。这个使能的值可以通过写入信号存入存储器，或存入寄存器阵列中的 7 个寄存器之一，或者作为算术或逻辑运算的结果存入 ALU。

这种所有输入和输出之间的互连被称为数据总线。它是一条所有组件的输入和输出共用的数据通路。当某个三态缓冲器被使能时，其字节在整条数据总线上都可以访问，并且可以被总线上的任何组件使用。

这条数据总线只能用于 8 位数据。此外，还需要一条总线用于 16 位存储器地址，因为地址同样可以来自多个源寄存器。这条 16 位总线称为地址总线，稍后将详细介绍。

现在来讨论一些技术细节。我真希望寄存器阵列能像前面展示的电路那样简单，但它确实还需要一些改进。

我前面展示的寄存器阵列非常适合处理涉及在寄存器之间传送字节的 MOV 指令。事实上，其中的 3-8 解码器就是为 MOV 指令而设计的：使能一个寄存器，其中的内容就可以传送到数据总线上，然后存入另一个寄存器。

但这个设计不适用于 STA 和 LDA 指令。这些指令将累加器中的值存储到存储器中，并将存储器中的值加载到累加器中。其他的指令也涉及累加器。所有的算术和逻辑指令都要将结果存储到累加器中。

因此，必须对寄存器阵列的累加器部分进行一定程度的改进，使其能够独立于 3-8 解码器存取数据。这只需要在寄存器阵列中增加一些逻辑即可实现，其中只涉及累加器锁存器和三态缓冲器：

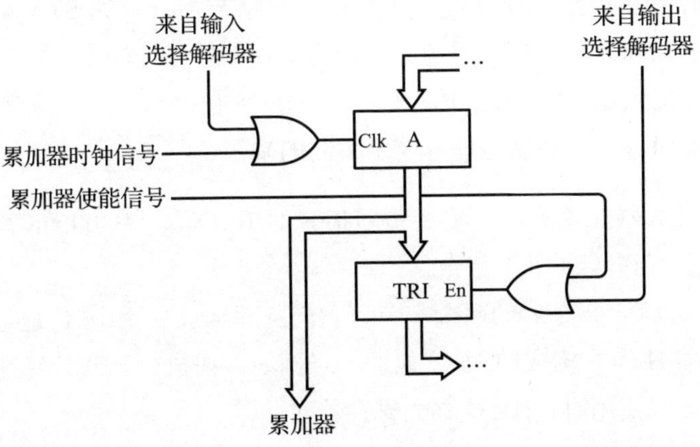

左侧新增了两个信号，分别作为两个或门的输入。这些信号使数据总线上的值能够独立于输入选择解码器存入累加器（标记为“A”的锁存器），并独立于输出选择解码器在数据总线上传送。

寄存器阵列还需要另一项重要改进，以实现通过寄存器 H 和 L 的组合来寻址 RAM。不过这个改进较为复杂，让我们先关注其他必要部分！

我们还需要将 3 个 8 位锁存器连接到数据总线上，用于存储指令字节：

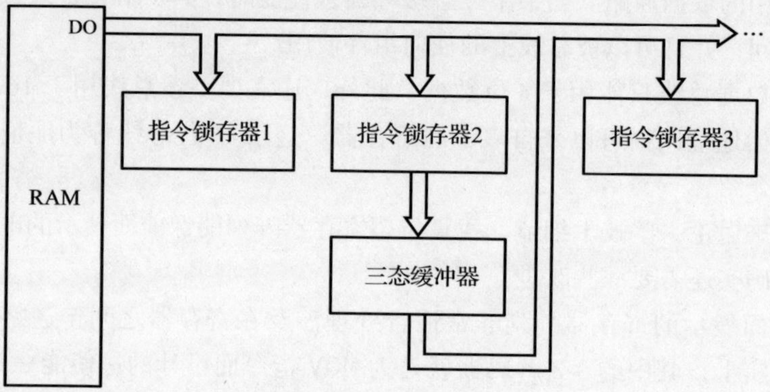

操作码始终存储在指令锁存器 1 中，之后可用于生成控制 CPU 的所有其他信号。这部分内容将在第 23 章详细介绍。

指令锁存器 2 用于包含一个附加字节的指令。例如，立即数传送（MVI）指令后面会跟一个要传入寄存器的字节。算术和逻辑立即数指令（如 ADI）也会跟一个字节。就 ADI 而言，这个字节会被加到累加器。因此指令锁存器 2 必须能够被使能以将其中的值传送到数据总线上，这就是三态缓冲器的作用。

指令锁存器 2 和指令锁存器 3 一起用于三字节指令，如 STA 和 LDA。对于这类指令，第二和第三字节共同构成一个用于存储器寻址的 16 位值。

除了 8 位的数据总线外，CPU 还需要一条 16 位的地址总线来访问 64K 的存储器。就目前而言，存储器地址有 3 个不同的来源：

- 程序计数器。这是一个用于访问指令的 16 位值，从 0000h 开始，按顺序递增，直到遇到 HLT 指令。
- STA 或 LDA 指令后的两个字节，它们一起构成一个 16 位地址。
- 寄存器 H 和 L 构成的 16 位地址——例如，在执行 MOV A,M 指令时。以这种方式使用时，HL 被称为寄存器对。

前面介绍的三字节累加器使用 16 位计数器按顺序访问存储器。我正在构建的 CPU 将不使用这种计数器，而是使用程序计数器。你在第 24 章将会看到，某些指令可以将程序计数器设置为不同的地址。因此，程序计数器将是一个 16 位锁存器，其值通常在指令字节从存储器中取出值后增加 1。

下面是程序计数器的全貌：

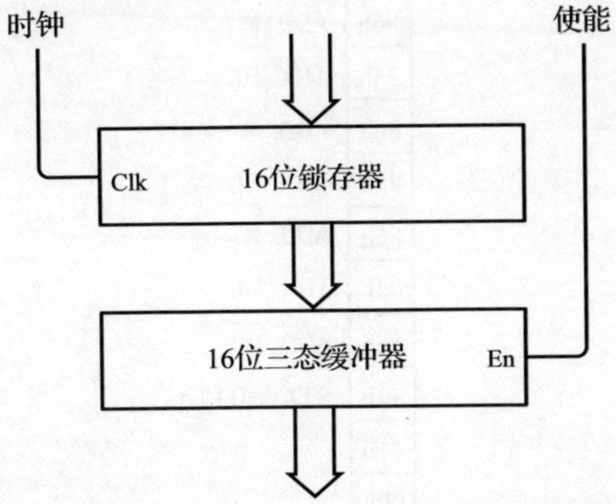

注意，图中的数据通路明显比之前的要宽，因为它们传送的是 16 位值。上面的输入和下面的输出都连接到地址总线。通过时钟输入，可以将地址总线上的值保存到锁存器中；通过使能信号，锁存器中的值可以输出到地址总线。

对于 STA 或 LDA 指令，操作码后面的两个字节存储在指令锁存器 2 和指令锁存器 3 中，这意味着这些锁存器也必须通过三态缓冲器连接到地址总线。

对于使用寄存器对 HL 访问存储器的 MOV 指令，H 和 L 也必须连接到地址总线上。这个需求在最初设计寄存器阵列时被忽略了——当时寄存器 H 和 L 仅与数据总线相连。

此外，我将引入两条新指令：

指令	描述	操作码
INX HL	递增寄存器对 HL 的值	23h
DCX HL	递减寄存器对 HL 的值	2Bh

INX 指令将寄存器对 HL 中的 16 位值加 1，而 DCX 指令则将其减 1。

这些指令非常有用，尤其是 INX。例如，假设从地址 1000h 开始在存储器中连续存储了 5 个字节，现在你想要把它们加起来。只需设置一次寄存器 H 和 L，然后在访问每个字节后递增该值即可。

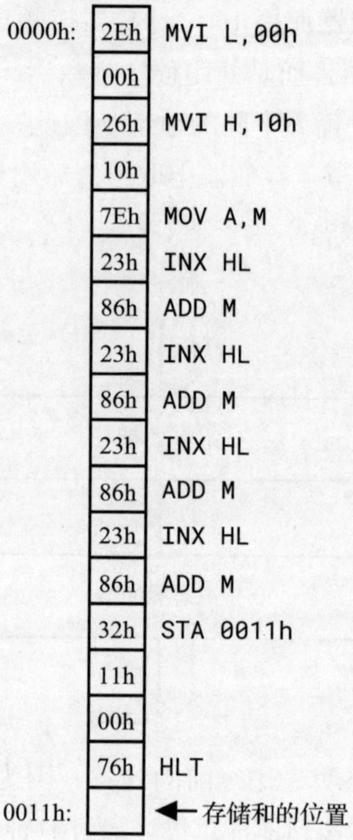

你应该还记得，ALU 有一些标志位用于指示结果是否为零、是否为负数，或加减法是否产生了进位。INX 和 DCX 指令不会影响这些标志位。

（英特尔 8080 也为寄存器对 BC 和 DE 实现了 INX 和 DCX 指令，但这些指令用处不大，我不会在我的 CPU 中实现它们。英特尔 8080 还为所有 7 个寄存器和 HL 寻址的存储器实现了 8 位递增和递减指令——INR 和 DCR，这些指令我也不会实现。）

要实现 INX 和 DCX 指令，就需要额外的电路来执行 16 位值的递增和递减操作。

前面提到，程序计数器——存储用于访问指令的 16 位地址的锁存器——在每次从存储器读取指令字节后都需要递增。这里同样需要 16 位递增功能。

递增和递减电路在某种程度上比加法器和减法器要简单，因为只需要加减 1。下面这个 8 位版本示例可以让你对它有一个直观的了解。带下标的 I 表示输入，带下标的 O 表示输出。递减（Dec）输入信号置 0 表示递增，置 1 表示递减：

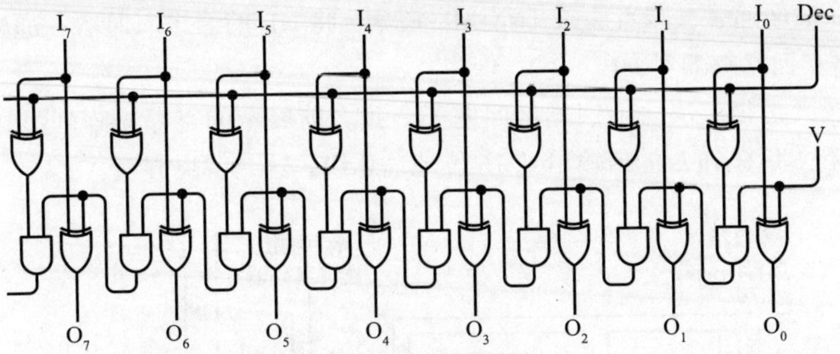

让我们将这个由异或门和与门组成的电路集成到一个更大的组件中。这个组件还包含一个 16 位锁存器，用于存储需要递增或递减 1 的值，以及一个三态缓冲器，用于输出递增或递减结果：

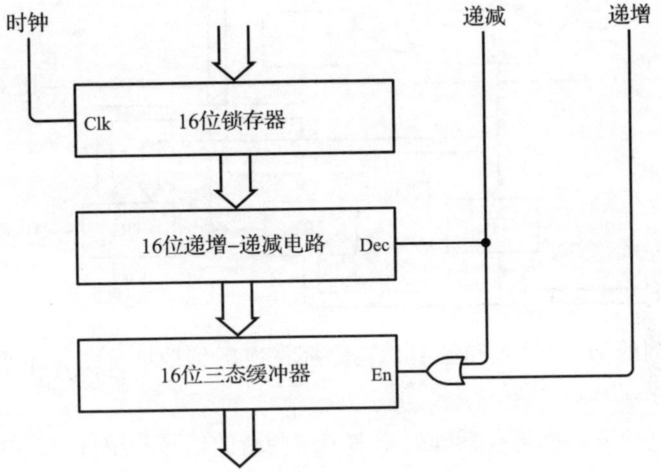

这个组件称为递增 - 递减计数器。与程序计数器一样，锁存器的 16 位输入和三态缓冲器的 16 位输出都连接到地址总线。递减或递增信号都能使能三态缓冲器，相应地使锁存器中的值递减或递增。

16 位地址总线主要用于向 RAM 提供地址，但也必须能在 CPU 的组件间传送 16 位值。

例如，在访问存储器中的指令时，程序计数器用于在 RAM 中寻址。在程序计数器中的值访问指令后，必须将该值移入递增 - 递减计数器进行递增，然后存回程序计数器锁存器。

再举一个例子：`MOV  A,M` 指令使用寄存器对 HL 从存储器访问一个字节。

这个指令后面通常会跟着一条 INX HL 指令，将 HL 的值送入递增 - 递减计数器加 1，再存回寄存器对 HL。

现在，必须解决之前回避的问题了。我之前展示的寄存器阵列虽然整洁优雅，但无法将 H 和 L 的值输出到 16 位地址总线。这是解决方案：

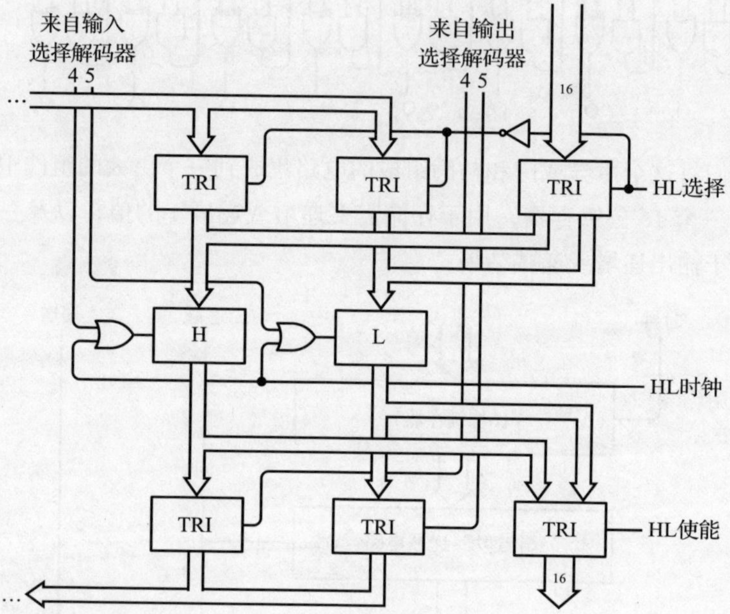

注意右侧的 16 位输入和输出，它们都将连接到地址总线，用于在寄存器 H 和 L 中存取 16 位值。

这个改进的电路向寄存器阵列添加了一些新的信号和组件，包括：

- 右侧的 HL 选择信号。该信号控制上面新增的 3 个三态缓冲器，决定 H 和 L 的输入是来自寄存器阵列的常规输入还是 16 位输入。
- 右侧的 HL 时钟信号。该信号进入两个新增的或门，这两个或门接入锁存器的时钟输入，以便保存地址总线上的值。
- 右侧的 HL 使能信号。该信号控制一个新的 16 位三态缓冲器，使 H 和 L 的复合输出能够传送到地址总线上。

确实很复杂！但没人说过构建计算机是件容易的事。

完整寄存器阵列的交互式版本可在网站 CodeHiddenLanguage.com 上找到。

现在让我们将这些 16 位组件连接到 16 位地址总线。如下图所示，上面的数据总线作为指令锁存器 2 和指令锁存器 3 的输入，它们的输出则通过一个三态缓冲器连接到地址总线：

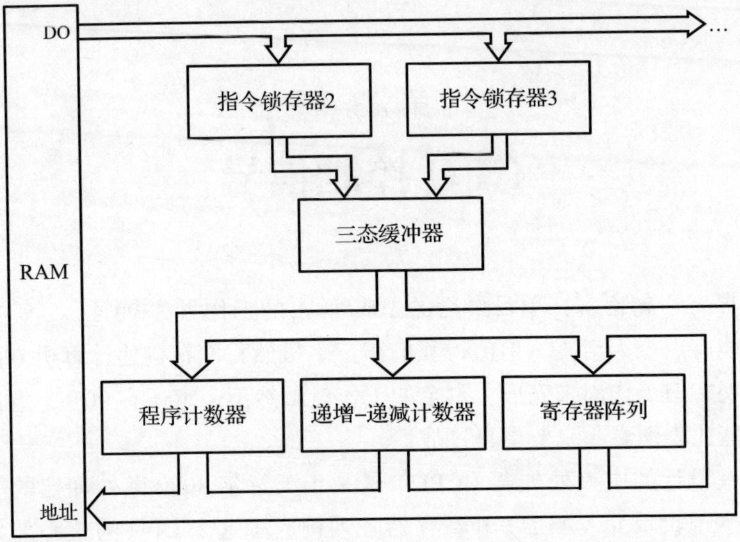

较宽的 16 位地址总线环绕在底部组件周围，既作为输入又作为输出，同时为 RAM 提供地址。

与之前的数据总线框图类似，这个地址总线框图还缺少几个重要信号：用于使能三态缓冲器的信号，以及用于将总线上的值保存到各个锁存器的信号。

正是这些经过适当协调和同步的信号驱动着 CPU 执行指令。它们是计算机的生命脉动，值得下一章专门来讨论。

Code

第23章
CPU 控制信号

工程界有一句格言：项目最后的 10% 所占的工作量为 90%。尽管这个说法听起来可能有点令人沮丧，但值得我们牢记。虽然我们在构建计算机方面已经取得显著进展，但工作尚未完成。剩余的工作量虽然不一定还有 90%，但最后的冲刺阶段可能比表面看起来要更具挑战性。

我正在设计的中央处理器（CPU）是基于英特尔 8080 微处理器的。前两章介绍的算术逻辑单元（ALU）和寄存器阵列构成了这个 CPU 的核心部分。ALU 负责对字节执行算术和逻辑运算。寄存器阵列包含 7 个寄存器的锁存器，这 7 个寄存器分别用 A、B、C、D、E、H 和 L 标识。此外还需要 3 个额外的锁存器，用于保存指令字节和某些指令后跟的一到两个额外字节。

这些组件通过两条总线相互连接并连接到随机存储器（RAM）：一条 8 位数据总线负责在组件之间传送字节，一条 16 位地址总线用于存储器寻址。在第 22 章中，你还看到了一个用于管理 RAM 地址的程序计数器，以及一个用于递增和递减 16 位存储器地址的递增 - 递减计数器。

这两条总线是组件间的主要连接方式，此外这些组件还连接着一组更复杂的控制信号。之所以称之为控制信号，是因为它们控制着这些组件协同工作，以执行存储在存储器中的指令。

这些控制信号主要分为两类：

- 将值传送到两条总线中的一条上的信号
- 从两条总线中的一条上保存值的信号

本章主要讲述值如何“上”总线和“下”总线。

将值传送到总线上的信号连接到各种三态缓冲器的使能输入，这些缓冲器将组件的输出连接到总线。从总线上保存值的信号通常控制着总线和组件之间的各种锁存器的时钟输入。唯一的例外是使用 RAM 写入信号将数据总线上的值保存到存储器中。

这些信号的同步使 CPU 能够执行存储在存储器中的指令。这就是 8 位和 16 位值在 CPU 组件和存储器之间传送的方式，是存储在存储器中的代码控制计算机硬件的基本机制，也是本书标题中所暗示的软硬件结合的底层原理。你可以将这个过程想象成一个木偶师控制着一群牵线木偶，跳着用算术和逻辑精确编排的舞蹈。CPU 控制信号就是连接着木偶的那些线。

下面介绍 6 个主要组件，展示它们如何连接到数据总线和地址总线，以及它们需要的控制信号。

第一个组件是存储器，其地址输入端连接到 16 位地址总线，数据输入端和数据输出端连接到 8 位数据总线：

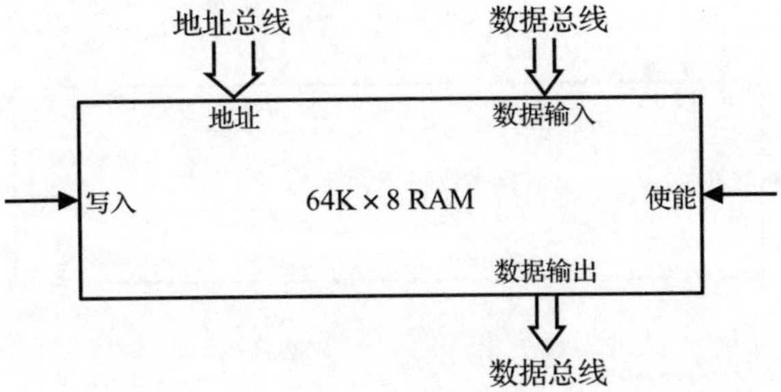

这里有两个控制信号：写入信号，用于将数据总线上的值写入存储器；使能信号，用于使能 RAM 数据输出端的三态缓冲器，让数据传送到数据总线上。可以给这个存储器阵列连接一个控制面板，以便用户将字节写入存储器并进行检查。

第二个组件是第 22 章介绍的寄存器阵列，通常简写为 RA，它无疑是这几个组件里面最复杂的那个：

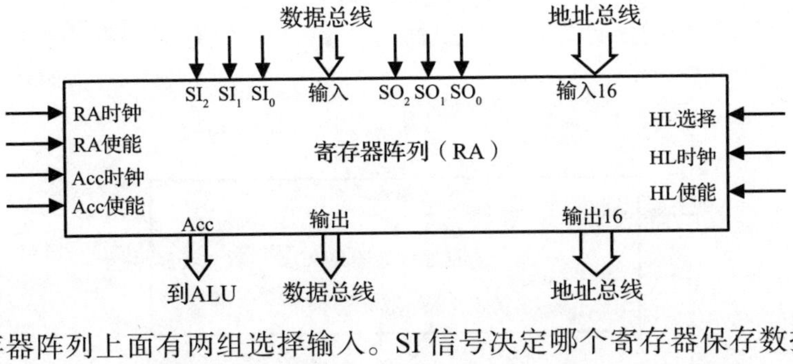

寄存器阵列上面有两组选择输入。SI 信号决定哪个寄存器保存数据总线上的值。左侧的 RA 时钟信号决定保存值的时间。SO 信号与左侧的 RA 使能信号配合工作，将其中一个寄存器的值传送到数据总线上。

如第 22 章所述，这个寄存器阵列在两个方面较为复杂。首先，它必须为累加器（简写为 Acc）实现两个额外的控制信号：将数据总线上的值保存到累加器中的 Acc 时钟信号，以及使能一个三态缓冲器以将累加器中的值传送到数据总线上的 Acc 使能信号。

其次，寄存器阵列中的寄存器 H 和 L 还根据右侧的三个控制信号与地址总线相连：HL 选择信号选择地址总线作为 H 和 L 的输入，HL 时钟信号将地址总线上的值保存到 H 和 L 中，HL 使能信号则使能一个三态缓冲器，从而将 H 和 L 中的值传送到地址总线上。

第三个组件是第 21 章介绍的 ALU，它有 F_0、F_1 和 F_2 这 3 个输入，用于控制它执行加法、减法、比较或逻辑运算：

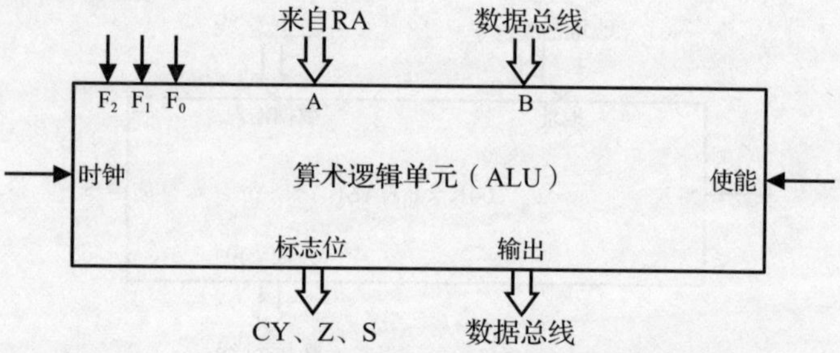

注意，ALU 的输入 B 和输出都连接到了数据总线，而输入 A 直接连接到寄存器阵列的 Acc 输出。由于必须保存根据所执行的算术或逻辑运算而置位的进位标志（CY）、零标志（Z）和符号标志（S），ALU 显得稍微有些复杂。

ALU 也实现了一个时钟信号和一个使能信号，前者用于将算术或逻辑运算的结果保存到锁存器中（并将标志位保存到另一个锁存器中），后者则用于使能三态缓冲器以将 ALU 的结果传送到数据总线上。

第四个组件是程序计数器，它里面有一个 16 位锁存器保存当前的值，用于寻址存储器中的字节：

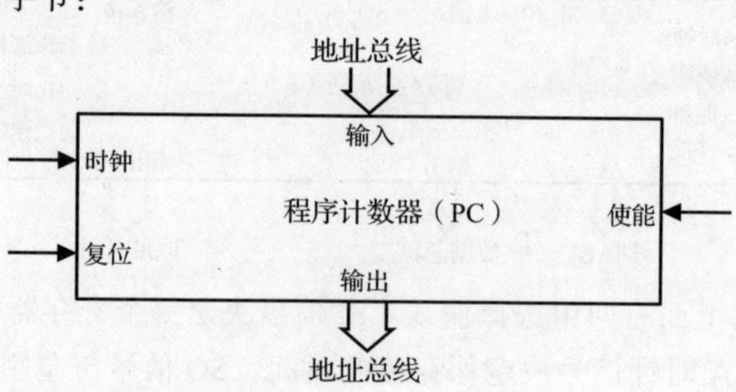

程序计数器通常简写为 PC。它有三个控制信号：将地址总线上的 16 位值保存到锁存器中的时钟信号，使能一个三态缓冲器以将锁存器中的值传送到地址总线上的使能信号，以及图中左侧的复位信号，用于将锁存器的内容设置为全零，以便从地址 0000h 开始访问存储器中的字节。

第五个组件是由 3 个 8 位锁存器组成的指令锁存器，最多可以保存 3 字节的指令，被封装在以下方框中：

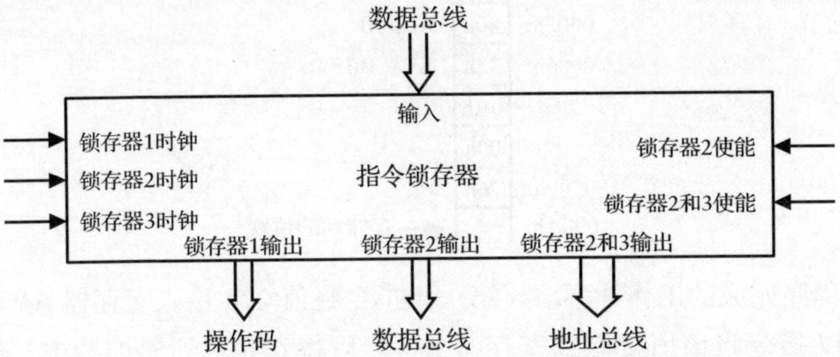

一些指令只包含一个操作码，而还有一些指令则紧跟着一两个额外的字节。左侧的 3 个时钟信号最多支持保存 3 字节的指令。

第一个字节即操作码。如果指令包含第二个字节，那么可以通过右侧的锁存器 2 使能信号将其传送到数据总线上；如果操作码后跟两个字节，这两个字节构成一个 16 位存储器地址，那么可以通过锁存器 2&3 使能信号将其传送到地址总线上。

最后一个组件是一个可以递增或递减 16 位值的电路，称为递增 - 递减计数器：

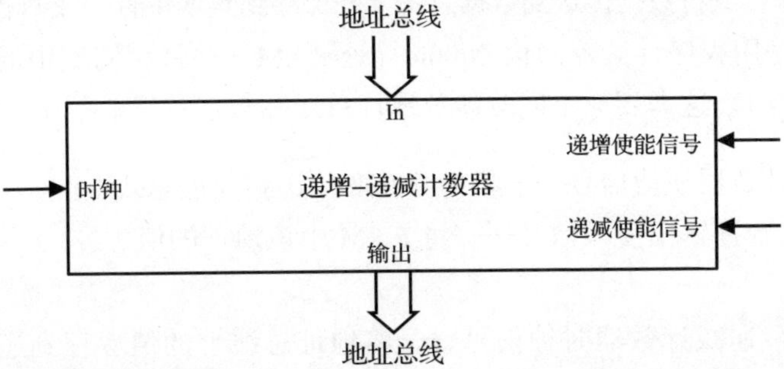

时钟信号用于将地址总线上的值存入递增 - 递减锁存器，而右侧的两个使能信号则控制递增或递减后的值输出到地址总线。

为了理解这些控制信号如何协同工作，我们来分析一个仅包含 6 条指令的小

8080 程序。其中一些指令只有一个字节，还有一些则需要在操作码后面附加 1 个或 2 个字节：

0000h:	3Eh	MVI A,27h
	27h	
0002h:	47h	MOV B,A
0003h:	C6h	ADI 61h
	61h	
0005h:	80h	ADD B
0006h:	32h	STA 000Ah
	0Ah	
	00h	
0009h:	76h	HLT
000Ah:		← 存储和的位置

这个程序完成的工作并不多。第一条指令将值 27h 移入寄存器 A（累加器）。接着，MOV 指令将该值复制到寄存器 B。然后将 61h 加到累加器中，使累加器中的值变为 88h。再将寄存器 B 中的值加进去，使累加器中的值增至 AFh。接下来，STA 指令将这个值存入存储器地址 000Ah。最后，由于程序执行完毕，HLT 指令使 CPU 停止运行。

让我们思考一下 CPU 如何执行这些指令。CPU 通过程序计数器来寻址存储器，并将指令移入指令锁存器。程序计数器的初始值设为 0000h，用于访问存储器中的第一条指令——MVI（立即数传送），其目的是将值 27h 传送到累加器中。

执行第一条指令需要 5 个步骤。每个步骤都涉及将数据传送到地址总线上并保存到其他位置，或将数据传送到数据总线上并保存到其他位置，或两者兼而有之。

第一步是用程序计数器的值 0000h 寻址 RAM，并将存储器中的值 3Eh 保存到指令锁存器 1。这需要 4 个同时涉及地址总线和数据总线的控制信号：

- 程序计数器使能信号——将值 0000h 传送到地址总线上。
- RAM 数据输出使能信号——将 RAM 中该地址的值（3Eh）传送到数据总线上。
- 递增 - 递减计数器时钟信号——将地址总线上的值保存到递增 - 递减计数器。
- 指令锁存器 1 时钟信号——将数据总线上的值保存到指令锁存器 1。

第二步是递增程序计数器的值。这只涉及地址总线：

- 递增使能信号——将递增后的值（0001h）传送到地址总线上。
- 程序计数器时钟信号——将递增后的值保存到程序计数器。

现在，第一个指令字节就保存到了指令锁存器 1 中，可以用它控制后续步骤了。在本例中，第三步和第四步与前两步类似，区别只在于访问的是存储器地址 0001h 并将该处的字节保存到指令锁存器 2 中。

这些从存储器读取指令字节的步骤称为指令获取，其目的是访问指令字节并将它们存入指令锁存器。对于 `MVI 27h` 指令，此时值 27h 已经存入指令锁存器 2。接下来需要将该值移入累加器，这就是第五步，称为指令执行：

- 指令锁存器 2 使能信号——将该锁存器中的值传送到数据总线上。
- 累加器时钟信号——将数据总线上的值存入累加器。

需要注意的是，这 5 个步骤中的每一步都只涉及最多传送一个值到地址总线或数据总线上，传送到总线上的值随后会被保存到其他位置。

接着是第二条指令——`MOV B,A`。因为这是一条单字节指令，所以指令获取只需两步。执行步骤包括：

- 寄存器阵列使能信号——将寄存器中的值传送到数据总线上。
- 寄存器阵列时钟信号——将数据总线上的值存入寄存器阵列。

等一下！为什么执行步骤的描述里面只提到寄存器阵列，而没有具体说明寄存器 A 和 B？这不应该是这个步骤所需要的吗？

答案很简单：8080 `MOV` 指令的位模式为

01DDDSSS

其中 DDD 表示目标寄存器，SSS 表示源寄存器。操作码已经存入指令锁存器 1 中。寄存器阵列使用两组 3 位选择信号来分别确定源寄存器和目标寄存器。正如你将看到的，这些信号直接来自指令锁存器 1 中的操作码，因此只需启用和锁存寄存器阵列就能完成执行。

下一条是立即数加法指令：

```
ADI 61h
```

这种类型的指令一共有 8 条，其格式为

11FFF110

其中 FFF 表示指令对应的功能：加法、带进位加法、减法、带借位减法、与、异或、或、比较。你应该还记得，ALU 有一个与这些值对应的 3 位功能输入，这意味着指令锁存器 1 中操作码的 3 个功能位可以直接路由到 ALU。

获取 ADI 指令的两个字节后，指令的执行还需要两个步骤。第一步是：

- 指令锁存器 2 使能信号——将值 61h 传送到数据总线上。
- ALU 时钟信号——将 ALU 运算结果和标志位保存到锁存器中。

接着是第二步，将结果移入累加器：

- ALU 使能信号——将 ALU 运算结果传送到数据总线上。
- 累加器时钟信号——将该值保存到累加器中。

后续的 ADD 指令也需要两个执行步骤。第一步是：

- 寄存器阵列使能信号——将寄存器 B 的值传送到数据总线上。
- ALU 时钟信号——存储加法结果和标志位。

第二步和 ADI 指令的执行相同。

STA 指令需要 6 个步骤来完成指令获取，其后的 2 个字节存入指令锁存器 2 和 3。执行步骤需要以下控制信号：

- 指令锁存器 2 和 3 使能信号——将第二和第三指令字节传送到地址总线上以寻址 RAM。
- 累加器使能信号——将累加器的值传送到数据总线上。
- RAM 写入信号——将数据总线上的值写入存储器。

HLT 指令所做的事情比较独特，那就是停止 CPU 执行后续指令。我将在本章后面介绍其实现方式。

我所描述的这些步骤也称为循环，就像洗衣机的洗涤、漂洗和脱水循环一样。专业术语称之为机器周期。在我正在构建的 CPU 中，指令字节是在一个周期内从存储器访问的，而在该周期之后，总是会跟着一个周期来递增程序计数器的值。因此，根据指令是 1 字节、2 字节还是 3 字节的，CPU 对应需要执行 2 个、4 个和 6 个周期。

需要一个还是两个机器周期来执行取决于具体的指令。下表展示了目前介绍的所有指令在第一个执行周期中必须完成的操作：

第一个执行周期

指令	16 位地址总线	8 位数据总线
MOV r,r		寄存器阵列使能 寄存器阵列时钟
MOV r,M	HL 使能	RAM 数据输出使能 寄存器阵列时钟
MOV M,r	HL 使能	寄存器阵列使能 RAM 写入
MVI r,data		指令锁存器 2 使能 寄存器阵列时钟
MVI M,data	HL 使能	指令锁存器 2 使能 RAM 写入
LDA	指令锁存器 2 和 3 使能	RAM 数据输出使能 累加器时钟
STA	指令锁存器 2 和 3 使能	累加器使能 RAM 写入
ADD r……		寄存器阵列使能 ALU 时钟
ADD M……	HL 使能	RAM 数据输出使能 ALU 时钟
ADI data……		指令锁存器 2 使能 ALU 时钟
INX/DCX HL	HL 使能 递增 - 递减计数器时钟	

注意表格第一列中的省略号（……）。ADD 指令所在的行还包括 ADC、SUB、SBB、ANA、XRA、ORA 和 CMP，ADI 指令所在的行还包括 ACI、SUI、SBI、ANI、XRI、ORI 和 CPI。

上表中最后四行是需要第二个执行周期的指令。下表展示了这些指令在第二个执行周期中必须完成的操作：

第二个执行周期

指令	16 位地址总线	8 位数据总线
ADD r……		ALU 使能 累加器时钟
ADD M……		ALU 使能 累加器时钟
ADI data……		ALU 使能 累加器时钟

（续）

指令	16 位地址总线	8 位数据总线
INX HL	递增使能 HL 选择 HL 时钟	
DCX HL	递减使能 HL 选择 HL 时钟	

要完成这些操作，必须对操作码进行解码，并将其转换为控制信号，以操控所有组件和 RAM。这些控制信号用于三态缓冲器的使能输入、各种锁存器的时钟输入、RAM 的写入输入等。

本章剩余部分将介绍如何实现这一过程，涉及多个步骤和几种不同的策略。

以下是所有这些指令的操作码表：

指令	操作码
MOV r,r	0 1 D D D S S S
MOV r,M	0 1 D D D 1 1 0
MOV M,r	0 1 1 1 0 S S S
HLT	0 1 1 1 0 1 1 0
MVI r,data	0 0 D D D 1 1 0
MVI M,data	0 0 1 1 0 1 1 0
ADD,ADC,SUB,SBB,ANA,XRA,ORA,CMP r	1 0 F F F S S S
ADD,ADC,SUB,SBB,ANA,XRA,ORA,CMP M	1 0 F F F 1 1 0
ADI,ACI,SUI,SBI,ANI,XRI,ORI,CPI data	1 1 F F F 1 1 0
INX HL	0 0 1 0 0 0 1 1
DCX HL	0 0 1 0 1 0 1 1
LDA addr	0 0 1 1 1 0 1 0
STA addr	0 0 1 1 0 0 1 0

你应该还记得，这些操作码中的 SSS 和 DDD 序列指代的是特定的源寄存器或目标寄存器，如下表所示：

SSS 或 DDD	寄存器
0 0 0	B
0 0 1	C
0 1 0	D
0 1 1	E
1 0 0	H
1 0 1	L
1 1 1	A

表中没有 110 位序列，因为它指代的是由寄存器对 HL 寻址的存储器。

对于算术和逻辑指令，FFF 表示功能位，对应 8 种算术或逻辑运算之一。

CPU 控制电路有一个相对简单的部分，即指令锁存器 1 与寄存器阵列的输入选择和输出选择，以及 ALU 的功能选择之间的直接连接：

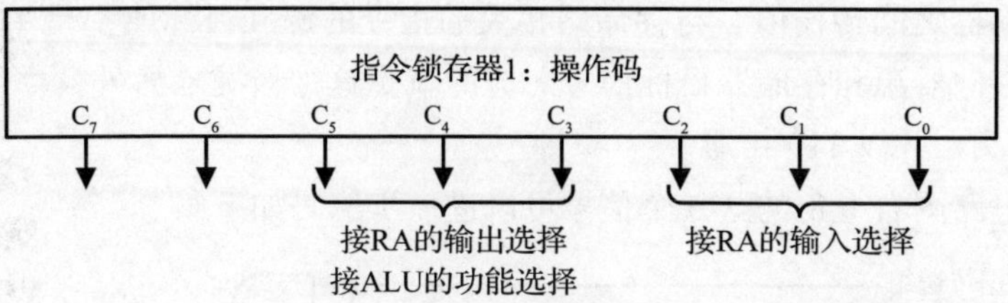

C 表示“Code”（代码）。该锁存器的输出位 C_0、C_1 和 C_2 直接连接到寄存器阵列的输入选择，而 C_3、C_4 和 C_5 连接到寄存器阵列的输出选择和 ALU 的功能选择。这是利用操作码中的模式的一种方式。

操作码中还有其他模式：除了 76h（HLT 指令）外，所有以 01 开头的操作码都是 MOV 指令。所有算术和逻辑运算指令（不包括 ADI、ACI 等立即数版本）都以 10 开头。

解码操作码的第一步是将指令锁存器 1 的输出位连接到三个解码器：一个 2-4 解码器和两个 3-8 解码器。这些解码器用于生成额外的信号，有些直接对应具体指令，有些对应指令组：

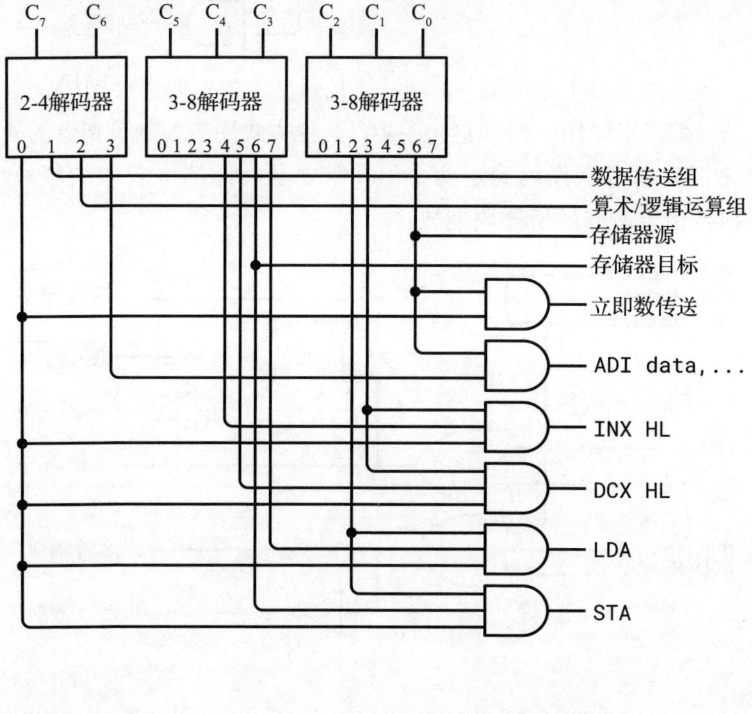

右上角的数据传送组信号对应以 01 开头的指令，而算术 / 逻辑组信号对应以 10 开头的指令。

将 MOV 指令分为两类很重要，它们一类在寄存器之间传送字节，一类在寄存器与存储器之间传输值。与存储器相关的指令的源和目标值都是 110。前一个电路中的存储器源和存储器目标信号对应的就是这种情况。另外，立即数传送指令以 00 开头，并以 110 结尾。

这个电路图右上角的这 5 个信号可以进一步解码如下：

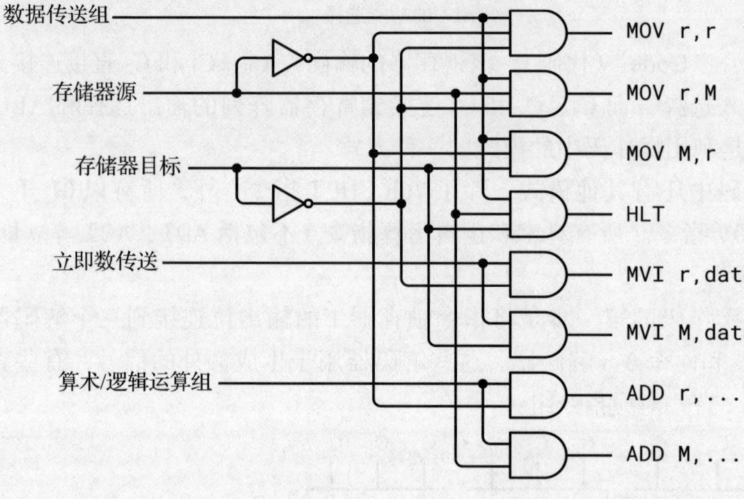

现在，每条指令或指令组都各对应一个信号。当操作码保存到指令锁存器 1 中时，这些信号就可以使用，而且它们还能以其他方式用于控制该指令的处理过程。

接下来需要通过操作码确定两个值：需要从存储器中获取的额外指令字节数，以及执行指令所需的机器周期数：

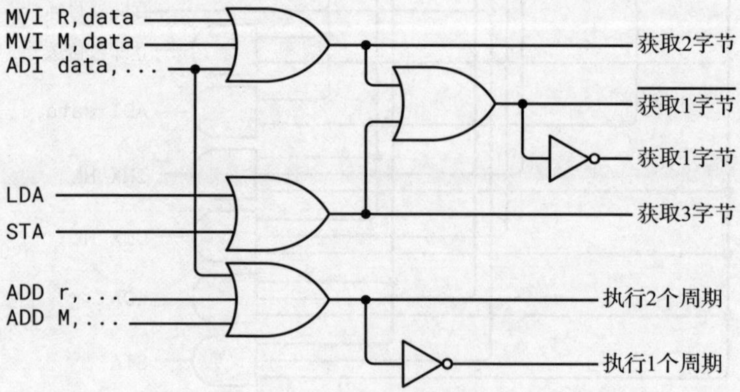

如果操作码与这些指令都不匹配会怎样？举个例子，还有一个特殊的 8080 指令叫作 NOP（即“无操作”），其操作码为 00h。

值得注意的是，如果左侧的输入信号都不为 1，那么或门的输出都为 0，右侧的信号则会指示需要获取一个字节和执行一个周期。

CPU 的基本时序是由第 20 章介绍的一个简单电路的改进版本控制的：

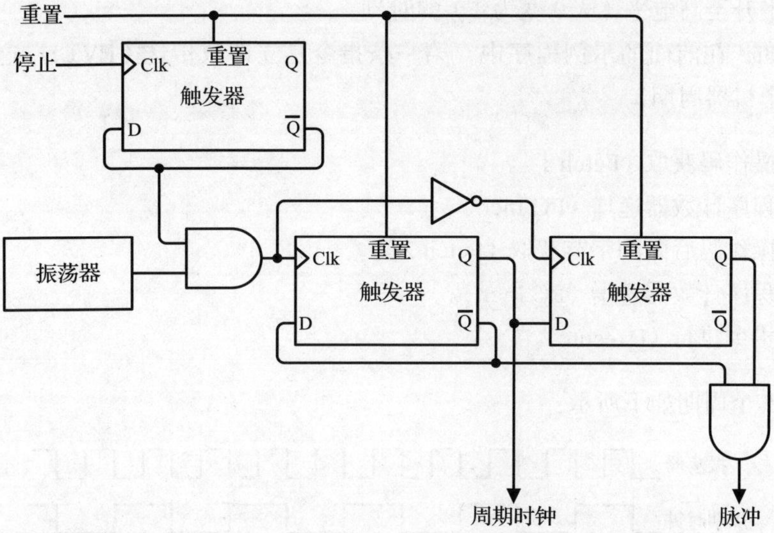

左侧的振荡器会输出在 0 和 1 之间快速交替的信号。这是驱动 CPU 运行的核心，就像 CPU 的心跳一样。

上面的重置信号来自 CPU 外部，通常由计算机用户控制，用于重新启动 CPU。在正常情况下，重置信号为 0，但当它变为 1 时（比如用户按下重置按钮），CPU 就会停止并回到初始状态。

在这个电路中，重置信号会重置 3 个触发器，将所有输出 Q 置为 0，所有输出 $\overline{Q}$ 置为 1。当重置信号回归 0 时，触发器恢复正常工作，CPU 开始运行。

CPU 重置后，上面触发器的输出 $\overline{Q}$ 为 1。该输出与振荡器的输出一起作为一个与门的输入，从而让振荡器能够控制下面两个触发器的时钟输入。

上面的停止信号对应的是 HLT 指令。执行 HLT 指令时上面触发器的输出 $\overline{Q}$ 会变为 0，从而阻止振荡器控制 CPU。可以通过重置信号让 CPU 解除“停止”状态。

在 CPU 正常运行时，下面的两个触发器会生成两个信号：周期时钟和脉冲。如下图所示：

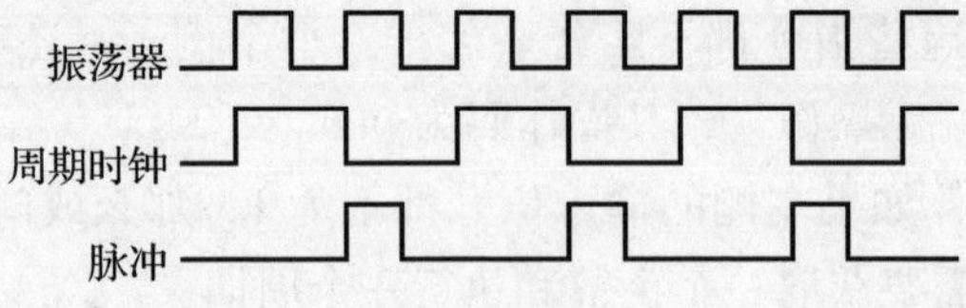

周期时钟信号的每个周期对应 1 个机器周期。新的机器周期开始于周期时钟从低电平升至高电平（从 0 变为 1）的时刻。

例如，在前面的示例程序中，第一条指令是立即数传送（MVI）。这条指令需要 5 个机器周期：

- 操作码获取（Fetch 1）。
- 程序计数器递增（PC Incr.）。
- 操作码后面的字节获取（Fetch 2）。
- 程序计数器递增（PC Incr.）。
- 指令执行（Execute）。

这 5 个周期如下所示：

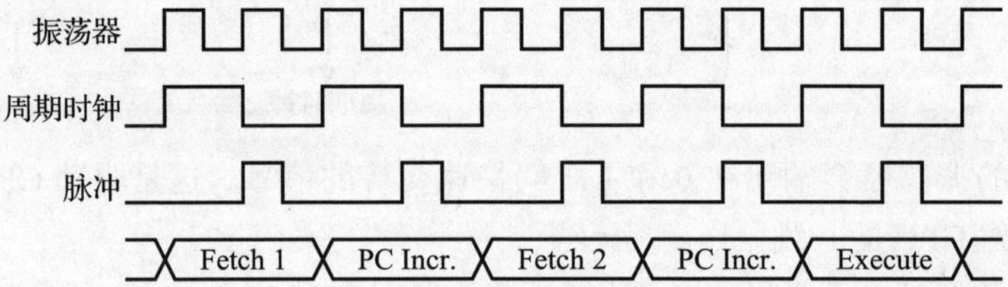

所有这些周期都涉及不同三态缓冲器的使能，从而让不同的值传送到地址总线和数据总线上。例如，在 Fetch 1 周期中，程序计数器在地址总线上使能，RAM 数据输出在数据总线上使能。脉冲信号控制指令锁存器 1 和递增 - 递减计数器的时钟输入。

在 PC Incr. 周期中，递增 - 递减计数器的输出传送到地址总线上，脉冲信号用于将递增后的值存入程序计数器。

前面我们看到了一个电路，它能指示指令是由 1 个、2 个还是 3 个字节组成的，以及是需要 1 个还是 2 个执行周期。

解码操作码的下一步是生成指示当前周期类型的信号，看是获取周期 1、获取周期 2、获取周期 3、程序计数器递增周期，还是执行周期 1 或执行周期 2。

这项工作由下面这个相当复杂的电路来完成：

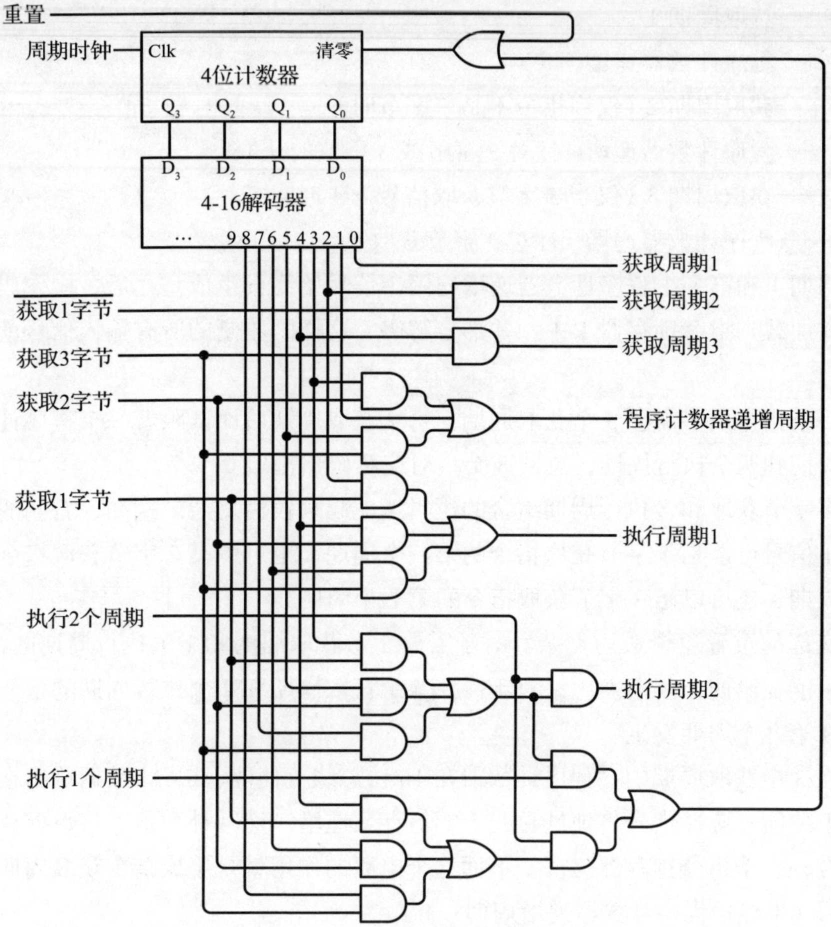

输入在左侧，输出在右侧。某些输入和输出的名称相似，可能初看起来有些容易混淆。比如，“获取 2 字节”输入表示指令长度为 2 字节，而“获取周期 2”输出表示当前正在获取指令的第二个字节。

顶部的重置信号与前一个电路相同，由用户触发以重新启动系统。此外，4 位计数器也可以通过电路底部的信号重置。

周期时钟信号驱动计数器运行。这个 4 位计数器可以从二进制 0000 计数到 1111（十进制 0 ～ 15）。计数器的 4 位输出直接连接到下方的 4-16 解码器，依次被解码成 16 个不同的输出，但这个电路只使用前 9 个。每个输出代表一个新的机器周期，可能是获取周期、程序计数器递增周期或执行周期。

当解码器输出依次经过 0、1、2、3、4、5 时，会生成以下信号：

0——获取周期 1

1——程序计数器递增

2——获取周期 2（仅当指令不是单字节时）

3——程序计数器递增（针对 2 字节或 3 字节的获取）

4——获取周期 3（仅当 3 字节获取信号为 1 时）

5——程序计数器递增（针对 3 字节获取）

获取周期 1 和第一个程序计数器递增这两个信号始终会生成。之后，操作码就被获取并加载到指令锁存器 1 中，并部分解码，这样图左侧的所有输入信号就都可用了。

一条指令最多需要 3 个获取周期，每个获取周期后面都跟着一个程序计数器递增周期和两个执行周期，总共 8 个，对应解码器输出 0 ～ 7。

多字节获取和多执行周期组合的逻辑考虑起来较为复杂。例如，右侧的执行周期 1 信号可以是 1 字节获取指令的第三个周期，也可以是 2 字节获取指令的第五个周期，还可以是 3 字节获取指令的第七个周期。

底部的重置逻辑最为复杂。对于需要 1 个获取周期和 1 个执行周期的指令，重置可能在第四个周期发生；对于需要 3 个获取周期和 2 个执行周期的指令，则可能在第九个周期发生。

在 3 个获取周期内，程序计数器在 16 位总线上使能，RAM 数据输出在 8 位总线上使能。脉冲信号将地址总线上的值存入递增 - 递减计数器，将数据总线上的值存入三个指令锁存器之一。下面这个电路的作用就是生成指令获取周期的所有信号（不包括程序计数器递增周期）：

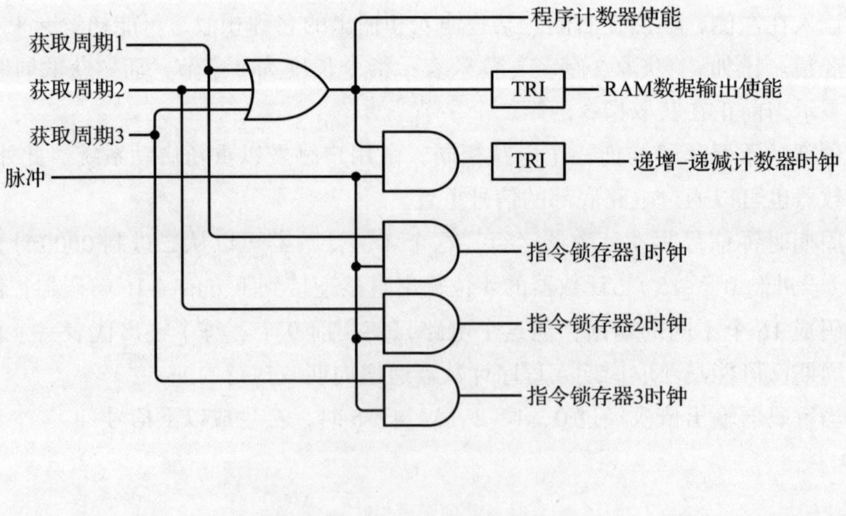

无论是第一次、第二次还是第三次获取，程序计数器都在地址总线上使能，RAM 数据输出都在数据总线上使能。在所有三种情况下，脉冲信号始终控制递增 - 递减锁存器的时钟输入。在 3 个获取周期中，脉冲信号还控制相应指令锁存器的时钟输入。

注意其中两个信号使用了三态缓冲器。这是因为还有其他电路（即将介绍）也可能控制 RAM 数据输出三态缓冲器的使能信号和递增 - 递减锁存器的时钟信号。三态缓冲器左侧的信号同时作为输入和使能信号。

程序计数器递增周期所需的信号完全由这个电路处理：

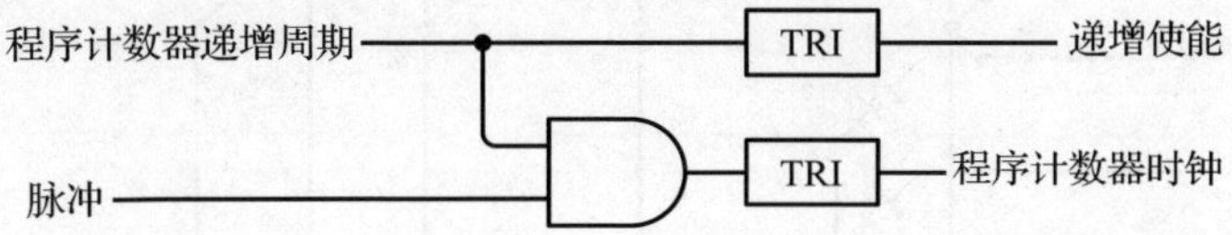

现在指令获取周期和程序计数器递增周期的所有信号都已创建完成。剩下的就是执行周期的信号了。这些信号较为复杂，因为它们取决于具体执行的指令。

前面那个相当复杂的电路有两个输出信号，标记为执行周期 1（EC1）和执行周期 2（EC2），如下图所示：

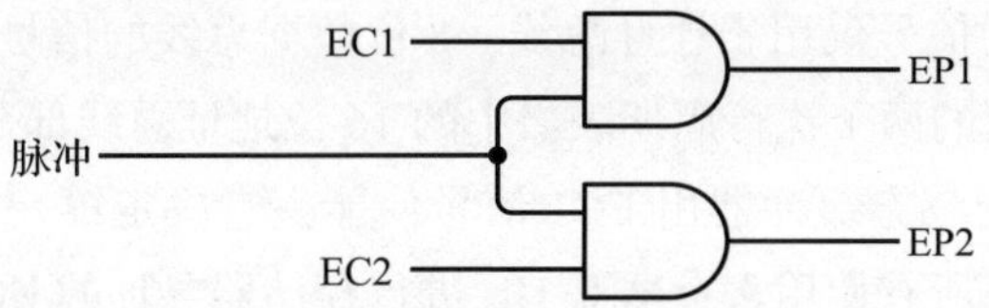

这两个信号与脉冲信号组合，生成两个额外的执行脉冲信号 EP1 和 EP2。

HLT 指令的处理相对简单，它的作用就是使 CPU 停止运行：

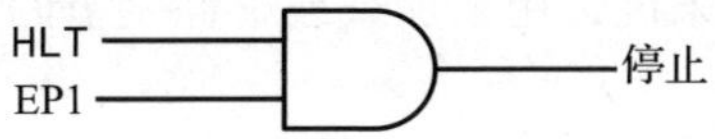

左侧的 HLT 信号来自前面介绍的指令解码器，右侧的停止信号连接到前面介绍的振荡器电路。

其他指令与必须生成的相应信号之间的关系相当复杂。因此，与其使用大量杂乱的逻辑门，不如使用一些二极管 ROM 矩阵来处理，就像第 18 章中所介绍的那样。

第一个二极管 ROM 矩阵负责处理与 16 位地址总线相关的所有使能和时钟信号，既包括第一个执行周期又包括第二个执行周期：

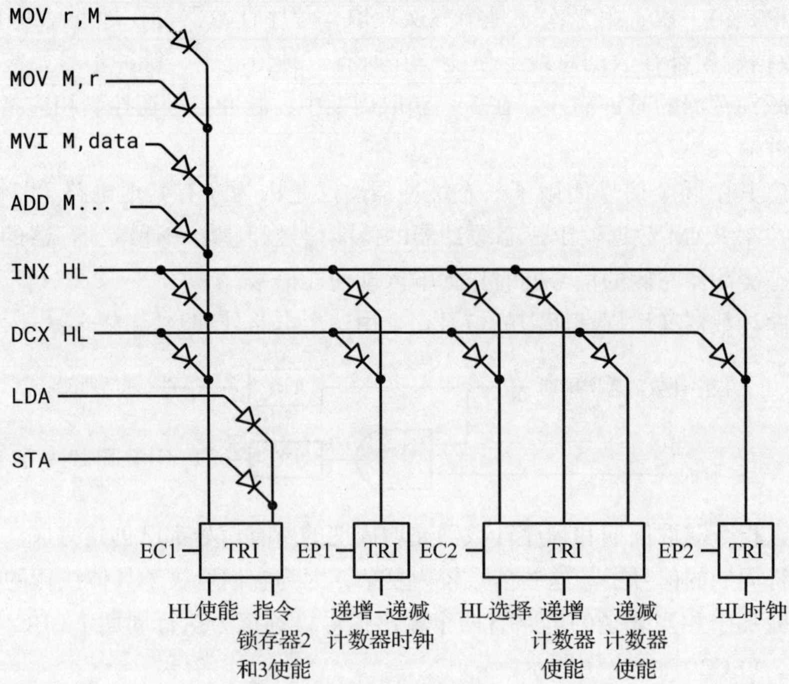

记住，底部的信号仅用于地址总线。8 位数据总线的信号将在后面讨论。这个图对应前面介绍的两个执行周期表格中的 16 位地址总线部分。

图中左下侧的三态缓冲器由 EC1 信号使能。它决定第一个执行周期内地址总线上的值。对于所有使用寄存器对 HL 进行存储器寻址的 MOV、MVI 和算术运算指令来说，该值均来自寄存器对 HL。

此外，INX 和 DCX 指令也会使能寄存器对 HL，用于对其进行递增和递减。而对于 LDA 和 STA 指令来说，用于加载或存储字节的存储器地址来自指令锁存器 2 和 3。

执行 INX 和 DCX 指令时，EP1 信号将寄存器对 HL 的值保存在递增 - 递减锁存器中。

在第二个执行周期中，只有 INX 和 DCX 指令会涉及地址总线。这两条指令将递增或递减后的值传送到地址总线上。随后，EP2 信号将新值保存回寄存器对 HL。

8 位数据总线的二极管 ROM 矩阵要复杂一些。我将其分为两个图来说明，对应两个指令周期。首先是第一个指令周期：

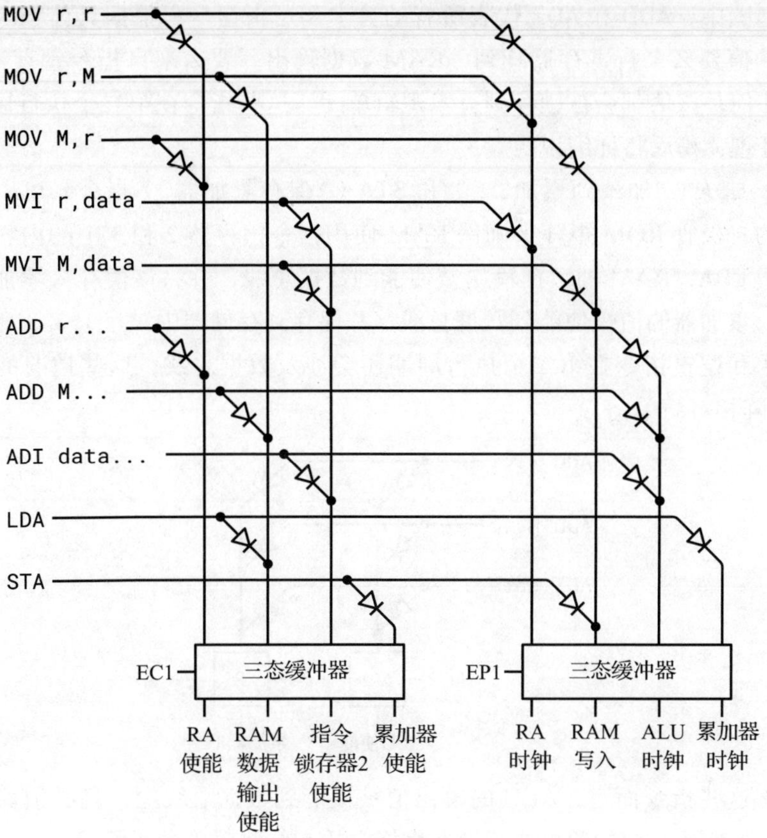

此电路实现了前面介绍的两个执行周期表格中 8 位数据总线列对应的内容。下面的两个三态缓冲器分别由 EC1 和 EP1 信号使能。第一个三态缓冲器控制数据总线上的值，第二个则控制该值的存储位置。

上面的三种 MOV 指令后面都有一个目标地址和一个源地址。这些地址可以指向任何寄存器，也可以指向由寄存器对 HL 寻址的存储器。当源是寄存器时，寄存器阵列（RA）被使能到数据总线；当源是存储器时，则使能 RAM 的数据输出。（记住，此时 RAM 由 16 位总线寻址，地址总线的二极管 ROM 矩阵将该地址设为寄存器对 HL 的值。）当目标是寄存器时，第二个三态缓冲器控制寄存器阵列的时钟输入；当目标是存储器时，则触发 RAM 写入信号，将该值保存到存储器中。

对于两类 MVI（立即数传送）指令，指令锁存器 2 的内容被使能到数据总线上，然后存入寄存器阵列或存储器。

在上图中，ADD 和 ADI 代表所有的算术和逻辑指令。根据具体指令，数据总线上的值要么来自寄存器阵列、RAM 数据输出，要么来自指令锁存器 2。无论来源如何，该值都会被锁存到算术逻辑单元。这些指令在第二个执行周期还需要额外处理，稍后将详细说明。

对于 LDA（“加载到累加器”）和 STA（“保存累加器”）指令，可以通过地址总线的二极管 ROM 矩阵来确保 RAM 使用指令锁存器 2 和 3 中的内容完成寻址。对于 LDA，RAM 的数据输出被使能到数据总线，并将该值存入累加器；对于 STA，累加器的值被使能到数据总线，并保存到存储器中。

算术和逻辑指令在第二个执行周期还会涉及数据总线。这些情况的二极管 ROM 矩阵相对简单：

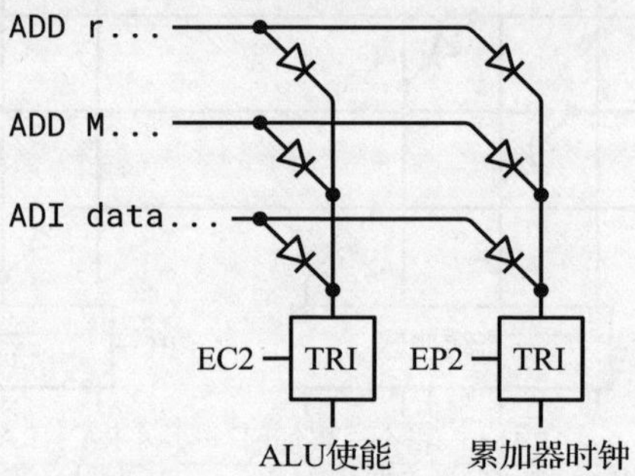

对于这些指令而言，ALU 的输出值被使能到数据总线上，且必须保存到累加器中，如前面介绍的两个执行周期表格中的 8 位数据总线列所示。

至此，我在过去 3 章中构建的 8080 微处理器简化版已经完成，读者可以在 CodeHiddenLanguage.com 网站上找到可运行的模拟程序。

计算机设计工程师常常会投入大量时间来尽可能地提升计算机的运行速度。不同的数字逻辑电路设计会导致运行速度存在差异。通常情况下，提高数字电路的运行速度需要增加更多的逻辑门。

如果要提升所构建的这个 CPU 的运行速度，我首先会把重点放在指令获取上。每次指令获取都需要一个额外的机器周期，其唯一目的就是递增程序计数器。我会尝试将这个逻辑整合到指令获取周期中，使两个操作同时进行。这可能需要添加一个专用递增器，但能将从存储器中加载指令的时间减半！

即使是微小的改变，也可能带来非常可观的收益。如果你设计的 CPU 可能会用于数百万台计算机，而每台计算机每秒都可能执行数百万条指令，那么减少机器周期就能给每位用户带来巨大的好处。

让我们看一个可能由该 CPU 执行的简单程序。假设从存储器地址 1000h 开始存储了 5 个字节，我们要编写一个将它们相加的程序，如下所示：

地址	字节	指令
0000h:	2Eh	MVI L,00h
	00h	
	26h	MVI H,10h
	10h	
	7Eh	MOV A,M
	23h	INX HL
	86h	ADD M
	23h	INX HL
	86h	ADD M
	23h	INX HL
	86h	ADD M
	23h	INX HL
	86h	ADD M
	32h	STA 0011h
	11h	
	00h	
	76h	HLT
0011h:		← 存储和的位置

前两条指令分别设置寄存器 H 和 L 的值。然后，程序使用 HL 访问存储器中的这些字节并累加求和，每次访问后递增 HL 的值。

可以看到，这里存在一些重复：INX 指令后面跟着 ADD 指令，这个序列重复了 4 次。对于这个小程序来说问题不大，但如果要加 20 个值呢？或者 100 个？

此外，如果不是简单的字节相加，而是需要更多指令才能完成累加的 16 位或 32 位值呢？

那么，如何避免这种重复呢？是否可以设计一条指令来重复执行其他指令序列？这种指令会是什么样子？它又该如何实现？

这个主题是如此重要，以至于需要用整整一章来讨论！

| 第 24 章 |

循环、跳转和调用

我们的生活中充满着重复。我们通过地球自转、月亮绕地球公转和地球绕太阳公转的自然规律来计算时日。虽然每天都各不相同，但我们的生活往往由日复一日的常规活动构成。

从某种意义上来说，重复也是计算的本质。没有人需要用计算机来做两个数的加法，（希望如此！）但如果要把一千个或一百万个数字相加呢？这就是计算机的用武之地。

计算与重复之间的这种关系在早期就已经显而易见了。1843 年，阿达 · 洛芙莱斯在关于查尔斯 · 巴贝奇分析机的著名论述中写道：

> 为简明起见，重复出现的操作组被称为循环。因此，操作循环应被理解为任何重复执行多次的操作集合。无论是重复两次还是无数次，都属于循环，因为循环的本质在于重复这一事实本身。在许多分析案例中，存在一个或多个循环的嵌套组合，即循环的循环。

在现代术语中，她所称的循环的循环现在被称为嵌套循环。

我在过去几章中构建的 CPU 似乎在这方面存在不足。在第 23 章末尾，我向大家展示了一个小程序，它可以将存储器中从地址 1000h 开始的 5 个字节相加：

```
0000h: | 2Eh | MVI L,00h
       | 00h |
       | 26h | MVI H,10h
       | 10h |
       | 7Eh | MOV A,M
       | 23h | INX HL
       | 86h | ADD M
       | 23h | INX HL
       | 86h | ADD M
       | 23h | INX HL
       | 86h | ADD M
       | 23h | INX HL
       | 86h | ADD M
       | 32h | STA 0011h
       | 11h |
       | 00h |
       | 76h | HLT
0011h: |     | ← 存储和的位置
```

寄存器对 HL 用于存储器寻址。第一个字节通过 MOV 指令从存储器读入累加器，随后的 ADD 指令将其余 4 个字节加入累加器。每次从存储器中读取字节后，通过 INX 指令递增寄存器对 HL 中的值。最后，STA 指令将结果存入存储器。

如何改进这个程序以相加一百或一千个字节？是否要不断添加 INX 和 ADD 指令来匹配所需相加的字节数？这显然不是个好方案，既不实用也不通用。

更好的方案是引入一条新指令，它允许重复执行某些指令序列，在这里就是 INX 和 ADD 指令。但这该如何实现呢？

乍看之下，这样的指令似乎与现有指令大相径庭，以至于可能需要对 CPU 进行彻底改造。不过，先不必过于担心。

通常，CPU 在获取每个指令字节后会递增程序计数器，这就是 CPU 从一条指令执行到下一条指令的方式。执行循环的指令也必须以某种方式改变程序计数器，但方式不同。

我们已经看到 LDA 和 STA 这样的指令后面的 2 个字节是如何共同构成 16 位存储器地址的。考虑一条指令，它像 LDA 和 STA 一样后面跟着 2 个字节，但这 2 个字节不是用来寻址存储器的，而是被锁存到程序计数器中。这样的指令会改变正常的执行过程，因为它可以让程序计数器快速跳转到不同的地址。

我们将这条指令称为跳转（JMP）指令。这是英特尔 8080 微处理器中的叫法。（摩托罗拉 6809 将类似指令称为分支指令，缩写为 BRA。）

JMP 指令后跟两个字节，构成一个 16 位地址。在下面的例子中，这个地址是 0005h：

0000h:	2Eh	MVI L,00h
	00h	
	26h	MVI H,10h
	10h	
	7Eh	MOV A,M
0005h:	23h	INX HL
	86h	ADD M
	C3h	JMP 0005h
	05h	
	00h	

每次执行完 INX 和 ADD 指令后，JMP 指令就会跳回地址 0005h，重新执行一轮 INX 和 ADD 指令。这就构成了一个循环。

将 JMP 指令添加到 CPU 中非常简单。但在讨论这点之前，我们需要先指出一个问题：这个使用 JMP 指令的程序会无限执行下去。由于没有停止机制，因此被称为无限循环。HL 值会持续递增，对应地址的字节会不断与累加器中的值相加。最后，HL 值会到达存储器末端的 FFFFh。再次递增后，它将翻转为 0000h，然后开始将指令字节本身加入累加器！

循环在编程中至关重要，但同样重要的是能够控制何时循环、何时停止。

CPU 中是否已有某种机制可以控制是否执行跳转？

确实有。你应该还记得，第 21 章中构建的算术逻辑单元（ALU）在锁存器中保存了几个标志位：进位标志、零标志和符号标志。它们分别表示 ALU 运算是否产生进位、结果是否为零，以及结果的最高位是否为 1（表示负的 2 的补数）。

我们可以设计一条指令，只在零标志置位或未置位时才跳转。实际上，我们可以定义一组跳转指令：

指令	描述	操作码
JMP addr	跳转	C3h
JNZ addr	零标志未置位时跳转	C2h
JZ addr	零标志置位时跳转	CAh
JNC addr	进位标志未置位时跳转	D2h
JC addr	进位标志置位时跳转	DAh
JP addr	正数时跳转（符号标志未置位）	F2h
JM addr	负数时跳转（符号标志置位）	FAh

这些指令和操作码不是我发明的，而是英特尔 8080 微处理器实现的，我在构建这个 CPU 的简化版时使用了它们作为参考。第一列中的 addr 是跟在操作码后面的 2 字节存储器地址。

JMP 指令被称为无条件跳转。它会使 CPU 改变常规执行流程，而不考虑 ALU 标志的状态。其他指令被称为条件跳转，只在 ALU 的特定标志置位或未置位时才改变程序计数器。（8080 CPU 还实现了两个基于奇偶标志的条件跳转。我在第 21 章中提到过该标志，但我的 CPU 中没有实现它。）

让我们看看这些条件跳转在程序中是如何工作的。假设你要将存储器中从地址 1000h 开始的 200 个字节相加。

这里的技巧是用一个寄存器来存储一个计数器的值。计数器的初始值为 200，表示要相加的字节数。每次访问并加进一个字节后，计数器值就递减。在任何时候，计数器的值都表示还需要相加的字节数。当它变为零时，任务就完成了。

这意味着程序需要同时处理两种算术运算：维护字节的累计总和，以及每加进一个新字节就递减计数器。

这就带来了一个小问题：如你所知，所有的算术和逻辑运算都要使用累加器，这意味着程序必须将字节从寄存器移入累加器以进行算术运算，然后再将新值移回寄存器，以准备下一轮操作。

我们决定用寄存器 B 存储累计总和，用寄存器 C 存储计数器值。这些值在进行算术运算时必须移入累加器，然后在下一次重复执行指令前移回寄存器 B 和 C。

由于这个程序比之前看到的都长，因此我将它分为三个部分。

计算机程序的第一部分通常称为初始化：

0000h:	2Eh	MVI L,00h
	00h	
	26h	MVI H,10h
	10h	
	0Eh	MVI C,200
	C8h	
	46h	MOV B,M

在这部分中，寄存器对 HL 的 16 位组合值设为 1000h，即要相加的数字的起始位置。寄存器 C 设为十进制数 200（十六进制数 C8h），即要相加的数字数量。最后，寄存器 B 设为列表中的第一个数字。

这个程序的第二部分包含重复执行的指令：

0007h:	79h	MOV A,C
	D6h	SUI 1
	01h	
	CAh	JZ 0015h
	15h	
	00h	
	4Fh	MOV C,A
	23h	INX HL
	78h	MOV A,B
	86h	ADD M
	47h	MOV B,A
	C3h	JMP 0007h
	07h	
	00h	

在这部分中，首先将计数器的值复制到累加器，然后 SUI 指令从中减去 1。

第一次执行时，该值从 200 变为 199。如果该值为零（显然现在还不是），JZ 指令就会跳转到地址 0015h，也就是这个代码块之后的地址。这种指令被称为跳出循环指令。

否则，累加器中的值（首次执行时为 199）会被传送回寄存器 C。随后，INX 指令递增 HL 值，累计总和被从寄存器 B 移入 A，并将存储器地址 HL 处的值加进去。接着，新的总和被复制回寄存器 B，然后无条件 JMP 指令跳转回顶部开始新一轮执行。

这段代码的每次执行通常称为一次迭代。最后，寄存器 C 中的值变为 1，在减去 1 后，结果为零，JZ 指令便会跳转到地址 0015h：

0015h:	78h	MOV A,B
	32h	STA 001Ah
	1Ah	
	00h	
	76h	HLT
001Ah:		← 存储和的位置

寄存器 B 中存储着所有 200 个数字的最终总和。这个总和会被传送到累加器以执行 STA 指令，该指令会将其存入存储器，随后程序停止运行。

值得注意的是，假设需要相加的数字位于不同的存储器位置，或者多于或少于 200 个，这个程序很容易修改。因为所有这些参数都在程序开头设置，可以轻松调整。在编写计算机程序时，考虑未来可能的修改永远是明智之举。

计算机程序通常都有多种写法。这个程序还有一种略有不同的编写方式，只涉及一条跳转指令。这个版本的开头与第一个版本非常相似：

0000h:	2Eh	MVI L,00h
	00h	
	26h	MVI H,10h
	10h	
	0Eh	MVI C,199
	C7h	
	46h	MOV B,M

唯一的区别是寄存器 C 被设为 199 而非 200。你很快就会知道其中的原因。

程序的中间部分经过重新编排，现在从递增 HL 并将列表中的下一个值加进来开始：

```
0007h: 23h  INX HL
       78h  MOV A,B
       86h  ADD M
       47h  MOV B,A
       79h  MOV A,C
       D6h  SUI 1
       01h
       4Fh  MOV C,A
       C2h  JNZ 0007h
       07h
       00h
```

A 在下一个值被加进去后，计数器值从寄存器 C 移入 A 并减 1，新值再移回寄存器 C。如果 SUI 指令的结果不为零，JNZ 指令就跳转回循环顶部。

如果 SUI 指令的结果为零，程序继续执行 JNZ 之后的指令。下面是程序的结尾，将累加和存入存储器并停止运行：

```
0012h: 78h  MOV A,B
       32h  STA 0017h
       17h
       00h
       76h  HLT
0017h:      ← 存储和的位置
```

去掉一条跳转指令后，程序缩短了 3 字节，但可能稍显复杂。你明白为什么寄存器 C 要设为 199 而非 200 了吗？这是因为要将存储器中的一个值加进去后，该值才被修改和检查。如果列表中只有两个数字需要相加，那么这两个数字都会在 JNZ 指令第一次迭代之前被访问。因此，寄存器 C 必须初始化为 1 而非 2。这个程序无法处理列表中只有一个字节的情况，你明白为什么吗？

在确定循环需要迭代的次数时很容易出错。这类问题在编程中非常常见，因此有一个专门的名称：差一错误。

如果你不知道有多少个数字需要相加，但知道列表以 00h 结尾。这个 00h 就可以作为列表结束的信号，由程序使用。这种值有时被称为哨兵。此时，你需要用比较指令将存储器中的值与 00h 进行比较，以确定何时跳出循环。

从这个使用哨兵的程序开始，我们不再展示存储器中的值，而是只关注指令。我们用标签代替存储器地址。这些标签虽然看起来像普通单词，但它们实际代表着存储器中的具体位置。每个标签后面都跟着冒号：

```
Start:   MVI L,00h
         MVI H,10h
         MVI B,00h
Loop:    MOV A,M
         CPI 00h
         JZ End
         ADD B
         MOV B,A
         INX HL
         JMP Loop
End:     MOV A,B
         STA Result
         HLT
Result:
```

在 MOV A,M 指令将存储器中的下一个值加载到累加器后，CPI 指令将其与 00h 进行比较。如果 A 等于 00h，则零标志置位，JZ 指令跳转到结束，否则该值就被加到 B 中的累计总和上，HL 递增准备下一次迭代。

使用标签让我们无须计算指令所在的存储器地址，但这些位置其实还是可以推算出来的。假设程序从 0000h 处开始，前 3 条指令各占 2 字节，那么标签 Loop 就位于 0006h。接下来的 7 条指令共占 12 字节，因此 End 位于 0012h，Result 位于 0017h。

你可能已经意识到，条件跳转是 CPU 的一个非常重要的特性，但它的重要性可能还远超你的想象。让我来告诉你为什么。

1936 年，24 岁的剑桥大学毕业生艾伦·图灵（Alan Turing）着手解决德国数学家大卫·希尔伯特（David Hilbert）提出的判定问题（Entscheidungsproblem）：是否存在一种过程，可以确定数理逻辑中的任意命题是否可判定——即该命题是真还是假？

在解答这个问题时，艾伦·图灵采用了一种极不寻常的方法。他设想了一台遵循简单规则运行的计算机器。不过，这台机器仅存在于他的设想中，并未实际制造出来。图灵不仅证明了判定问题的答案是否定的，还建立了一系列数字计算的基本概念，这些概念的影响已远远超越了这个数理逻辑问题本身。

（图片来源：Pictures from History/Universal Images Group/Getty Images）

图灵设想的这台计算机器现在被称为图灵机，它与此后制造的所有数字计算机在计算功能上是等价的。(如果你想深入了解图灵描述他所设想的计算机器的原始论文，可以参阅我的著作 *The Annotated Turing: A Guided Tour through Alan Turing's Historic Paper on Computability and the Turing Machine*。)

虽然不同的数字计算机有着不同的运行速度、内存容量、存储空间和硬件配置，但它们在处理功能上是等价的。这种等价性源自它们都有一个非常特殊的功能：基于算术运算结果的条件跳转。

所有支持条件跳转（或等效功能）的编程语言在本质上都是等价的，它们被称为图灵完备语言。除了标记语言（如网页中使用的超文本标记语言——HTML）之外，几乎所有编程语言都具备图灵完备性。

除了本章前面介绍的跳转指令外，还有一条指令可以基于 HL 中的值执行跳转：

指令	描述	操作码
PCHL	将 HL 复制到程序计数器	E9h

这 7 条跳转指令和 PCHL 指令可以轻松整合到第 23 章介绍的时序电路中。回想一下，在这个电路中，3 个解码器的输入对应机器码的 8 位：

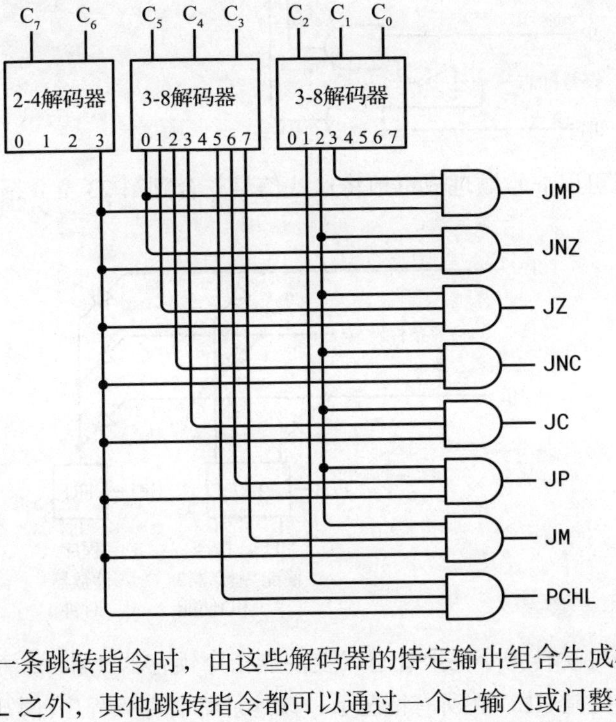

当操作码对应一条跳转指令时，由这些解码器的特定输出组合生成相应的信号。

除了 PCHL 之外，其他跳转指令都可以通过一个七输入或门整合为一组：

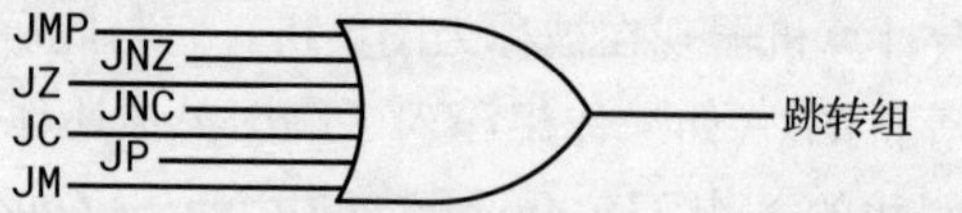

这可以用于将跳转指令集成到第 23 章介绍的用于确定从存储器获取的指令字节数和执行每条指令所需的周期数的电路中去。跳转组信号指示需要从存储器中获取 3 个字节：操作码和一个 2 字节地址。PCHL 指令仅需 1 字节。所有这些指令都只需要一个周期执行，且只涉及地址总线。

就跳转指令的执行而言，我们需要创建一个信号来指示是否要执行条件跳转。解码后的指令字节信号需要与第 21 章介绍的 ALU 标志位组合起来：

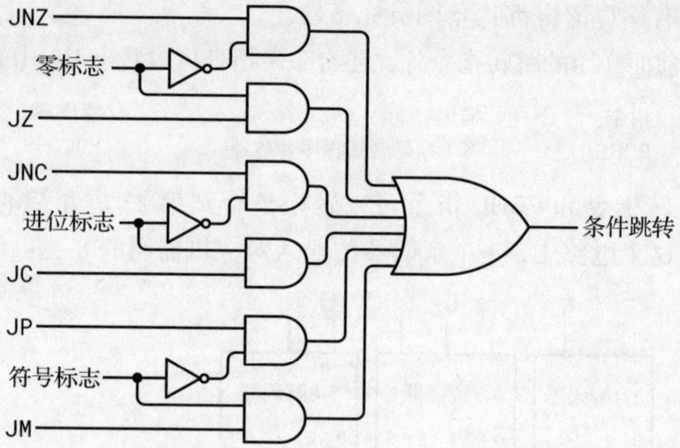

然后，就可以非常顺理成章地将这些信号整合到第 23 章介绍的二极管 ROM 矩阵中：

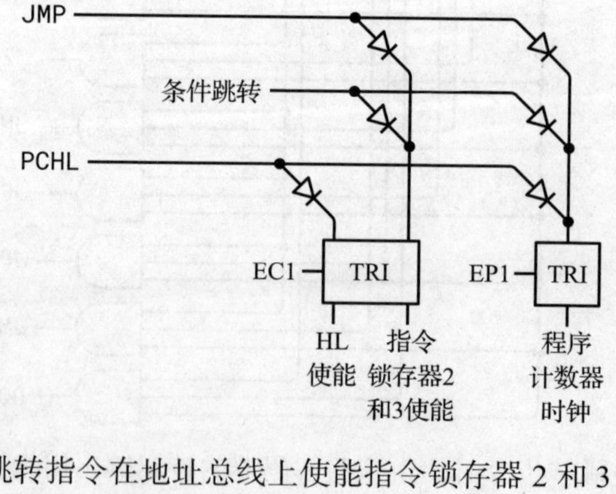

JMP 和条件跳转指令在地址总线上使能指令锁存器 2 和 3，而 PCHL 指令则在地址总线上使能 HL。在所有情况下，该地址都会存入程序计数器。

这个增强型 CPU 的交互式版本可以在网站 CodeHiddenLanguage.com 上找到。

在计算机程序中，需要执行的几乎所有重要任务都涉及重复性操作，因此非常适合采用循环结构来实现。乘法就是一个很好的例子。在第 21 章中，我曾承诺展示如何让这个 CPU 执行乘法运算，现在是时候看看它是如何实现的了。

让我们从最简单的情况开始：两个字节的乘法运算。例如，132 乘以 209，用十六进制表示为 84h 乘以 D1h。这两个数字称为乘数和被乘数，运算结果称为积。

一般来说，一个字节乘以另一个字节会得到一个 2 字节宽的积。在这个例子中，我们可以计算出积是 27 588（即 6BC4h），下面我们让 CPU 来完成这个计算。

前面我们用寄存器 H 和 L 来存储 16 位存储器地址，但也可以将它们用作普通的 8 位寄存器，或者用寄存器对 HL 来存储 2 字节值。在这个例子中，我们用 HL 来存储积。两个字节相乘的代码首先将寄存器 B 设为被乘数，将 C 设为乘数，并将寄存器 H 和 L 清零：

```
Start:  MVI B,D1h    ; 将 B 设为被乘数
        MVI C,84h    ; 将 C 设为乘数
        MVI H,00h    ; 将 HL 初始化为零
        MVI L,00h
```

我在右侧分号后添加了关于指令的简短说明。这些说明被称为注释，使用分号作为注释前缀的做法源自英特尔 8080 CPU 的原始文档。

首先，我将展示一种简单的两数相乘的方法：重复加法。我会把乘数累加到 HL 寄存器中，加的次数等于被乘数。

第一步是检查被乘数（寄存器 B 中的值）是否为零。如果为零，则乘法运算完成：

```
Loop:   MOV A,B      ; 检查 B 是否为零
        CPI 00h
        JZ Done      ; 如果是，运算完成
```

如果不为零，则将乘数（寄存器 C 中的值）加到寄存器 H 和 L 中。这本质上是一个 16 位加法：先将 L 的内容移到累加器，加上 C 的值，然后将零加到 H 中，并处理第一次加法可能产生的进位：

```
        MOV A,L      ; 将 C 加到 HL 中
        ADD C
        MOV L,A
        MOV A,H
        ACI 00h
        MOV H,A
```

现在，将寄存器 B 中的被乘数递减，表示需要加到 HL 中的数字减少一个，程序随后跳回 Loop，开始下一次迭代：

```
        MOV A,B        ; 递减 B
        SBI 01h
        MOV B,A
        JMP Loop       ; 重复计算
```

当跳转到 Done 标签时，乘法运算完成，积保存在寄存器 HL 对中：

```
Done:   HLT            ; 结果保存在 HL 中
```

虽然这不是两个字节相乘的最佳方式，但它易于理解。这种解法有时被称为蛮力计算法，因为它没有考虑如何优化乘法运算的速度。前面的代码甚至没有比较两个数字的大小，从而选择较小的那个作为循环次数。只需添加少量代码，就可以让程序执行 132 次 209 的加法，而不是 209 次 132 的加法。

那么，有更高效的乘法运算方法吗？考虑一下你是如何在纸上完成十进制乘法运算的：

```
  132
 ×209
 ────
 1188
264
─────
27588
```

第一条横线下面的第一个数字是 132 乘以 9 的结果，第二个数字是 132 乘以 2 的结果左移两位，相当于 132 乘以 200 的结果。注意，不需要计算 132 乘以 0，因为结果必然是 0。这样，我们就只需要将两个数字相加，而不需要执行 209 次或 132 次加法运算！

用二进制表示时，这个乘法运算是什么样的？乘数 132 的二进制表示是 10000100，被乘数 209 的二进制表示是 11010001：

```
        10000100
      × 11010001
  ──────────────
        10000100
    10000100
   10000100
  10000100
  ──────────────
  110101111000100
```

从右向左，我们将被乘数（11010001）的每一位与乘数（10000100）相乘。当该位为 1 时，结果就是乘数本身，按位左移；当该位为 0 时，结果为 0，可以忽略。

第一条横线下面只有 4 个乘数（10000100），因为被乘数（11010001）中只有 4 个 1。

这种方法可以将加法次数降到最少。对于 16 位或 32 位数字的乘法运算来说，这种方法的优势更加明显。

不过，从某些方面来说，这种方法似乎又更复杂，因为我们需要测试被乘数中哪些位是 1，哪些位是 0。

这种位测试会用到 8080 的 ANA（与累加器进行与运算）指令。该指令执行两个字节之间的按位与运算。之所以称为按位与，是因为只有当两个字节对应的位都为 1 时，结果才为 1，否则为 0。

让我们将被乘数放入寄存器 D，在本例中是字节 D1h：

```
MVI D,D1h
```

要测试寄存器 D 中的值的最低有效位（最右侧的位）是否为 1，我们可以执行 D 与 01h 的 ANA 运算。首先将 01h 存入寄存器 E：

```
MVI E,01h
```

由于 ALU 只能与累加器配合工作，因此需要先将一个数字移入累加器：

```
MOV A,D
ANA E
```

如果 D 最右侧的位为 1，则与运算结果为 1，否则为 0。也就是说，当 D 最右侧的位为 0 时，零标志会被置位，这允许我们执行条件跳转。

右数第二位需要与 02h 而不是 01h 进行与运算，然后依次是 04h、08h、10h、20h、40h 和 80h。观察这个序列，你会发现每个值都是前一个值的两倍：01h 的两倍是 02h，再两倍是 04h，再两倍是 08h，以此类推。这个规律很重要！

寄存器 E 的初始值为 01h。通过自加运算可以使其翻倍：

```
MOV A,E
ADD E
MOV E,A
```

现在 E 中的值变为 02h。再次执行这三条指令，该值变为 04h，然后是 08h，以此类推。这个简单操作实际上是将一个位从最低有效位逐步移到最高有效位，从 01h 到 80h。

我们还需要对乘数进行移位以将其加到结果中。这意味着乘数可能超出 8 位寄存器的范围，必须以某种方式将其作为 16 位值处理。因此，我们先将乘数存入寄存器 C，同时将寄存器 B 置零。这样，寄存器 B 和 C 就可以组成一对，存储这个 16 位乘数并对其进行移位以进行 16 位加法运算。我们将寄存器 B 和 C 的组合称为 BC。

下面是这个新的改进版乘法器的寄存器初始化方式：

```
Start:  MVI D,D1h     ; 被乘数
        MVI C,84h     ; 将乘数存储到 BC 中
        MVI B,00h

        MVI E,01h     ; 位测试器
        MVI H,00h     ; 用 HL 来保存 2 字节结果
        MVI L,00h
```

循环部分先测试被乘数中的位是 1 还是 0：

```
Loop:   MOV A,D
        ANA E         ; 测试位是 1 还是 0
        JZ Skip
```

如果位为 1，结果就不是 0，那么执行下面的代码将寄存器对 BC 的值加到寄存器对 HL 中。不过 8 位寄存器都需要分别处理。注意，这里低字节使用 ADD 指令，而高字节则使用 ADC 指令来处理可能的进位：

```
        MOV A,L       ; 将 BC 加到 HL
        ADD C
        MOV L,A
        MOV A,H
        ADC B
        MOV H,A
```

如果使用的是真正的英特尔 8080 而非我构建的简化版，只需 1 条 DAD BC 指令就能替代这 6 条指令，非常方便地将 BC 加到 HL 上。DAD 是 8080 处理 16 位值的几条指令之一。

接下来需要将 BC 的值翻倍，实际上就是将其左移一位以进行下一次加法。无论 BC 是否已经加到 HL 中，这段代码都会执行：

```
Skip:   MOV A,C       ; 将乘数 BC 翻倍
        ADD C
        MOV C,A
        MOV A,B
        ADC B
        MOV B,A
```

下一步是将寄存器 E（位测试器）的值翻倍。如果结果非零，程序会跳转回

Loop 标签继续下一次迭代。

```
        MOV A,E      ;翻倍位测试器 E
        ADD E
        MOV E,A
        JNZ Loop
```

Loop 标签后的代码正好执行 8 次。当 E 被翻倍 8 次后，这个 8 位寄存器溢出，E 的值变为零，乘法运算随之完成：

```
Done:   HLT          ;结果保存在 HL 中
```

如果需要将两个 16 位数或两个 32 位数相乘，那么工作显然会变得更加复杂，需要使用更多的寄存器。当用于存储中间值的寄存器不够用时，可以使用一块存储器区域进行临时存储。以这种方式使用的小块存储器通常称为便笺式存储器。

以上练习的目的不是让你望而生畏，也不是要劝阻你从事计算机编程工作。它的目的是证明组装在一起的能够响应存储在存储器中的代码的一组逻辑门，确实可以将非常简单的操作组合起来，执行复杂的任务。

在实际计算机编程中，使用高级语言进行乘法运算要容易得多，我会在第 27 章详细讨论。这就是软件的魔力——其他人已经完成了艰巨的工作，你就不必重复了。

机器码中的乘法运算需要移位操作，之前是通过值的自加来实现的。如果使用的是真正的英特尔 8080 微处理器而非我构建的简化版，你会有更好的方法来完成。英特尔 8080 有 4 条指令可以执行移位操作，无须寄存器进行自加。这些指令称为旋转指令：

指令	描述	操作码
RLC	左旋	07h
RRC	右旋	0Fh
RAL	带进位左旋	17h
RAR	带进位右旋	1Fh

这些指令总是对累加器中的值执行操作，并影响进位标志。

RLC 指令将累加器中的位向左移动。不过，最高有效位被同时用于进位标志和最低有效位的置位：

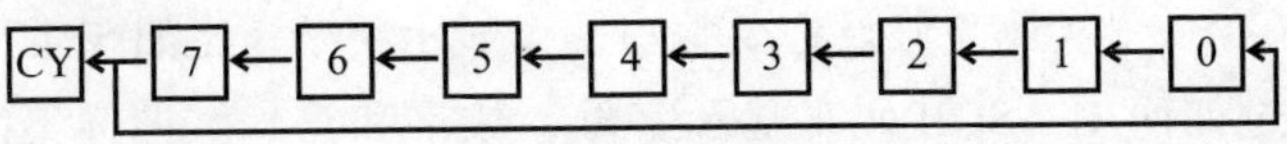

RRC 指令与之相似，不同之处在于它将位向右移。最低有效位被同时用于进位标志和最高有效位的置位。

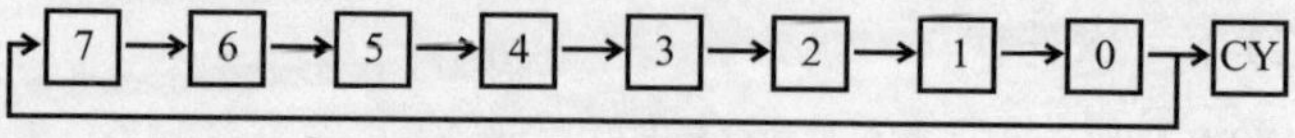

RAL 指令的作用类似于将累加器值翻倍，只不过现有的进位标志被用于最低有效位的置位，这在移动多字节值时很有用：

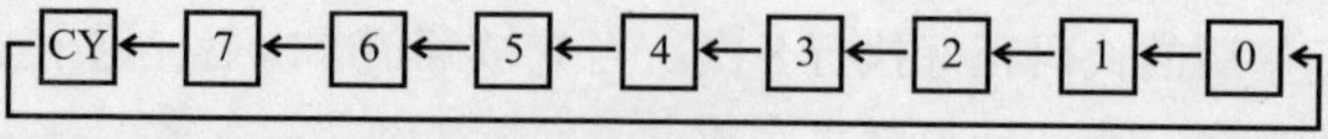

RAR 指令与 RAL 类似，但向右旋转位：

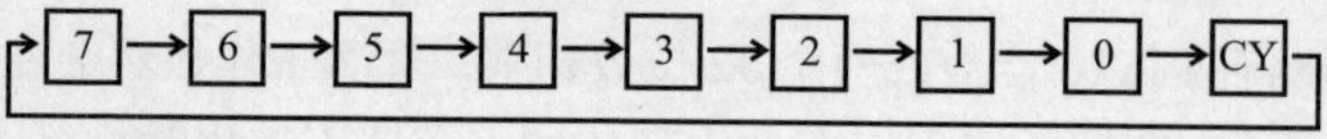

这些旋转指令虽然在某些情况下确实有用，但并不是必需的，我不会将它们添加到我所构建的 CPU 中。

你已经看到如何用跳转和循环来重复执行一组指令。不过，有时你可能需要更灵活的方式。也许你编写了一组需要在计算机程序的不同部分执行的指令（比如一个通用的乘法运算）。这些指令组通常称为函数（function）、过程（procedure）、子程序（subroutine），或简称为例程（routine）。

英特尔 8080 CPU 使用 CALL 指令来实现子程序。CALL 指令的语法与 JMP 很像，后面都跟着一个存储器地址：

```
CALL addr
```

与 JMP 指令一样，CALL 语句会跳转到该地址继续执行。不过，与 JMP 不同的是，CALL 会先保存跳转前的位置——具体来说是 CALL 指令后面的指令地址。这个地址存储在一个非常特殊的位置，稍后你就会看到。

与 JMP 类似的还有一条指令，名为 RET（表示“返回”），它会跳转到 CALL 指令保存的地址。子程序通常以 RET 语句结束。

以下是 8080 的 CALL 指令和 RET 指令的描述：

指令	描述	操作码
CALL	跳转到一个子程序	CDh
RET	从一个子程序返回	C9h

英特尔 8080 还支持条件调用和条件返回，但使用频率远低于 CALL 和 RET。

让我们来看一个实例。假设你要编写一个显示字节（比如 5Bh）的值的程序。第 13 章介绍过如何用 ASCII 码来显示字母、数字和符号。但你不能用 ASCII 码 5Bh 来显示字节值 5Bh，因为那是左方括号字符的 ASCII 码！相反，像 5Bh 这样的字节需要转换成两个 ASCII 码：

- 35h，字符 5 的 ASCII 码
- 42h，字符 B 的 ASCII 码

这种转换可以让字节值以人们能理解的方式显示（至少懂十六进制的人能理解）。

这里的策略是先将字节分为两部分：高 4 位和低 4 位（也称为半字节）。在本例中，字节 5Bh 被分成 05h 和 0Bh。

接下来，将这些 4 位值转换为 ASCII 码。对于 0h ～ 9h 的值（即字符 0 到 9），对应的 ASCII 码是 30h ～ 39h。对于 Ah ～ Fh 的值（即字符 A 到 F），对应的 ASCII 码是 41h ～ 46h。（如需复习 ASCII 码，请参阅第 13 章中的表格。）

下面是一个将累加器中的 4 位值转换为 ASCII 码的小子程序：

1532h:	FEh	Digit:	CPI 0Ah
	0Ah		
	DAh		JC Number
	39h		
	15h		
	C6h		ADI 07h
	07h		
1539h:	C6h	Number:	ADI 30h
	30h		
	C9h		RET

这里再次给出了存储器位置，因为它们对于理解这个子程序的执行过程很重要。这个子程序从存储器位置 1532h 开始，这个地址本身没有特别含义，只是我的一个选择。

这个子程序假设累加器中包含要转换的值。这种假设的值通常被称为子程序的参数。

可以看到，子程序以一条立即数比较指令开始，该指令会将 ALU 标志按照执行减法一样置位。例如，如果累加器包含 05h，那么从中减去 0Ah 需要借位，因此指令会将进位标志置位。进位标志被置位后，JC 指令就会跳转到标签 Number 处的指令，该指令将 30h 加到累加器中，使其变成 35h——数字 5 的 ASCII 码。

如果累加器中包含的值较大，比如为 0Bh，减去 0Ah 时就不需要借位。这样 CPI 指令就不会将进位标志置位，也就不会发生跳转。这时，先将 07h 加到累加器中（0Bh 加 07h 得到 12h），然后通过第二个 ADI 指令加上 30h，使其变

为 42h——字母 B 的 ASCII 码。这种两步加法的方式是一个小技巧，让第二个 ADI 指令能同时用于处理字母和数字。

无论哪种情况，最后都是执行 RET 指令来结束子程序。

我前面说过，我们要编写的是一个将整个字节转换为两个 ASCII 码的程序。第二个子程序包含两条对 Digit 的调用（CALL）指令，一条处理低半字节，一条处理高半字节。在子程序开始时，要转换的字节已存在累加器中，转换结果则存储在寄存器 H 和 L 中。这个名为 ToAscii 的子程序恰好从存储器地址 14F8h 处开始：

14F8h:	47h	ToAscii: MOV B,A
	E6h	ANI 0Fh
	0Fh	
	CDh	CALL Digit
	32h	
	15h	
14FEh:	6Fh	MOV L,A
	78h	MOV A,B
	0Fh	RRC
	0Fh	RRC
	0Fh	RRC
	0Fh	RRC
	E6h	ANI 0Fh
	0Fh	
	CDh	CALL Digit
	32h	
	15h	
1509h:	67h	MOV H,A
	C9h	RET

这个子程序首先将原始字节保存在 B 中，然后用 ANI（立即数与运算）指令执行与 0Fh 的按位与运算，仅保留低 4 位。接着调用位于地址 1532h 处的 Digit 子程序，并将结果保存在 L 中。然后从寄存器 B 中取出原始字节，通过 4 条 RRC 指令将高半字节移到低 4 位。再执行一次 ANI 指令后，第二次调用 Digit。最后将结果存入寄存器 H，并用 RET 指令结束子程序。

让我们看看这个程序是如何工作的。在其他某个地方可能会有这样一小段调用 ToAscii 子程序（位于 14F8h）的代码：

0623h:	3Eh	MVI A,0×5B
	5Bh	
	CDh	CALL ToAscii
	F8h	
	14h	
0628h:		

当程序运行到地址 0628h 时，寄存器 H 和 L 中已包含 5Bh 两个数字的 ASCII 码。

CALL 和 RET 是如何工作的？

前面提到过，在执行 CALL 指令时，会将一个地址存储在一个非常特殊的位置，以便在子程序完成后继续执行代码。这个非常特殊的位置叫作堆栈，它是存储器中尽可能远离其他内容的一个区域。在英特尔 8080 这样的 8 位 CPU 中，堆栈位于存储器的最末端。

英特尔 8080 包含一个名为堆栈指针的 16 位寄存器。在重置时，堆栈指针被初始化到地址 0000h。不过，程序可以通过 SPHL（从 HL 设置堆栈指针）或 LXI SP（从立即地址加载堆栈指针）指令来更改这个地址。我们这里就使用默认值 0000h。

当英特尔 8080 执行 CALL ToAscii 指令时，有如下步骤：

- 首先，堆栈指针递减。由于堆栈指针的初始值为 0000h，递减后变为 FFFFh（16 位的最大值），指向 16 位存储器的最后一个字节。
- 然后，将 CALL 指令后面的地址（即程序计数器的当前值 0628h）的高字节 06h 保存到堆栈指针指向的存储器位置。
- 接着，堆栈指针再次递减，变为 FFFEh。
- 再然后，将 CALL 指令后面的地址的低字节 28h 保存到堆栈指针指向的内存位置。
- 最后，将 CALL 语句中的目标地址（14F8h）加载到程序计数器中，实际上就是跳转到 ToAscii 例程的起始位置。

此时 RAM 的最末端状态如下：

FFFEh:	28h	ToAscii调用完成后返回的地址
	06h	

CALL 指令有效地“留下了一些面包屑以找到回家的路⊖”。

现在 ToAscii 例程开始执行。它也包含一条调用 Digit 例程的指令。由于 ToAscii 例程中该指令后面的存储器位置为 14FEh，因此当执行这条调用指令时，该地址会被存入堆栈，此时堆栈的状态如下：

FFFCh:	FEh	在Digit调用后返回地址
	14h	
	28h	在ToAscii调用后返回地址
	06h	

此时堆栈指针的值为 FFFCh，且 Digit 例程正在执行。在执行 Digit 例程中的 RET 指令时，有如下步骤：

- 访问由堆栈指针寻址的存储器位置处的字节（FEh）。
- 堆栈指针递增。
- 访问由堆栈指针寻址的存储器位置处的字节（14h）。
- 堆栈指针递增。
- 这两个字节被加载到程序计数器中，使程序跳转回 ToAscii 例程中的 14FEh 位置，返回调用 Digit 的例程。

堆栈现在返回到第一次调用 Digit 之前的状态：

FFFEh:	28h	在ToAscii调用后返回地址
	06h	

堆栈指针的值现在为 FFFEh。虽然地址 14FEh 还保存在存储器中，但已不再重要。下一次调用 Digit 时会在堆栈中存入新的返回地址：

FFFCh:	09h	在Digit调用后返回地址
	15h	
	28h	在ToAscii调用后返回地址
	06h	

⊖ 源自《格林童话》中的《汉赛尔与格莱特》，里面描述了兄妹二人为避免迷路，在森林沿途撒下面包屑作为返家标记的经典情节。——编辑注

这是 ToAscii 例程中对 Digit 的第二次调用后面的地址。当 Digit 再次执行 RET 指令时，程序会跳转到 ToAscii 例程中的地址 1509h。此时堆栈的状态如下：

现在可以执行 ToAscii 例程中的 RET 指令了。它从堆栈中取回地址 0628h 并跳转到该地址，这正是 ToAscii 调用后面的地址。

以上就是堆栈的工作原理。

从形式上来看，堆栈被归类为后进先出（LIFO）的存储形式。最后放入堆栈中的值会最先被取出。人们常用自助餐厅的盘子堆来形象地解释堆栈：你可以不断地往弹簧托盘上添加盘子，取用时则必须从最上面开始拿。

向堆栈中添加数据称为“压入”（push），从堆栈中取出数据称为“弹出”（pop）。英特尔 8080 提供了几个 PUSH 和 POP 指令，用于将寄存器的内容存入堆栈中并在之后取回：

指令	描述	操作码
PUSH BC	将寄存器 B 和 C 中的值保存到堆栈	C5h
PUSH DE	将寄存器 D 和 E 中的值保存到堆栈	D5h
PUSH HL	将寄存器 H 和 L 中的值保存到堆栈	E5h
PUSH PSW	将程序状态字保存到堆栈	F5h
POP BC	将值从堆栈中取回到寄存器 B 和 C	C1h
POP DE	将值从堆栈中取回到寄存器 D 和 E	D1h
POP HL	将值从堆栈中取回到寄存器 H 和 L	E1h
POP PSW	将程序状态字从堆栈中取回	F1h

PSW 是程序状态字的缩写，它并不是一个新概念，只是将累加器中的值和 ALU 标志分别存储在两个字节中。

PUSH 和 POP 指令为在调用子程序时保存寄存器中的内容提供了便利。有时，调用子程序的代码会在 CALL 指令之前压入寄存器内容，之后再弹出。这样，子程序就能自由使用寄存器，而不用担心会对调用子程序的代码产生影响。另一种方式是由子程序自身在开始时压入寄存器，并在 RET 之前弹出。

PUSH 和 POP 指令必须成对使用，CALL 和 RET 指令也是如此。如果子程序执行了两次 PUSH 指令，但只执行了一次 POP 指令后就执行 RET 指令，程序就会跳转到意外的位置！

如果代码中存在错误，弹栈次数过多，就可能导致堆栈指针开始寻址存储器的起始端而不是最末端。这个问题被称为堆栈下溢（stack underflow），可能导致堆栈的内容覆盖程序代码。相应地，如果压栈次数过多，导致堆栈增长过大，那么也可能覆盖代码。这个问题被称为堆栈溢出（stack overflow），后来成为一个著名的程序员技术问答论坛的名字。

虽然 CALL 和 RET 指令对于 CPU 的图灵完备性而言并不是必需的，但在实际应用中却非常方便，有些人甚至认为它们是不可或缺的。子程序是汇编语言程序最主要的组织结构单元，在许多其他类型的编程语言中也扮演着重要角色。

很遗憾，我可能不会在之前几章设计的 CPU 中加入 CALL、RET、PUSH 和 POP 指令，因为它们需要比我展示的更复杂的设计。

不过，它们的实现原理并不难理解：需要在地址总线上添加一个新的 16 位堆栈指针锁存器，类似于存储程序计数器的锁存器。这是比较简单的部分。难点在于需要在 CALL 指令执行时将程序计数器压入堆栈，并在 RET 指令执行时将其从堆栈中弹出，这要求程序计数器的两个字节也能在数据总线上传送。当前的设计还做不到这一点。

虽然我没有将堆栈相关指令添加到正在构建的 CPU 中，但我在网站 CodeHiddenLanguage.com 上创建了一个完整的 8080 模拟器。

在过去几章中，你已经了解了英特尔 8080 这样的 8 位微处理器是如何执行指令代码的。英特尔在 1974 年推出 8080 时，它是革命性的产品，但与后来的处理器相比就显得相当基础了。随着 CPU 发展到支持 16 位、32 位乃至 64 位处理，它们的结构也变得越来越复杂。

不过，所有 CPU 的基本工作原理是相同的：执行指令从存储器获取数据，对其进行算术和逻辑运算，然后将结果存回存储器。

现在，让我们来探索构建一台真正的计算机还需要什么。

Code

第 25 章

外围设备

中央处理器（CPU）绝对是计算机最重要的组件，但它必须配备其他硬件才能工作。如你所见，计算机需要随机存取存储器（RAM）来存储处理器执行的机器码指令和这些指令访问的数据。你应该还记得，RAM 是易失性的——断电后会丢失其内容。因此，计算机的另一个有用组件就是长期大容量存储器，它可以在断电的情况下保留代码和数据。

计算机还必须有方法将指令载入 RAM，并有办法查看程序的运行结果。现代计算机可能还配有传声器、摄像头和扬声器，以及可连接 Wi-Fi、蓝牙设备和全球定位系统（GPS）卫星的无线电发射器和接收器。

这些设备被称为输入设备和输出设备，简称 I/O 设备，更广泛地称为外围设备。

最显而易见的外围设备可能是视频显示器，因为无论使用的是台式计算机、笔记本电脑、平板电脑还是手机，你都会经常盯着它看。也许你正在通过显示器阅读这本书！

目前常用的所有视频显示器都通过像素行和列组成图像，像素就是用放大镜可以看到的彩色小点。显示器的分辨率一般用像素的行列数组合来表示。

例如，标准高清电视（HDTV）的分辨率为 1920 × 1080，即水平方向 1920 个像素，垂直方向 1080 个像素，总计约 200 万个像素，每个像素都能显示不同的颜色。这几乎已成为当今计算机显示器的基本分辨率标准。

这些像素不会同时点亮。显示器的内容存储在专门的内存块中，各个像素按顺序刷新，从顶部的行开始，从左到右、从上到下逐行显示。为避免闪烁，这个过程进行得非常快，整个显示器通常每秒至少刷新 60 次。控制这一过程的电路称为视频显示适配器。

存储 1920 × 1080 的显示器中的内容需要多少内存？

每个像素都是由红、绿、蓝三原色组合而成的特定颜色，也称为 RGB 颜色。

（如果你是一位艺术家，那么可能熟悉另一套不同的三原色，但显示器使用的就是这三种。）通过调节这三种单独成分的强度，就能在视频显示器上显示所有可能的颜色。每种原色的强度通常由 1 个字节控制，00h 表示无色，FFh 表示最大强度。这种方案使显示器能够显示 256 种不同强度的红色、256 种不同强度的绿色和 256 种不同强度的蓝色，总计 256×256×256，即 16 777 216 种不同的颜色。（在“计算机的一切都可以改进”的理念引导下，一些公司正在努力提高色域和分辨率。这样每种原色需要的位宽会超过 8 位。）

如果你在设计网页时使用过 HTML，就可能会知道颜色可以用以 # 开头的 6 位十六进制值表示。以下是 1999 年 HTML 4.01 规范规定的 16 种标准颜色：

颜色	**16 进制值**	**颜色**	**16 进制值**
黑色	“#000000”	绿色	“#008000”
银灰色	“#C0C0C0”	浅绿色	“#00FF00”
灰色	“#808080”	橄榄色	“#808000”
白色	“#FFFFFF”	黄色	“#FFFF00”
栗色	“#800000”	深蓝色	“#000080”
红色	“#FF0000”	蓝色	“#0000FF”
紫色	“#800080”	墨绿色	“#008080”
品红色	“#FF00FF”	青色	“#00FFFF”

其他颜色用不同的值定义。# 号后跟 3 对十六进制数字：第一对是红色强度（00h ～ FFh），第二对是绿色强度，第三对是蓝色强度。当 3 个成分都是 00h 时显示黑色，都是 FFh 时显示白色。此外当 3 个成分取值相同时，即可呈现不同深浅的灰色。

对于一台 1920×1080 的显示器，总计有约 200 万个像素，每个像素需要 3 字节分别存储红、绿、蓝 3 个成分，总共就需要约 600 万字节，即约 6MB。

在前面的章节中，我们将 CPU 访问的 RAM 视为单一内存块。实际上，存储代码和数据的内存通常是与用于视频显示的内存共享的。这种配置让计算机能够通过向 RAM 写入字节来快速更新视频显示，从而实现非常高速的图形动画效果。

我在过去几章中构建的 8 位 CPU 的内存地址为 16 位，可以寻址 64KB 的内存。显然，64KB 的内存无法容纳 6MB 的视频显示内存！（实际上，你可以设计一个方案，让多个内存块在 CPU 的内存空间中交换进出，但这肯定会降低运行速度。）

这就是为什么只有当内存变得便宜，而且功能更强大的 CPU 可以更灵活地访问内存时，高分辨率视频显示器才变得可行。32 位 CPU 可以以 32 位数据块的形式访问内存，因此视频显示内存通常为每个像素分配4个字节，而不是红、绿、蓝所需的3个字节。这意味着1920×1080显示器需要8MB而不是仅6MB的视频内存。

视频内存的排列通常与显示器刷新的顺序相同。从第一行最左边的像素开始：红、绿、蓝各占1个字节，外加1个未用字节。在屏幕上绘制任何文本或图形时，都需要有程序来确定在视频内存中设置哪些像素。

计算机图形通常涉及与解析几何相关的数学工具。整个显示器或上面的一个矩形区域可被视为一个简单的坐标系，其中每个像素都是一个点，用水平和垂直坐标（x, y）表示。例如，坐标为（10, 5）的像素位于距离左侧10个像素、距离顶部5个像素处。从该点到点（15, 10）画对角线需要为（10, 5）、（11, 6）、（12, 7）、（13, 8）、（14, 9）和（15, 10）这些点着色。当然，其他类型的线条和曲线更为复杂，但有很多软件工具可以提供帮助。

文本是图形的一个子集。每种字体的字符都由一系列直线和曲线定义，并带有附加信息（称为“提示”），确保文本按照最具可读性的方式渲染。

三维图形更为复杂，需要各种阴影技术来呈现光影效果。如今，程序通常由图形处理单元（GPU）辅助来完成3D图形所需的复杂数学运算。

个人计算机（PC）刚问世时，还没有高分辨率显示器可用。IBM PC的首款图形显示器被称为彩色图形适配器（CGA），它支持三种模式：16色，160×100像素（每像素1字节）；4色，320×200像素（每像素2位）；2色，640×200像素（每像素1位）。这三种模式都只需要16 000字节内存。例如，320×200像素，每像素¼字节，总共就是16 000字节。

某些早期的显示器完全无法显示图形，只能显示文本。这是降低内存需求的另一种方法，也是早期IBM PC的单色显示适配器（MDA）采用的方案。MDA只能以黑底绿字的形式显示25行80列的文本。每个字符由一个8位ASCII码指定，并附有一个“属性”字节，可用于控制亮度、反显、下划线或闪烁。这样，它存储显示内容所需的字节数为25×80×2，即4000字节。视频适配器使用只读存储器将ASCII字符转换为像素阵列。就像CPU包含内部总线在CPU各组件之间传输数据一样，CPU本身通常也与外部总线相连，这些外部总线在CPU、内存和外部设备之间传输数据。

视频内存会占用CPU的常规内存空间，其他外围设备也可能如此。这称为内存映射I/O。不过，CPU也可能定义一条独立的总线来访问外围设备，并包含与这些输入/输出设备配合使用的专用设施。

在前面几章中，我一直在基于英特尔 8080 微处理器构建自己的 CPU。8080 实现了 244 条指令，其中包括两条名为 IN 和 OUT 的指令：

指令	描述	操作码
IN port	从输入读取一个字节	DBh
OUT port	将一个字节写入输出	D3h

这两条指令后面都有一个 8 位端口号，它类似于内存地址，但宽度只有 8 位，专门用于 I/O 设备。IN 指令从指定端口读取数据并保存到累加器中，而 OUT 指令则将累加器中的内容写入指定端口。8080 会发出一个特殊信号，指示是在访问 RAM（正常情况）还是在访问 I/O 端口。

以台式计算机或笔记本电脑的键盘为例。键盘上的每个按键本质上都是一个简单的开关，按下时闭合。每个按键都有其唯一的识别代码。假设这个键盘通过端口号 25h 访问，程序可以执行以下指令：

```
IN 25h
```

执行后，累加器将包含一个指示哪个按键被按下的代码。

人们可能会认为这个代码就是按键的 ASCII 码，但让硬件来确定 ASCII 码既不实际也不合理。例如，键盘上的 A 键可能对应 ASCII 码 41h（大写）或 61h（小写），这取决于 Shift 键是否同时被按下。此外，许多键（如功能键和方向键）根本没有对应的 ASCII 字符。通过一个简单的计算机程序就可以将特定按键转换为相应的 ASCII 码（如果存在的话）。

那么，程序如何知道键盘按键被按下了呢？一种方法是让程序频繁检查键盘，这种方法称为轮询（polling）。不过，还有一种更好的方式——让键盘在按键被按下时主动通知 CPU。通常，I/O 设备可以通过向 CPU 发送中断（一种特殊的 CPU 信号）来向其通知此类事件。

为支持中断功能，8080 CPU 实现了 8 条重新启动指令：

指令	描述	操作码
RST 0	调用地址 0000h	C7h
RST 1	调用地址 0008h	CFh
RST 2	调用地址 0010h	D7h
RST 3	调用地址 0018h	DFh
RST 4	调用地址 0020h	E7h
RST 5	调用地址 0028h	EFh
RST 6	调用地址 0030h	F7h
RST 7	调用地址 0038h	FFh

每条指令都会使 CPU 将当前程序计数器保存到堆栈中，然后跳转到特定的内存地址（0000h、0008h、0010h 等）。`RST 0` 的效果与 CPU 复位相同，其他指令则可能包含跳转或调用指令。

这些指令的工作原理如下：8080 CPU 有一个外部中断信号。当外围设备（如键盘）激活这个中断信号时，它会同时将某条重新启动指令的字节码放到数据总线上。对应的内存位置存储着处理该特定 I/O 设备的代码。

这被称为中断驱动 I/O。CPU 无须不断轮询 I/O 设备，而是可以执行其他任务，直到 I/O 设备通过中断信号通知它有新事件发生。这就是键盘通知 CPU 键已按下的方式。

这种中断机制同样适用于台式计算机或笔记本电脑的鼠标、笔记本电脑的触摸板，以及平板电脑和手机的触摸屏。

鼠标看似与显示器直接相连，因为当你在桌面上移动鼠标时，屏幕上的指针会同步移动。但这种连接其实是一种错觉。鼠标只是发送表示移动方向的电脉冲，而指针在屏幕上的重新定位完全由软件负责。除了移动信号外，鼠标还会在按钮按下、释放或滚轮转动时向计算机发送信号。

触摸屏通常覆盖在显示器上面，能够检测手指触摸时产生的电容变化。它使用与显示图形相同的（x, y）坐标系统来指示一根或多根手指的位置。程序会收到手指触摸、离开和在屏幕上滑动的信息，从而实现各种功能，如屏幕滚动或拖拽图形对象。它还能识别双指捏合和缩放等复杂手势。

计算机世界的一切都是数字化的。一切都以数字形式存在。然而，现实世界往往是模拟的。我们对光和声音的感知似乎是连续的，而不是离散的数值。

为了在这两个世界之间架起一道桥梁，人们发明了两种设备：

- 模数转换器（ADC）
- 数模转换器（DAC）

ADC 接收一个在特定范围内连续变化的电压输入，将其转换为对应的二进制数输出，通常为 8 位或 16 位。以一个 8 位 ADC 为例：在输入电压为 0 伏时，输出可能为 00h；在输入电压为 2.5 伏时，输出可能为 80h；在输入电压为 5 伏时，输出可能为 FFh。

DAC 则执行相反的操作：接收一个二进制数（通常为 8 位或 16 位）作为输入，输出对应的电压。

视频显示器中使用 DAC 将像素的数字值转换为电压，从而控制每个像素的红、绿、蓝三色发光强度。

数码相机则采用有源像素传感器（APS）阵列，这些传感器对光线作出响应并产生电压，然后通过 ADC 转换为数字信号。最终生成的是一个位图对象，即由特定颜色像素组成的矩形阵列。与视频显示器内存类似，位图的像素也是按顺序存储的，按行从左到右，从上到下。

位图文件可能非常庞大。以我的手机相机为例，它能拍摄 4032 × 3024 像素的图像，而重现图像并不需要所有这些原始数据。因此，工程师和数学家开发了多种技术来减少存储位图所需的字节数。这就是所谓的压缩。

行程编码（RLE）就是一种比较简单的位图压缩方式。它的原理是：如果一行中连续出现 10 个相同颜色的像素，那么位图文件里面只需存储该像素值和数字 10。不过，这种方法仅适用于包含大量相同颜色的图像。

图像交换格式（GIF）是一种更复杂且仍在广泛使用的文件压缩方案。它由 CompuServe 公司于 1987 年开发，使用了名为 LZW（以创建者 Lempel、Zif 和 Welch 命名）的压缩技术。与 RLE 不同，LZW 能够识别不同像素值的模式，而不仅限于连续相同的像素。GIF 文件还支持基本的多帧动画功能。

比 GIF 更复杂的是 1996 年推出的可移植的网络图像（PNG）格式。PNG 能有效地将相邻像素值转换为像素值之间的差值，这些差值通常较小，因此能够更有效地压缩。

值得注意的是，GIF 或 PNG 格式的文件并不一定比未经压缩的原始位图小！某些图像经过压缩后可能会变大，特别是包含大量颜色或细节的图像。

针对这种情况，其他压缩技术应运而生。1992 年推出的 JPEG 格式已成为实际图像压缩的主流选择。现代手机相机也可以直接输出可共享或传输的 JPEG 文件。

JPEG 是 Joint Photographic Experts Group（联合图像专家组）的缩写。与以往的压缩技术不同，JPEG 基于视觉心理研究，利用了人眼感知图像的方式。具体来说，JPEG 压缩会去除色彩的急剧变化，从而减少再现图像所需的数据量。这个过程涉及相当复杂的数学运算。

JPEG 的主要缺点是不可逆，一旦压缩，就无法完全还原为原始图像。相比之下，GIF 和 PNG 是可逆的，压缩过程不会丢失信息。因此，GIF 和 PNG 被归类为无损压缩技术，而 JPEG 则属于有损压缩技术。在极端情况下，这种信息丢失可能导致图像失真。

计算机通常会配备传声器和扬声器，前者用来捕捉现实世界的声音，后者则用来播放声音。

声音本质上是振动。人的声带会振动，大号乐器会振动，森林中的一棵树倒下也会振动，这些振动都会引起空气分子的运动。空气每秒会数百或数千次地交替压缩和膨胀，这些振动传递到我们的耳膜，使我们能够感知到声音。

传声器通过产生与声波对应的电压变化来响应振动。这种原理与托马斯·爱迪生于 1877 年发明的第一台留声机上用来录制和播放声音的锡箔圆筒表面的凹凸纹路类似，也与现代音响发烧友和复古技术爱好者钟爱的黑胶唱片上的凹槽起伏相似。

对计算机而言，这种电压需要数字化，即转换为数字——这是 ADC 的另一项工作。

1983 年，数字化声音随着光盘（CD）的问世在消费市场上掀起了巨大的波澜，CD 成为最成功的消费电子产品之一。CD 由飞利浦和索尼共同开发，一张直径 12 厘米的 CD 单面可存储 74 分钟的数字化声音。选择 74 分钟的长度是为了完整容纳贝多芬的《第九交响曲》(传说是这样)。

CD 采用脉冲编码调制（PCM）技术对声音进行编码。虽然名称听起来很专业，但 PCM 实际上是一个相当简单的过程：将表示声波的电压按固定速率转换为数字并存储。在播放时，通过 DAC 将这些数字重新转换为电流。

声波的电压以一个恒定的速率转换为数字，这个速率被称为采样率。1928 年，贝尔电话实验室的哈里·奈奎斯特（Harry Nyquist）证明，采样率必须至少是需要录制和回放的最高频率的两倍。一般认为，人类能够听到的声音频率范围为 20Hz ～ 20 000Hz。CD 采用的采样率略高于这个最大值的两倍，具体是 44 100 个样本每秒。

每个样本的位数决定了 CD 的动态范围，即可录制和播放的最大声音与最小声音之间的差异。这个概念较为复杂：当电流作为声波的模拟信号来回变化时，其峰值代表波形振幅。我们感知的声音强度与振幅的两倍成正比。贝尔（源自亚历山大·格雷厄姆·贝尔的姓氏）表示声强增加十倍的单位量级，分贝是贝尔的十分之一。1 分贝约等于人类可感知的最小响度变化。

研究表明，每个样本 16 位可实现 96 分贝的动态范围，这大致相当于听觉阈值（小于此值听不到声音）和疼痛阈值（大于此值会让人捂住耳朵）之间的差值。CD 采用每个样本 16 位。

对于每秒的声音，CD 包含 44 100 个样本，每个样本 2 字节。考虑到立体声需求，这个数字要翻倍，达到每秒 176 400 字节，相当于每分钟 10 584 000 字节。（现在你知道为什么数字录音在 20 世纪 80 年代之前并不常见了吧。）一张 CD 上完整的 74 分钟立体声内容需要 783 216 000 字节。后期发行的 CD 略微增加了存储容量。

尽管 CD 的重要性近年来有所下降，但数字声音的概念保持不变。在家用计算机上录制和播放声音并不一定需要 CD 级的音质，因此通常可以使用较低的采样率，包括 22 050Hz、11 025Hz 和 8000Hz。你还可以使用 8 位的较小样本大小录制，或者通过单声道录制将数据量减半。

与位图一样，对音频文件进行压缩通常也能减少存储空间，缩短在计算机之间传输文件所需的时间。MP3 就是一种流行的音频压缩技术，它源自一种名为 MPEG（动态图像专家组）的电影压缩技术。MP3 虽然是有损压缩，但它基于心理声学分析，减少的是那些对音乐感知没有明显贡献的数据。

用 GIF、PNG 或 JPEG 压缩的位图，以及经 MP3 压缩的音频，在程序处理时都会占用内存，但通常都以文件形式存储在存储设备上。

你应该还记得，随机存储器——无论是由继电器、真空管还是晶体管构成的——都会在断电后丢失内容。因此，一台完整的计算机还需要长期存储设备。早期采用在纸张或卡片上打孔的方法，如 IBM 打孔卡。在早期的小型计算机中，人们在一卷卷纸带上打孔，以保存程序和数据，之后再将其重新加载到内存中。在此基础上发展起来的是音频盒式磁带，这种磁带在 20 世纪 80 年代也很流行，用于录制和播放音乐。这些磁带只是大型计算机用于大量存储数据的磁带的缩小版。

然而，磁带并非理想的存储和检索媒介，因为无法快速定位到任意位置，快进或倒带都很耗时。

从几何角度来看，磁盘更适合快速访问。磁盘本身围绕其中心旋转，安装在悬臂上的一个或多个磁头可在磁盘外侧和内侧之间移动，从而快速访问任何区域。数据存储的实现原理是通过磁化盘片表面的微观区域完成二进制信息记录。世界上首个应用于计算机的磁盘驱动器由 IBM 公司于 1956 年研制成功，名为 RAMAC，它采用了 50 个直径 2 英尺的金属磁盘，可存储 5MB 的数据。

个人计算机普遍使用较小的单片塑料磁盘，装在纸板或塑料保护壳中。这种磁盘也被称为软盘，其最初直径为 8 英寸，后来变为 5.25 英寸，最后变为 3.5 英寸。软盘可以从驱动器中取出，便于在计算机间传输数据，也是重要的商业软件分发媒介。如今，软盘已几乎绝迹，只有一张 3.5 英寸软盘的小图还作为许多计算机应用程序中的“保存”图标而保留着。

部分个人计算机内部仍可见到普通硬盘，里面通常包含多个永久固定的金属磁盘。硬盘的速度通常比软盘快，可以存储的数据更多，但磁盘本身不容易拆卸。

如今，存储多采用固态硬盘（SSD），它既可以内置在计算机（或平板电脑、手机）中，也可以作为便携式U盘中的闪存。

大容量存储设备需要容纳计算机上各种来源的不同大小的文件。为此，存储设备被划分为固定大小的区域，称为扇区。软盘和普通硬盘的扇区大小通常为512字节。固态硬盘的扇区大小通常为512字节和4096字节。

每个文件都存储在一个或多个扇区中。对于512字节的扇区，小于512字节的文件只需要一个扇区，但剩余空间无法他用。513字节的文件需要两个扇区，1兆字节大小的文件需要2048个扇区。

与特定文件相关的扇区不一定是连续的，它们可以分散在驱动器各处。文件删除后，扇区会被释放，可供其他文件使用。创建新文件时则使用可用的扇区，不过这些扇区不一定相邻。

跟踪这些内容——包括存储文件和检索文件的全过程——是操作系统这一关键软件的职责。

第 26 章 操作系统

我们终于组装好了一台完整的计算机——至少在想象中是这样。这台计算机配备了一个中央处理器（CPU）、一些随机存储器（RAM）、一个键盘、一个视频显示器（其内存是 RAM 的一部分），以及某种大容量存储设备。所有硬件就位后，我们满怀期待地注视着那个即将为它注入生命的开关。这个项目或许会让你想起维克多·弗兰肯斯坦（Victor Frankenstein）组装怪物的情景，或是杰佩托（Geppetto）制作后来被命名为匹诺曹（Pinocchio）的木偶时的情景。

但我们还缺少一些东西，这既非闪电的力量，也非对星星许愿的虔诚。来吧：打开这台新计算机，看看会发生什么。

屏幕亮起时，显示的只是一片杂乱无章的内容。如果你安装的是图形适配器，你会看到毫无规律的彩色像素点；如果是纯文本视频适配器，则会显示随机字符。这完全在意料之中。半导体存储器断电后会丢失内容，首次通电时会处于随机和不可预测的状态。微处理器适配的 RAM 里面包含随机字节，它会将这些随机字节当作机器码执行，虽然这不会造成任何损害——比如，计算机不会爆炸——但也不会产生任何有用的结果。

我们缺少的是软件。微处理器首次开机或重置时，会从特定的内存地址开始执行机器码。对于英特尔 8080，这个地址是 0000h。

在设计完善的计算机中，该内存地址应该包含一条机器码指令（通常是程序的第一条指令），在计算机开机时由 CPU 执行。

那么，这条机器码指令是如何到达那里的呢？为一台新设计的计算机装入软件是个颇具挑战性的任务。一种方法是使用类似第 19 章介绍的控制面板，用它来向随机存储器写入和读取字节：

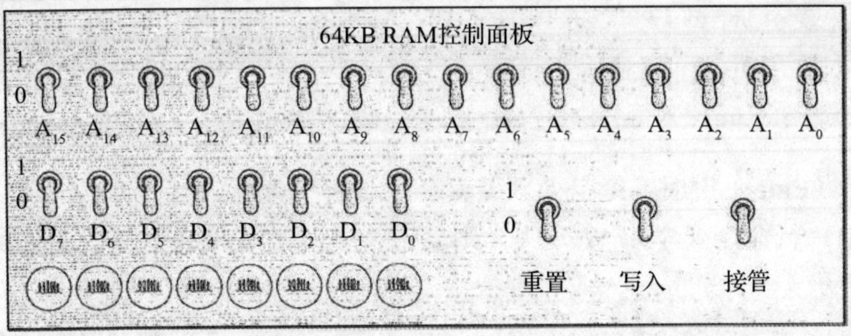

与前面介绍的控制面板不同的是，这个控制面板增加了一个重置开关。该开关直接连接到 CPU 的重置输入端。当它处于打开状态时，微处理器会停止工作；当它处于关闭状态时，微处理器会从地址 0000h 开始执行机器码。

在使用这个控制面板时，先打开重置开关以重置微处理器并停止其执行机器码。然后打开接管开关来接管地址总线和数据总线。此时，你可以使用标有 A_0 ~ A_{15} 的开关来指定 16 位内存地址，标有 D_0 ~ D_7 的指示灯会显示该内存地址的 8 位内容。要向该地址写入新的字节，需要通过 D_0 ~ D_7 开关设置字节值，然后将写入开关打开再关闭。完成向内存写入字节后，关闭接管开关和重置开关，微处理器就会开始执行程序。

这就是向你刚刚构建的计算机输入第一个机器码程序的方法。确实，这个过程烦琐得令人难以忍受，而且难免会犯错。手指起泡、大脑陷入混沌都是家常便饭。

不过，当你开始用视频显示器展示程序运行结果时，一切辛苦都变得值得。你首先要编写的代码之一就是将数字转换为 ASCII 码的子程序。例如，如果你编写的一个程序要输出结果值 4Bh，你不能直接将该值写入视频显示内存，因为那样的话屏幕会显示字母 K（4Bh 是 K 的 ASCII 码）。在这种情况下，你需要写入两个 ASCII 字符：34h（4 的 ASCII 码）和 42h（B 的 ASCII 码）。实际上，你已经看到了一些实现这一功能的代码：第 24 章介绍的 `ToAscii` 例程。

接下来的首要任务是摆脱这个笨重的控制面板，这需要编写一个键盘处理器：一个能从键盘读取字符、将其存入内存并显示到屏幕上的程序。将键盘输入显示到屏幕的过程称为回显，它营造出键盘和显示器直接相连的假象。

你可能想把这个键盘处理器扩展成一个能执行简单命令的程序——让它真正发挥作用。处理这些命令的代码现在被称为命令处理程序。为了简单起见，我们先实现 3 条基本命令，用行首字母来表示：

- W 表示 Write（写入）
- D 表示 Display（显示）
- R 表示 Run（运行）

按下回车（Enter）键时，键盘处理器就会执行这些命令。

如果一行命令文本以 W 开头，则表示将一些字节写入内存。输入的命令格式如下所示：

```
W 1020 35 4F 78 23 9B AC 67
```

这条命令指示命令处理程序将十六进制字节 35h、4Fh 等写入从地址 1020h 开始的内存。为此，键盘处理器需要将 ASCII 码转换为字节——这与前面演示的 `ToAscii` 完成的转换正好相反。

如果一个命令行文本以 D 开头，则表示显示内存中的某些字节。输入的命令行格式如下所示：

```
D 1030
```

作为响应，命令处理程序会显示从地址 1030h 开始存储的字节。显示命令可用于检查内存中的内容。

如果一个命令行文本以 R 开头，则表示运行程序。输入的命令格式如下所示：

```
R 1000
```

这条命令的意思是“运行从地址 1000h 开始的程序”。命令处理程序将 1000h 存入寄存器对 HL，然后执行 `PCHL` 指令，让程序计数器加载 HL 的值，从而跳转到该地址。

键盘处理器和命令处理程序的创建是一个重要里程碑。有了它们，你就能摆脱控制面板的束缚，通过键盘用更简单、快捷、优雅的方式输入数据。

当然，你仍然会遇到一个问题，那就是当你关闭电源时，所有输入的代码都会消失。因此，这些代码最好存储在只读存储器（ROM）中。在英特尔 8080 等微处理器问世之初，在家中就可以对 ROM 进行编程。可编程只读存储器（PROM）只能写入一次，而可擦可编程只读存储器（EPROM）则可以用紫外线完全擦除后重复编程。

这个包含键盘处理器的 ROM 会占用从 0000h 开始的地址空间（原先由 RAM 占用）。RAM 当然要保留，只是会移到更高的地址空间。

命令处理程序的创建之所以成为一个重要的里程碑，不仅是因为它提供了更快地将字节输入内存的方法，还在于它让计算机具备了交互能力。

当命令处理程序被写入ROM后，你就可以开始尝试将数据从内存写入磁盘驱动器，以及将其从磁盘驱动器读回内存了。将程序和数据存储在磁盘上比存储在RAM（断电后数据会消失）中要安全得多，也比存储在ROM中要灵活得多。

最后，你可能还想为命令处理程序添加一些新命令。例如，S命令可以表示将某些内存内容存储（Store）到特定的磁盘扇区组，而L命令则从这些磁盘扇区加载（Load）内容到内存。

当然，你需要记录在哪些磁盘扇区存储了哪些内容。你可能会随手准备一个记事本和一支铅笔来做这件事。要特别注意：你不能简单地把一些代码存储在一个地址，然后再把它们加载回内存中的另一个地址，就指望它们能正常工作。所有的跳转和调用指令都会出错，因为它们指向的是旧地址。另外，你的程序长度可能超出一个磁盘扇区的容量，因此需要将它存储在多个扇区中。磁盘上的某些扇区可能已经被其他程序或数据占用，所以可用于存储长程序的扇区有可能并不连续。

最终，你可能会觉得手动记录磁盘上所有内容的存储位置实在太麻烦。这时候，你就需要一个文件系统了。

文件系统是一种将数据组织成文件的软件。简单来说，文件就是占用磁盘上一个或多个扇区的相关数据的集合。最重要的是，每个文件都有一个名称，可以帮助你记住文件包含的内容。你可以把磁盘想象成一个文件柜，里面每个文件都有一个标识其名称的小标签。

一般来说，文件系统属于操作系统（更大的软件集合）的一部分。我们在本章构建的键盘处理器和命令处理程序当然可以演变成一个操作系统。不过，与其让我们慢慢经历这个漫长的演变过程，不如直接看看真实的操作系统是什么样的，了解一下它的功能和工作原理。

从历史上来看，8位微处理器最重要的操作系统是CP/M，这个简写最初代表Control Program/Monitor（控制程序/监视器），后来改名为Control Program for Microcomputers（微机控制程序）。它是由加里·基尔代尔（Gary Kildall，1942—1994）在20世纪70年代中期为英特尔8080微处理器编写的，他后来创立了数字研究公司（DRI）。

CP/M存储在磁盘上，但磁盘的大部分空间还是可用于存储你自己的文件。CP/M的文件系统相当简单，但它满足了两个主要需求：首先，磁盘上的每个文件都有一个同样存储在磁盘上的名称；其次，文件不必在磁盘上占用连续的扇区。随着不同大小的文件被创建和删除，磁盘上的可用空间经常会变得碎片化。

文件系统能够将大文件存储在不连续的扇区中，这个功能非常有用。此外，将文件与相关磁盘扇区对应起来的表格也存储在磁盘上。

在 CP/M 下，每个文件的名称都由两部分组成：第一部分称为文件名，最多可以有 8 个字符，第二部分称为文件类型或扩展名，最多可以有 3 个字符。有几种标准的文件类型。例如，TXT 表示文本文件（即只包含 ASCII 码且人类可读的文件），COM（command 的缩写）则表示包含 8080 机器码指令的文件（即程序）。

这种文件命名约定被称为 8.3，表示句点前最多 8 个字母，句点后最多 3 个字母。虽然现代文件系统已经取消了 8 个字符和 3 个字符的限制，但这种文件命名的通用约定仍然相当普遍。

使用 CP/M 的计算机包含一段存储在 ROM 中的代码，称为引导加载程序。之所以这么命名，是因为这段代码能有效地通过其引导，将操作系统的其余部分"拉起来"。引导加载程序将磁盘的第一个扇区中的内容加载到内存中并运行，这些内容里面包含将 CP/M 的其余部分加载到内存中的代码。整个过程被称为引导操作系统，这个术语至今仍被广泛使用。

CP/M 本身是按层次组织的。最底层是基本输入 / 输出系统（Basic Input/Output System，BIOS），里面包含直接访问计算机硬件（包括读写磁盘扇区）的代码。每个生产运行 CP/M 的计算机制造商都会为其特定的硬件配置提供自己的 BIOS。

下一层是基本磁盘操作系统（Basic Disk Operating System，BDOS）。BDOS 的主要功能是将 BIOS 处理的磁盘扇区组织成文件体系。

当 CP/M 完成内存加载后，它会运行一个控制台命令处理程序（Console Command Processor，CCP）来在屏幕上显示提示符：

```
A>
```

在有多个磁盘驱动器的计算机中，A 指的是第一个磁盘驱动器，也就是加载 CP/M 的驱动器。这个提示符表示你可以输入内容并按 Enter 键。大多数命令都是用于处理文件的，比如列出文件（`DIR`）、删除文件（`ERA`）、重命名文件（`REN`），以及显示文件内容（`TYPE`）。CP/M 无法识别的名称会被假定为存储在磁盘某处的程序。

CP/M 还包含一组子程序，程序可以使用这些子程序从键盘读取输入、向视频显示器写入字符、将数据保存到磁盘上的文件中，以及将文件内容加载回内存。

在 CP/M 下运行的程序不需要直接访问计算机硬件，因为 CP/M 的 BDOS 部分使用 BIOS 部分来访问硬件。这意味着面向 CP/M 编写的程序可以在任何运行

CP/M 的计算机上运行，而不需要了解底层硬件。这就是所谓的“设备独立性”原则，它对商业软件的发展至关重要。后来，这类程序被称为应用程序或应用。

操作系统提供的子程序集合称为应用程序接口（Application Programming Interface，API）。在理想情况下，应用程序的程序员只需要了解 API，而不需要知道 API 是如何实现的或它访问的是什么硬件。不过，在实际中，有时候多了解一些还是有帮助的。

对计算机用户来说，操作系统就是用户界面（UI）。就 CP/M 而言，UI 就是由 CCP 实现的命令行界面（CLI）。对程序员来说，操作系统还是 API——即应用程序可用的子程序集合。

在 CP/M 中，这些子程序共享内存地址 0005h 处的统一入口点。程序通过调用该内存位置来使用其中某个子程序：

```
CALL 0005h
```

或者采用简写格式：

```
CALL 5
```

这就是所谓的“CALL 5”接口！

具体的子程序由寄存器 C 的值指定。这里有几个例子：

寄存器 C	CP/M 的 CALL 5 功能
01h	控制台输入（从键盘读取一个字符）
02h	控制台输出（将字符写入显示器）
09h	打印字符串（显示一个字符串）
15h	打开文件（使用现有文件）
16h	关闭文件（停止使用文件）
20h	顺序读取（从文件读取字节）
21h	顺序写入（将字节写入文件）
22h	创建文件（创建新文件）

这些功能中的许多都需要更多信息。例如，当 C 为 09h 时，寄存器对 DE 需要包含要写入显示器的 ASCII 字符的地址。美元符号（$）被用于标记字符串的结尾。

CALL 5 实际上做了什么？CP/M 在内存位置 0005h 处设置了一条 JMP 指令，该指令跳转到 CP/M 的 BDOS 部分的某个位置，然后检查寄存器 C 的值并跳转到相应的子程序。

CP/M 曾是 8080 处理器上非常流行的操作系统，至今仍具有重要的历史意义。它还对一个名为 QDOS（Quick and Dirty Operating System）的 16 位操作系统产生了重大影响，该操作系统是西雅图电脑产品公司的蒂姆·帕特森（Tim Paterson）为英特尔的16位8086和8088芯片编写的。QDOS后来更名为86-DOS并授权给了微软公司，经改造后以MS-DOS（微软磁盘操作系统）为名被授权用于首款IBM PC（1981年推出）。尽管当时也有适用于IBM PC的16位CP/M版本（即CP/M-86），但MS-DOS迅速确立了行业标准。MS-DOS（在IBM计算机上称为PC-DOS）也被授权给其他生产IBM PC兼容机的制造商使用。

顾名思义，MS-DOS主要是一个磁盘操作系统，就像1978年为Apple II创建的Apple DOS一样。除了能向磁盘写入文件以及随后读取这些文件外，MS-DOS提供的功能很少。

从理论上来说，应用程序应该只通过操作系统提供的接口访问计算机硬件。不过，20世纪七八十年代的许多程序员经常绕过操作系统，尤其是在处理视频显示任务时。直接向视频显示内存写入字节的程序运行速度更快。实际上，对于某些应用程序（比如那些需要在视频显示器上显示图形的程序）来说，操作系统完全不够用。许多程序员最喜欢这些早期操作系统的一点就是，它们“不妨碍”程序员编写能以硬件允许的最快速度运行的程序。

1979年，电子表格应用软件VisiCalc在Apple II上推出。它是由丹·布里克林（Dan Bricklin，1951—？）和鲍勃·弗兰克斯顿（Bob Frankston，1949—？）设计并开发的，通过屏幕为用户提供二维电子表格视图。在VisiCalc问世之前，spreadsheet这个单词仅指代一种印有行列格式的宽幅纸质表格，通常用于执行系列计算任务。VisiCalc用视频显示器取代了纸张，让用户不仅能自由导航于电子表格界面、输入数值与公式，更能在数据更新后实现全表即时重算。它的出现是将家用计算机与大型计算机区分开来的首个标志性事件。

VisiCalc的神奇之处在于，它是一种无法在大型计算机上复制的应用程序。像VisiCalc这样的程序需要快速更新屏幕。因此，它直接写入Apple II视频显示器使用的随机存储器，该存储器位于微处理器的寻址空间内。这与大型计算机的设计和运行方式完全不同。

计算机对键盘输入和更新视频显示的响应速度越快，用户与计算机之间的潜在交互就越紧密。在个人计算机发展的最初十年（贯穿整个20世纪80年代）编写的大多数软件都是直接写入视频显示内存的。由于IBM制定的硬件标准得到其他计算机厂商的广泛遵循，软件厂商得以绕过操作系统直接调用硬件资源，而无须担忧其程序在不同机型上出现运行异常或完全无法兼容的问题。如果当时各类PC兼容机的视频显示器采用不同的硬件接口，那么软件厂商将难以适配所有不同的设计体系。

随着应用程序的激增，问题也随之出现。那些最成功的应用程序往往独占整个屏幕显示区域，并依托键盘构建复杂的用户交互界面。然而，各应用程序的界面设计理念自成体系，导致用户在一个应用程序中习得的操作技巧无法迁移至其他应用程序。此外，程序间难以实现协同运行。在多数情况下，用户若需切换不同程序，必须终止当前运行的程序后再启动新程序。

与此同时，一种截然不同的个人计算理念已在帕洛阿尔托研究中心（Palo Alto Research Center，PARC）悄然孕育多年。该机构由施乐公司于1970年创立，其战略目标之一是通过开发创新技术产品助力公司进军计算机行业。

PARC的第一个大项目是于1972年和1973年设计并构建的Alto。按照当时的标准，这是一个令人印象深刻的产品。Alto整机采用立式机柜设计，搭载16位处理器、两个3MB磁盘驱动器及128KB内存（可扩展至512KB）。由于Alto的开发早于16位单片微处理器的商用化阶段，因此其处理器不得不用大约200个集成电路来构建。

视频显示器是Alto几个不同寻常的特性之一。它的屏幕大小和形状大约相当于一张标准纸张——宽8英寸，高10英寸。这个显示器以图形模式运行，水平606像素，垂直808像素，总计489 648像素。每个像素分配1位内存，这意味着每个像素可以是黑色或白色。视频显示器总共使用64KB内存，同样属于处理器的寻址空间。

通过写入这个视频显示内存，软件可以在屏幕上绘制图形或以不同字体和大小显示文本。视频显示器不再仅仅用来回显键盘输入的文本，而是成为一个二维高密度信息阵列和更直接的用户输入来源。

Alto还包含一个叫作鼠标的小设备，它带有3个按钮，并可以在桌面上滚动。这是工程师和发明家道格拉斯·恩格尔巴特（Douglas Engelbart，1925—2013）在斯坦福研究中心时的发明。通过在桌面上滚动鼠标，Alto的用户可以在屏幕上定位指针并与屏幕对象交互。

在20世纪70年代剩余的时间里，为Alto编写的程序发展出一些非常有趣的特点。多个程序被放入窗口，并同时显示在同一个屏幕上。Alto的视频图形让软件超越了文本的限制，真正反映出用户的想象力。图形对象（如按钮、菜单和被称为图标的小图片）成为用户界面的一部分。鼠标被用来选择窗口或触发图形对象以执行程序功能。

这些软件超越了用户界面层面，实现了与用户的深度互动。它们推动了计算机从简单的数值运算领域向外延伸至更广阔的维度，正如道格拉斯·恩格尔巴特 1963 年撰写的论文标题所言，这正是专为实现“人类智能的扩展”而设计的软件。

Alto 是图形用户界面（GUI）的开端，其开创性的概念工作主要归功于艾伦·凯（Alan Kay，1940—？）。不过，施乐并没有销售 Alto（如果销售的话，一台的售价会超过 30 000 美元），而且十多年后，Alto 所蕴含的理念才被成功地体现在消费产品中。

1979 年，史蒂夫·乔布斯（Steve Jobs）和苹果公司的一行人参观了 PARC，他们对所见所闻印象深刻。然而，他们花了三年多的时间才推出具有图形界面的计算机，也就是 1983 年 1 月推出的命运多舛的 Apple Lisa。一年后，苹果推出了更为成功的 Macintosh。

Macintosh 最开始搭载的是一个摩托罗拉 68000 微处理器、一个 64KB 的包含操作系统的 ROM、一个 128KB 的 RAM、一个 3.5 英寸的软盘驱动器（每个软盘可存储 400KB）、一个键盘、一个鼠标，以及一个能够显示水平 512 像素、垂直 342 像素的视频显示器。（显示器本身的对角线尺寸只有 9 英寸。）这总共有 175 104 个像素。每个像素关联 1 位内存，可以是黑色或白色，因此视频显示内存大约需要 22KB。

最初的 Macintosh 虽然在硬件配置上比较讲究，但并不具有革命性。让 Mac 真正与 1984 年其他可用的计算机区分开来的是 Macintosh 操作系统，也就是当时通常被称为 Mac OS 的系统软件，现在则称为 macOS。

像 CP/M、MS-DOS 或 Apple DOS 这样的基于文本的单用户操作系统并不大，其 API 主要支持文件系统。然而，像 macOS 这样的图形操作系统要大得多，有数百个 API 函数。每个函数都有一个描述其功能的名称。

基于文本的操作系统（如 MS-DOS）只提供几个简单的 API 函数，让应用程序能以电传打字机的方式在屏幕上显示文本，而图形操作系统（如 macOS）必须为程序提供在屏幕上显示图形的方法。理论上，只要实现一个 API 函数，让应用程序在特定的水平和垂直坐标上设置像素的颜色，就能实现这一目标。但事实证明，这种方法效率低下，会导致图形显示速度非常缓慢。

对于操作系统来说，提供完整的图形编程系统更有意义，这意味着操作系统要包含绘制线条、矩形、曲线以及文本的 API 函数。线条既可以是实线，也可以是虚线，或者由点组成。矩形和椭圆可以填充各种图案。文本可以用不同的字体和大小显示，并具有加粗和下画线等效果。图形系统负责确定如何将这些图形对象渲染为显示器上的点集。

在图形操作系统下运行的程序使用相同的API在计算机的视频显示器和打印机上绘制图形。因此，文字处理应用程序在屏幕上显示的文档可以与随后打印的版本看起来非常相似。这一特性被称为"所见即所得"(WYSIWYG)，这个计算机术语来自喜剧演员弗雷普·威尔森（Flip Wilson）的杰拉尔丁（Geraldine）角色。

图形用户界面的魅力之一在于不同的应用程序具有相似的用户界面，并能够让用户的使用经验发挥作用。这意味着操作系统还必须支持API函数，使应用程序能够实现用户界面的各种组件，如按钮和菜单。GUI通常不仅对用户来说很容易使用，而且同样重要的是，它对程序员来说也是更好的环境。程序员无须"重复造轮子"就可以实现现代用户界面。

甚至在Macintosh推出之前，就已经有几家公司开始为IBM PC及其兼容机创建图形操作系统。从某种意义上来说，苹果开发人员的工作更容易，因为他们同时设计硬件和软件。Macintosh系统软件只需要支持一种软盘驱动器、一种视频显示器和两种打印机。然而，为PC实现图形操作系统需要支持许多不同的硬件设备。

此外，虽然IBM PC才推出几年（1981年），但许多人已经习惯于使用他们最喜欢的MS-DOS应用程序，并不准备放弃它们。因此，对PC的图形操作系统而言，同时支持MS-DOS应用程序和专为新系统开发的程序成为一项关键要求。(Macintosh无法运行Apple II的软件，主要是因为使用了不同的微处理器。)

1985年，数字研究公司（CP/M背后的公司）推出了图形环境管理器（GEM），VisiCorp（销售VisiCalc的公司）推出了VisiOn，而微软发布了Windows 1.0版本，该版本很快被视为"视窗大战"中最有可能获胜的产品。但直到1990年5月Windows 3.0发布后，Windows才开始吸引大量用户，最终成为台式计算机和笔记本电脑的主流操作系统。尽管Macintosh和Windows表面上看起来相似，但这两个系统的API完全不同。

然而，手机和平板电脑则是另一个故事。虽然手机、平板电脑和大型个人计算机的图形界面有很多相似之处，但它们的API也是不同的。目前，手机和平板电脑市场基本由谷歌和苹果创建的操作系统主导。

虽然多数计算机用户难以直接感知，但UNIX操作系统的遗产与影响力始终深刻塑造着现代计算生态。该系统诞生于20世纪70年代初的贝尔实验室，由计算机科学先驱肯·汤普森（Ken Thompson，1943—？）与丹尼斯·里奇（Dennis Ritchie，1941—2011）主导开发，他们两位以计算机界最具标志性的络腮胡著称。这个操作系统有趣的名称里面有一个文字游戏：UNIX 最初是贝尔实验室与麻省理工学院（MIT）和通用电气公司（GE）共同开发的一个名为 Multics（Multiplexed Information and Computing Service，多路复用信息和计算服务）的操作系统的简化版[㊀]。

在硬核计算机程序员群体中，UNIX 始终是有史以来最受推崇的操作系统。在专为特定计算机编写操作系统大行其道时，UNIX 从设计之初就以可移植性为核心，这意味着它能适配各类计算机硬件。

在 UNIX 开发时期，贝尔实验室作为美国电话电报公司（AT&T）的子公司，受制于旨在遏制 AT&T 在电话行业垄断地位的法院法令。最初，AT&T 被禁止销售 UNIX，公司被迫将其授权给其他实体。自 1973 年起，UNIX 开始大规模授权至高校、企业和政府部门。1983 年，随着 AT&T 获准重返计算机业务，该公司正式发布了自有版本的 UNIX 系统。

由此带来的结果是，UNIX 从未存在一个标准版本。相反，不同厂商销售的计算机上运行着名称各异的 UNIX 变体。无数开发者参与 UNIX 的改造，留下了各自的印记。尽管如此，一种主流的“UNIX 哲学”始终指引着开发者为它添砖加瓦。该哲学的核心之一是以文本文件作为通用接口：许多小型 UNIX 命令行程序（称为实用程序）通过读取文本文件进行处理，并将结果写入另一个文本文件。这些实用程序可被串联成链，对这些文本文件进行多样化处理。

近年来，UNIX 最引人注目的发展当属理查德·斯托曼（Richard Stallman，1953—？）创立的自由软件基金会（FSF）和 GNU 项目。GNU 是 GNU's Not UNIX 的首字母缩写，代表“GNU 不是 UNIX”。当然，它的确不是。GNU 旨在保持与 UNIX 兼容的同时，通过特殊的软件分发模式防止代码私有化。该项目不仅孕育了大量 UNIX 兼容的实用程序和工具，更催生了 Linux——这个构成 UNIX 兼容操作系统核心（内核）的革命性产物。

Linux 主要由芬兰程序员林纳斯·托瓦兹（Linus Torvalds，1969—？）编写，近年来变得相当流行。安卓操作系统基于 Linux 内核构建，大型超级计算机完全采用 Linux 系统，而且 Linux 在互联网服务器上也很常见。

不过，让我们把互联网留到本书的最后一章讨论。

㊀ UNIX 最初的名称为 UNICS（Uniplexed Information and Computing System），以反映其功能比 Multics 更简化（Uniplexed 意为“单路复用”，与 Multics 的“多路复用”形成对比）。随后，UNICS 被改为谐音 UNIX 以方便发音。这一名称的演变不仅体现了对 Multics 的戏谑，也反映了 UNIX 的设计哲学——追求简洁与高效。——编辑注

第 27 章

编　码

所有计算机都执行机器码，但用机器码编程就像用牙签吃饭一样。每一口都太小，过程如此费力，以至于吃完一顿饭需要很长时间。同样，机器码字节执行的是人们能想象到的最微小和最简单的计算任务，比如将数字从内存加载到处理器中，与另一个数字相加，再将结果存回内存。很难想象这些简单的操作是如何构成一顿完整的“大餐”的。

相比在第 26 章开始时使用控制面板上的开关将二进制数据输入内存这种原始方式，我们至少已经有所进步。在第 26 章中，我们发现可以编写简单的程序，从而使用键盘和视频显示器来输入和检查十六进制的机器码。这确实更好一些，但还不是改进的终点。

如你所知，机器码字节与某些简短的助记符相关联，如 MOV、ADD、JMP 和 HLT。这些助记符通过近似英语的符号系统，使机器码具备可读性。助记符通常与操作数一起使用，进一步说明机器码指令的功能。例如，8080 机器码字节 46h 让微处理器将存储在寄存器对 HL 中的 16 位值所引用的内存地址中的字节移动到寄存器 B 中。这可以更简洁地写为

```
MOV B,M
```

其中 M 代表“内存”。这些助记符的完整集合（以及一些附加功能）构成了一种称为汇编语言的编程语言。用汇编语言编写程序比用机器码容易得多。唯一的问题是 CPU 无法直接理解汇编语言！

在计算机发展的早期阶段，开发者通常需要先在纸上耗费大量时间编写汇编语言程序。只有当确信程序逻辑可行时，才会进行手工汇编——也就是借助图表或其他参考资料，手动将汇编语言语句转换为机器码字节，然后将它们输入到内存中。

手工汇编的核心难点在于处理程序中的跳转（JMP）和调用（CALL）指令。要手工汇编此类指令，你必须知道目标位置的确切二进制地址，而这又取决于所有其他机器码指令的位置。让计算机来完成这种转换会更好。但这该如何实现呢?

你可能首先要编写一个文本编辑器，这是一个允许你输入文本行并将其保存为文件的程序。（不幸的是，你必须手工汇编这个程序。）然后你可以创建包含汇编语言指令的文本文件。你还需要手工汇编一个汇编程序。汇编程序将读取包含汇编语言指令的文本文件，并将这些指令转换为机器码，然后保存在另一个文件中。该文件的内容随后可以加载到内存中执行。

如果你在 8080 计算机上运行 CP/M 操作系统，那么这些工作中的大部分就已经事先准备好了。你所需的所有工具都已就绪。ED.COM 文本编辑器可用于创建和修改文本文件。（简单的现代文本编辑器包括 Windows 中的记事本和 macOS 中的文本编辑器。）现在，假设你创建了一个名为 PROGRAM1.ASM 的文本文件。ASM 文件类型表明该文件包含汇编语言程序。这个文件看起来可能是这样的：

```
      ORG 0100h
      LXI DE,Text
      MVI C,9
      CALL 5
      RET
Text: DB 'Hello!$'
      END
```

这个文件包含一些我们之前没有见过的语句。第一条是 ORG（起始点）语句，它并不对应 8080 指令。相反，它表示下一条语句的地址从 0100h 开始，这是 CP/M 将程序加载到内存的地址。

下一条语句是 LXI（加载扩展的立即数）指令，它将一个 16 位值加载到寄存器对 DE 中。这是我的 CPU 没有实现的几条英特尔 8080 指令之一。在这个例子中，该 16 位值被赋予了一个 Text 标签，位于程序底部的 DB（数据字节）语句之前，这也是我们之前没有见过的。DB 语句可以后跟几个字节，用逗号隔开，也可以后跟一些用单引号括起来的文本（就像我在这里所做的那样）。

MVI（立即数传送）语句将值 9 传送至寄存器 C。CALL 5 语句调用 CP/M 操作系统的入口函数，该函数会读取寄存器 C 中的值并跳转至相应的功能例程。该功能例程会从 DE 寄存器对所指定的地址开始显示一串字符，直至遇到美元符号时停止。（你会注意到这行文本以美元符号结尾。用美元符号来表示字符串终止的设计颇为特殊，但这正是 CP/M 系统的工作机制。）接下来的 RET 语句结束程序并将控制权交还给 CP/M。（这实际上是结束 CP/M 程序的几种方式之一。）END 语句表示汇编语言文件的结束。

现在你有了一个包含 7 行代码的文本文件。下一步是汇编它。CP/M 包含一个名为 ASM.COM 的程序，它就是 CP/M 的汇编程序。你可以在 CP/M 命令行中这样运行 ASM.COM：

```
ASM PROGRAM1.ASM
```

ASM 程序检查 PROGRAM1.ASM 文件并创建一个新文件，名为 PROGRAM1.COM，其中包含与我们编写的汇编语言语句相对应的机器码。（这个流程实际上还有一个步骤，但在这个说明中并不重要。）

PROGRAM1.COM 文件包含如下 16 个字节：

```
11 09 01 0E 09 CD 05 00 C9 48 65 6C 6C 6F 21 24
```

前 3 个字节是 LXI 指令，接下来的 2 个是 MVI 指令，再接下来的 3 个是 CALL 指令，然后是 RET 指令。最后 7 个字节分别是“Hello”的 5 个字母、感叹号和美元符号的 ASCII 码。然后，你就可以从 CP/M 命令行运行 PROGRAM1 程序了：

```
PROGRAM1
```

操作系统将该程序加载到内存中并运行。屏幕上将显示问候语：

```
Hello!
```

像 ASM.COM 这样的汇编程序会读取汇编语言程序（通常称为源代码文件）并输出包含机器码的文件——可执行文件。从宏观来看，汇编程序是相对简单的程序，因为汇编语言助记符和机器码之间存在一一对应的关系。汇编程序的工作原理是，将每行文本分解为助记符和参数，然后将这些简短的单词和字母与汇编程序自身维护的所有可能的助记符及参数的列表进行比对。这个过程称为解析，它涉及许多 CMP 指令，后面跟着条件跳转。通过这些比对工作，汇编程序最终确定每条语句对应的机器码指令。

PROGRAM1.COM 文件中的字节序列以 11h（LXI 指令）开头，后跟字节 09h 和 01h，它们共同构成 16 位地址 0109h。汇编程序会自动计算这个地址：当 CP/M 将程序加载到内存中运行时，LXI 指令位于 0100h，地址 0109h 即为文本字符串的起始位置。使用汇编程序的程序员通常不需要关心程序各部分的具体内存地址。

当然，编写第一个汇编程序的人必须手工完成汇编。为同一台计算机编写新的（可能是改进版）汇编程序的人可以用汇编语言来编写，然后使用已有的汇编程序来汇编它。一旦新的汇编程序完成首次汇编，它就可以自己汇编自己了。

每开发一种新的微处理器，就需要一种新的汇编程序。不过，新的汇编程序可以首先在现有计算机上使用该计算机的汇编程序编写。这就是所谓的交叉汇编程序。该汇编程序在计算机 A 上运行，但创建的代码可在计算机 B 上运行。

汇编程序消除了汇编语言编程中创造性较低的方面（手工汇编部分），但汇编语言仍存在两个主要问题。你可能已经猜到，第一个问题是用汇编语言编程可能非常烦琐。你的工作是在 CPU 层面进行的，因此必须关注每个细节。

第二个问题是汇编语言不具有可移植性。你为英特尔 8080 编写的汇编语言程序将无法在摩托罗拉 6800 上运行，必须用 6800 的汇编语言重写。这可能不会像编写原始程序那样困难，因为你已经解决了主要的组织和算法问题，但仍然需要大量工作。

计算机所做的大部分工作都是数学计算，但用汇编语言进行数学运算显得既笨拙又别扭。用传统的代数符号来表达数学运算会更好，例如：

```
Angle=27.5
Hypotenuse=125.2
Height=Hypotenuse×Sine(Angle)
```

假设这段文本实际上是计算机程序的一部分，则其中每行内容均可称为一条语句。与在代数中一样，Angle、Hypotenuse 和 Height 这样的名称在编程中被称为变量，因为它们可以被设置为不同的值。等号表示赋值：变量 Angle 被设置为 27.5，Hypotenuse 被设置为 125.2。Sine 是一个函数。某处有一些代码可以计算角度的三角正弦值并返回。

还要记住，这些数字不是汇编语言中常见的整数，而是带有小数点和小数部分的数字。在计算机术语中，它们被称为浮点数。

如果这些语句是在一个文本文件中，那么应该可以编写一个汇编语言程序来读取文本文件并将代数表达式转换为机器码，从而执行计算。好吧，让我们继续。

你即将在这里创建的就是所谓的高级编程语言。汇编语言被视为低级语言，因为它非常接近计算机硬件。尽管“高级语言”一词被用来描述除汇编语言之外的所有编程语言，但有些语言比其他语言的级别更高。如果你是一家公司的总裁，那么你可以坐在计算机前输入（或者更好的办法是把脚放在桌子上，然后口述）“计算今年所有的利润和亏损，写一份年度报告，打印几千份，然后寄给我们所有的股东”，这时你使用的确实是一种非常高级的语言！在现实世界中，编程语言远未达到这种理想状态。

人类语言是历经数千年复杂影响、随机演变与适应性进化的产物。即使是世界语这样的人造语言也难掩其源自现实语言的痕迹。然而，高级计算机语言则具有更为系统性的设计理念。对于一些人而言，发明一种编程语言的挑战极具吸引力，因为这种语言定义了人们如何向计算机传达指令。在撰写本书的第 1 版时，我发现一项 1993 年的统计数据显示，自 20 世纪 50 年代初以来，已有超过 1000 种高级语言被发明和实现。到 2021 年底，一个名为“编程语言在线历史百科全书”（Online Historical Encyclopedia of Programming Languages）的网站（hopl.info）将这个数字定为 8945。

当然，要定义一门高级语言，不仅需要开发一套语法来表达所有预期的功能，还必须编写一个编译器——一个将高级语言语句转换为机器码的程序。与汇编程序类似，编译器也需要逐字符读取源代码文件并将其分解为简短的单词、符号和数字。不过，编译器比汇编程序要复杂得多。汇编语言语句与机器码之间是一一对应的，因此汇编程序较为简单。而编译器通常需要将一条高级语言语句转换为多条机器码指令。开发编译器绝非易事，有很多书专门讨论它们的设计和构建。

高级语言兼具优势与局限。它们的主要优势在于通常比汇编语言更容易学习与编程，所写程序往往具备更高的可读性与简洁性。高级语言通常具备可移植性——也就是说，它们不依赖于特定处理器，这与汇编语言不同。它们允许程序员在不了解程序将运行的机器底层结构的情况下工作。当然，如果你需要在多种处理器上运行程序，你就需要能够为这些处理器生成机器码的编译器。实际的可执行文件仍然是针对特定 CPU 的。

另一方面，优秀的汇编语言程序员往往能够编写出比编译器更快、更高效的代码。这意味着用高级语言编写的程序所产生的可执行文件，会比用汇编语言编写的功能相同的程序更大且运行更慢。（然而近年来，随着微处理器变得越来越复杂，编译器在代码优化方面变得越来越先进，这种差异已经不那么明显了。）

虽然高级语言通常会让处理器更容易使用，但并不会使其更强大。某些高级语言不支持 CPU 上的常见操作，如位移和位测试。使用高级语言完成这些任务可能会更困难。

在家用计算机发展初期，大多数应用程序都是用汇编语言编写的。然而，如今汇编语言除特殊用途外已很少使用。由于处理器增加了实现流水线（多条指令代码同时逐步执行）的硬件，汇编语言的开发难度显著提升，代码编写复杂度陡增。同时，编译器变得更加先进。现今的计算机更大的存储和内存容量也在这一趋势中发挥了作用：程序员觉得没有必要创建只能在小内存中运行且只适合小磁盘的代码。

早期计算机的设计者曾尝试用代数符号为计算机制定问题。不过，第一个真正可用的编译器普遍认为是算术语言版本 0（Arithmetic Language version 0，简称 A-0），由格雷斯·默里·霍珀（Grace Murray Hopper，1906—1992）于 1952 年在雷明顿兰德公司（Remington Rand）为 UNIVAC 创建。霍珀博士还创造了“编译器”这个术语。她很早就开始接触计算机，于 1944 年参与 Mark I 的研发（与霍华德·艾肯合作），直至八十高龄仍活跃于产业前沿，担任数字设备公司（DEC）的公共关系顾问。

（图片来源：Interim Archives/Getty Images）

目前仍在使用的最古老的高级语言是 FORTRAN（尽管多年来经过了大量修订）。许多早期计算机语言都采用全大写虚构缩写名。FORTRAN 是 FORmula（公式）的前三个字母和 TRANslation（翻译）的前四个字母的组合。它是 IBM 在 20 世纪 50 年代中期为 704 系列计算机开发的。多年来，FORTRAN 一直被视为科学家和工程师的首选语言。它具有非常完备的浮点运算支持体系，甚至支持由实数与虚数组合而成的复数类型。

COBOL——代表 COmmon Business Oriented Language（通用商业导向语言）——是另一种仍在使用的古老编程语言，主要用于金融机构。COBOL 是由来自美国工业界和国防部的代表组成的委员会从 1959 年开始创建的，但它受到了霍珀博士早期编译器的影响。在某种程度上，COBOL 的设计初衷是让管理人员虽然可能无法进行实际的编码工作，但至少可以阅读程序代码并检查它是否按预期运行。（然而在现实生活中，这种情况很少发生。）

ALGOL 是一种极具影响力的编程语言，但如今已不再使用（可能只有业余爱好者偶尔还会使用）。ALGOL 是 ALGOrithmic Language（算法语言）的缩写，但 ALGOL 也与英仙座第二亮星同名。它最初由一个国际委员会于 1957 至 1958 年间设计，是过去半个世纪中许多流行通用语言的直接祖先。它开创了一种最终被称为结构化编程的概念。即使在今天，人们有时仍会提到“类 ALGOL”编程语言。

ALGOL 确立了现在几乎所有编程语言都通用的编程结构。这些结构与某些关键词相关联，在编程语言中用于指示特定操作。多条语句被组合成代码块，在特定条件下执行或以特定次数迭代。

`if` 语句基于逻辑条件（例如，如果变量 `height` 小于 55）执行语句或语句块。`for` 语句通常基于变量的递增多次执行语句或语句块。数组是同一类型值（例如，城市名称）的集合。程序被组织成代码块和函数。

虽然 FORTRAN、COBOL 和 ALGOL 都有可用于家用计算机的版本，但它们都没有像 BASIC（Beginner's All-purpose Symbolic Instruction Code，初学者通用符号指令代码）那样对小型机产生如此大的影响。

BASIC 是达特茅斯学院数学系的约翰·凯梅尼（John Kemeny）与托马斯·库尔茨（Thomas Kurtz）于 1964 年联合开发的，其设计初衷与该校的分时系统紧密相关。鉴于达特茅斯学院的多数学生并非数学或工程专业背景，难以驾驭复杂的计算机操作与艰深的程序语法，该语言采用创新设计：学生仅需在终端输入以数字编号为前缀的 BASIC 语句即可构建程序，数字序号自动实现语句序列编排。首版 BASIC 操作手册中展示的第一个 BASIC 程序是：

```
10 LET X=(7+8) / 3
20 PRINT X
30 END
```

后来的 BASIC 实现多采用解释器而非编译器的形式。编译器读取源代码文件并创建包含机器码的可执行文件，而解释器则直接读取源代码并执行，不创建可执行文件。解释器的编写难度低于编译器，但解释型程序的执行速度通常较慢。在家用计算机领域，BASIC 语言率先起步。比尔·盖茨（Bill Gates，1955—？）和保罗·艾伦（Paul Allen，1953—？）这对好友在 1975 年为 Altair 8800 编写了 BASIC 解释器，并由此创立了微软公司。

Pascal 编程语言的大部分结构继承自 ALGOL，同时吸收了 COBOL 的若干特性。该语言由瑞士计算机科学教授尼古拉斯·沃斯（Niklaus Wirth，1934—2024）于 20 世纪 60 年代末设计，早期在 IBM PC 程序员中广受欢迎，但其普及主要依托特定产品——1983 年 Borland International 以 49.95 美元的亲民价格推出的 Turbo Pascal。该产品由丹麦学生安德斯·海尔斯伯格（Anders Hejlsberg，1960—？）编写，配备了集成开发环境（IDE）。文本编辑器和编译器被组合在一个程序中，便于快速编程。尽管集成开发环境此前在大型计算机上很流行，但 Turbo Pascal 的出现才真正预示了其在小型计算机上的普及。

Pascal 对美国国防部开发的 Ada 语言也产生了重大影响。这种语言以奥古斯塔·阿达·拜伦（Augusta Ada Byron）的名字命名，她在第 15 章中作为查尔斯·巴贝奇（Charles Babbage）的分析机的记录者出现。

C 语言则是另一款备受推崇的编程语言，主要由丹尼斯·M. 里奇（Dennis M. Ritchie）于 1969—1973 年在贝尔实验室创建。人们经常会问这种语言为什么命名为 C——简而言之，该语言源自一种名为 B 的早期语言，而 B 又是 BCPL（Basic CPL）的简化版本，BCPL 则源自 CPL（Combined Programming Language，组合编程语言）。

大多数编程语言都试图消除内存地址等汇编语言特性，但 C 语言并非如此。C 语言包含一个称为指针的特性，本质上就是内存地址。对于知道如何使用指针的程序员来说，它们非常方便，但对其他人来说却很危险。由于能够覆写重要的内存区域，指针成为常见的错误来源。程序员艾伦·I. 霍卢布（Alan I. Holub）就曾写了一本关于 C 语言的书，名为《搬起石头砸自己的脚》（*Enough Rope to Shoot Yourself in the Foot*）。

C 语言堪称一系列比它更安全的编程语言的鼻祖，这些语言增加了“对象”这一编程概念——以非常结构化的方式将代码和数据结合在一起的编程实体。其中最著名的语言包括：1985 年由丹麦计算机科学家本贾尼·斯特劳斯特鲁普（Bjarne Stroustrup，1950—？）创建的 C++，1995 年由詹姆斯·高斯林（James Gosling，1955—？）在甲骨文公司设计的 Java，以及 2000 年由安德斯·海尔斯伯格（Anders Hejlsberg）在微软主导开发的 C#。截至本书写作时，全球使用最广泛的是另一款受 C 启发的编程语言——Python，该语言由荷兰程序员吉多·范·罗苏姆（Guido van Rossum，1956—？）于 1991 年首创。不过，如果你在 21 世纪三四十年代阅读本书，或许熟悉的将是当下尚未诞生的全新编程语言！

不同的高级编程语言迫使程序员以不同的方式思考。例如，一些较新的编程语言侧重于操作函数而不是变量，这类语言被归为函数式编程语言。对于习惯于使用传统过程式语言的程序员来说，最初可能会觉得相当陌生。然而，它们提供了替代解决方案，可以启发程序员完全重新调整他们解决问题的方式。但无论使用什么语言，CPU 最终依然执行着相同的底层机器码。

然而，软件有多种方式可以消除各种 CPU 及其原生机器码之间的差异。软件可以模拟各种 CPU，使人们能够在现代计算机上运行旧软件和古老的计算机游戏。（这并不是什么新鲜事：当比尔·盖茨和保罗·艾伦决定为 Altair 8800 编写 BASIC 解释器时，他们就是在哈佛大学的 DEC PDP-10 大型机上用他们编写的英特尔 8080 模拟器程序进行测试的。）Java 和 C# 代码可以被编译成类似机器码的中间代码，然后在程序执行时转换为机器码。有一个名为 LLVM 的项目就旨在为任何高级编程语言和任何 CPU 实现的指令集提供虚拟链接。

这就是软件的魔力。只要拥有足够的内存和运算速度，任何数字计算机都能完成其他数字计算机可以完成的任务。这也正是艾伦·图灵在 20 世纪 30 年代对可计算性的研究所揭示的深刻意义。

然而，图灵还证明了某些算法问题将永远超出数字计算机的能力范围，其中一个问题具有惊人的意义：你无法编写一个计算机程序来判断另一个计算机程序是否正确运行！这意味着我们永远无法确保程序会按照预期方式运行。

这是一个发人深省的观点，正因如此，全面的测试和调试在软件开发过程中才显得尤为重要。

受 C 语言影响而大获成功的另一门语言是 JavaScript，它最初由布兰登·艾奇（Brendan Eich，1961—？）在网景公司设计，于 1995 年问世。JavaScript 是网页用来提供交互功能的语言，这些功能超越了 HTML（超文本标记语言）管理的简单文本和位图展示。截至本书写作时，全球排名前 1000 万的网站中有近 98% 至少部分采用了 JavaScript。

当今所有常用的网络浏览器都能理解 JavaScript，这意味着你可以直接在台式计算机或笔记本电脑上开始编写 JavaScript 程序，而无须下载或安装任何额外的编程工具。

那么，你想亲身体验一下 JavaScript 编程吗？

你只需使用 Windows 记事本或 macOS 文本编辑器创建一个包含 JavaScript 代码的 HTML 文件。保存完成后，将其载入你喜欢的网络浏览器（比如 Edge、Chrome 或 Safari）。

在 Windows 上，打开记事本程序。（可以通过开始菜单的搜索功能找到它。）程序启动后就可以开始输入文本了。

在 macOS 上，运行文本编辑器程序。（可以通过聚焦搜索找到它。）在初始界面单击“新建文档”。虽然文本编辑器主要用于创建富文本文件，但你只需要纯文本格式。因此，请在格式菜单中选择“制作纯文本”。同时，打开编辑菜单的“拼写和语法”选项，取消勾选“检查和纠正拼写”。

现在输入以下内容：

```
<html>
    <head>
```

```
        <title>My JavaScript</title>
    </head>
    <body>
        <p id="result">Program results go here!</p>
        <script>
            // JavaScript programs go here
        </script>
    </body>
</html>
```

这就是 HTML，它基于标签来组织文件的不同部分。整个文件以 `<html>` 标签开始，以 `</html>` 标签结束，中间包含所有其他内容。其中，`<head>` 部分包含会显示在网页顶部的 `<title>` 标签。`<body>` 部分则包含 `<p>`（段落）标签，里面有文本“Program results go here!”。

`<body>` 部分还包含一个 `<script>` 部分，这就是放置 JavaScript 程序的地方。目前里面有一个简单的程序，只包含一行以双斜杠开头的内容。双斜杠表示注释行，从双斜杠到行尾的所有内容都是为阅读程序的人提供的说明，这些内容在 JavaScript 代码执行时会被忽略。

在记事本或文本编辑器中输入代码时，你不必严格按照这里的缩进格式。你甚至可以将多行内容合并在一起。不过为了代码清晰，建议将 `<script>` 和 `</script>` 标签各自放在单独的行。

接下来将文件保存到某个位置：在记事本或文本编辑器中，从文件菜单选择“保存”。选择一个便捷的保存位置，比如桌面。将文件命名为 MyJavaScript-Experiment.html 或类似名称。句点之后的文件扩展名很重要，注意这里必须是 html。文本编辑器会要求你进行确认，这时确认即可。

保存文件后，先不要关闭记事本或文本编辑器，这样你后续还可以修改文件内容。

现在找到刚才保存的文件并双击它。Windows 或 macOS 会将其载入你的默认浏览器。页面标题应该是“My JavaScript”，左上角应显示“Program results go here!”。如果显示不正确，检查输入文件的所有内容是否无误。

要验证 JavaScript 代码的效果，只需用记事本或文本编辑器打开文件，在 `<script>` 和 `</script>` 标签之间输入 JavaScript 代码，接着再次保存。然后，切换到网络浏览器并刷新页面（通常点击圆形箭头图标即可）。通过此方式，你就可以运行不同的 JavaScript 程序或某个程序的修改版本，具体分为两步：保存文件的新版本；在浏览器中刷新页面。

下面是一个适合初学者的程序示例，你可以将它输入到 <script> 和 </script> 标签之间：

```
let message="Hello from my JavaScript program!";
document.getElementById("result").innerHTML=message;
```

这个程序包含两条语句，各占一行并以分号结尾。

第一条语句中的 let 是一个 JavaScript 关键字（即在 JavaScript 中具有特定含义的保留字），message 则是一个变量名。你可以使用 let 关键字声明变量并为其赋予初始值，之后还可以为该变量重新赋值。变量名不一定要用 message，你可以使用 msg 或任何以字母开头、不含空格和标点符号的名称。在这个程序中，变量 message 的赋值即为引号内的字符串。你可以自由替换引号内的文本内容。

第二条语句无疑更加晦涩和复杂，但这是 JavaScript 与 HTML 交互所必需的。关键字 document 代表网页本身，getElementById 方法用于查找名为“result”的 HTML 元素（在本例中即 <p> 标签）。innerHTML 用于将 message 变量的内容插入到 <p> 和 </p> 标签之间，就如同你原本就将其输入到了这里一样。

这条语句之所以显得冗长且结构复杂，是因为 JavaScript 需要能够访问和修改网页上的任何内容，它的语法必须具有足够的灵活性。

编译器和解释器对拼写的要求比传统英语教师更为严格，所以请务必严格按照示例输入第二条语句！ JavaScript 是区分大小写的语言，这意味着大写字母和小写字母被视为不同字符。特别要注意 innerHTML 的拼写必须完全正确——InnerHTML 或 innerHtml 都是错误的写法。这也是为什么要在 macOS 的文本编辑器中关闭“检查和纠正拼写”功能，否则它可能会自动将 let 改为 Let，导致程序无法运行。

当你保存文件并在网络浏览器中刷新页面时，就会在左上角看到那条消息。如果没有看到，请检查代码！

让我们用同一个文件尝试另一个简单的程序。如果不想删除已有程序，可以将其放到这对特殊符号之间：

```
/*
let message="Hello from my JavaScript program!";
document.getElementById("result").innerHTML=message;
*/
```

在 JavaScript 中，/* 和 */ 之间的任何内容都会被视为注释并被忽略。与许多受 C 语言影响的编程语言一样，JavaScript 也有两种注释方式：使用 /* 和 */ 的多行注释，以及使用 // 的单行注释。

下面这个程序进行一些简单的算术运算：

```
let a=535.43;
let b=289.771;
let c=a * b;
document.getElementById("result").innerHTML=c;
```

与许多其他编程语言一样，乘法运算使用星号而非乘号，因为标准乘号未被纳入 ASCII 字符集体系。

注意，除了 <p> 和 </p> 标签之间的 innerHTML 现在被设置为变量 c（两个数字的乘积）之外，最后一条语句与前一个程序中的相同。JavaScript 会自动处理 innerHTML 的显示，无论你输入的是字符串还是数字。

循环是高级编程语言最重要的特性之一。你已经了解了如何在汇编语言中使用 JMP 指令和条件跳转来实现循环。某些高级语言包含 goto 语句，它类似于跳转。但除特殊情况外，应避免使用 goto。使用多次跳转的程序很快就会变得难以管理，这种代码被形象地称为“意大利面条式代码”，因为这些跳转似乎会相互纠缠在一起。基于这些考量，JavaScript 在设计之初便主动摒弃了 goto 语句的实现。

现代高级编程语言无须大量跳转就能控制循环。例如，假设你想计算 1 ～ 100 之间所有整数的和，这里有一种用 JavaScript 循环实现的方法：

```
let total=0;
let number=1;

while (number <=100)
{
    total=total+number;
    number=number+1;
}

document.getElementById("result").innerHTML=total;
```

不用担心空行，它们的作用只是分隔程序的不同部分，使代码更清晰。程序首先初始化两个变量。循环部分由 while 语句和大括号内的代码块组成。当变量 number 的值小于等于 100 时，代码块会被执行（将 number 加到 total 上，并将 number 加 1）；当 number 超过 100 时，程序继续执行大括号后的语句，显示结果。

当遇到以下两条语句所表述的代数问题时，你可能会感到困惑：

```
total=total+number;
number=number+1;
```

total 怎么能等于 total 加 number？这是否意味着 number 为零？number 又怎么能等于 number 加 1？

在 JavaScript 中，等号并不表示相等，而是一个赋值运算符。它将右边的计算结果赋给左边的变量。换句话说，右边的值会被“存入”左边的变量。在 JavaScript（和 C 语言）中，要判断两个值是否相等，需要使用两个等号（==）。

针对这两条语句的形式，JavaScript 实现了继承自 C 语言的语法优化策略。这两条语句可以简写为：

```
total+=number;
number+=1;
```

加号和等号的组合表示将右边的值加到左边的变量上。

变量加 1 是很常见的操作，因此增加 number 的语句可以进一步简写为：

```
number++;
```

此外，这两条语句甚至可以合二为一：

```
total+=number++;
```

这行代码先将 number 的值加到 total 上，然后再将 number 加 1！不过，对于编程技术不如你娴熟的人来说，这可能有点晦涩难懂，建议谨慎使用。

这个程序还有另一种常见的写法，那就是使用 for 关键字构建循环：

```
let total=0;

for (let number=1; number <=100; number++)
{
    total+=number;
}
document.getElementById("result").innerHTML=total;
```

for 语句包含 3 条用分号分隔的子句。第一条子句将 number 变量初始化为 1。只有第二条子句为真时，即 number 小于等于 100 时，才会执行大括号内的代码块。执行该代码块后，number 将递增。此外，由于代码块只包含一条语句，因此大括号可以去掉。

下面是一个循环遍历 1 ～ 100 之间的所有整数并显示其对应平方根的小程序：

```
for (let number=1; number <=100; number++)
{
    document.getElementById("result").innerHTML+=
        "The square root of "+number+" is "+
            Math.sqrt(number)+"<br />";
}
```

在循环内执行的代码块只有一条语句，但因为较长所以分成三行。第一行以 += 结尾，表示将后续内容添加到 <p> 标签的 innerHTML 中，循环每次迭代都会添加新的文本。添加的内容包括文本和数字的组合。特别注意，Math.sqrt

是一个 JavaScript 自带的计算平方根的函数。(这种函数有时称为内置函数。) 还要注意 `<br />` 标签，它是 HTML 换行符。

程序运行完成后，你会看到一个长长的文字列表，可能需要滚动页面才能看完!

接下来要介绍的程序实现了一个著名的素数筛选算法——埃拉托斯特尼筛法。埃拉托斯特尼（公元前 276 年—公元前 194 年）曾担任亚历山大图书馆的馆长，他还因精确计算出地球的周长而闻名于世。

素数是只能被 1 和自身整除的整数。2 是第一个素数（也是唯一的偶数素数），之后是 3、5、7、11、13、17、19、23、29 等。

埃拉托斯特尼筛法的第一步是从 2 开始列出所有正整数。因为 2 是素数，所以划掉所有 2 的倍数（除 2 外的所有偶数）。这些数不是素数。因为 3 是素数，所以划掉所有 3 的倍数。因为 4 已被划掉，所以它不是素数。下一个素数是 5，于是划掉所有 5 的倍数。如此继续，剩下的就是素数。

实现这个算法的 JavaScript 程序使用了数组这一常见的编程实体。与变量类似，数组也有一个名称，但它可以存储多个项，每个项都通过数组名称后面的方括号中的索引来访问。

这个程序中的数组名为 `primes`，包含 10 000 个布尔值。在 JavaScript 中，布尔值只能是 `true` 或 `false` 这两个关键字。(你从第 6 章就开始熟悉这个概念了！)

下面是程序创建 `primes` 数组并将所有值初始化为 `true` 的方法：

```
let primes=[];

for (let index=0; index < 10000; index++)
{
    primes.push(true);
}
```

还有一种更简洁但不太直观的方法：

```
let primes=new Array(10000).fill(true);
```

这里的核心计算过程涉及两个 `for` 循环，一个循环被置于另一个循环内（第二个循环被嵌套在第一个循环中）。该算法需声明两个独立变量用于数组索引，在此未采用 `index` 及其变体命名，而是用了更简洁的 `i1` 和 `i2`。变量名称允许包含数字，但必须以字母作为起始字符。

```
for (let i1=2; i1 <=100; i1++)
{

    if (primes[i1])
    {
```

```
        for (let i2=2; i2 < 10000 / i1; i2++)
        {
            primes[i1 * i2]=false;
        }
    }
}
```

第一个 `for` 循环将 `i1` 变量从 2 递增到 `100`，即 10 000 的平方根。只有当数组元素为真时，`if` 语句才会执行下一部分，指示该数为素数。第二个循环从 2 开始增加 `i2` 变量。`i1` 和 `i2` 的乘积代表 `i1` 的倍数（2 倍、3 倍、4 倍等），这些数都不是素数，因此将对应的数组元素设置为 `false`。

将 `i1` 仅增加到 `100`、`i2` 仅增加到 `10000` 除以 `i1` 看似奇怪，但这足以覆盖 10 000 以内的所有素数。

程序的最后部分显示结果：

```
for (let index = 2; index < 10000; index++)
{
    if (primes[index])
    {
        document.getElementById("result").innerHTML +=
            index + " ";
    }
}
```

如果你对 JavaScript 编程感兴趣，那么就不要继续使用记事本或文本编辑器了！有更好的工具可以在你拼写出错或出现其他疏漏时提醒你。

如果你想学习一些附带详细注释的简单 JavaScript 程序，请参阅 CodeHiddenLanguage.com 上关于本章的内容。

人们常常争论编程到底应该归属于艺术还是科学。一方面，高校相关专业被称为计算机科学；另一方面，也有像高德纳（Donald Knuth）的《计算机程序设计艺术》系列这样的知名著作。编程确实既有科学元素又有艺术元素，但本质上是另一回事。正如物理学家理查德 · 费曼（Richard Feynman）所言："计算机科学更像工程学——它主要是关于让某样东西去做某件事的。"

很多时候，这会是一场艰苦的战斗。正如你可能已经发现的那样，计算机程序中很容易出错，而追踪定位这些错误往往需要大量的时间。调试本身就是一门艺术或科学（或一项工程壮举）。

我们刚刚展示的只是 JavaScript 编程的冰山一角。但历史告诉我们，在冰山周围要小心谨慎！计算机有时会产生一些意想不到的结果。例如，试试这个简单的 JavaScript 程序：

```
let a = 55.2;
let b = 27.8;
let c = a * b;
document.getElementById("result").innerHTML = c;
```

这个程序会显示 1534.560 000 000 000 2，看起来不太对，实际上也确实不对。正确结果应该是 1534.56。

这是怎么回事？

浮点数在计算中极其重要，因此电气和电子工程师协会（IEEE）在 1985 年制定了一项标准，并得到了美国国家标准协会（ANSI）的认可。ANSI/IEEE Std 754-1985 被称为 IEEE 二进制浮点数算术标准（一般简称 IEEE754 浮点标准）。这项标准的篇幅并不长，仅有 18 页，但以便捷的方式详细阐述了浮点数的编码细节。它是计算领域最重要的标准之一，几乎所有现代计算机和程序都采用它。

IEEE754 浮点标准定义了两种基本格式：单精度（每个数字 4 字节）和双精度（每个数字 8 字节）。某些编程语言允许选择精度，而 JavaScript 只使用双精度。

IEEE754 浮点标准基于科学记数法表示数字，数字被分为两部分：有效数（或尾数）乘以 10 的整数次幂，这个整数次幂称为指数：

$$42\ 705.7846 = 4.270\ 578\ 46 \times 10^4$$

这种表示方法称为规范化格式，因为尾数在小数点左边只有一位数字。

IEEE754 浮点标准以相同的方式表示浮点数，但使用的是二进制。到目前为止，你在本书中看到的所有二进制数都是整数，但也可以用二进制来表示分数。例如，考虑这个二进制数：

$$101.1101$$

这里的点不应称为“小数点”！因为这是二进制数，所以更合理的称呼是二进制点。二进制点左边的数字是整数部分，右边的是小数部分。

在第 10 章讲解二进制到十进制的转换时，我们看到了数字如何对应 2 的幂。二进制点右边的数字类似，只是对应的是 2 的负幂。将二进制数 101.1101 的各位从左到右乘以相应的 2 的正幂和负幂，就可以将其转换为十进制：

$$1 \times 2^2 +$$
$$0 \times 2^1 +$$
$$1 \times 2^0 +$$
$$1 \times 2^{-1} +$$
$$1 \times 2^{-2} +$$
$$0 \times 2^{-3} +$$
$$1 \times 2^{-4}$$

这些2的负幂可以通过从1开始反复除以2得到：

$$1\times 4+$$
$$0\times 2+$$
$$1\times 1+$$
$$1\times 0.5+$$
$$1\times 0.25+$$
$$0\times 0.125+$$
$$1\times 0.0625$$

通过计算可以得出，101.1101对应的十进制值是5.8125。

在十进制科学记数法的规范化格式中，有效数在小数点左边只有一位数字。同样，在二进制科学记数法的规范化格式中，有效数在二进制点左边也只有一位数字。数字101.1101表示为

$$1.011101\times 2^2$$

这意味着规范化的二进制浮点数在二进制点左边总是有且仅有一个1。

根据IEEE754浮点标准，双精度浮点数需要8字节。这64位按如下方式分配：

s=1位符号	e=11位指数	f=52位有效数

由于规范化的二进制浮点数在二进制点左边必定为1，因此IEEE格式不存储这一位。上面的52位存储的都是有效数的小数部分。也就是说，虽然只用52位存储有效数，但精度实际上是53位。稍后你就会对53位精度的意义有一个直观的感受。

11位指数部分可以表示的范围是0～2047。这称为偏置指数，因为必须从中减去一个称为偏置的数才能得到实际的带符号指数。双精度浮点数的偏置为1023。

数字可以用s（符号位）、e（指数）和f（有效数的小数部分）表示为

$$(-1)^s\times 1.f\times 2^{e-1023}$$

（−1）的s次方是数学家的一个巧妙表达："当s为0时，该数为正数（因为任何数的0次幂都等于1）；当s为1时，该数为负数（因为−1的1次幂等于−1）。"

表达式的下一部分是$1.f$，即一个1后面跟着二进制点，然后是有效数的小数部分52位。这部分乘以2的幂，其指数为存储的11位偏置指数减去1023。

我省略了一些细节。例如，根据我目前的描述，用这种方法无法表示零！这是一个特殊情况，除此之外，IEEE标准还能处理负零（用于表示极小的负数）、正负无穷大，以及表示"非数值"的NaN（Not a Number）。这些特殊情况都是

IEEE754 浮点标准的重要组成部分。

我之前举例的数字 101.1101 存储时有 52 位尾数：

0111 0100 0000 0000 0000 0000 0000 0000 0000 0000 0000 0000 0000

为了便于阅读，我每隔 4 位数留了一个空格。偏置指数为 1025，所以这个数是

$$1.011101 \times 2^{1025-1023} = 1.011101 \times 2^2$$

除了零之外，双精度浮点数可表示的最小值为

$$1.0000000000000000000000000000000000000000000000000000 \times 2^{-1022}$$

这是二进制点后面接 52 个零。可表示的最大值则为

$$1.1111111111111111111111111111111111111111111111111111 \times 2^{1023}$$

将这两个值转换为十进制，对应的范围约为 $2.225\,073\,858\,507\,201\,4 \times 10^{-308}$ ～ $1.797\,693\,134\,862\,315\,8 \times 10^{308}$。10 的 308 次方是个非常大的数字，即 1 后面跟着 308 个零。

53 位有效数（包括未存储的 1 位）的精度约等于 16 位十进制数字，但确实有其局限性。例如，140 737 488 355 328.00 和 140 737 488 355 328.01 这两个数字的存储完全相同。在你的计算机程序中，这两个数字是一样的。

另一个问题是，绝大多数十进制小数的存储并不精确。例如，考虑十进制数 1.1，其 52 位尾数为

0001 1001 1001 1001 1001 1001 1001 1001 1001 1001 1001 1001 1010

这是二进制点右边的小数部分。十进制 1.1 对应的完整二进制数是：

1.0001 1001 1001 1001 1001 1001 1001 1001 1001 1001 1001 1001 1010

如果要将这个数转换为十进制，你会这样开始计算：

$$1 + 2^{-3} + 2^{-4} + 2^{-7} + 2^{-8} + 2^{-11} + \cdots$$

这等于

$$1 + 0.0625 + 0.03\,125 + 0.003\,906\,25 + 0.001\,953\,125 + 0.000\,244\,140\,625 + \cdots$$

最终你会发现，它不等于十进制的 1.1，而是等于

$$1.100\,000\,000\,000\,000\,088\,81\cdots$$

当你对无法精确表示的数字进行算术运算时，结果也会不精确。这就是为什么 JavaScript 显示 55.2 乘以 27.8 的结果是 1534.560 000 000 000 2。

我们习惯认为数字存在于一个没有任何间隙的连续统中。然而，出于实际需要，计算机存储的是离散值。离散数学这门学科为数字计算机的数学原理提供了一定的理论支持。

浮点算术的另一复杂之处在于根、指数、对数和三角函数等项目的计算。然而，所有这些运算都可以用加减乘除这 4 种基本的浮点运算完成。

例如，三角正弦可以用级数展开进行计算：

$$\sin(x) = x - \frac{x^3}{3!} + \frac{x^5}{5!} - \frac{x^7}{7!} + \cdots$$

其中参数 x 必须是弧度（360 度等于 2π 弧度）。感叹号是阶乘符号，表示将 1 到该数之间的所有整数相乘。例如，5! 等于 $1 \times 2 \times 3 \times 4 \times 5$，这本质上属于乘法运算。各项中的指数运算也属于乘法范畴，其余都是除法、加法和减法运算。

唯一真正具有挑战性的部分在于末尾的省略号，这表示计算需无限延续下去。不过，在实际操作中，如果将计算范围限定在 0 ～ π/2 区间（所有其他正弦值均可由此推导得出），则无须进行近乎无限次迭代。当展开约 12 项后，计算结果即可达到双精度浮点数的 53 位精度。

当然，计算机本应该为人们提供方便，因此编写大量例程来进行浮点运算似乎与这一目标背道而驰。不过，这正是软件的魅力所在。一旦有人为特定的机器编写了浮点运算例程，其他人就可以使用它们。浮点运算对科学和工程应用非常重要，因此历来被赋予极高的优先级。在计算机发展的早期，编写浮点运算例程一直是新型计算机问世后的首要软件工作之一。现代编程语言通常内置完整的数学函数库，前面介绍的 JavaScript 的 `Math.sqrt` 函数就是其中一个例子。

设计专门的浮点运算硬件也很有意义。1954 年推出的 IBM 704 是首台配备可选浮点硬件的商用计算机。704 用 36 位存储所有数字。就浮点数而言，这 36 位中 27 位是有效数，8 位是指数，1 位是符号位。浮点硬件可以进行加减乘除运算，其他浮点函数则需要通过软件实现。

硬件浮点运算于 1980 年进入桌面计算机领域，以英特尔发布 8087 数值数据协处理器芯片为标志。当时，这类集成电路通常被称为数学协处理器或浮点运算单元（FPU）。8087 之所以称为协处理器，是因为它无法独立运行，只能与英特尔首款 16 位微处理器 8086 和 8088 配合使用。该芯片当时被誉为工艺最复杂的集成电路，后来被整合到了 CPU 内部。

如今的程序员已将浮点数视为计算机的固有组成部分加以运用——而事实也正是如此。

Code

第28章

世界大脑

1936年和1937年，英国作家赫伯特·乔治·威尔斯（Herbert George Wells）就一个相当奇特的主题举办了一系列公开讲座。当时，威尔斯已年过七旬。他在19世纪90年代出版了一些著名的科幻小说，包括《时间机器》（*The Time Machine*）、《莫罗博士的岛》（*The Island of Doctor Moreau*）、《隐形人》（*The Invisible Man*）和《世界大战》（*The War of the Worlds*），这使他声名鹊起。此后，威尔斯逐渐成为一位深入思考社会和政治问题，并乐于与公众分享这些思考的公共知识分子。

这些公开讲座的内容经整理后于1938年以书籍的形式出版，名为《世界大脑》（*World Brain*）。在讲座中，威尔斯提出了一种全新的世界百科全书构想，区别于那种出于商业目的而编写并挨家挨户推销的普通百科全书，这会是一部以前所未有的方式囊括全球知识的巨著。

当时正是欧洲动荡不安的年代：20年前结束的第一次世界大战的记忆仍然鲜活，而欧洲却似乎又在朝着另一场席卷整个大陆的冲突狂奔而去。作为一个乐观主义者和理想主义者，威尔斯坚信科学、理性和知识是引导世界走向美好未来的最佳工具。他构想的世界百科全书将包含：

> ……我们社会秩序的主导性理念、各学科领域的基本框架与核心要素、精确且详略得当的宇宙图景、完整的世界通史，以及……一套完整可靠的知识原始文献参照体系。

简而言之，它将呈现“对现实的通用诠释”和“对思维的统一”。

这样的百科全书需要随着我们对世界认知的扩展而不断更新，在其发展过程中，它将成为：

> ……一种大脑的思维清算所，一个接收、分类、总结、摘要、厘清和比较知识与理念的中枢……它将构成一个真正的世界大脑的物质开端。

20世纪30年代，第一批数字计算机的雏形刚刚诞生，威尔斯不可能对它们有任何了解，因此他别无选择，只能以传统书籍的形式构思这部百科全书："20卷、30卷或40卷。"不过，他对新兴的微缩胶片技术非常熟悉：

在不远的将来，我们很可能会拥有微型记录图书馆，全球所有重要书籍和文献的照片都将被收录其中，方便学习者随时查阅……世界各地的任何学习者都能够在自己的书房里，根据需要使用投影仪，查看任何书籍、任何文献的精确副本，这一天很快就会到来。

多么富有远见的未来愿景！

过了不到十年，工程师兼发明家范内瓦·布什（Vannevar Bush）在1945年提出了一个类似的愿景，但稍微更进一步。

布什在计算机发展史上留下了浓墨重彩的一笔。自1927年起，布什就开始与他在麻省理工学院电气工程系的学生团队共同研制差分分析器—— 一台用于求解微分方程的开创性模拟计算机。到了20世纪30年代初，他已晋升为麻省理工学院工程学院院长兼副校长。

布什的讣告于1974年刊登于《纽约时报》，称其为"工程师的典范——以行动立身之人"，无论是攻克技术难题还是破除政府官僚体系桎梏，他均当得起这一评价。在二战期间，他负责协调超过30 000名科学家和工程师参与战时科研工作，包括监督制造第一颗原子弹的"曼哈顿计划"。几十年来，布什一直是推动科学家和工程师参与公共政策制定的主要倡导者。

在二战即将结束时，布什为1945年7月出版的《大西洋月刊》撰写了一篇现已成为经典的文章。该文章题为《诚如所思》（" As We May Think"），如今看来其内容颇具前瞻性。同年9月，《生活》杂志刊载了该文的删节版，并配发若干富有想象力的插图。

与威尔斯一样，布什同样聚焦于信息管理及其同步更新的挑战：

科研文献正以日益庞大的规模积累。然而，越来越多的证据表明，随着专业领域的持续拓展，人类正深陷知识管理困境。研究者对数以千计同行的研究成果与结论应接不暇——对于这些不断涌现的成果，既无暇深入理解，更难以系统记忆……问题的症结不在于学术产出与当今研究广度存在失衡，而在于文献已扩张到远超人类现有信息处理能力的极限。人类经验的总和正以前所未有的速度膨胀，而我们穿越信息迷宫、定位关键知识所依赖的技术手段，仍停留在风帆战舰时代的水准。

布什意识到快速发展的技术可能会帮助到未来的科学家。他构想了一种可以固定在前额的相机，每当需要记录某些东西的时候就可以即时触发。他谈到了微缩胶片、文件的“传真传输”，以及能够直接记录人类语音并将其转换为文本的机器。

然而，布什在文章结尾处指出了一个尚未解决的问题：“……虽然我们可以无限扩展记录，但即使是现有的数量，我们也难以查阅。”即便大多数信息都是按字母顺序组织和索引的，但这显然还不够：

人脑不是这样运作的，它遵循联想机制。当抓住一个概念时，它会即刻沿大脑细胞构筑的错综复杂的思维路径网络，立刻跳转到由思维联想所提示的下一个概念。

布什构想了一种机器——“机械化个人文档库及图书馆”，这是一个可存储微缩胶片并实现便捷检索的精密装置。他将其命名为“Memex”(记忆扩展器)。

Memex 的大部分内容以即插即用的微缩胶片形式获取，涵盖各类书籍、图片、期刊和报纸等资料。商务信函亦以相同方式录入，同时该装置配备直接录入功能。Memex 的顶部设有一块透明压板，可用于放置手写笔记、照片、备忘录等各类材料。当材料放置就位后，拉下控制杆即可将其拍摄至 Memex 胶片存储区的空白位置……

不过，最为关键的是，用户可以为这些文档添加页边批注与评论，并通过“关联索引”实现内容间的知识联结。

这是 Memex 的核心特征。在两个项目间建立知识联结的过程至关重要……此外，当大量项目通过此方式建立联结进而形成知识路径后，用户就可以通过拨动控制杆，完成类似书籍翻页的操作，实现快速或缓慢地序列化调阅。它实际上就如同将分散在各处的实体文献收集在一起，并重新将它们装订成一本新书……全新形式的百科全书将会出现，这种百科全书已经预先整合了联结路径网络，更可无缝接入 Memex 并实现扩展。

布什进一步预见了认知减负机制的实现——用户“得以重获选择性遗忘的自主权，无须强制记忆非即时需求的庞杂信息，其前提是建立可靠的信息回溯机制”。

1965 年，在布什提出 Memex 构想二十年后，以计算机形式实现这一愿景的可行性开始显现。计算机先驱泰德·尼尔森（Ted Nelson，1937—？）在其发表于美国计算机协会（ACM）1965 年会议论文集的重要论文“复杂信息处理：面向复杂性、可变性与不确定性的存储架构”（Complex Information Processing: A File Structure for the Complex, the Changing and the Indeterminate）中，系统阐述了 Memex 理念的现代化演进路径。这篇论文的摘要开篇即指出：

如果要将计算机用作个人知识库与创造性思维的协同工具，那么其所需的存储架构应该与商业及科学数据处理领域完全不同。此类架构必须具备以下特性：支持复杂个性化编排机制、实现全域可重构性、保留开放性决策节点，以及具备完备的元数据追溯体系。

尼尔森援引了布什关于 Memex 的文章，宣告计算机实现的“硬件条件已臻成熟”。他构建的存储架构兼具突破性与启发性，以至于需要创造一个新术语来描述：

我在这里引入“超文本”（hypertext）这个词来表示以复杂的方式相互关联的大量文字或图像资料，它们无法方便地在纸张上呈现或表示。它可能包含其内容及相互关系的摘要或映射，也可能包含研究过它的学者的评注、补充和附注。我认为，这样一个经过精心设计和管理的对象或系统，可以在教育方面发挥巨大的潜能，能够扩展学生的选择范围、增强自主性、提高学习动力和知识掌握程度。这样的系统可以无限扩展，逐步囊括世界上越来越多的知识。但是，它的内部文件结构必须能够适应不断增长变化且复杂编排的信息。

从 H. G. 威尔斯、范内瓦·布什和泰德·尼尔森的这些著作至少可以看出，在互联网的技术可行性成熟之前，就已经有先驱者在构思这个概念了。

计算机之间的远距离通信是一项艰巨的任务。互联网本身起源于美国国防部 20 世纪 60 年代的研究项目。高级研究计划局网络（ARPANET）于 1971 年投入实际运行，奠定了互联网的多项基础概念。其中最重要的是分组交换技术，即将数据分成较小的数据包，并附加称为报头的信息。

例如，假设计算机 A 有一个大小为 30 000 字节的文本文件。以某种方式与计算机 A 相连接的计算机 B 向计算机 A 发出信号，请求获取该文本文件。作为响应，计算机 A 会先将文件分成 20 个 1500 字节的数据包。每个数据包都包含一个报头，用于标识源（计算机 A）、目的地（计算机 B）、文件名称和数据包编号（如 20 个包中的第 7 个）。计算机 B 确认收到每个数据包后会重新组装文件。如果某个数据包在传输中丢失，它会请求重发该数据包。

报头还包含一个校验和，它是通过某种标准方法从文件的所有字节中计算出的一个数值。计算机 B 收到数据包时会重新计算校验和并进行比对。如果不匹配，它就会认为数据包在传输过程中出现了损坏，并请求重发。

与整体传输相比，分组交换有如下优势：多台计算机可以共享连接交换数据包，避免单个大文件传输占用系统；发生错误时只需重发出错的数据包，而不是整个文件。

本书前面介绍了数字信息是如何通过导线传输的：有电流流动表示二进制 1，无电流表示 0。但这些都是近距离传输，远距离传输数字信息需要不同的策略。

固定电话网络成为最早的长距离数字通信载体，其根本优势在于既存基础设施的普适性与接入便捷性。不过，电话系统原本是为语音通话而设计的。从技术上来讲，电话系统传输的音频波形范围为 300 ～ 3400Hz，这被认为足以满足人类的语音通话需求。

将二进制的 0 和 1 转换为音频波形的一种简单方法是调制，即通过特定方式改变模拟音频信号来编码数字信息。

例如，AT&T 公司从 1962 年开始生产的贝尔 103（Bell 103）就是一种早期调制设备，其影响一直延续到 20 世纪 90 年代。它能够以全双工模式运行，即可以同时发送和接收信息。电话线两端分别是主叫站和应答站，以 300 比特每秒的速率通信。

贝尔 103 使用一种名为频移键控（FSK）的技术对音频信号中的 0 和 1 进行编码。主叫站用 1070Hz 的频率表示二进制 0，用 1270Hz 表示二进制 1。这是用这两个频率编码的字母 W 的 8 位 ASCII 码：

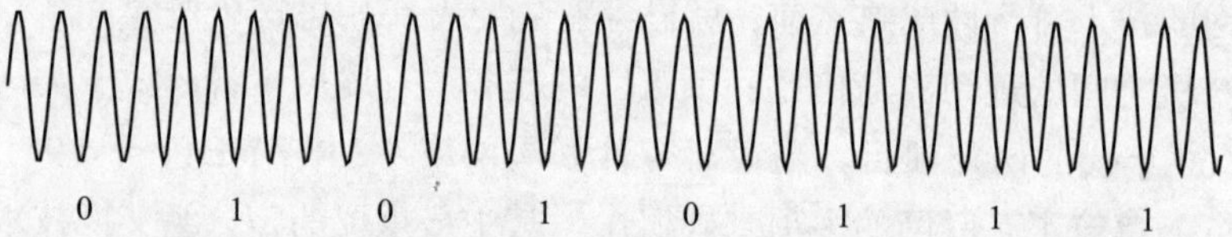

在这张图中可能不太容易看出来，表示 0 的波形周期之间的间距比表示 1 的波形要稍微宽一些，这是因为其频率更低。应答站的工作原理与此类似，只不过使用的频率是 2025Hz 和 2225Hz。通常还会加入一个奇偶校验位，作为一种简单的差错校验机制。

这种将音频信号调制以编码二进制数据的设备也能解调接收到的音频信号，并将其转换回 0 和 1，因此被称为调制解调器。

贝尔 103 调制解调器的数据传输速率是 300 比特每秒，因此它也被称为 300 波特设备。“波特”这个计量单位源自第 13 章提到的埃米尔·波特。波特率是符号速率，有时与每秒比特数相同，有时则不同。例如，假设你设计了一种频移键控方案，使用 4 种不同的频率分别表示比特序列 00、01、10 和 11。如果表示这些音频的波形每秒变化 1000 次，那么它将被归类为 1000 波特，但它每秒可以传输 2000 比特的数据。

在连接两台计算机时，300 波特调制解调器会发出相当嘈杂的声音。这种声音经常被用在电视节目和电影中，以唤起人们对20世纪八九十年代家用计算机的回忆。

后来，数字电话线上的调制解调器传输速度提高到56千比特每秒，它们被称为56K调制解调器，某些地区仍在使用。数字用户线路（DSL）、同轴电缆和卫星能实现更快的传输速度。这些载体使用无线电频率，采用非常复杂的调制技术在波形中编码更多数字信息，从而实现更高的数字传输速率。

大部分洲际间以及沿海地区之间的互联网连接使用的是另一种通信介质——海底光纤电缆。这些电缆由细长的玻璃或塑料纤维制成，能够传输红外光束。当然，光线通常不会弯曲，但光线会在光纤的内表面反射，因此光纤可以弯曲并且仍然能够正常工作。

通常，数百根这样的光纤会被捆绑在一起形成一根电缆，这样每根光纤都能进行单独的传输，有些光纤还可以承载多个信号。在光纤电缆中，数字信息通过光脉冲进行编码：光线被快速关闭和开启，其中关闭代表0，开启代表1。正是这种技术实现了现代互联网所需的高速通信。

互联网的拓扑结构也很重要。理论上可以在世界某处建造一台巨型计算机，并以这台计算机为中心，将所有其他计算机连接到这台计算机上。这种方案表面上更简单，但存在明显的缺陷：距离这台巨型计算机越远的人遭受的延迟会越大，而且一旦它出现故障，整个互联网就会瘫痪。

因此，互联网采用去中心化设计，具有多重冗余，避免单点故障。虽然确实存在存储海量数据的超大型计算机，它们被称为服务器，访问这些数据的较小计算机有时就被称为客户端，但客户端并不直接连接到服务器，而是通过互联网服务提供商（ISP）访问互联网。你可能知道你的ISP是哪家，因为你很可能每月都要向它付费。如果你通过手机访问互联网，那么你的手机运营商就是你的ISP。

互联网连接除了需要用到电线、电缆和无线电波之外，还需要用到路由器。路由器的得名源自它们在客户端和服务器之间提供路由。你的家中可能就有一个路由器，它可能是你访问互联网的调制解调器的一部分，也可能是Wi-Fi集线器的一部分。这些路由器包含用于以太网电缆的插孔，可以通过物理方式连接到计算机甚至打印机。

构成互联网联锁部分的路由器比这些家用路由器更加复杂。大多数路由器都连接到其他路由器，并向它们传输数据包，而这些路由器又连接到更多的路由器，形成了一个复杂的网状结构。路由器内部包含自己的CPU，存储着路由表或路由策略算法，用于确定数据包到达目的地的最佳路由。

另一个无处不在的硬件是网络接口控制器（NIC）。每个 NIC 都有一个永久的硬件唯一标识符，称为媒体访问控制（MAC）地址。MAC 地址由 12 个十六进制数字组成，通常分为 6 组，每组 2 个数字。

连接到互联网的每个硬件都有自己的 MAC 地址。台式计算机和笔记本电脑通常有多个地址，分别用于计算机的有线连接、无线连接以及蓝牙连接（通过无线电波连接附近设备）。你可以通过计算机的设置信息找到这些 MAC 地址。调制解调器和 Wi-Fi 集线器也有自己的 MAC 地址，可能印在设备的标签上。你的手机应该也有 Wi-Fi 和蓝牙的 MAC 地址。12 个十六进制数字的设计提供了充足的地址空间，地球上平均每人可拥有超过 30 000 个 MAC 地址，因此不会很快用完。

互联网虽然支持电子邮件、文件共享等多种服务，但大多数人通过万维网与互联网交互。万维网主要由英国科学家蒂姆·伯纳斯－李（Tim Berners-Lee，1955—？）于 1989 年发明。在创建万维网时，他采用了在他 10 岁时由泰德·尼尔森创造的“超文本”（hypertext）这个词。

万维网上的基本文档类型被称为页面或网页，它由使用超文本标记语言（HTML）编写的文本构成。在第 27 章中，你已经看到了一些 HTML 的示例。HTML 文档包含文本标签，例如 `<p>` 表示段落、`<h1>` 表示一级标题、`<img>` 表示位图图像。

HTML 中最重要的标签之一是 `<a>`，代表锚点（anchor）。锚点标签用于包裹一个超链接，通常是一段带有特殊格式（一般带有下划线）的文本，点击后可加载另一个网页。这就是多个网页相互链接的方式。有时，链接可以指向同一文档的不同部分（类似于书籍的目录）；有时，链接则提供参考文献或补充信息，通过不断调用链接，用户可以深入探索某个主题。

自万维网出现以来，它在短短几十年内已经取得了巨大的发展。无论是 H. G. 威尔斯还是范内瓦·布什，都无法预见在线研究、购物和娱乐的潜力，更无法体验猫咪视频带来的欢乐，或是与陌生人陷入激烈政治争论的奇特吸引力。事实上，回顾过去，互联网出现之前的计算机革命如今看来似乎并不完整。互联网已成为计算机革命的巅峰与集大成者，而这场革命的成功与否，必须根据互联网在多大程度上让世界变得更美好来评判。这是一个需要比我的思维更深刻的人去思考的问题。

万维网上的页面通过统一资源定位符（URL）进行标识。例如，我为本书创建的网站中的一个页面 URL 是：

https://www.CodeHiddenLanguage.com/Chapter27/index.html

这个URL包含一个域名（www.CodeHiddenLanguage.com）、一个目录（Chapter27）和一个HTML文件（index.html）。URL的开头部分称为协议，http前缀代表超文本传输协议（HTTP），而https代表超文本传输协议的安全版本。这些协议定义了网络浏览器等程序如何从网站获取页面。

（容易混淆的是，还存在统一资源标识符，简称URI，它的格式与URL相似，但用作唯一标识符，而无法引用网页。）

在现代计算机上运行的任何应用程序都可以调用操作系统发起HTTP请求。程序只需指定一个URL文本字符串，如“https://www.CodeHiddenLanguage.com”。一段时间后（希望不会太久），应用程序就会收到HTTP响应，获得所请求的页面。如果请求失败，那么收到的响应会是一个错误码。例如，假设客户端请求的文件不存在（如“https://www.CodeHiddenLanguage.com/FakePage.html”），响应就会是常见的404错误码，表示找不到网页。

在请求和响应之间，客户端与服务器进行着一系列复杂的通信。

网站的URL本质上是其真实标识符的人性化别名，而真实标识符是互联网协议（IP）地址。例如，50.87.147.75便是一个IPv4（版本4）地址，采用32位值，而IPv6（版本6）地址则采用128位。要获取网站的IP地址，网络浏览器（或其他应用程序）需要访问域名系统（DNS），这个系统类似于一个将URL映射到IP地址的大型目录。

网站的IP地址是固定的，而客户端计算机的IP地址通常由ISP分配。如今，越来越多的家用电器也有了可以通过本地网络访问的IP地址，这些家电便是物联网（IoT）的实例。

无论如何，当网络浏览器发出HTTP请求时，客户端会通过TCP/IP（传输控制协议和互联网协议）与服务器通信。这些协议负责将文件分成数据包，并在数据前添加报头信息。报头信息包含源IP地址和目标IP地址，它们在数据包通过连接客户端和服务器的各个路由器的过程中始终保持不变。报头信息还包含源MAC地址和目标MAC地址，它们会随着数据包经过不同的路由器而改变。

大多数路由器都包含路由表或路由策略，用于确定请求从客户端发送到服务器，以及响应从服务器返回客户端的最优传输路径。这种通过路由器对数据包进行路由的过程，无疑是互联网中最复杂的方面。

当你首次访问CodeHiddenLanguage.com网站时，只需在浏览器中输入

CodeHiddenLanguage.com

你不需要像我这样选择性地使用一些大写字母，因为域名不区分大小写。

浏览器会在发出 HTTP 请求时自动添加 https 前缀。注意，这里没有指定具体文件。当服务器收到对 CodeHiddenLanguage.com 网站的请求时，会查看网站配置中的文件列表。对于这个网站，列表顶部的文件是 default.html。这相当于在网络浏览器中输入

CodeHiddenLanguage.com/default.html

这是网站的主页。浏览器允许你通过“查看网页源代码”等选项直接查看 HTML 文件。

当网络浏览器获取到 default.html 文件后，就开始解析工作，如我在第 27 章中所述。这个过程涉及逐字符遍历 HTML 文本，识别所有标签，并完成页面布局。在 CPU 层面，解析通常涉及大量的 `CMP` 指令和条件跳转。这项工作通常由称为 HTML 引擎的软件模块（一般用 C++ 编写）完成。在显示页面时，网络浏览器会使用操作系统的图形功能。

在解析 default.html 文件时，网络浏览器会发现该文件引用了一个名为 style.css 的文件。这是一个包含层叠样式表（CSS）信息的文本文件，用于定义页面的格式细节。网络浏览器会发出另一个 HTTP 请求来获取该文件。继续解析 default.html，网络浏览器会发现一个对 Code2Cover.jpg（本书封面图片）的引用，随即发出 HTTP 请求来获取该文件。

在页面更下方的位置，有一个本书部分章节的列表，其中包含指向网站其他页面的链接。浏览器不会立即加载这些页面，而是将它们显示为超链接。

例如，当你点击第 6 章的链接时，浏览器就会发起一个对 https://www.codehiddenlanguage.com/Chapter06 的 HTTP 请求。同样，这里没有指定具体文件，但服务器会根据其预设列表检查目标文件夹。虽然 default.html 位于列表顶部，但该文件在 Chapter06 文件夹中并不存在，因此返回列表中的下一个文件：index.html。

浏览器随后开始解析该页面。这个页面也引用了 style.css，但由于浏览器已经缓存了该文件，因此无须重新下载。

index.html 页面包含多个引用其他 HTML 文件的 `<iframe>` 标签，这些文件也会被下载。此外，这些文件中还有 `<script>` 段落，列出了几个 JavaScript 文件。此时浏览器会下载这些 JavaScript 文件，以便解析并执行其中的 JavaScript 代码。

过去，JavaScript 代码是由浏览器边解析边解释执行的。然而，现代浏览器

内置的 JavaScript 引擎会对 JavaScript 进行编译（并非一次性全部编译，而是在需要时才编译）。这种技术被称为即时（JIT）编译。

虽然 CodeHiddenLanguage.com 网站提供了交互式图形界面，但 HTML 页面本身是静态的。服务器也可以提供动态网页内容：当收到特定 URL 请求时，服务器可以进行处理，实时生成 HTML 文件并返回给客户端。

有时，URL 后面还会附加一系列查询字符串。它们通常以问号开头，并用 & 符号分隔。服务器也能解析并处理这些内容。服务器还支持 REST（表述性状态转移）风格的 URL，用于在服务器和客户端之间传输数据文件。这些都是服务器端功能，因为它们涉及在服务器上运行的程序。而 JavaScript 是客户端编程语言，用 JavaScript 编写的客户端程序可以与服务器端程序进行交互。

网络编程提供了丰富多样的选择，这从形形色色的网站中可见一斑。随着越来越多的计算处理和数据存储转移到服务器，这些服务器随之被统称为云。当用户的个人数据越来越多地存储在云端时，人们用于创建或访问这些数据的实体计算机便显得不再那么重要。云技术使得计算体验转向以用户为中心，而非以硬件为中心。

你是否好奇 H. G. 威尔斯或范内瓦 · 布什会如何看待互联网？

威尔斯和布什都坚信，改善人类获取世界知识和智慧的途径至关重要。这一点很难反驳。但显然，仅仅提供这种途径并不会自动将文明推向黄金时代。如今，人们往往会被海量信息所淹没，而不是觉得自己能够驾驭它们。

从互联网汇聚了形形色色的人群、个性、信仰与兴趣的角度来看，它确实是某种意义上的世界大脑。但它显然不是威尔斯期待的那种“对现实的通用诠释”。在互联网上，虽然真实知识变得触手可及，但令人不安的伪科学和阴谋论同样泛滥成灾。

我想威尔斯会非常喜欢谷歌图书的理念。这个项目通过扫描并数字化不同图书馆的藏书和期刊而形成。许多不再受版权保护的作品都可以在里面完整访问。可惜的是，谷歌图书的创建者似乎忽视了传统的目录卡片系统，而是让用户完全依赖存在严重缺陷的搜索功能。这个根本性问题使得在谷歌图书中查找特定内容往往极其困难。

与之形成鲜明对比的是 JSTOR（www.jstor.org），这个学术期刊数据库以极其细致的方式对收录的文章进行了组织和编目。JSTOR 最初是一个受限访问的网站，但在发生一起令人遗憾的事件（一名决心让 JSTOR 的内容免费开放的程序员遭到起诉并自杀身亡）后，其内容已大幅向公众开放。

对于能读懂西方传统乐谱的人来说，国际乐谱库（imslp.org）之于乐谱，就如同谷歌图书之于图书。它是一个庞大的数字化乐谱库，收录了大量已过版权保护期的乐谱，而且这些资源都经过了精心的编目和索引，使用体验极佳。

如果深入思考范内瓦·布什和泰德·尼尔森关于创建个人文档网络的设想，便会发现当今技术生态似乎仍存在缺失。像谷歌图书、JSTOR 和国际乐谱库这样的网站，均难以支持他们设想的自由链接模式。现代文字处理和电子表格应用程序虽然允许存储信息源链接，但灵活性不足。

最接近威尔斯世界百科全书理念的网站显然是维基百科。维基百科的基本理念——用户可编辑的百科全书——本可能使其演变成混乱和无用之物。然而，在吉米·威尔士（1966—？）严谨而尽责的引导下，它反而成为互联网上最重要的网站之一。

在《世界大脑》中，H. G. 威尔斯写道：

一部真正面向全人类的百科全书，绝不能接纳任何狭隘教条，同时必须允许修正性批判。它需要在编辑层面以最高警惕性严防狭隘宣传的持续入侵。它的整体基调会被许多人称为“怀疑主义”。对于神话，无论多么受人尊崇，它都必须将其视为神话，而非某种更高真理的象征性表达或类似托词。它必须将愿景、计划与理论与坚如磐石的事实区分开来。它必然要强烈抵制民族主义的“伟大迷思”和一切宗派预设。它必须明确支持而非冷漠对待世界共同体（最终它自身也必将成为世界共同体的核心组成部分）。如果你把这叫作“偏见”，那么世界百科全书的确会有偏见。它将必然带有（且不得不带有）一种对组织、比较、构建与创造的偏见。它本质上是一个创造性工程，并注定成为引导新世界成长的主导力量。

这些都是雄心勃勃的目标，而令人惊叹的是，维基百科确实在努力满足这些要求。

我认为，我们多数人恐怕仍无法像威尔斯那样乐观，相信仅凭一个知识体系就能引导世界走向更美好的未来。人们常说“栽得梧桐树，引来金凤凰”，无论我们多么愿意相信这句话，它终究不是一种保证。人性往往偏离预期。

然而，我们都必须竭尽所能。

推荐阅读

认识AI：人工智能如何赋能商业（原书第2版）

作者：[美] 道格·罗斯(Doug Rose)　ISBN：978-7-111-69177-8 定价：79.00元

多伦多大学Shehroz S.Khan作序推荐

传统商业与AI技术的碰撞

人人可懂的人工智能概述

本书通俗地介绍人工智能（AI）和机器学习（ML）：它们是如何工作的，能做什么，不能做什么，如何借助它们获利。这本书为非技术高管和非专业人士撰写。罗斯基于多年的教学和咨询经验，以直观的类比和解释揭开了AI/ML技术的神秘面纱，解释了从早期的“专家系统”到先进的深度学习网络的发展。

推荐阅读

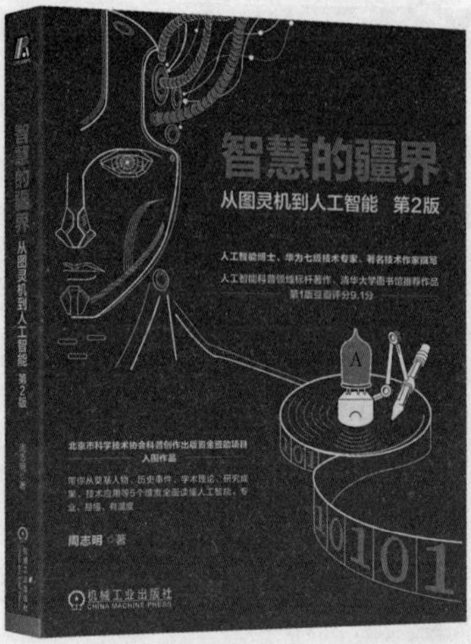

智慧的疆界：从图灵机到人工智能（第2版）

作者：周志明 ISBN：978-7-111-77800-4 定价：99.00元

北京市科学技术协会科普创作出版资金资助项目入围作品

人工智能博士、华为七级技术专家、著名技术作家周志明撰写

人工智能科普领域标杆著作，清华大学图书馆推荐作品，第1版豆瓣评分9.1分

带你从奠基人物、历史事件、学术理论、研究成果、技术应用等5个维度全面读懂人工智能，专业、易懂、有温度

这是一部对人工智能充满敬畏之心的匠心之作，也是被市场高度认可的人工智能科普著作，曾荣获北京市科学技术协会等机构颁发的各种奖项。

本书从人工智能的奠基人物、历史事件、学术理论、研究成果、技术应用等5个维度全面展开，以时间为主线，用专业的知识、通俗的语言、巧妙的内容组织方式，详细讲解了人工智能能解决什么问题、面临怎样的困难、做过哪些努力、取得过哪些成绩、未来将向何方发展，尽可能消除人工智能的神秘感，把人工智能从科学的殿堂推到公众面前。